Berechnung von Wärmeübertragern

Расчёт теплообменников

Grundlagen der Verfahrenstechnik und chemischen Technologie

Основы химической техники и технологии

Herausgeber

Prof. Dr. Dr. E. h. K. Hartmann, Merseburg

Prof. Dr. W. Schirmer, Berlin
Ordentliches Mitglied der Akademie der Wissenschaften der DDR

Prof. Dr. M. G. Slinko, Moskau
Korr. Mitglied der Akademie der Wissenschaften der UdSSR

Редакторы

профессор доктор К. Хартманн, Мерзебург

профессор доктор В. Ширмер, Берлин
член АН ГДР

профессор доктор М. Г. Слинько, Москва
член-корреспондент АН СССР

AKADEMIE-VERLAG · BERLIN

1982

Berechnung von Wärmeübertragern

Расчёт теплообменников

von

Prof. Dr. GEORGI KANEWEZ

Kiew

Mit 108 Abbildungen und 24 Tabellen

AKADEMIE-VERLAG · BERLIN

1982

Verantwortlich für die Herausgabe dieses Bandes:

Prof. Dr. Dr. E. h. K. Hartmann, Merseburg
Prof. Dr. G. Gruhn, Merseburg

Übersetzer: Ralf Gierth

Erschienen im Akademie-Verlag, 1086 Berlin, Leipziger Straße 3—4
Lektor: Fritz Schulz

Lizenznummer: 202 · 100/543/82
Gesamtherstellung: VEB Druckhaus „Maxim Gorki", 7400 Altenburg
Bestellnummer: 762 861 2 (2144/11) · LSV 1205/1085
Printed in GDR
DDR 68,00 M

Vorwort

Den bestehenden Forderungen nach einer weiteren Senkung des Bearbeitungsaufwandes und nach einer höheren Qualität der Ergebnisse bei der Bearbeitung ingenieurtechnischer Problemstellungen kann nur durch eine umfassende Rationalisierung dieser Problembearbeitungsprozesse bei Einsatz moderner Mittel und Methoden der Informationsverarbeitung entsprochen werden. Derartige Rationalisierungsmaßnahmen sind vorrangig für die Bearbeitung solcher Problemstellungen anzustreben, die in der ingenieurtechnischen Praxis mit einer großen Häufigkeit auftreten. Hierzu gehören zweifellos die Probleme der Auswahl und Auslegung von Wärmeübertragern und Wärmeübertragersystemen, denen sich der Autor mit dem vorliegenden Buch zuwendet.

Das in diesem Buch dargestellte Berechnungssystem für Wärmeübertrager ist das Ergebnis einer etwa zehnjährigen wissenschaftlichen Arbeit des Autors und weiterer sowjetischer Fachkollegen und repräsentiert den in der UdSSR auf diesem Gebiet erreichten führenden Stand. Es ist durch eine große Anwendungsbreite gekennzeichnet, die die Behandlung vielseitiger spezieller Problemstellungen einschließt. Diese Universalität des Berechnungssystems bringt es zwangsläufig mit sich, daß vom Anwender ein zunächst nicht unerheblicher Aufwand zur Erlangung von Erfahrungen im Umgang mit diesem Berechnungssystem zu erbringen ist, der jedoch bei der Häufigkeit entsprechender Problemstellungen durchaus gerechtfertigt sein wird.

Das vom Autor dargestellte Berechnungssystem ist in den ihm zugrunde liegenden Prinzipien verallgemeinerungsfähig, d. h. daß auch für andere verfahrenstechnische Grundprozesse und Grundausrüstungen Berechnungssysteme in Analogie zu der hier vorgestellten Methodik entwickelt werden können. Damit hat der Autor einen bemerkenswerten Beitrag zu den generellen Bemühungen um die rationelle Lösung von verfahrenstechnischen Berechnungsaufgaben erbracht. Es ist durchaus zu erwarten, daß die Ergebnisse auch für die Entwicklung vereinheitlichter Systeme der rechnergestützten Projektierung von Anlagen der Stoffwirtschaft genutzt werden.

Bearbeiter und *Herausgeber*

Vorwort des Autors

Die dem Buch zugrunde liegenden Arbeiten wurden vom Autor in den Jahren 1965–1975 am Institut für Gase der Ukrainischen Akademie der Wissenschaften in Kiew durchgeführt.

Im Buch werden neue auf der Systemanalyse beruhende Prinzipien der Berechnung wärmeübertragender Ausrüstungen durch die Schaffung eines einheitlichen hierarchischen Systems von Berechnungsmethoden für die Optimierung einzelner Apparate bis hin zur Optimierung großer industrieller Komplexe, unter Einbeziehung neuer funktioneller Klassifikationen und auf der Grundlage verallgemeinerter Rechenschemata und einer begrenzten Zahl spezifischer Module, dargestellt.

Es wurde eine neue Verfahrensweise zur Lösung verschiedener Aufgaben der thermischen Berechnung wärmeübertragender Objekte beliebiger Komplexität auf der Basis verallgemeinerter Berechnungssysteme geschaffen, die die Berechnungen für Wärmeübertragungsflächen beliebiger Form und für unterschiedliche Fluidstromführungen zu einem einheitlichen Ganzen vereint. Es wurden neue Lösungen erhalten, die den Anwendungsbereich der Berechnungen stark erweitern. Die einfache algorithmische Berechnungsdurchführung gewährleistet bzw. führt in einer Reihe von Fällen sogar zur Erhöhung der Rechengenauigkeit. Die vorgeschlagenen verallgemeinerten Methoden und Rechenschemata sind die Grundlage neuer Modelle, die in der UdSSR bei der Optimierung von Wärmeübertragern in Betrieben der chemischen, petrolchemischen und erdölverarbeitenden Industrie, in der Energetik und im Transportwesen eine breite Anwendung fanden und große ökonomische Effekte ergaben.

Diese Methoden werden in der UdSSR ebenfalls zur Schaffung einer Reihe industriezweigspezifischer Optimierungssysteme und eines allgemeinen gesamtstaatlichen Optimierungssystems für wärmeübertragende Ausrüstungen genutzt. Diese Systeme sind zur Lösung von Aufgaben der optimalen Projektierung und industriezweiginternen und volkswirtschaftlichen Planung der Apparateproduktion unter Berücksichtigung der komplexen Interessen der verschiedenen Industrieministerien, d. h. sowohl der Hersteller als auch der Anwender der Ausrüstungen, vorgesehen.

Dem Buch liegen in der Hauptsache die Materialien der Dissertation B des Autors [1, 2] zugrunde. Die Abschnitte 8.11., 8.12., 12.8. wurden gemeinsam mit I. I. Golowatsch, das Kapitel 5 gemeinsam mit W. S. Kanewez verfaßt.

Der Autor hält es für seine Pflicht, seine große Dankbarkeit dem Ordentlichen Mitglied der Akademie der Wissenschaften der UdSSR, *Prof. Dr. W. W. Kafarow,* für seine Konsultationen und ständige Unterstützung bei der Ausführung der Arbeit zum Ausdruck zu bringen.

Der Autor dankt *Prof. Dr. A. P. Klimenko,* Mitglied der Akademie der Wissenschaften der Ukrainischen SSR, *Prof. Dr. W. F. Kopyto,* Korrespondierendes Mitglied der Akademie der Wissenschaften der Ukrainischen SSR und *Prof. Dr. K. J. Machorin* für ihre Hilfe bei der Organisation und Durchführung der Arbeiten.

An der Erprobung und Einführung der vom Autor erarbeiteten Methoden in Betrieben, Projektierungs- und Forschungsorganisationen waren Mitarbeiter des Institutes für Gase der Akademie der Wissenschaften der Ukrainischen SSR beteiligt. Ihnen allen drückt der Autor seine tiefe Dankbarkeit aus.

Georgi Kanewez

Inhalt

Teil II
Verallgemeinerte Methoden zur Wärmeübertragungsberechnung

Symbolverzeichnis

A	Wärmeübertragungsfläche
c	spezifische Wärmekapazität bei konstantem Druck
E_R	Rippeneffektivität
k	Wärmedurchgangskoeffizient
l	Länge
m	Masse
$\dot{m}$	Massenstrom
N	Heizleistung
n	Apparate- (Elemente-) Anzahl
π	dimensionslose Komplexe, Simplexe
p	Druck
P, R	Temperaturkomplexe
$\dot{Q}$	Wärmestrom
$\dot{q}$	Wärmestromdichte
R	Wärmewiderstand
S	Anzahl der Wärmetransporteinheiten
t	Temperatur
u	Anzahl paralleler Apparate- (Elemente-) Reihen
W	Wärmekapazität
ω	Fluidgeschwindigkeit
α	Wärmeübergangskoeffizient
Δp	Strömungswiderstand
Δt	Temperaturdifferenz
δ	Wandstärke
δ_t	Temperaturänderung im Fluidverlauf
ε_x	relativer Berechnungsfehler der Größe x
η	Wärmeverlustkoeffizient
η_F	Flächenreservekoeffizient
λ	Wärmeleitkoeffizient
τ	Zeit
φ	Funktion der thermischen Effektivität

Indices

a	Anfang
ab	Ablagerung
ap	Apparat
b	Begrenzung
e	Ende
el	Element
er	erlaubt
ge	Gegenstrom

gl	Gleichstrom
i	Isolation
i	*i*-te Komponente
j	*j*-te Komponente
k	kalt
k	wärmeaufnehmendes (kaltes) Medium (Fluid)
ko	Komplex
log	logarithmisch
m	mittel
min	Minimum
max	Maximum
o	Oberfläche
opt	Optimum
r	Reihe
r	Rippe
re	Rippenelement
u	umgebendes Medium
v	Verlust
vor	vorläufig
W	Wand
w	warm
w	wärmeabgebendes (warmes) Medium (Fluid)
wü	Wärmeübertrager

Weitere andere Bezeichnungen

A	Abmessungen
BA	Bauart
E	Eigenschaft
F	Form
M	Merkmal
MS	Musterschema
NM	Normmaß
PA	Prozeßart
TB	thermische Berechnung
WB	Wärmebilanz
WÜ	Wärmeübertragung
Z	Zusammensetzung

Die restlichen Bezeichnungen sind im Text erklärt.

Einführung

Wärmeübertragende Apparate sind eine der verbreitetsten Ausrüstungsarten in der chemischen, petrolchemischen, erdölverarbeitenden Industrie und in angrenzenden Industriezweigen.

Die Zahl wärmeübertragender Apparate in einem Betrieb mittlerer Kapazität des Ministeriums für petrolchemische Industrie der UdSSR schwankt, Literaturangaben zufolge, zwischen 750 und 1500. Die Investitionen für Wärmeübertrager betragen in der UdSSR und im Ausland 10 bis 40% der Kosten für die technologische Ausrüstung, darunter in der UdSSR in chemischen Werken 20%, in Erdölverarbeitungswerken 11–17%, in katalytischen Reforminganlagen 20–25%, bei der Produktion von synthetischem Alkohol 16% und bei der Produktion von synthetischem Kautschuk 20%. Die Betriebskosten sind ebenfalls hoch und erreichen manchmal 40–50% der Kosten für die gesamte Ausrüstung.

1965 machte das Volumen der Produktion wärmeübertragender Apparate am chemischen und petrolchemischen Apparatebau entwickelter Länder folgenden Anteil aus:

USA:	240 Mill. Dollar (17%)
BRD:	104 Mill. Mark (8,7%)
Japan:	31,7 Mill. Dollar (13%)
UdSSR:	34% vom Umfang der Produktion erdölverarbeitender Apparate und 23% vom Umfang der Produktion chemischer Apparate

Diese Umstände erklären die Wichtigkeit und allgemeine Verbreitung der Berechnung wärmeübertragender Ausrüstungen. Die Tradition dieser Berechnungen ist auf langjährigen praktischen Erfahrungen und auf den fundamentalen Arbeiten von namhaften Wissenschaftlern des In- und Auslandes begründet.

Die Wärmeübertragerberechnungen sind außerordentlich verschiedenartig. In den Projektierungsorganisationen ist die manuelle Berechnung noch weit verbreitet. Diese Praxis kann als nicht befriedigend angesehen werden. Hauptsächlich werden leicht verständliche, vereinfachte und deshalb grob angenäherte Methoden verwendet. Eine technisch-ökonomische Begründung der jeweils angewandten apparativen Lösung durch Vergleiche einer ausreichenden Variantenanzahl wird gewöhnlich nicht durchgeführt. Ungeachtet der vielseitigen methodischen Erforschung der Prozesse in Wärmeübertragern und der Bemühungen der Projektanten bei der Anwendung neuer Methoden, ist die Projektierung wärmeübertragender Ausrüstungen bis jetzt noch nicht geordnet und noch nicht in einem einheitlichen Berechnungssystem zusammengefaßt worden.

Diese Unzulänglichkeiten sind auch den gegenwärtigen EDV-Berechnungen eigen. Der überwiegende Teil der maschinellen Berechnungen wärmeübertragender Ausrüstungen im Ausland läßt sich auf die Verwendung vereinfachter, der manuellen Rechenpraxis entlehnter Methoden zurückführen [3—17].

Ausländische Angaben über die technisch-ökonomische Optimierung von Wärmeübertragern [8, 10, 16] sind spezifisch und können ohne erhebliche Korrekturen nicht verwendet werden.

Die Schaffung eines automatisierten Systems zur optimalen Projektierung ist eine wichtige Aufgabe in Chemie, Petrolchemie, Erdöl- und Erdgasaufbereitung, so entsteht die Forderung nach einer effektiven Methodik für Optimierungsberechnungen für die hauptsächlichsten industriellen wärmeübertragenden Apparate und aus ihnen aufgebauter Systeme.

Berechnungssysteme für Wärmeübertrager sollten ein möglichst großes Anwendungsgebiet haben, sowohl im Hinblick auf die Berechnungsarten als auch für die Apparatetypen. Dabei soll die Realisierung dieser Systeme nicht zu aufwendig sein, damit sie nicht nur einzeln bei der Projektierung wärmeübertragender Ausrüstungen, sondern auch als Teilsysteme in den komplizierten Systemen zur optimalen Betriebsprojektierung verwendet werden können.

Die Lösung des Problems wird durch die Vielfalt der Berechnungsobjekte (die Vielzahl der Wärmeübertragertypen), durch die Vielfältigkeit der Anforderungen an die Zielfunktion (bei den verschiedenen Berechnungsarten), als auch durch das unterschiedliche Niveau von Systematisierung und Formalisierung der Berechnungen im Ganzen wie auch ihrer Elemente, erschwert. Eine charakteristische Illustration für das Gesagte ist die gegenwärtige Praxis bei der Berechnung der Wärmeübertragung, eines der Hauptelemente der Wärmeübertragerberechnung.

Die bekannten Methoden zur Berechnung der Wärmeübertragung sind nur für eine begrenzte Zahl von Stromführungen anwendbar. Sie sind in der Regel aufwendig in der Durchführung und eng spezialisiert, d. h. jede von ihnen ist oft nur für eine Stromführung anwendbar.

Analog sieht es auch in anderen Bereichen der Wärmeübertragerberechnungen aus. Das alles erschwert beträchtlich die Projektierung wärmeübertragender Ausrüstungen und besonders die Durchführung von Optimierungsberechnungen auf EDVA.

In der UdSSR stehen gegenwärtig mehr als 50 Algorithmen für Projektierungsberechnungen und zur Optimierung verschiedener wärmeübertragender Ausrüstungen zur Verfügung. Die Zahl der geschaffenen Algorithmen steigt, ohne daß sich damit die Lage bei der maschinellen Wärmeübertragerberechnung grundlegend verbessert.

Eine Ursache ist das kumulative Herangehen bei der Erarbeitung von Algorithmen. Es werden spezielle Algorithmen für einen engen Anwendungsbereich festgelegt, die gewöhnlich nur zur Durchführung einer Berechnungsart für Wärmeübertrager einer bestimmten Konstruktion mit fixierter Prozeßführung im Arbeitsraum und für andere spezifische Bedingungen anwendbar sind. Die Zahl der möglichen Kombinationen der Berechnungsmerkmale und damit die Zahl der speziellen Algorithmen, die zum Erfassen der Hauptaufgaben bei der Berechnung industrieller Wärmeübertrager notwendig sind, ist sehr groß. Deshalb ist die Praxis des Aufstellens spezieller Algorithmen wenig aussichtsreich. Als nicht aussichtsreich erscheinen ebenfalls Versuche zur Schaffung kumulativer Optimierungssysteme für wärmeübertragende Ausrüstungen, die auf dem Prinzip der stufenweisen und unabhängigen Einbeziehung einer großen Zahl neugeschaffener spezieller Algorithmen aufbauen.

Das Ziel der vorliegenden Arbeit besteht in der Schaffung neuer, effektiverer Prinzipien zur Lösung des Problems der Ausarbeitung automatisierter Optimierungssysteme für industrielle wärmeübertragende Ausrüstungen und daraus aufgebauter Systeme.

Die Prinzipien der Problemlösung beruhen auf der Idee der Synthese existierender und perspektivischer Methoden der Apparateberechnung unter Nutzung verallgemeinerter Rechenschemata und einer begrenzten Zahl von Modulen (für die Berechnung der Wärmeleitung, der Wärmeübertragung in Apparatequerschnitten, Apparateelementen, Apparatereihen, Apparatekomplexen, für hydraulische, ökonomische und Hilfsberechnungen u. a.). Es werden folgende Thesen formuliert:

1. Bei der existierenden Vielfalt an Wärmeübertragern und ihrer Berechnungsarten ist die oben genannte kumulative Herangehensweise bei der Schaffung von Optimierungssystemen für wärmeübertragende Ausrüstungen ohne Perspektive.

2. Die Schaffung eines einheitlichen Berechnungssystems für wärmeübertragende Ausrüstungen, bestehend aus miteinander verbundenen verallgemeinerten Schemata der wichtigsten Berechnungsarten im Ganzen und einer begrenzten Auswahl von Rechenmodulen, die in die verallgemeinerten Schemata einbezogen werden, ist möglich.

3. Zweckmäßig ist die Verwendung von Rechenmodulen, die die Forderung nach größtmöglicher Verallgemeinerung der Berechnungselemente erfüllen. In diesem Fall verbreitert sich der Anwendungsbereich der verallgemeinerten Rechenschemata für Wärmeübertrager bedeutend.

   Insbesondere wird die Möglichkeit der Synthese einer begrenzten Anzahl von Modulen zur Lösung beliebiger Aufgaben der thermischen Berechnung rekuperativer Wärmeübertrager auf der Grundlage der in der vorliegenden Arbeit aufgeführten verallgemeinerten Lösungsmethode von Aufgaben der Wärmeübertragung in Apparatequerschnitten, Apparateelementen oder vollständigen Apparaten, in Reihenschaltungen und komplizierten Apparatekomplexen, bewiesen.

4. Für die Mehrzahl der industriellen Wärmeübertrager bleibt die Wärmeübertragungsberechnung mit gemittelten Parametern auch weiterhin die in der Projektierungspraxis wichtigste Verfahrensweise. Dabei wird die Zweckmäßigkeit der genaueren Berechnung wichtiger Apparate mit Hilfe

der hier beschriebenen Methoden, die die Veränderung der Wärmeübertragungsbedingungen berücksichtigen, nicht ausgeschlossen.

Der vorliegenden Arbeit wurde eine systematische, synthetisierende Betrachtung zugrunde gelegt. Die prinzipielle Neuheit der synthetisierenden Methode besteht darin, daß die Gesamtheit der existierenden und zukünftigen Wärmeübertragungsberechnungen nicht isoliert, als Konglomerat betrachtet wird, sondern als einheitliches Berechnungssystem. Die Aufgabe der Synthese von Optimierungssystemen für wärmeübertragende Ausrüstungen wird in zwei Ebenen gelöst: der strukturellen und der modulen.

Unter Benutzung neuer, funktioneller Wärmeübertragerklassifikationen (Abschn. 1.) und ihrer Hauptberechnungsarten (Abschn. 2.) wird eine Anzahl von Berechnungsaufgaben analysiert. Auf der Grundlage dieser Analyse werden verallgemeinerte Schemata (Organisationsschemata) der Hauptberechnungsarten für Wärmeübertrager geschaffen sowie allgemeine und spezifische Berechnungselemente hervorgehoben. Sodann wird eine Verteilung der verallgemeinerten Schemata und Elemente auf hierarchische Ebenen unter Berücksichtigung der Gemeinsamkeit der Berechnungen und ihrer wechselseitigen Verbindungen (Abschn. 3.) vorgenommen.

Der nächste Schritt ist die mathematische Modellierung der Berechnungsgrundelemente und, auf ihrer Grundlage, die Schaffung einer ausreichenden Auswahl zusammenpassender und subordinierter Elementarschemata aller Hierarchieebenen, d. h. eben der Module, mit Hilfe derer man unter Benutzung der schon früher geschaffenen strukturellen Grundlagen der Synthese beliebige Algorithmen und dementsprechend Systeme synthetisieren kann.

Prinzipiell neu ist die Ausarbeitung einer verallgemeinerten Lösungsmethode für Berechnungen der Wärmeübertragung in Apparatequerschnitten (Abschn. 5.), in Apparateelementen (Abschn. 6.), in Apparateelement-Reihen (Abschn. 7.) und Apparateelement-Komplexen (Abschn. 8.), die die Möglichkeit der Synthese eines einheitlichen Modulsystems zur Lösung beliebiger thermischer Berechnungsaufgaben von Wärmeübertragern, entsprechend der in Abschn. 4. vorgeschlagenen funktionellen Klassifikation thermischer Berechnungen, gewährleistet. Diese Module sind der Wichtigkeit und der Realisierungsschwierigkeit nach die Hauptbestandteile beliebiger Wärmeübertragerberechnungen. Ebenfalls wurden neue Methoden und Berechnungsschemata für Wärmeleitung, Wärmübertragung, hydraulische, ökonomische und andere Apparateberechnungen (Abschn. 11.) vorgeschlagen und untersucht.

Durch verschiedene Kombinationen einer begrenzten und vergleichsweise geringen Anzahl der in den Abschn. 5. bis 11. betrachteten Module können Lösungssysteme für eine praktisch beliebige Zahl von Wärmeübertrageraufgaben bzw. Algorithmen mit unbegrenzten Anwendungsmöglichkeiten synthetisiert werden. Diese Methode kann anerkanntermaßen die Praxis der Erforschung und Projektierung wärmeübertragender Ausrüstungen grundlegend verändern und eröffnet neue Optimierungsmöglichkeiten.

Abschließend werden der derzeitige Stand der manuellen und maschinellen Wärmeübertragerberechnung in der Sowjetunion und im Ausland analysiert, die vom Autor erarbeiteten Algorithmen, die die Durchführung von Optimierungsberechnungen aller in Abschn. 3. betrachteten Ebenen gewährleisten sowie die Resultate der Nutzung von Algorithmen und Optimierungsprogrammen für wärmeübertragende Apparate und Komplexe in verschiedenen Industriezweigen beschrieben und eine Aufstellung von Problemen der weiteren Entwicklung optimaler Projektierungssysteme für wärmeübertragende Ausrüstungen im Industriezweig- und Landesmaßstab angegeben.

Eine Übersicht über den gegenwärtigen Stand der Wärmeübertragerberechnungen bzw. ihrer Elemente wird parallel zu den Ausführungen im Buch gegeben.

Somit ist zum ersten Mal die Gesamtheit der Wärmeübertragerberechnungen systematisiert und eine strukturell-logische und methodische Grundlage zur Berechnung und Optimierung industrieller wärmeübertragender Ausrüstungen geschaffen worden.

Die verallgemeinerte methodische und strukturelle Absicherung der Berechnungen gewährleistet den Übergang von der unüberschaubaren Vielzahl spezieller Algorithmen zur effektiven Problemlösung mit Berechnungs- und Optimierungssystemen. Auf Grund ihrer Flexibilität und Universalität sind die erarbeiteten Schemata und mathematischen Modelle für die Anwendung zur Berechnung verschiedener rekuperativer Wärmeübertrager geeignet.

Teil I

Klassifikation und verallgemeinerte Schemata der Berechnungssysteme

1. Klassifikation der Wärmeübertrager

In diesem Kapitel wird der Versuch zur Schaffung einer funktionellen Berechnungsklassifikation für Wärmeübertrager unternommen. Die vorgeschlagene Klassifikation beruht nur auf den wesentlichsten Klassifikationsmerkmalen (s. Abschn. 1.2.), die auf Organisation, Struktur und Spezifik der thermischen, hydraulischen, ökonomischen Berechnungen und die Optimierung einen bedeutenden Einfluß haben. Sie hilft bei der Orientierung in der praktisch unendlichen Vielfalt wärmeübertragender Vorrichtungen und bereitet die strukturelle Basis zur Synthese universeller Berechnungsalgorithmen für praktisch beliebige industrielle Wärmeübertrager vor.

Die vorgeschlagene Klassifikation wird in den folgenden Kapiteln des Buches für Musterrechenschemata genutzt.

1.1. Grundlagen

Gemäß Abb. 1.1 wird von folgendem Schema hinsichtlich des hierarchischen Aufbaus von Wärmeübertragern ausgegangen.

Apparateelement: charakteristisches Bauelement eines Apparates mit einem einfachen Fließschema der Fluide.

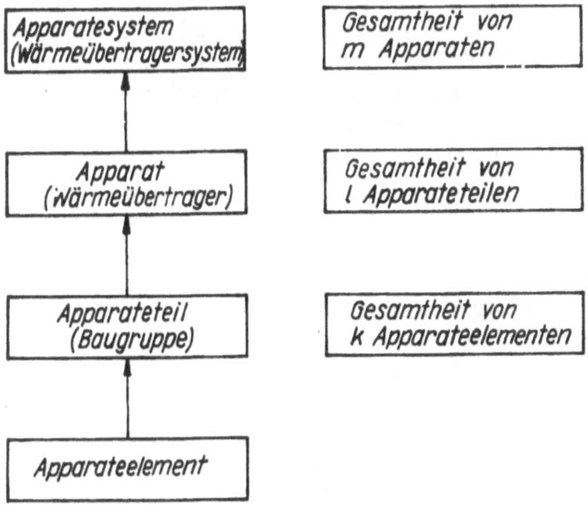

Abb. 1.1 Klassifikation wärmeübertragender Ausrüstungen

Apparateteil: wärmeübertragende Vorrichtung, die aus wärmeübertragenden Bauelementen und Hohlräumen für die Medienbewegung besteht.

Apparat: durch Kopplung von Apparateteilen entstehende Ausrüstung zur Wärmeübertragung zwischen mehreren Fluiden.

Apparatesystem: Gesamtheit von Apparaten (Wärmeübertragern), die in Reihe parallel bzw. in einer beliebigen anderen Folge angeordnet sind.

1.2. Klassifikationsmerkmale

In verschiedenen Literaturquellen werden Details einer Klassifikation der Wärmeübertrager aufgeführt, z. B. in [18—23] u. a. In der Mehrzahl sind diese Angaben Angaben lückenhaft und unvollständig. Die detailliertesten Klassifikationen findet man in [3, 23—30, 145].

In den Klassifikationen wird eine Vielzahl von Unterscheidungsmerkmalen hervorgehoben:

1. Verwendungszweck (Aufheizer, Kühler, Kondensatoren, Verdampfer, Kristallisatoren usw.),
2. Medienart [30] (Dampf-Flüssigkeit, Flüssigkeit-Flüssigkeit, Gas-Flüssigkeit, Gas-Gas, Dampf-Gas),
3. Benetzungsart der Oberfläche (erzwungene Strömung der Medien, Rieselfilm, Filmströmung),
4. Intensivierungsmethode des Wärmeübertragungsprozesses [31],
5. Art des hydrodynamischen Prozesses [31] (erzwungene Strömung, natürliche Zirkulation, Filmströmung),
6. Charakter der Wärmeverhältnisse [30] (stationär oder kontinuierlich, quasistationär oder diskontinuierlich),
7. Wärmeübertragungsmethode [32] (Oberflächenrekuperatoren und -regeneratoren, Kontaktwärmeübertrager, Tauchbrenner),
8. Konfiguration der Oberflächen des Wärmeübertragers [23] (Rohrbündelwärmeübertrager, Rohrschlangenwärmeübertrager, Rippenrohrwärmeübertrager, Plattenwärmeübertrager, Tauchwärmeübertrager, Spiralrohrwärmeübertrager, Haarnadelrohrwärmeübertrager),
9. Ausführung der Austauschflächen [31, 33] (Rohrbündel, Lamellen, Mantelrohre, Tauchrohre, Rieselflächen),
10. Konstruktion [13] (Rohrbündel, Doppelrohr, Luftkühler, Tauchkühler, Rieselkühler),
11. Material [32, 145] (metallische, nichtmetallische),
12. Lage [31] (horizontale, vertikale, geneigte),
13. Bauart der Apparate (eingehäusige, mehrgehäusige),
14. Steifheit der Konstruktion [23, 32, 145] (steife, halbsteife, z. B. mit Linsenkompensator im Gehäuse, nicht steife, z. B. mit schwimmendem Kopf, mit Stopfbüchse, mit Haarnadelrohren usw.),
15. Gangzahl der Fluide [23, 31, 32] (eingängige, mehrgängige),
16. Richtung der Fluidströme [23, 32] (Gleichstrom, Gegenstrom, gemischter Strom, Kreuzstrom).

Die erwähnten Klassifikationsmerkmale kennzeichnen nur in ungenügendem Maße die Vielfalt der Wärmeübertragerflächenformen und Strömungsverläufe der Fluide in den Apparaten usw.

Schon früher [34] wurde vom Autor der Versuch unternommen, aus der Vielzahl der Klassifikationsmerkmale nur die wesentlichsten hervorzuheben, die einen bedeutenden Einfluß auf Struktur und Spezifik der thermischen, hydraulischen, ökonomischen und Optimierungsberechnungen haben. Die auf diesen Merkmalen begründete Klassifikation ist eine Berechnungsgrundlage, sie dient der besseren Organisation der Algorithmen und ersetzt nicht die bekannten, oben aufgeführten Klassifikationen.

Der Versuch einer Berechnungsklassifikation für Wärmeübertrager in [34] erscheint dem Autor nur unzureichend gelungen.

Die Abänderung und Erweiterung der obengenannten Arbeit [34] sowie die Nutzung von Klassifikationselementen aus [23, 30, 31, 145] erlaubten, folgende wesentliche Merkmale der Wärmeübertrager hervorzuheben:

Gruppe I: Funktionelle Merkmale

1. Art der Wärmeübertragung
2. Kombination der Wärmeübertragungsprozesse im Apparat
3. Art der Wärmeverhältnisse

Gruppe II: Konstruktive Merkmale

4. Form des wärmeübertragenden Bauelements
5. Art der Übertragungsfläche
6. Apparatekonstruktion
7. Struktur der wärmeübertragenden Vorrichtungen
8. konstruktiver Apparateaufbau des Wärmeübertragers
9. räumliche Lage der Apparate

Gruppe III: Schaltungsmerkmale der Fluide

10. Stromfluß im Element
11. Stromfluß im Apparat
12. Stromfluß im Wärmeübertrager

Die Klassifikation der Wärmeübertrager nach den Merkmalen 1, 3, 9 ist detailliert in [23, 32, 34] beschrieben.

Weiterhin wird die Klassifikation nach den restlichen acht Merkmalen aufgeführt. Diese Klassifikation ist in der Hauptsache für rekuperative zweiströmige Oberflächenübertrager in petrolchemischen, erdöl- und gasverarbeitenden, chemischen, energetischen und nahrungsgüterverarbeitenden Anlagen bestimmt.

1.3. Klassifikation der Wärmeübertragungsprozesse in den Apparaten

Für jeden der beiden Fluide können die Wärmeübertragungsprozesse wie folgt unterteilt werden:

– Prozesse mit Wärmezuführung

1. Erwärmung (des Gases, der Flüssigkeit, der Suspension, der Lösung, des reinen Stoffes, des Vielkomponentengemisches u. a.) ohne Veränderung des Aggregatzustandes,
2. Sieden reiner Stoffe,
3. Sieden von Vielkomponentengemischen,
4. Kristallisation (Verdampfung des Lösungsmittels aus der Lösung),
5. Schmelzen des Eises im Eis-Flüssigkeitsgemisch,

— Prozesse mit Wärmeabführung

6. Abkühlung (des Gases, der Flüssigkeit, der Suspension, der Lösung, des reinen Stoffes, des Vielkomponentengemisches u. a.) ohne Veränderung des Aggregatzustandes,
7. Kondensation reiner Stoffe,
8. Kondensation von Vielkomponentengemischen,
9. Kondensation von Dampf-Gas-Gemischen,
10. Kristallisation (aus der Schmelze bei Abkühlung der Lösungen),
11. Gefrieren von Eis in Flüssigkeiten.

Die Kombination dieser Fälle ergibt 30 Varianten des Wärmeübertragungsprozesses im Apparat (z. B. Kombination 1—6 Aufheizer—Kühler, 1—7 Kondensator, 2—7 Kondensator-Verdampfer, 4—8 Verdampfer oder Kristallisator usw.).

1.4. Klassifikation der Form der Wärmeübertragerelemente

Ein Wärmeübertragungselement ist ein charakteristischer Teil der Wärmeübertragungsfläche (z. B. für glatte Oberflächen — Rohre beliebiger Länge, für gerippte Oberflächen — Rohrstück mit Länge des Rohrstücks gemäß Rippenabstand). Aus den Wärmeübertragungselementen können Oberflächen beliebiger Abmessungen zusammengestellt werden. Die Form des Wärmeübertragungselements wird mit Hilfe von fünf mnemotechnischen Bestimmungsmerkmalen verschlüsselt.

1. Form der Haupt- (bzw. tragenden) Oberfläche des Wärmeübertragungselements, Symbol H,
2. Außenflächenform des Wärmeübertragungselements, Symbol A,
3. Rippenprofilform der Außenfläche des Wärmeübertragungselements, Symbol RA,
4. Innenflächenform des Wärmeübertragungselements, Symbol I,
5. Rippenprofilform der Innenfläche des Wärmeübertragungselements, Symbol RI.

Eine Beschreibung dieser Bestimmungsmerkmale wird in Tab. 1.1—1.5 gegeben.

Die symbolische Beschreibung der Form der Wärmeübertragungselemente besteht aus fünf aufeinanderfolgenden Buchstaben — Zahlen-Gruppen, deren jede das Symbol des Bestimmungsmerkmals und den Zahlenwert der ermittelten Eigenschaften einschließt.

Tabelle 1.1: Bestimmungsmerkmal der Form der Hauptfläche des wärmeübertragenden Elementes (Symbol F)

F 0	ohne Merkmal	F 21	Vollkugel
F 1	rundes Rohr oder Zylinderwand	F 22	Hohlkugel, Kugelwand
F 2	elliptisches Rohr	F 23	runder Ring
F 3	vieleckiges Bogenrohr	F 24	von einer Fläche begrenzter Körper
F 4	linsenförmiges Rohr	F 25	von zwei Flächen begrenzter Körper
F 5	tropfenförmiges Rohr	F 26	von vier Flächen begrenzter Körper
F 6	stromlinienförmiges Rohr	F 27	flache Wand
F 7	ovalförmiges Rohr	F 28	gewölbte Platte
F 8	ovales Rohr	F 29	Blech (Basis für ein Profilblech)
F 9	zweieckiges Rohr	F 30	rechteckige Platte
F 10	dreieckiges Rohr	F 31	runde Platte
F 11	viereckiges Rohr	F 32	unbegrenzte Platte
F 12	quadratisches Rohr	F 33	andere Plattenarten
F 13	rechteckiges Rohr	F 34	unbegrenzter Zylinder
F 14	rhombisches Rohr	F 35	unbegrenzter quadratischer Stab
F 15	paralleloidförmiges Rohr	F 36	unbegrenzter Stab anderer Form
F 16	trapezförmiges Rohr	F 37	andersförmiger Körper
F 17	fünfeckiges Rohr		
F 18	sechseckiges Rohr		
F 19	Rohr anderer Form		
F 20	Würfel		

Tabelle 1.2: Bestimmungsmerkmal der Form der äußeren Fläche des wärmeübertragenden Elementes (Symbol A)

A 0	ohne Merkmal	A 9	Querrippen anderer Form
A 1	glatte Fläche ohne Berippung	A 10	massive Spiralrippen, ein- und mehrgängige
A 2	rauhe Fläche ohne Berippung	A 11	dieselben geschlitzt
A 3	verschiedene geformte Flächen (profilierte, geriffelte u. a.)	A 12	massive Längsrippen
A 4	Querrippen mit konstanter Höhe, die die Form der tragenden Fläche haben (z. B. runde, elliptische u. a.)	A 13	flossenartige Längsrippen
A 5	dieselben mit Schlitzen	A 15	Längsrippen anderer Form
A 6	viereckige Querrippen (quadratische, rechteckige u. a.)	A 16	fluchtende Zapfenrippen
A 7	vieleckige Querrippen	A 17	auf Lücke stehende Zapfenrippen
A 8	Plattenquerrippen	A 18	andere Zapfenrippen
		A 19	verschieden Faserrippen
		A 20	andere Rippentypen

Tabelle 1.3: Bestimmungsmerkmal der Form des Rippenprofils auf der Außenfläche des wärmeübertragenden Elementes (Symbol RA)

RA	0	ohne Merkmal	RA	7	mehrschichtige Rippen, mit rechteckigem Profil
RA	1	einschichtige Rippen mit rechteckigem Profil (bzw. mit konstanter Stärke)	RA	8	dasselbe, mit trapezförmigem Profil
RA	2	einschichtige Rippen mit trapezförmigem Profil	RA	9	dasselbe, mit elliptischem Profil
RA	3	einschichtige Rippen mit elliptischem Profil	RA	10	dasselbe, mit hyperbolischem Profil
RA	4	dasselbe, mit hyperbolischem Profil	RA	11	dasselbe, mit dreieckigem Profil
RA	5	dasselbe, mit dreieckigem Profil	RA	12	dasselbe, mit anderen Profilen (Querschnitten)
RA	6	dasselbe, mit anderem Profil (Querschnitt)			

Tabelle 1.4: Bestimmungsmerkmal für die Innenfläche von wärmeübertragenden Elementen (Symbol I)

Dieses Bestimmungsmerkmal stimmt im wesentlichen mit dem Bestimmungsmerkmal A (Tab. 1.2) überein. Deshalb wird unten nur eine kurze Darstellung des Bestimmungsmerkmals I mit Bezug auf die Position in Tab. 1.1 aufgeführt.

I 0 — siehe A 0,	I 1 — siehe A 1,	I 2 — siehe A 2,
I 3 — siehe — A 3,	I 4 — siehe — A 4,	I 5 — siehe — A 5,
I 6 — siehe — A 9,	I 7 — siehe — A 10,	I 8 — siehe — A 11,
I 9 — siehe — A 12,	I 10 — siehe — A 13,	I 11 — siehe — A 15,
I 12 — siehe — A 16,	I 13 — siehe — A 17,	I 14 — siehe — A 18,
I 15 — siehe — A 19,	I 16 — siehe — A 20,	
	I 17 — verschiedene Einbauten zur Erhöhung der Turbulenz	

Tabelle 1.5: Bestimmungsmerkmal für die Form des Rippenprofils auf der Innenfläche des wärmeübertragenden Elementes (Symbol RI)

Die Positionen des Bestimmungsmerkmals RI stimmen vollständig mit den Positionen des Bestimmungsmerkmals RA (Tab. 1.3) überein, d. h.

RI 0 — siehe RA 0, RI 1 — siehe RA 1, usw.

Beschreibungsbeispiele:

H1A1RAOI1RIO — glattes Zylinderrohr,
H1A2RAOI2RIO — rauhes Zylinderrohr,
H1AORAOIORIO — Zylinderwand,

H2A4RA7I2RIO – mehrschichtige elliptische Querrippe (-rippen) konstanter Höhe mit rechteckigem Profil auf einem innen aufgerauhten ellyptischen Rohr,
H27A12RA1IORIO – gerade Rippe rechteckigen Querschnitts auf ebener Fläche,
H36AORAOIORIO – anders geformter Körper.

Wenn der Zahlenwert einer der zu ermittelnden Eigenschaften 0 ist, kann die Gruppe aus der Niederschrift ausgeschlossen werden (z. B. H1A1I1, H1A212, H1, H8A4RA712, H27A12R1, H36).

Mit Hilfe der aufgeführten Bestimmungsmerkmale können mehr als 10^6 Wärmeübertragungselemente verschiedener Form indexiert, als auch spezielle Einteilungsprinzipien der Formen von Wärmeübertragungselementen erstellt werden.

1.5. Klassifikation des Wärmeübertragungsflächentyps

Der Typ der Wärmeübertragungsfläche wird von der gegenseitigen Lage der Wärmeübertragungselemente (z. B. Einzelelement, Rohrbündel, Profilplattenpaket usw.), d. h. von der Bauart der Wärmeübertragungsfläche gekennzeichnet.

Eine Beschreibung des Bestimmungsmerkmals des Wärmeübertragungsflächentyps (Symbol W) wird in Tab. 1.6 gegeben.

Tabelle 1.6: Bestimmungsmerkmal des Typs der Wärmeübertragungsflächen (Symbol W)

W	0	ohne Merkmal	W	6	andere Bündel aus Wärmeübertragungselementen
W	1	einzelnes Wärmeübertragungselement (Rohr, Stange, Platte usw.)	W	7	Paket aus Wärmeübertragungselementen
W	2	fluchtendes Bündel von Wärmeübertragungselementen	W	8	Schüttung kleiner Körper (Füllkörper, Kornschicht)
W	3	Bündel von Wärmeübertragungselementen in Dreiecksanordnung	W	9	schwebende Körper (Wärmeübertragungselemente)
W	4	Bündel aus Wärmeübertragungselementen	W	10	Bündel aus gewundenen Wärmeübertragungselementen
W	5	Bündel aus in konzentrischen Kreisen angeordneten Wärmeübertragungselementen	W	11	andere Flächentypen

1.6. Klassifikation der Apparatekonstruktion

Die Apparatekonstruktion wird mit Hilfe von vier Bestimmungsmerkmalen beschrieben:

1. konstruktive Begrenzung der Übertragungsfläche im Apparat, Symbol KB,
2. Steifheit der Konstruktion, Symbol SK,
3. Formgebung des Apparats, Symbol F,

4. konstruktive Gewährleistung der Umströmung der Wärmeübertragungsfläche, Symbol U.

Eine Beschreibung der Bestimmungsmerkmale KB und F wird in Tab. 1.7 und 1.8 gegeben.

Tabelle 1.7: Bestimmungsmerkmal der konstruktiven Begrenzungen der Wärmeübertragungsfläche im Apparat (Symbol KB)

KB 0	ohne Merkmal	KB 8	konzentrisch in einem runden Körper
KB 1	in einem Rohr (Gehäuse)	KB 9	exzentrisch in einem runden Körper
KB 2	in einem Schacht (rechteckiges oder vieleckiges) Profil)	KB 10	in einem halbbegrenzten Körper
KB 3	in einer Wanne (für Tauchflächen)	KB 11	in einem Körper, der von zwei parallelen Flächen begrenzt wird
KB 4	ohne Verkleidung (für Rieselflächen)	KB 12	auf der Oberfläche eines halbbegrenzten Körpers
KB 5	in Verkleidungen mit Mantel	KB 13	mit einzelnen Vertiefungen in einem halbbegrenzten Körper
KB 6	in Verkleidungen anderer Form	KB 14	in einem unbegrenzten Körper
KB 7	in einem quadratischen Körper	KB 15	in anderen Körpern

Tabelle 1.8: Bestimmungsmerkmal für die Umströmung der Wärmeübertragungsfläche (Symbol G)

G 0	ohne Merkmal	G 4	kombinierte Fläche
G 1	Längsströmung (längs der Elemente-Bündelachse usw.) bei Druckfluß der Fluida	G 5	kompliziertere Fälle
G 2	Querumströmung	G 6	natürliche Konvektion
G 3	Umströmung unter einem Angriffswinkel von ($\neq 0°$, 90°, 180°)	G 7	Berieselung, Film
		G 8	großes Volumen
		G 9	andere Verfahren

Die Klassifikation der Steifheit und Formgebung der Apparate ist ausführlich in [23, 31, 32, 145] beschrieben und wird deshalb hier nicht erwähnt.

Die Kombination der Bestimmungsmerkmale KB, SK, U mit den Bestimmungsmerkmalen H, A. RA, I, RI und dem Oberflächentyp F eröffnet die Möglichkeit der Indexierung von Konstruktionen einer praktisch unüberschaubaren Vielzahl jetzt schon existierender und in der Perspektive möglicher wärmeübertragender Apparate sowie auch von Vorrichtungen zur Wärmeübertragung durch Wärmeleitung.

1.7. *Klassifikation der Apparatebauarten*

Sind mehrere Wärmeübertrager miteinander gekoppelt, so können sie folgendermaßen angeordnet sein:

1. jeder Apparat auf einem besonderen Fundament,
2. alle Apparate auf einer Metallkonstruktion,
3. als Kaskade bei der mehrere Apparate starr gekoppelt sind,
4. als Block, d. h. starr in einer äußeren Hülle (Gehäuse, Mantel usw.).

1.8. Klassifikation der Fluidstromführung beim Apparateelement

Eine Einteilung der Elementeschaltbilder (Stromführung der Fluide bei Apparateelementen) ist in Abb. 1.2 aufgeführt.

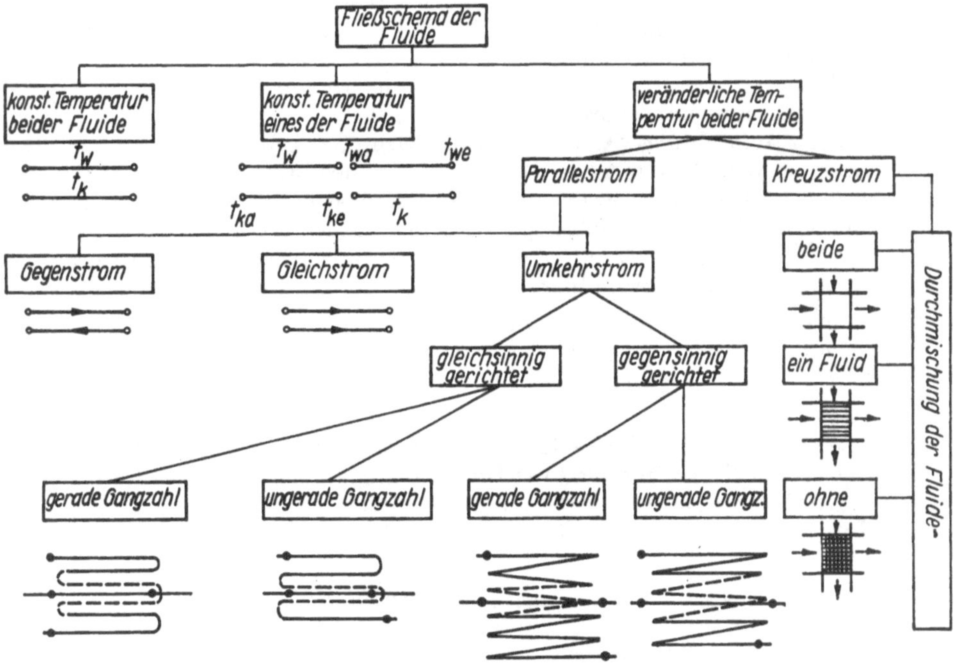

Abb. 1.2 Klassifikation der elementaren Fließschemata der Fluide

Elementeschaltbilder werden in 3 Gruppen eingeteilt:

1. Gruppe: Stromführung mit konstanter Temperatur beider Fluide (z. B. Kondensator-Verdampfer von reinen Stoffen),
2. Gruppe: Stromführung mit konstanter Temperatur eines der Fluide (z. B. Kondensatoren und Verdampfer von reinen Stoffen),
3. Gruppe: Stromführung mit veränderlicher Temperatur beider Fluide. Dies ist die vielfältigste Gruppe, die sich noch in Schaltungen mit Parallelströmung und Kreuzströmung unterteilen läßt.

Schaltbilder der Parallelströmung:

1. Gegenstrom,
2. Gleichstrom,
3. Umkehrstrom (Vielzahl von Schaltbildern).

Es sind zwei Arten der Fluidwende im Element möglich

1. die gleichsinnig ausgerichtete Wende, Typ „Säge“,
2. die gegensinnig ausgerichtete Wende, Typ „Welle“.

Schaltungen mit gegensinnig gerichtetem Umkehrstrom werden in der Literatur als Schaltungen mit gemischter Strömung bezeichnet. Es gibt solche Schaltungen mit gerader und ungerader Gangzahl (Wenden) M, wobei die Oberflächen dieser Gänge gleichgroß bzw. ungleichgroß sein können.

In Röhrenbündelapparaten ist $M \in [2, 12]$ in Apparaten anderer Konstruktion trifft man auf $M > 12$.

Weiterhin werden Stromführungen mit Durchmischung beider Fluide und Durchmischung eines Fluids unterschieden.

Die Stromführung des gleichsinnig gerichteten Umkehrstroms ist in allen Merkmalen, außer der Art der Wende, analog den Stromführungen der Kreuzströmung. Stromführungen mit der Umkehr beider Fluide gehören nicht zu den elementaren Stromführungen und werden deshalb hier nicht untersucht. Die Stromführungen für die Kreuzströmung (nur die einfache Kreuzströmung ist eine elementare Stromführung) werden in Stromführungen

1. mit Durchmischung beider Fluide,
2. mit Durchmischung eines Fluids,
3. ohne Durchmischung der Fluide

eingeteilt.

Schaltungen mit mehrfachem Kreuzstrom sind Kaskaden von Elementen mit reinem Kreuzstrom und werden deshalb hier nicht untersucht.

Die Darstellung der verbreitetsten elementaren Stromführungen wird in Tab. 6.9, angegeben.

1.9. Klassifikation der Stromführung im Apparateteil

Die Stromführung der Fluide im Apparateteil ist normalerweise elementar, d. h. vom Standpunkt der Wärmeübertragung stimmen Apparateteil und Apparateelement überein.

In einigen Fällen stellt der Apparateteil eine Bauelementereihe dar (z. B. in Apparaten mit mehrfachem Kreuzstrom, in Parallelstromapparaten mit Querstegen). Deshalb geht die Klassifikation der Fluidschaltbilder für Apparateteile in die erwähnte Klassifikation über.

1.10. Klassifikation der Fluidstromführungen im Wärmeübertrager und bei Komplexen

Eine Unterteilung der Fluidstromführungen im Wärmeübertrager ist in Abb. 1.3 aufgeführt.

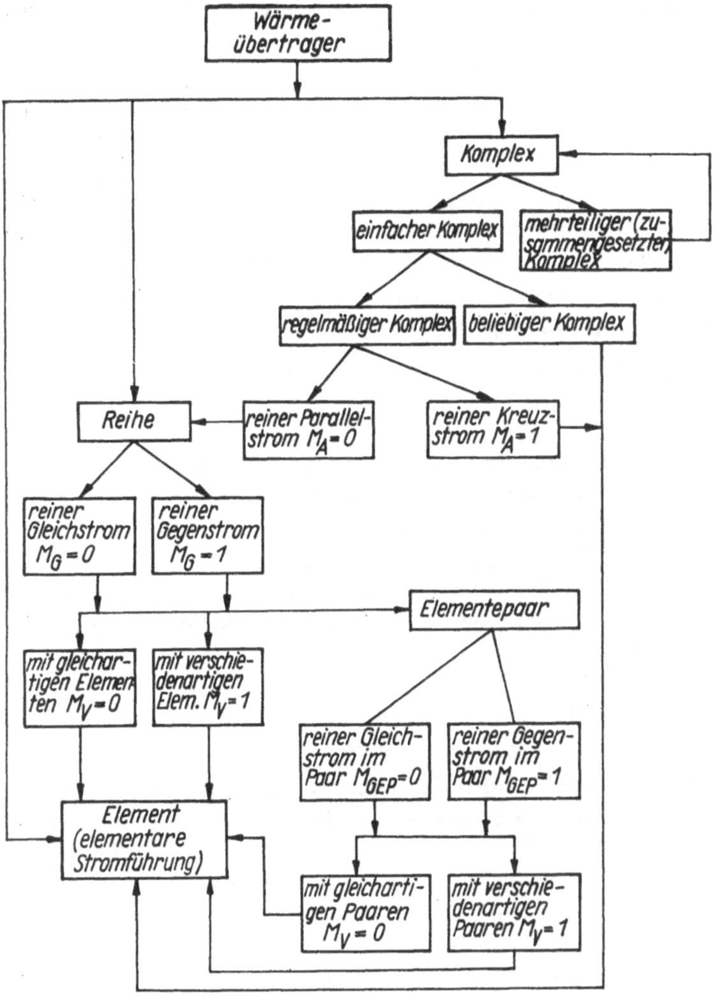

Abb. 1.3 Unterteilung der Fluidstromführungen im Wärmeübertrager

In die Klassifikation gehen die wichtigsten Begriffe ein: Element, Elementepaar, Elementereihe, Elementekomplex.

Die Klassifikation der Elemente (bzw. der elementaren Stromführungen) wurde unter Abschn. 1.8. beschrieben.

Als Grundlage der Klassifikation von Elementereihen wurden zwei Merkmale angenommen:

1. M_G — Gegenstromkoeffizient

(0 — reiner Gleichstrom, 1 — reiner Gegenstrom) — dieses Merkmal entspricht

zahlenmäßig und inhaltsmäßig dem Gegenstromkoeffizienten in der ersten Reihe eines Komplexes (s. w. h.)

2. M_V — Vereinheitlichungsgrad der Elemente

(0 — Reihe aus gleichartigen Elementen, 1 — Reihe aus verschiedenartigen Elementen)

Daraus folgt, daß es vier mögliche Varianten für Elementereihen gibt.

Zur Grundlage der Klassifikation von Elementepaaren wurde ein M_G analoges Merkmal angenommen (wenn man ein Elementepaar als Entartung einer Reihe aus verschiedenartigen Elementen betrachtet).

1. M_{GEP} — Gegenstromkoeffizient im Elementepaar

(0 — reiner Gleichstrom, 1 — reiner Gegenstrom).

Reihen aus Elementepaaren werden nach drei Merkmalen klassifiziert:

1. M_G — s. o.
2. M_{GEP} — s. o.
3. M_V — Vereinheitlichungsgrad der Elementepaare in Reihen

(0 — gleichartige Paare, 1 — verschiedenartige Paare)

Dieses Merkmal entspricht M_V für Elementereihen.

Folglich sind 8 Varianten von Elementepaarreihen möglich. Zur Grundlage der Klassifikation einfacher regelmäßiger Komplexe werden fünf Stromführungsmerkmale (M_A, M_{Ww}, M_{Wk}, M_G, M_F) und vier Mengenkennziffern (U_w, U_k, n_w, n_k) eingeführt.

Merkmale der Stromführung in Komplexen:

1. M_A — Art der Stromführung im Komplex

(0 — reiner Parallelstrom, 1 — reiner Kreuzstrom)

2. M_{Ww} — Art der Wende (Umkehr) des wärmeabgebenden Mediums

(0 — keine Wende, 1 — gleichsinnig ausgerichtete Wende („Säge"), 2 — gegensinnig ausgerichtete Wende („Welle"))

3. M_{Wk} — Art der Wende (Umkehr) des wärmeaufnehmenden Mediums

(0 — keine Wende, 1 — gleichsinnig ausgerichtete Wende („Säge"), 2 — gegensinnig ausgerichtete Wende („Welle"))

4. M_G — Gegenstromkoeffizient der ersten Reihe des Komplexes, als erste Reihe wird die, in Richtung des Heizmedienverlaufs gesehene, erste Apparate- (Elemente-)Reihe betrachtet. Sie liegt somit am Eintritt des mit t_{wa} eintretenden Heizmediums.

(0 — reiner Gleichstrom der Fluide in der ersten Reihe, t_{wa}, t_{ka} im ersten Element (Apparat) der ersten Reihe und t_{we}, t_{ke} — in den äußeren Elementen (Apparaten) der ersten Reihe;

1 — reiner Gegenstrom der Fluide in der ersten Reihe, t_{wa}, t_{ke} — im ersten Element (Apparat) der ersten Reihe und t_{we}, t_{ka} — in den äußeren Elementen (Apparaten) der ersten Reihe.)

5. M_F — Art der Zu- und Abführung der Fluide,

(0 — Zu- bzw. Abführung der Fluide und damit t_{wa}, t_{ka} (bzw. t_{ke}) in ein Element (Apparat),

1 — Zu- bzw. Abführung der Fluide und damit t_{wa}, t_{ka}, t_{we}, t_{ke} in vier verschiedene Elemente (Apparate))

Mengenkennziffern der Stromführung im Komplex:

1. Anzahl der Parallelreihen (Verzweigungen) des wärmeabgebenden Fluids $U_w = 1, 2, \ldots$,
2. Anzahl der Parallelreihen (Verzweigungen) des wärmeaufnehmenden Fluids $U_R = 1, 2, \ldots$,
3. Anzahl der in Reihe geschalteten Elemente einer Parallelreihe im Verlauf des wärmeabgebenden Fluids $n_w = 1, 2, 3, \ldots$,
4. Anzahl der in Reihe geschalteten Elemente einer Parallelreihe im Verlauf des wärmeaufnehmenden Fluids, $n_k = 1, 2, 3, \ldots$

Mit Hilfe der Stromführungsmerkmale können beliebige Fluidstromführungen im Wärmeübertrager (im Komplex, in der Reihe) eindeutig verschlüsselt werden. Zum Verschlüsseln kann die Zahl M_A, M_{Ww}, M_G, M_F dienen, wobei anstelle jedes dieser Symbole sein Zahlenwert geschrieben wird.

In Abb. 1.4 sind die charakteristischen Fluidstromführungstypen in einfachen regelmäßigen Komplexen, ihre Symbole und Gültigkeitsbedingungen aufgeführt. In den Parallelstromschaltbildern sind die Elemente (Apparate) nur im ersten Bild schematisch dargestellt, in den anderen Bildern kann man sie sich analog vorstellen. In Kreuzstromschaltbildern werden die Elemente (Apparate) als Kreise angegeben.

In allen Schaltbildern wird vorausgesetzt, daß U_w, U_k, n_w, n_k beliebige ganze Zahlen sind.

Wie aus Abb. 1.4 folgt, wurden 47 verschiedene Schaltbildtypen einfacher regelmäßiger Komplexe betrachtet.

Die verschiedenen Kombinationen von U_w, U_k, n_w, n_k (= 1, 2, 3, ...) ergeben eine praktisch unendliche Variantenvielfalt an Komplexen dieser Typen. Alle anderen Komplexe, die nicht zu den regelmäßigen zählen, werden als beliebige bezeichnet. Die Verschiedenartigkeit ihrer Stromführungen und die Zahl dieser Komplexe sind praktisch unendlich. Außerdem kann man jeden dieser Komplexe als neues wärmeübertragendes „Element" mit bekanntem Wert der Effektivitätsfunktion $\varphi_E \in (0, 1)$ (s. Abschn. 6.5.) betrachten. Aus diesen neuen „Elementen" können kompliziertere, aus beliebigen, oben beschriebenen Typen zusammengesetzte Komplexe gebildet werden. Solche zusammengesetzte Komplexe werden analog den einfachen Komplexen, durch das Hinzufügen eines durch einen Punkt abgetrennten neuen Symbols zum Symbol der letztgenannten Komplexe (z. B. 11100.00100) verschlüsselt.

Die Systematisierung der unendlich möglichen Variantenvielfalt an regelmäßigen und beliebigen einfachen zusammengesetzten Komplexen in Verbindung mit verschiedenen Stromführungsvarianten in den Elementen (Apparaten) der Komplexe selbst, schafft Voraussetzungen für Vergleiche und zur Auswahl des bestmöglichen Komplexes.

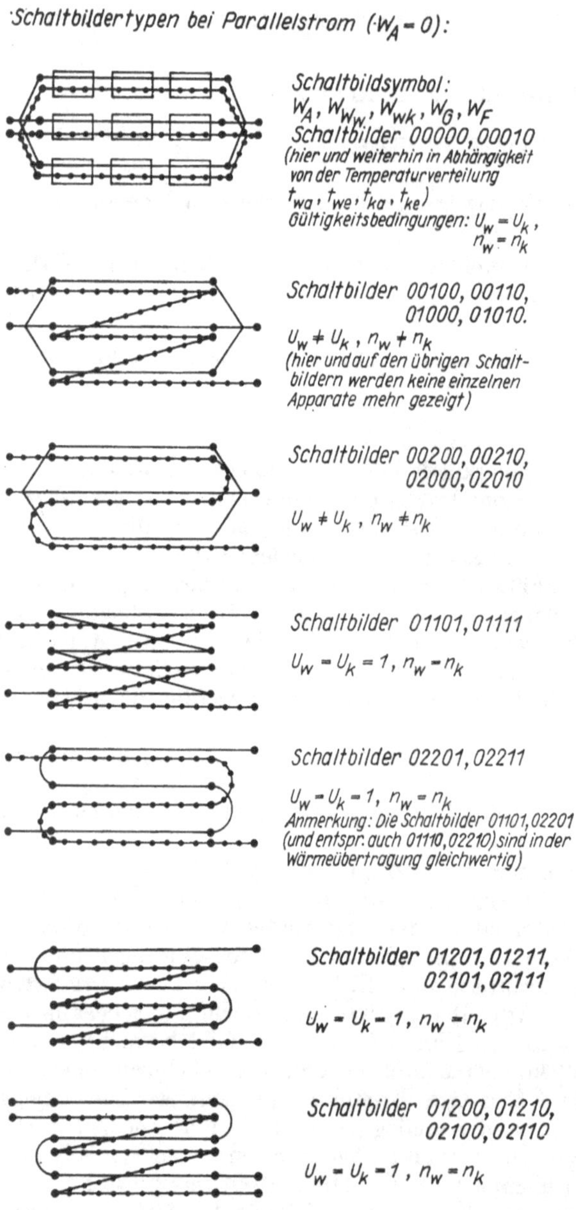

Abb. 1.4 Schaltbildertypen bei Parallel- und Kreuzstrom

Schaltbildertypen bei Kreuzstrom ($W_A = 1$)
für alle Schaltbilder $U_w \neq U_k$, $U_w = n_k$, $U_k = n_w$

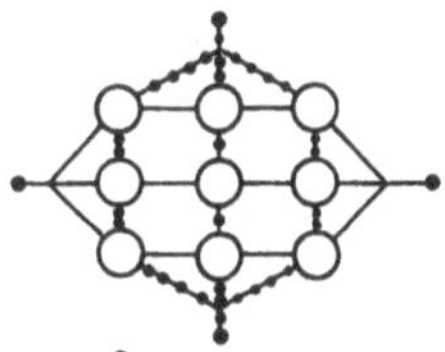

Schaltbild 10000

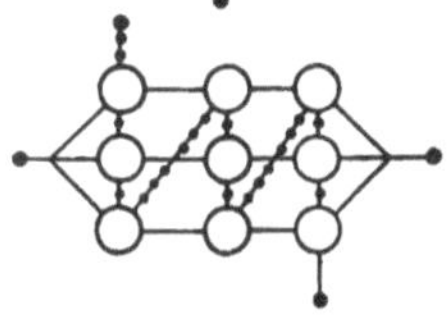

Schaltbilder 10100, 10110,
11000, 11010

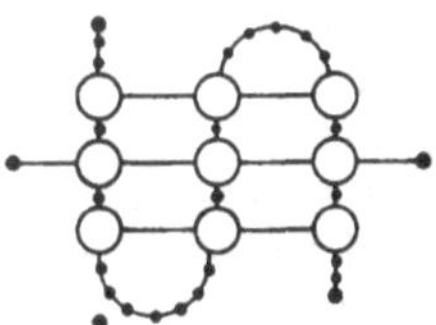

Schaltbilder 10200, 10210,
12000, 12010

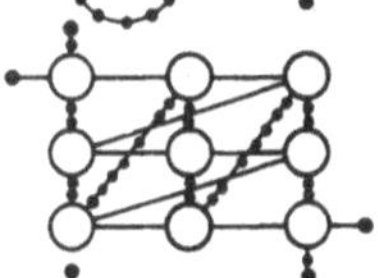

Schaltbilder 11100, 11110

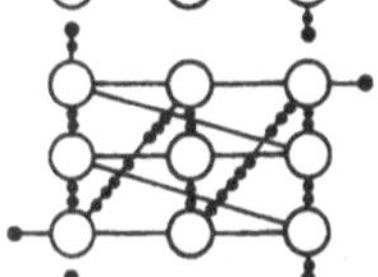

Schaltbilder 11101, 11111

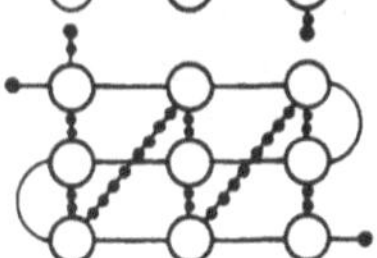

Schaltbilder 11200, 11210
12100, 12110

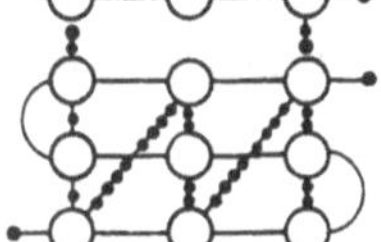

Schaltbilder 11201, 11211
12101, 12111

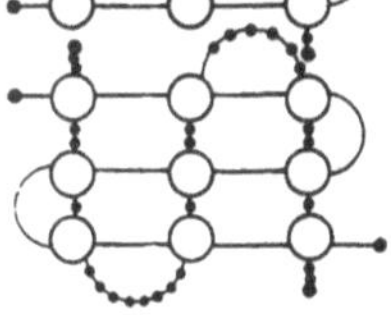

Schaltbilder 12200, 12210

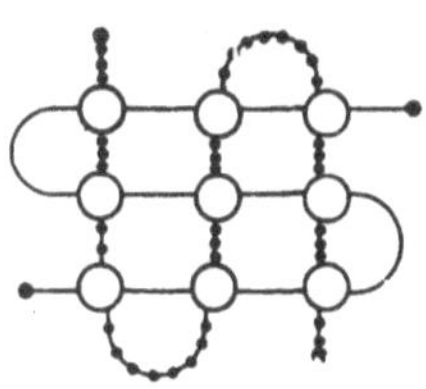

Schaltbilder 12201, 12211

In der Praxis fanden die Komplexe 00000, 00010 und teilweise die Komplexe 00100, 00110, 01000, 01010, 00200, 00210, 02000, 02010 die weiteste Verbreitung.

Bei $U_w = U_k = 1$ entarten sie in eine Elementereihe und bei $U_w = U_k = n_w = n_k = 1$ in ein einzelnes Element. Bei $n_w = n_k = 1$ entarten die Komplexe 00000 und 00010 zu einer Parallelanordnung und die restlichen Komplexe in eine Kreuzstromführung.

2. Klassifikation der Wärmeübertragerberechnungen

In diesem Kapitel wird eine neue Klassifikation der verbreitetsten und aussichtsreichsten grundlegenden Wärmeübertragerberechnungsarten beschrieben. Es werden Klassifikationsmerkmale vorgeschlagen (s. Abschn. 2.1.) mit deren Hilfe Zusammensetzung und Vollkommenheit beliebiger Berechnungsalgorithmen bewertet werden können. Die Klassifikation ist funktionell und berücksichtigt die Anwendung maschineller Rechner. Sie wird in Abschn. 3. zum Aufbau der Rechenschemata für Wärmeübertrager verwendet.

2.1. Klassifikationsmerkmale

Die bekannten Klassifikationen der Berechnungsarten von Wärmeübertragern [18—21, 23, 28, 29, 35, 36] u. a. gehen von den begrenzten Möglichkeiten der manuellen Berechnung aus.

Die Anwendung der EDV führte zu einer prinzipiellen Veränderung der wissenschaftlichen Grundlagen und der Praxis der Wärmeübertragerberechnung.

Mit dem Ziel einer Systematisierung der Methoden und Algorithmen war eine neue funktionelle Klassifikation notwendig, die die Möglichkeiten der maschinellen Berechnung berücksichtigt und auf die Anwendung der EDV orientiert ist.

Der erste Versuch der Erarbeitung einer solchen Klassifikation wurde vom Autor in [146] unternommen und in [38] genauer fixiert.

In der vorliegenden Arbeit wurde die Klassifikation aus [38] verändert und ergänzt.

Der Klassifikation maschineller Berechnungen liegen folgende Merkmale zugrunde:

1. Berechnungsinhalt,
2. Methoden zur Gewährleistung der geforderten Berechnungsgenauigkeit,
3. Zweck (Anwendung) der Berechnungen,
4. Eigenschaften der Berechnungsschemata.

2.2. Klassifikation des Inhalts von Wärmeübertragerberechnungen

Dem Inhalt nach können diese Berechnungen wie folgt unterteilt werden:

1. Festigkeitsberechnungen,
2. Konstruktionsberechnungen,
3. thermische Berechnungen,
4. hydromechanische Berechnungen,
5. ökonomische Berechnungen.

Bei den Festigkeitsberechnungen werden, ausgehend von den Festigkeitsbedingungen, die Abmessungen der wichtigsten Teile und Baugruppen, aus denen die Apparate bestehen, ermittelt: Wandstärke und Länge der wärmeübertragenden Rohre bzw. Platten, die Abmessungen der Deckel, des Gehäuses, der Rohrböden, der Kompensatoren, der Auflager, Stutzen u. a.

Das Ziel der Konstruktionsberechnungen ist die Auslegung der Wärmeübertragungsfläche (z. B. Anordnung des Rohrbündels, Lage der Zwischenbaugruppen unter Beachtung der fertigungsgerechten Gestaltung, die Ermittlung des wirksamen Querschnitts, der Leckströme, der Größe der Wärmeübertragungsfläche usw., die Anordnung und Schaltung der Apparate im Wärmeübertrager, die Ermittlung von Masse und Volumen der Apparate und ihrer Elemente.

Die thermischen Berechnungen dienen zur Ermittlung der Ablaufbedingungen der Wärmeprozesse im Apparat. Sie unterteilen sich in die Berechnung der

1. Wärmeleitung,
2. Wärmeübertragung.

Eine Klassifikation der Wärmeübertragungsaufgaben wird gesondert in Abschn. 4. betrachtet.

Das Ziel der hydromechanischen Berechnungen ist die Ermittlung des Druckabfalls bei dem Durchfließen der Arbeitshohlräume, die Berechnung der Leistung und Auswahl der Druckerzeuger, die Berechnung der Fluidverteilung in den Apparateelementen (Durchfluß durch Zwischenwände und Spalte, Parallelstrahl usw.).

Bei der ökonomischen Berechnung werden die Preise für Herstellung, Transport, Lagerung, Montage und Isolierung der Wärmeübertrager, für Anschlüsse, Fundamente, Stahlbau, Druckerzeugungseinrichtung, die Kosten für die Wärmeträger sowie die gesamten Betriebskosten, Investitionen und Gemeinkosten sowie Gewinn, Rentabilität u. a. Kennziffern ermittelt.

2.3. Klassifikation der Methoden zur Gewährleistung der benötigten Rechengenauigkeit

Die thermischen und hydromechanischen Prozesse, die Festigkeitszustände sowie ökonomische Zusammenhänge werden mit Differentialgleichungen und ihren Lösungen beschrieben.

Die Lösungen der Differentialgleichungen können in folgende Arten unterteilt werden (zum besseren Verständnis werden diese anhand der thermischen Berechnung erläutert):

1. Globalberechnung mit konstanten Koeffizienten:

   Ein Beispiel ist die vereinfachte GRASHOF-Methode. Bei dieser Berechnung wird angenommen, daß die Wärmeübertragungsbedingungen (Wärmekapazität der Fluide, Wärmeübertragungskoeffizienten, Wärmeleitwiderstand der Schichten der Übertragungsfläche) entlang der Oberfläche unveränderlich sind. Das klassische Beispiel einer solchen Berechnung ist die allgemein verbreitete Ermittlung der Endtemperaturen im Apparat [20] mit der mittleren logarithmischen Triebkraft.

2. Globalberechnung mit Koeffizientenermittlung:

   Ein Beispiel ist die Ermittlung der Wärmeübertragungsfläche nach der GRASHOF-Methode [39] bei der Annahme, daß die Wärmeübertragungsbedingungen entlang der Oberfläche als unveränderlich und als zahlenmäßig gleich den Wärmeübertragungsbedingungen in einem gemittelten Wärmeübertragungsquerschnitt sind, d. h. in einem solchen Querschnitt, wo die mittlere Triebkraft der mittleren Temperaturdifferenz der Fluide gleich ist. Ein charakteristisches Beispiel für eine solche Berechnung ist die iterative Ermittlung der Endtemperaturen im Apparat [146], S. 31 mit Mittelung der Wärmestromkapazitäten und des Wärmeübertragungskoeffizienten bei jedem Iterationsschritt.

3. Globalberechnung mit Koeffizientenlinearisierung:

   Ein Beispiel einer solchen Berechnung ist in [146], S. 33 beschrieben. Diese Berechnungsart ist genauer, da sie eine lineare Veränderung der Wärmeübertragungsbedingungen entlang der Oberfläche berücksichtigt.

4. Globalberechnung mit Ersatz der Differentiale durch Differenzen:

   Ein Beispiel einer solchen Berechnung ist in [146], S. 43 aufgeführt. Das ist die einfachste der bekannten Berechnungen; sie kann zur groben Bestimmung der gesuchten Größen dienen.

5. Abschnittsweise Berechnung:

   Der Algorithmus der abschnittsweisen thermischen Berechnung ist in [146], S. 54 beschrieben. Im Vergleich zu anderen Globalberechnungen ist diese Berechnungsart genauer, garantiert aber ebenfalls nicht die erforderliche Genauigkeit.

6. Berechnung mit abschnittsweiser Linearisierung:

   Diese Methode wird in [146], S. 35 beschrieben. Sie ist eine vereinfachte, aber ausreichend genaue Modifikation der abschnittsweisen Berechnung.

7. Iterative abschnittsweise Berechnung ([146], S. 58—97):

   Das ist eine Variante zur numerischen Lösung einer Differentialgleichung bei vorgegebener Genauigkeit. Die Rechengenauigkeit wird für die gesuchten Größen durch eine allmähliche Vergrößerung der Abschnittsanzahl gewährleistet. Dies ist die genaueste der bekannten Berechnungsarten.

Bei den abschnittsweisen Berechnungen wird die Berechnung der gesuchten Größen innerhalb des Abschnitts mit einer der in den Punkten 1.—4. beschriebenen globalen Berechnungsmethoden vorgenommen.

Die Analyse der iterativen abschnittsweisen Berechnungen zeigte, daß für die Bestimmung der Wärmeübertragung je Abschnitt die Methode mit Ersatz der Differentiale durch Differenzen (Pkt. 4.) am aussichtsreichsten ist.

Der Vorteil dieser Berechnungsmethode zeigt sich z. B. bei der Wärmeübertragungsberechnung für Kreuzstromapparate.

2.4. Klassifikation der Wärmeübertragerberechnungen nach dem Anwendungszweck

Diese Berechnungen stellen verschiedene Kombinationen der Festigkeits-, Konstruktions-, thermischen, hydromechanischen und ökonomischen Berechnungen dar. Es gibt dabei eine Vielzahl möglicher Kombinationen. Aus dieser Vielzahl werden hier nur die verbreitetsten Berechnungsarten betrachtet (s. Abb. 2.1):

1. Konstruktionsberechnung
2. Projektberechnung
3. Projekt- und Konstruktionsberechnung
4. Kontrollberechnung
6. Optimierungsberechnung

Grundlage der Konstruktionsberechnung sind Festigkeitsberechnungen. Konstruktionsberechnungen werden hauptsächlich bei der Entwicklung von Standards für Wärmeübertrager sowie für die Berechnung von Spezialapparaten eingesetzt.

Bei der Projektberechnung werden die Wärmeübertragungsflächen standardisierte Apparateteile und Apparate mit gegebenen Hauptabmessungen, die Kopplung der Apparateteile, die Stromführung und Druckverluste im Wärmeübertrager und die Gesamtmasse des Wärmeübertragers ermittelt. Die Hauptprojektberechnungen sind die thermische und hydromechanische Berechnung.

Bei der Projekt-Konstruktionsberechnung setzt sich die errechnete Wärmeübertragungsfläche aus nichtstandardisierten Apparateteilen zusammen. Sie ist jedoch schwieriger und arbeitsaufwendiger als die Projektberechnung, da sie vollständig die Projektberechnung und Teile der Konstruktionsberechnung einschließt.

Das Hauptziel der Kontrollberechnung ist die Ermittlung der Betriebsdaten des Wärmeübertragers einschließlich Verluste bei bekannter Konstruktion, gegebenen Abmessungen, gegebener Anzahl und Bauart der Apparateteile (d. h. für den Fall, daß die Wärmeübertragungsfläche und Fluidstromführung in den Apparateteilen und im gesamten Wärmeübertrager gegeben sind).

Bei der Kontrollberechnung wird jedes beliebige Größenpaar aus der Menge ($\dot{m}_w$, $\dot{m}_k$, t_{wa}, t_{ka}, t_{we}, t_{ke}, η_{vw}, η_{tk}) und der Strömungswiderstand bei der Fluid-

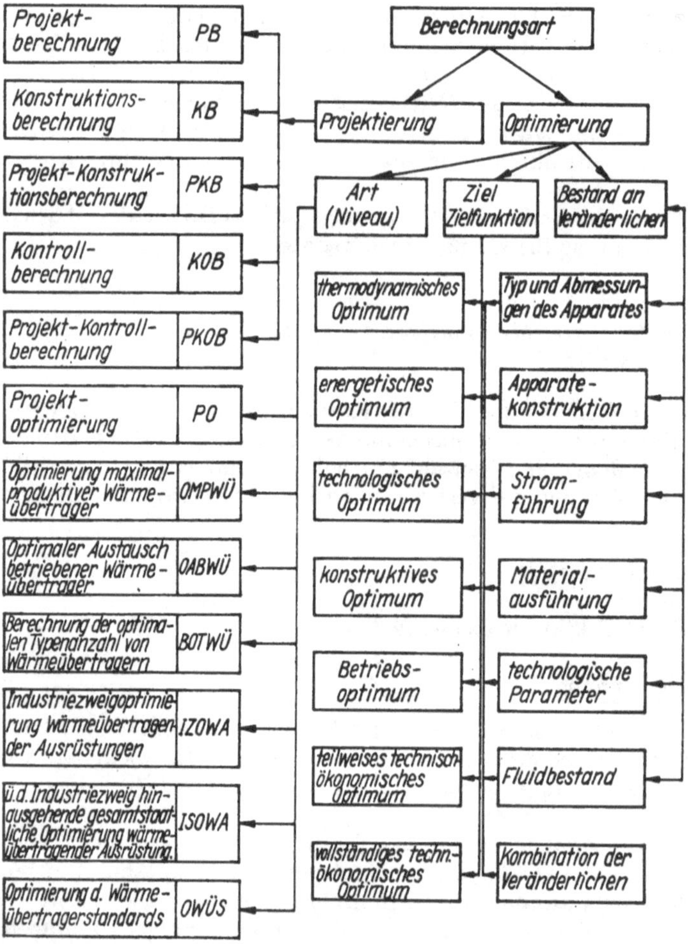

Abb. 2.1 Klassifikation der Berechnungsarten für Wärmeübertrager

bewegung im Wärmeübertrager ermittelt. Grundlage der Kontrollberechnung sind die thermischen und hydraulischen Berechnungen.

Die Projekt-Kontrollberechnung umfaßt sämtliche thermischen Projekt- (bzw. Projekt-Konstruktions-) und Kontrollberechnungen. Es ist die Regel, daß sich die nach der Druchführung der Projektberechnung realisierte Wärmeübertragungsfläche wegen der Ganzzahligkeit der Apparateteileanzahl von der benötigten (rechnerischen) unterscheidet. Die folgende Kontrollberechnung kompensiert diese Ungenauigkeit durch die Korrektur eines der folgenden Größenpaare ($\dot{m}_w$, $\dot{m}_k$, t_{wa}, t_{we}, t_{ka}, t_{ke}, η_{vw}, η_{vk}).

In der Optimierungsberechnung werden die konstruktiven, technologischen, ökonomischen und anderen Kenngrößen des Wärmeübertragungsprozesses bzw. des Wärmeübertragers ermittelt, bei denen die Existenzbedingungen des Extremums der Zielfunktion mit vorgegebener Genauigkeit erfüllt werden.

Nach dem Optimierungsziel (nach der Art des Optimalitätskriteriums) kann man unterscheiden:

1. thermodynamische Optimierung ([146], S. 186—204),
2. technologische Optimierung (z. B. optimale Nutzung zulässiger Druckgefälle bzw. Extremalisierung der Fluidgeschwindigkeiten),
3. Konstruktionsoptimierung (z. B. Minimierung von Masse und Abmessungen des Wärmeübertragers),
4. Betriebsoptimierung (z. B. Projektierung von Apparaten mit minimaler Ablagerung von Verschmutzungen),
5. teilweise technisch-ökonomische Optimierung (z. B. die Minimierung der Investitionskosten, der Betriebskosten bzw. ihrer Komponenten),
6. vollständige technisch-ökonomische Optimierung ([146], S. 207—214) Optimierung in bezug auf die geringste Rücklaufdauer für Investitionen bzw. größtmögliche Rentabilität.

Unter Berücksichtigung der wesentlichsten Faktoren (Anzahl und Auswahl der unabhängigen Veränderlichen) werden die Optimierungsberechnungen wie folgt unterteilt:

1. Berechnung optimaler konstruktiver Parameter bei gegebener Wärmeübertragungsfläche (z. B. des Rohrdurchmessers, der Rohranzahl im Bündel, der Bündellänge, des Abstandes zwischen den Trennwänden, der Isolationsdicke usw. für Rohrbündelapparate, der Kanalhöhe und -breite für Plattenapparate, der Ganghöhe zwischen den Windungen für Rohrschlangenapparate usw.),
2. Berechnung der optimalen technologischen Parameter, optimale Anfangs- bzw. Endtemperaturen, optimale Massenströme der Fluide und optimaler Druckabfälle,
3. Berechnung der optimalen konstruktiven und technologischen Parameter,
4. Auswahl der optimalen Stromführung der Fluide im Apparat und im Wärmeübertrager,
5. Auswahl der optimalen Apparatekonstruktion, diese wird durch den Komplex der oben genannten Aufgaben bestimmt,
6. Auswahl der optimalen Materialausführung des Apparats,
7. Auswahl der Medien, wenn es die Möglichkeit zum Austausch der Medien gibt; die Effektivität ihrer Nutzung wird durch die Lösung einer der oben beschriebenen Aufgaben zur Optimumsuche mit darauffolgender Gegenüberstellung der Zielfunktionsoptima für jede der Medienzusammenstellungen ermittelt,
8. Berechnung eines optimalen Wärmeübertragersystems ([146], S. 245—346), das eine optimale Aufteilung der Temperaturen, eine Optimierung des Fluidverbrauchs und der Wärmeübertragungsleistung der einzelnen Wärmeübertrager des Systems zum Ziel hat.

Die Optimierungsberechnungen können ebenfalls nach dem Inhalt (der Gemeinsamkeit und Spezifik) der Algorithmen, nach den Methoden der Extremwertermittlung für die Zielfunktion und nach anderen Merkmalen klassifiziert werden.

Schließlich können die Optimierungsberechnungen nach einem Komplexmerkmal eingeteilt werden: nach der Ebene (dem Zweck, der Anwendung) der Berechnungen.

Unter den existierenden und den in der näheren Zukunft überschaubaren Optimierungsaufgaben für Wärmeübertrager können 7 Berechnungsebenen hervorgehoben werden:

1. Projektoptimierung,
2. Optimierung höchstproduktiver Apparate,
3. Optimaler Austausch betriebener Apparate,
4. Optimierungsberechnung und Normung der Ausrüstung im Maßstab eines Betriebes,
5. Industriezweigoptimierung wärmeübertragender Ausrüstungen,
6. gesamtstaatliche Optimierung wärmeübertragender Ausrüstungen,
7. Optimierung der Standards für Wärmeübertrager.

2.5. Klassifikation der Berechnungsschemata für Wärmeübertrager nach ihren Eigenschaften

Es können 4 Eigenschaften für Berechnungsschemata formuliert werden:

1. die Integrität der Schemata,
2. die Hierarchie der Schemata,
3. die Verträglichkeit der Schemata,
4. die Beständigkeit der Schemata.

Unter der Integrität der Schemas wird seine funktionelle Eigenständigkeit verstanden, die Möglichkeit seiner Nutzung unabhängig von anderen Schemata.

Die Hierarchie bestimmt die Wechselbeziehungen der Substrukturen der Schemata, wobei jede davon in sich abgeschlossen (selbständig) bzw. nicht abgeschlossen (ohne selbständige Anwendung) sein kann.

Die Hierarchie der Schemata unterteilt diese in Ebenen (Stufen).

Die Schemata, die sich auf einer niedrigeren Hierarchieebene befinden, üben die Funktion eines Unterschemas für die folgende, höhere Hierarchieebene aus. Die Anzahl derartiger beigeordneter Hierarchiestufen (von der höchsten Ebene bis zur niedrigsten) kann in Berechnungsalgorithmen für Wärmeübertrager ziemlich groß (bis zehn) sein. Sie hängt von der Kompliziertheit der Algorithmen und den vorhandenen Traditionen bei der Aufteilung der Berechnungselemente auf die Schemata ab.

In der Regel wächst bei steigender Hierarchieebene des Schemas seine Integrität. Im Rahmen einer Hierarchieebene befinden sich die Schemata nicht in Unterordnung, sie können indessen über verschiedene Integritätsstufen verfügen. Schemata, die Unterschemata komplizierter Schemata sind, müssen der Bedingung der gegenseitigen Verträglichkeit entsprechen. Die Verträglichkeitsbedingungen für verschiedene Schemata sind

1. Identität der Grenzbedingungen und der Anwendungsgebiete der Methoden, die die Schemata beinhalten,
2. Identität der thermischen, hydraulischen, konstruktiven und ökonomischen Grenzwerte der Berechnungsergebnisse,
3. Identität der Zielfunktion; diese Bedingung ist besonders bei der Suboptimierung, d. h. bei der Optimierung einer Komponente oder eines Teilsystems ([39, S. 227), wie auch bei der Aufstellung eines Optimierungssystems für Wärmeübertrager auf der Basis autonomer Schemata wichtig.

Die Beständigkeit der Schemata, das ist ihre Unveränderlichkeit und lange Lebensdauer.

Die beständigsten Berechnungsschemata beruhen auf der Nutzung von Gesetzmäßigkeiten, Methoden, logischen Zusammenhängen, die im Laufe der Zeit theoretisch und praktisch überprüft worden sind.

Diese Schemata sind für lange Zeiträume gedacht. Zu ihnen gehören z. B. die prinzipiellen Schemata für verschiedene Berechnungsarten (s. Kap. 3.), die Berechnungsschemata für die Wärmeübertragung in Querschnitten, im Element, in der Reihe und im Komplex (s. Abschn. 5. bis 8.).

Unbeständige (zeitweilige) Schemata beruhen gewöhnlich auf der Benutzung von Normativunterlagen (Preislisten, Standards, Normen usw.) und sind auf die Wirkungsdauer der Normative, gewöhnlich auf einige Jahre, befristet.

Mittelfristige (halbbeständige) Schemata beruhen auf der Nutzung physikalischer und ökonomischer Methodiken (z. B. der Kriterialgleichungen, der Normativmethoden für die Preiskalkulation usw.), in denen von Zeit zu Zeit Korrekturen oder Auswechslungen vorgenommen werden.

3. Berechnungsschemata für Wärmeübertrager

In diesem Abschnitt werden beständige, einheitlich verträgliche, untergeordnete Schemata (Prinzipschemata) existierender und zukünftiger Berechnungsarten für Wärmeübertrager betrachtet.

In einigen Fällen, so z. B. für die Projektberechnung, die Projekt-Konstruktionsberechnung sowie die Kontrollberechnung, wurde eine Ordnung, strenge Formalisierung und Verbreiterung des Anwendungsgebietes der Schemata vorgenommen.

Die restlichen Schemata sind prinzipiell neu und ermöglichen aussichtsreiche Optimierungsberechnungen in allen Ebenen, von der Projektoptimierung einzelner Apparate bis zur Optimierung der gesamten wärmeübertragenden Ausrüstung eines Betriebes.

Die Frage der Schematahierarchien wurde gelöst. Bei der Betrachtung des Aufbaus der wichtigsten Berechnungsarten wurde das notwendige Minimum an elementaren Musterschemata (Modulen) ausgesondert, aus denen man beliebige Algorithmen bilden kann. Diese Module werden in den folgenden Abschnitten betrachtet.

Somit werden in diesem Abschnitt die strukturellen Grundlagen der Berechnungssystemsynthese und der Optimierung industrieller Wärmeübertrager betrachtet.

Der Betrachtung der Schemata wird eine kurze Ausführung über die formellen Schreibregeln für Algorithmen und Schemata sowie deren Teile vorangestellt.

3.1. Schreibregeln für Algorithmen

Die Algorithmen (und die Schemata und Blockbilder der Berechnungen als Teile der Algorithmen) sind im vorliegenden Buch wie auch in der Mehrzahl unserer Veröffentlichungen in der Rechnersprache INJASAL geschrieben. Die Schreibregeln für Algorithmen in der Rechnersprache INJASAL wurden in [40] formuliert und in [147] korrigiert.

Technische Berechnungen werden durch eine komplizierte Struktur der zu berechnenden Funktionen, deren große Anzahl und in vielen Fällen durch eine komplizierte Logik charakterisiert. Schon eine gewöhnliche Konkretisierung der Aufgabenstellung für die Berechnungen ist schwierig, abgesehen von der strengen Formalisierung und der Vorbereitung einer Methodik zum maschinellen Rechnen. Gewöhnlich stößt der Ingenieur auf eine Vermengung verschiedener Bedingungen,

> „daß es nicht nur unmöglich ist, sie alle zu berücksichtigen, sondern es auch nicht immer einfach ist, die chronologische Reihenfolge, in der die Arbeit abzulaufen hat, festzustellen und alle Folgen abzuleiten. Eine vollständige Beschreibung der Aufgabe mit den gewöhnlichen Methoden vorzunehmen, ist eine sehr langwierige und erschöpfende Arbeit. Und außerdem, niemals kann man sicher sein, daß einige Umstände nicht vergessen wurden“ [41].

Unabhängig davon wie technische Berechnungen ausgeführt werden, war die Schaffung einer ingenieurtechnischen Algorithmensprache (des weiteren als INJASAL bezeichnet), zur Beschreibung der Folge und des Inhalts von Berechnungen, zum Austausch von Informationen über Berechnungsmethoden und zur Ausbildung der Studenten auf dem Gebiet der Grundlagen technischer Berechnungen notwendig geworden.

Diese Sprache muß sowohl zur Durchführung manueller als auch maschineller Berechnungen bequem und tauglich sein. Im letzteren Falle muß man beachten, daß es bei der heutigen Praxis der Programmierung nicht zweckmäßig ist, wenn der Ingenieur (der Ausarbeiter und „Verbraucher“ der Algorithmen) selbst das Programm erstellt. Seine Sache ist die Auswahl und die Begründung der Anwendbarkeit der Methodik, ihre Formalisierung, die Vorbereitung der Ausgangsdaten und die Interpretation der Resultate. Mit der Programmierung soll sich, mit Ausnahme der schwierigsten Aufgaben, ein speziell geschultes technisches Personal mittlerer Qualifikation beschäftigen, das die Niederschrift des Algorithmus lesen und verstehen kann und ihn in den Maschinencode bzw. in eine der Sprachen zur automatischen Programmierung (z. B. ALGOL, FORTRAN, AKI u. a.) translieren kann.

Aus der Berechnungspraxis ergeben sich folgende Forderungen an die Algorithmensprache:

1. Möglichst große Annäherung an die gewöhnliche technische Terminologie, um die schnelle Überwindung der „psychologischen Barriere“ bei der Aneignung der Praxis einer strengeren Formalisierung der Rechenmethodiken durch die Ingenieure zu ermöglichen.
2. Leichtigkeit und Verständlichkeit beim Erlernen.
3. Graphische Einfachheit, Kompaktheit und Bequemlichkeit bei der Gestaltung der technischen Dokumentation und bei Publikationen.
4. Anschaulichkeit von Struktur und Inhalt der Berechnungen, um den Informationsaustausch zwischen den Bearbeitern über maschinelle und nichtmaschinelle Berechnungsmethoden und um die Beschreibung dieser Methoden in rechenmethodischen Lehrbriefen und -büchern leicht zu ermöglichen.
5. Ermöglichung einer Schreibweise, die für die selbständige Durchführung schriftlicher Berechnungen durch Spezialisten geringerer Qualifikation geeignet ist und zur weiteren Programmierung in den Maschinencode bzw. mit Hilfe automatischer Programmierungssysteme taugt.

Weiterhin muß INJASAL die allgemeinen Eigenschaften formeller Rechensprachen besitzen und einheitlich, flexibel, eindeutig und vielstufig sein.

Bis zur heutigen Zeit wurden in der UdSSR und im Ausland schon eine Reihe Versuche unternommen, technische Algorithmen mit Hilfe solcher Sprachen wie INJASAL zu beschreiben [36, 40—44].

Keine dieser Sprachen erhielt eine ausreichende Verbreitung, hauptsächlich wegen der unbefriedigenden Erfüllung der dritten und fünften Anforderung.

In [147] wurde von uns eine Sprache, die allen fünf o. g. Anforderungen entsprach, erarbeitet. Diese Sprache ist im Vergleich zu allen anderen analogen Sprachen kontinuierlich und ihre Aneignung durch die Ingenieure hilft, die unerwünschte Vielfalt bei der Beschreibung von Berechnungsalgorithmen, die den Informationsaustausch über Rechenmethoden und Algorithmennutzung erschwert, zu beenden.

Die ingenieurtechnische Algorithmensprache INJASAL wurde auf dem ständigen wissenschaftlichen Allunionsseminar „Algorithmisierung der EDV-Berechnungen von Prozessen und Apparaten der chemischen Produktion und der Technologie, Verarbeitung und des Transports von Erdöl und Gas“ im Juni 1972 in Kiew geprüft und zur Nutzung empfohlen.

3.2. Rechenschema für Projektberechnungen

Das Ziel der Berechnungen ist die Ermittlung der Wärmeübertragungsfläche des Wärmeübertragers bei gegebenen (bekannten) Hauptabmessungen standardisierter Apparateteile sowie die Ermittlung der Anzahl dieser Apparateteile und ihrer Schaltung im Wärmeübertrager, der Gesamtmasse des Wärmeübertragers, der Strömungswiderstände im Wärmeübertrager und der Druckerzeugungsleistung.

Diese Berechnungen sind in der Projektierungspraxis am weitesten verbreitet.

Ausgangsdaten der Berechnungen:

- Massenströme und Temperaturen der Fluide und ihre physikalischen Eigenschaften,
- Form und Abmessungen der Wärmeübertragungsfläche und des ganzen Apparates,
- Material der Apparateelemente,
- effektiver Querschnitt und Abmessungen der Strömungskanäle der Fluide,
- Fläche und Masse des Apparates,
- Fluidstromfluß im Apparateteil, in der Elementenreihe oder im Elementenkomplex,
- Wärmeleitwiderstände der Verschmutzungen,
- Leckströme,
- rechnerische Grenzwerte,
- Flächensicherheitskoeffizienten,
- zulässige Rechengenauigkeit u. a.

Alle konstruktiven Angaben entsprechen den Standards für Wärmeübertrager. Sie sind in Form kompakter Tabellen je Apparatetyp und -abmessung (begrenzte Projektberechnung) bzw. für eine ausgewählte Anzahl von Apparatetypen und -abmessungen (vollständige Projektberechnung) aufbereitet. (Näheres über den Begriff „Apparatetyp und -abmessung" s. Abschn. 4.1.).

Das charakteristische Rechenschema für vollständige Projektberechnungen (Symbol BB-PB) ist in Abb. 3.1 dargestellt.

Bestandteile der Projektberechnungen:

B 1: Dateneingabe:

Alle Daten werden in Tabellenform eingegeben. Zur Illustration der Dateneingabe siehe ([148], S. 148–158; [149], S. 89–93). In Abhängigkeit vom Aufbau der Projektberechnung können Anzahl und Zusammenstellung der Eingabedaten verschieden sein.

Im Extremfall kann die Zahl der Ausgangsdaten minimiert werden, wenn die Berechnung des Wärmeleitwiderstandes der Verschmutzungen, der Leckströme, der Fluideigenschaften und der konstruktiven Größen mittels Approximation von Standardwerten vorgesehen ist. Allerdings wird eine solche Verringerung der Ausgangsdaten gewöhnlich durch eine beträchtliche Komplizierung der Algorithmen erreicht, was nicht immer möglich und oft überhaupt nicht zweckmäßig ist. Die Berechnung der Fluideigenschaften z. B. ist algorithmisch sehr aufwendig, die Berechnungsmethodiken sind nur für begrenzte Fluidgruppen anwendbar und ihre Einführung in das Rechenschema für Projektberechnungen kompliziert dieses beträchtlich und grenzt gleichzeitig das Anwendungsgebiet der Algorithmen im Hinblick auf die möglichen Medien ein. Deshalb wird die Berechnung der Fluideigenschaften in der Algorithmisierungspraxis gewöhnlich als eine selbständige, äußere Aufgabe betrachtet, deren Lösung nicht nur für die Berechnung der Wärmeübertrager, sondern auch für andere Ausrüstungen notwendig ist. Die für die Berechnung der Wärmeübertrager (und der anderen Ausrüstungen) notwendigen Eigenschaften werden dann in der Form von Wertetabellen eingegeben, die nach besonderen, äußeren Berechnungsalgorithmen ermittelt wurden bzw. Zahlenwerte aus der Literatur enthalten.

B 2: Die Lösung der Wärmebilanzaufgaben (BB — WB) läuft auf die Ermittlung einer unbekannten Größe aus der Menge (t_{wa}, t_{we}, t_{ka}, t_{ke}, $\dot{m}_w$, $\dot{m}_k$) bei vorgegebenen η_{Vw}, η_{Vk}, hinaus. Außerdem werden die Komponenten der Wärmebilanzgleichung $\dot{Q}_w$, $\dot{Q}_k$, $\dot{Q}_V$, $\dot{Q}_{Vw}$, $\dot{Q}_{Vk}$ ermittelt. Diese Aufgaben sind in Abschn. 4.2. beschrieben. Beispiele für Algorithmen zur Lösung von Wärmebilanzaufgaben sind in ([146], S. 131 und [148], S. 62) angegeben.

B 3, B 5: Berechnung der Strömungsgeschwindigkeit des wärmeabgebenden Fluids (BB — w_w) und des wärmeaufnehmenden Fluids, (BB — w_k) wird nachfolgend für die Berechnung der Wärmeübergangskoeffizienten und der Strömungswiderstände benötigt. Beispiele für solche Algorithmen (siehe [147], S. 50, [148], S. 12, 13, 58).

B 4, B 6: Die Kontrolle der Geschwindigkeitsgrenzwerte (BB — w_{wa}) und (BB — w_{ka}) dient zur Gewährleistung der Bedingungen

$$w_w \in [w_{w,\min}, w_{w,\max}].$$

$$w_k \in [w_{k,\min}, w_{k,\max}].$$

Sobald einer dieser Eingrenzungen nicht entsprochen wird, wird ein entsprechendes Merkmal M (eine beliebige Zahl > 0) ausgedruckt. Ein Beispiel für die Grenzwertkontrolle von w_w, w_k und die Ausarbeitung der entsprechenden Merkmale ist in [150], S. 9 erwähnt.

B 7: Berechnung des Wärmedurchgangskoeffizienten (BB — k)

Die allgemeinsten Rechenschemata für die Ermittlung des Wärmedurchgangskoeffizienten im Querschnitt sind in Abschn. 5.5., 5.7., 5.9. und 5.10. ausführlich beschrieben. Beispiele für Glattrohrapparate siehe auch [151], S. 16, [150], S. 50, [152], S. 52, 53, [148], S. 66 u. a. Die Genauigkeit der Berechnung von k wird durch die iterative Ermittlung der Wärmeübergangskoeffizienten α_r (Innenseite der Rohre) und α_z (Außenseite der Rohre) gewährleistet. Die Blockbilder für die Berechnung dieser Größen BB — α_r (BB — α_{vor}), BB — α_z sind ausführlich in [146], S. 54, [149], S. 47, [152], S. 52, 130 beschrieben.

B 8: Berechnung der erforderlichen Wärmeübertragungsfläche des Wärmeübertragers (BB — A)

Beispiele für die Realisierung von BB — A sind in [146], S. 136 [150], S. 10, 47, [152], S. 56, 127, [151], S. 13 u. a. zu finden. Musterrechenschemata für die allgemeinere Berechnung der Wärmeübertragungsfläche von Komplexen sowie für deren Entartung in Reihen und Elementen werden in den Abschn. 6. bis 8. beschrieben.

B 9: Berechnung der effektiven Wärmeübertragungsfläche (unter Berücksichtigung der Anforderung der Apparateanzahl und der Gewährleistung des notwendigen Sicherheitskoeffizienten), (BB — $A_{W\ddot{U}}$). Ein Beispiel für die Realisierung dieser Berechnung wird in Abschn. 8.3., BB — A_e, Blöcke 19—30, aufgeführt. Ein einfacher Anwendungsfall ist in [152], S. 57, Blöcke 14—18 angegeben.

B 10: Berechnung der Isolationsstärke der Wärmeübertrager

Die Isolationsstärke δ_i (und -fläche A_i) werden bei bekannten $\dot{Q}_{Vw}$, $\dot{Q}_{Vk}$ (oder $\dot{Q}_{Vr}$, $\dot{Q}_{Vz}$) aus der Wärmeübergangsgleichung ermittelt. Ein Beispiel der Berechnung des Wärmedurchgangskoeffizienten k_i für die Isolation ist in [148], S. 91, BB — α_w, BB — $\dot{Q}_{Vr}$, $\dot{Q}_{Vz}$, Blöcke 3—13 enthalten.

B 11: Genauigkeitskontrolle der Wärmebilanz (BB — ε_{Q_v})

Bei bedeutender Rundung von δ_i werden S_i, $\dot{Q}_{Vw}$, $\dot{Q}_{Vk}$, ($\dot{Q}_{Vr}$, $\dot{Q}_{Vz}$), δ_i überrechnet. Bei großer Abweichung von den in B 2 vorgegebenen Werten für η_{Vw}, η_{Vk} wird die Wärmeübertragerberechnung angefangen von B 8 korrigiert.

B 12: Berechnung der Wärmeübertragermasse

Die Masse des gesamten Wärmeübertragers ergibt sich aus der Multiplikation der in B 1 vorgegebenen Masse für einen standardisierten (genormten) Apparat m_0 mit der in B 9 (BB — $A_{W\ddot{U}}$) errechneten Apparateteileanzahl n_{ap} im Wärmeübertrager.

B 13: Berechnung von Volumen und Abmaßen des Wärmeübertragers (BB — A, V)

Gewöhnlich werden diese Berechnungen mittels Approximation der aus Standards entnommenen Daten durchgeführt. Ein Beispiel einer solchen Berechnung ist in [152], S. 45, Blöcke 21, 33 angegeben.

B 14: Kontrolle der Grenzwerte für Abmaße und Volumen, (BB — A_{er}, V_{er})

Die Kontrolle dient zur Überprüfung der Bedingungen $A < A_{er}$, $V < V_{er}$. Bei Nichterfüllung einer dieser Bedingungen wird ein entsprechendes Merkmal $M > 0$ ausgedruckt.

B 17, B 15: Berechnung des Strömungswiderstandes des wärmeabgebenden Fluids (BB — Δp_w) und des wärmeaufnehmenden Fluids (BB — Δp_k) (oder BB — Δp_r, BB — Δp_z). Sie ist für die weitere Berechnung der Druckerzeugerleistung sowie für die Grenzwertkontrolle der Strömungswiderstände notwendig. Beispiele für solche Berechnungen sind in [152], S. 59, [148] S. 76 enthalten.

B 16, B 18: Kontrolle der Strömungswiderstandsgrenzwerte (BB — Δp_{wer}, BB — Δp_{ker}). Sie dient zur Gewährleistung der Bedingungen $\Delta p_w > \Delta p_{wer}$, $\Delta p_k < \Delta p_{ker}$. Bei Nichterfüllung einer dieser Bedingungen wird das entsprechende Merkmal $M > 0$ ausgedruckt.

B 19, B 20: Berechnung der Druckerzeugungsleistung für das wärmeabgebende Fluid (BB — N_w) und das wärmeaufnehmende Fluid, (BB — N_k) (bzw. BB — N_r, BB — N_z).
Beispiele dazu siehe in [146], S. 181, [149], S. 148, [152].

B 21: Ausdruck der Rechenergebnisse oder der Begrenzungsmerkmale, die auf die Undurchführbarkeit der Berechnung bei gegebenem Apparatetyp und

-abmessung hinweisen. Eine Übersicht der Ausgabedaten s. z. B. [152], S. 84, [148], S. 167, Pos. 1–29, 26–30, 40–50, 72–73.

B 22: Kontrolle des Vorhandenseins von Grenzwertüberschreitungen

Wenn die Berechnungsergebnisse den Rahmen der Grenzwerte nicht über-

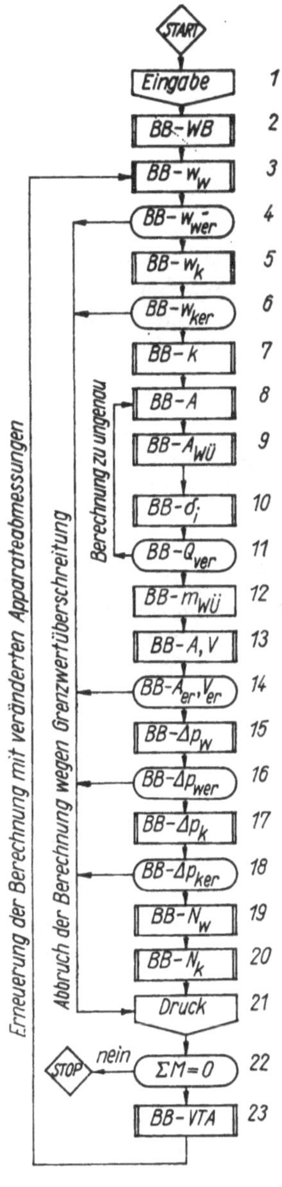

Abb. 3.1 Rechenschema für Projektberechnungen von Wärmeübertragern (Symbol: BB – PB)

1 – **Dateneingabe**
2 – **Lösung der Wärmebilanzaufgaben**
3 – **Berechnung der Strömungsgeschwindigkeit des Fluids *w* (warm)**
4 – **Kontrolle der Geschwindigkeitsgrenzwerte**
5 – **Berechnung der Strömungsgeschwindigkeit des Fluids *k* (kalt)**
6 – **Kontrolle der Geschwindigkeitsgrenzwerte**
7 – **Berechnung des Wärmedurchgangskoeffizienten**
8 – **Berechnung der erforderlichen Wärmeübertragungsfläche des WÜ**
9 – **Berechnung der effektiven Wärmeübertragungsfläche (unter Berücksichtigung der aufgerundeten Apparateanzahl und des Sicherheitskoeffizienten)**
10 – **Berechnung der Isolationsstärke des WÜ**
11 – **Genauigkeitskontrolle der Wärmebilanz**
12 – **Berechnung der Wärmeübertragermasse**
13 – **Berechnung von Abmaßen und Volumen des WÜ**
14 – **Kontrolle der Grenzwerte für Abmaße und Volumen**
15 – **Berechnung des Strömungswiderstandes für Fluid *w***
16 – **Kontrolle der Widerstandsgrenzwerte für Fluid *w***
17 – **Berechnung des Strömungswiderstandes für Fluid *k***
18 – **Kontrolle der Widerstandsgrenzwerte für Fluid *k***
19 – **Berechnung der Druckerzeugungsleistung für Fluid *w***
29 – **Berechnung der Druckerzeugungsleistung für Fluid *k***
21 – **Ausdruck der Ergebnisse oder der Begrenzungsmerkmale**
22 – **Kontrolle des Vorhandenseins von Grenzüberschreitungen**
32 – **Veränderung von Apparatetyp und -abmessung**

schreiten, sind alle Grenzwertüberschreitungsmerkmale M gleich 0. Entsprechend ist $\sum M = 0$ und die Projektberechnung kann beendet werden.

B 23: Veränderung von Apparatetyp- und -abmessung (BB — VTA)

Ein Übergang zu diesem Schema erfolgt in dem Fall, daß wenigstens ein Grenzwertüberschreitungsmerkmal ungleich 0 ist — Apparatetyp und -abmessung werden geändert, um solche Prozeßbedingungen zu schaffen, bei denen keine Grenzwertüberschreitungen vorkommen. Die Suche derartiger Abmessungen erfolgt gewöhnlich iterativ. Die Richtung der Veränderung von Apparatetyp und -abmessung wird durch das entsprechende Grenzwertüberschreitungsmerkmal angezeigt. Ein Beispiel dazu siehe in [150], S. 12, Blöcke 12—14.

Berechnungsvarianten

Das in Abb. 3.1 gezeigte Schema gewährleistet eine vollständige Projektberechnung. Häufig können in der Projektierungspraxis Bestandteile dieses Schemas fehlen. Es gibt viele Varianten eingeschränkter Projektberechnungen, deren jede durch eine gewisse Verringerung der Berechnungselementenanzahl gekennzeichnet ist. Ein verbreitetes Minimalschema ist die Oberflächenberechnung eines Wärmeübertragers (B 1—B 8). Ein Beispiel für eine solche begrenzte Berechnung ist in [150], S. 11 angegeben.

Rechnerische Grenzwerte:

Eine Liste rechnerischer Grenzwerte wurde bei der Beschreibung von B 4, B 6, B 11, B 14, B 16, B 18 aufgezählt. Genaueres darüber siehe in [146], S. 130.

3.3. *Rechenschema für Projekt-Konstruktionsberechnungen*

Diese Berechnung unterscheidet sich von der Projektberechnung nur dadurch, daß sich der Wärmeübertrager aus nichtstandardisierten (bzw. nichtgenormten) Apparateteilen aufbaut. Deshalb kommen noch Bestandteile der konstruktiven Berechnung dieser Apparate hinzu.

Ausgangsdaten der Berechnung

Die Liste dieser Daten ist im Vergleich zur Projektberechnung eingeschränkt.

Daten, die den effektiven Querschnitt, Fläche und Masse des Apparates und die Rohranzahl im Bündel angeben, werden weggelassen.

Ein charakteristisches Rechenschema für Projekt-Konstruktionsberechnungen (BB — PKB) ist in Abb. 3.2 aufgeführt. Diese Abbildung enthält Aussagen über grundlegende Bestandteile der Projektberechnung (BB — PB, Blöcke 2—20) und zusätzlich spezifisch Bestandteile der Konstruktionsberechnung (BB — PKB, Blöcke 2—4). Betrachten wir diese neuen Bestandteile und die Spezifik der alten:

B 2: Berechnung der konstruktiven Apparatekennzeichen (BB — KAK)

Hier werden die Daten errechnet, die bei der Projektberechnung als Eingabedaten aus Standards eingegeben wurden: die Rohranzahl im Bündel n_{RB}, die effektiven Querschnitte und Abmessungen der Kanäle in Strömungsrichtung

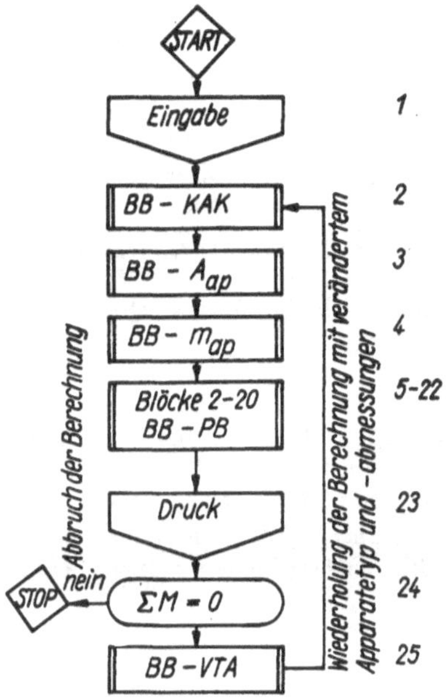

Abb. 3.2 Rechenschema für Projekt-Konstruktionsrechnungen (Symbol: BB — PKB)

1 – Dateneingabe
2 – Berechnung der konstruktiven Apparatekennzeichen
3 – Berechnung der Apparateoberfläche
4 – Berechnung der Apparatemasse
5–22 – Elemente der Projektberechnung
23 – Ausdruck der Ergebnisse oder der Begrenzungsmerkmale
24 – Überprüfung auf Vorhandensein von Grenzwertüberschreitungen
25 – Veränderung von Apparatetyp und -abmessung

der Fluide u. a. Einige Komponenten dieser Berechnung wurden in [152], S. 51, [147], S. 39 beschrieben.

B 3: Berechnung der Apparateoberfläche (BB — A_{ap}) bei vorgegebenen Hauptabmessungen.

Ein Beispiel dazu siehe in [152], S. 49.

B 4: Berechnung der Apparatemasse (BB — m_{ap})
Beispiele dazu siehe in [152], S. 45, Blöcke 22—30, [147], S. 41—44.

B 24: Ausdruck. Zusätzlich zum Ausdruck der Ergebnisse der Projektberechnung beinhaltet er den Ausdruck der Ergebnisse aus (BB — KPB) B 2, B 3, B 4.

B 25: Veränderung von Apparatetyp und Abmessungen (BB — VTA)
Abweichend vom analogen Schema in (BB — PB) B 23 werden hier Typ und Abmessungen nicht aus Standardtabellen entnommen, sondern vom Ingenieur vorgegebenen.
Berechnungsvarianten und rechnerische Grenzwerte ergeben sich nur aus dem Projektteil (BS — 22 BB — PKB) und sind dabei analog den im Abschn. 3.2. beschriebenen.

3.4. Rechenschema für Kontrollberechnungen

Es folgt die Beschreibung eines neuen, universellen Rechenschemas für Kontrollberechnungen.

Das Ziel der Berechnung ist die Ermittlung der Betriebsdaten des Wärmeübertragers bzw. die Berechnung der Wärmeverluste, der Temperaturverteilung zwischen den Apparateteilen, des Strömungswiderstandes und der Druckerzeugungsleistung.

Ausgangsdaten der Berechnung:

- Konstruktion, Abmessungen, Apparateteileanzahl und Bauart des Wärmeübertragers,
- beliebige 6 der nachfolgend aufgeführten Größen ($\dot{m}_w$, $\dot{m}_k$, t_{wa}, t_{ka}, t_{we}, t_{ke}, η_{Vw}, η_{Vk}),
- alle konstruktiven Kennzeichen der Apparate (Fläche, Masse, Querschnitt usw.),
- Fluideigenschaften u. a.

Das charakteristische Rechenschema für Kontrollberechnungen (Symbol BB — KOB) ist in Abb. 3.3 aufgeführt. Es enthält einige Bestandteile der Projektberechnungen wie (BB — w_w), (BB — w_k), (BB — w_{wer}), (BB — w_{ker}), (BB — Δp_w), (BB — Δp_{wer}), (BB — Δp_k), (BB — Δp_{ker}), (BB — N_w), (BB — N_k), die schon beschrieben wurden sowie einige für Kontrollberechnungen spezifische Bestandteile.

Betrachten wir einige neue Bestandteile:

B 5. Berechnung der Effektivitätsfunktion des Elements (BB — φ_{eel})
Eine derartige Rechnung wurde in [A 5], S. 88, 89, Block 1 vorgenommen. Ein Musterrechenschema für φ_{eel} wird nachfolgend im Abschn. 6.10. aufgeführt.

B 6. Berechnung der Effektivitätsfunktion einer Apparatenreihe (BB — φ_{er})
Gleichungen zur Berechnung von φ_{er} sind in Abschn. 7.1. aufgeführt.

B 7. Berechnung der Effektivitätsfunktion eines Apparateelementenkomplexes (BB — φ_{ek})
Das Musterrechenschema für φ_{ek} ist in Abschn. 8.3. angegeben.

B 8. Berechnung der Betriebsdaten (BB — BB)
Dies dient zur Berechnung zwei beliebiger Größen aus der Menge (M_w, $\dot{m}_k$, t_{wa}, t_{we}, t_{ka}, t_{ke}, η_{Vw}, η_{Vk}). Musterrechenschemata zur Lösung von Aufgaben der Betriebsdatenberechnung werden im Abschn. 6.8. angegeben.

B 12. Berechnung der Fluidtemperaturverteilung zwischen den Apparateteilen des Wärmeübertragers (BB — t_{ij}).
Musterrechenschemata dieser Berechnung sind im Abschn. 8.5. aufgeführt.

B 22. Veränderung der Arbeitsbedingungen des Wärmeübertragers (BB — VAWÜ)

Die Durchführung dieses Rechenschrittes erfolgt unter der Bedingung, daß zumindest ein Grenzwertüberschreitungsmerkmal ungleich ist. Es werden die Komponenten der Wärmebilanzgleichung verändert, um reale Prozeßbedingungen zu schaffen.

Berechnungsvarianten

Bei der Durchführung von speziellen Kontrollberechnungen können u. U. viele Teile des vollständigen Schemas (Abb. 3.3) entfallen. Varianten eingeschränkter Kontrollberechnungen sind in großer Anzahl vorhanden. Das Minimalschema muß B 1 — B 5, B 8, B 9, B 20 — B 22 enthalten.

Rechnerische Grenzwerte

Eine Aufstellung rechnerischer Grenzwerte ergibt sich aus B 9 — B 11, B 13, B 15, B 17.

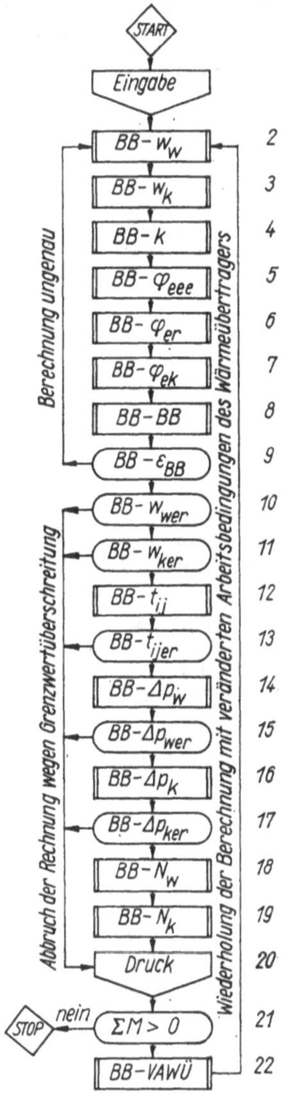

Abb. 3.3 Rechenschema für Kontrollberechnungen von Wärmeübertragern (Symbol: BB — KOB)

1 — Dateneingabe
2 — Berechnung der Strömungsgeschwindigkeit des Fluids *w* (warm)
3 — Berechnung der Strömungsgeschwindigkeil des Fluiols *k* (kalt)
4 — Berechnung des Wärmedurchgangskoeffizienten.
5 — Berechnung der Effektivitätsfunktion des Elementes
6 — Berechnung der Effektivitätsfunktion der Reihe
7 — Berechnung der Effektivitätsfunktion eines Komplexes
8 — Berechnung der Betriebsdaten
9 — Genauigkeitskontrolle der Betriebsdatenberechnung
10 — Kontrolle der Geschwindigkeitsgrenzwerte des Fluids *w*
11 — Kontrolle der Geschwindigkeitsgrenzwerte des Fluids *k*
12 — Berechnung der Temperaturverteilung im Fluid
13 — Kontrolle der Temperaturverteilung
14 — Berechnung des Strömungswiderstandes für Fluid *w*
15 — Kontrolle der Widerstandsgrenzwerte
16 — Berechnung des Strömungswiderstandes für Fluid *k*
17 — Kontrolle der Widerstandsgrenzwerte
18 — Berechnung der Druckerzeugungsleistung für Fluid *w*
19 — Berechnung der Druckerzeugungsleistung für Fluid *k*
20 — Ausdruck der Ergebnisse der Begrenzungsmerkmale
21 — Kontrolle des Vorhandenseins von Grenzwertüberschreitungen
22 — Veränderung der Arbeitsbedingungen des Wärmeübertragers

3.5. Rechenschema für Projekt-Kontrollberechnungen

Die nachfolgend beschriebene Methode für Projekt-Kontrollberechnungen ist prinzipiell neu und die allgemeinste der bekannten Methoden.

Berechnungsziel

In Ergänzung zum Berechnungsziel der Projektberechnung wird hier die Ungenauigkeit, die bei der thermischen Berechnung durch die Rundung der Apparateteileanzahl entsteht, durch die Korrektur zweier Größen der Wärmebilanzgleichung kompensiert. Die Eingabedaten sind dieselben wie in BB — PB.

Das charakteristische Rechenschema für Projekt-Kontrollberechnungen ist in Abb. 3.4 aufgeführt. Die Abbildung stellt eine Kombination von Bestandteilen der vorher beschriebenen Projektberechnung, der Projekt-Konstruktionsberechnung und der Kontrollberechnung dar.

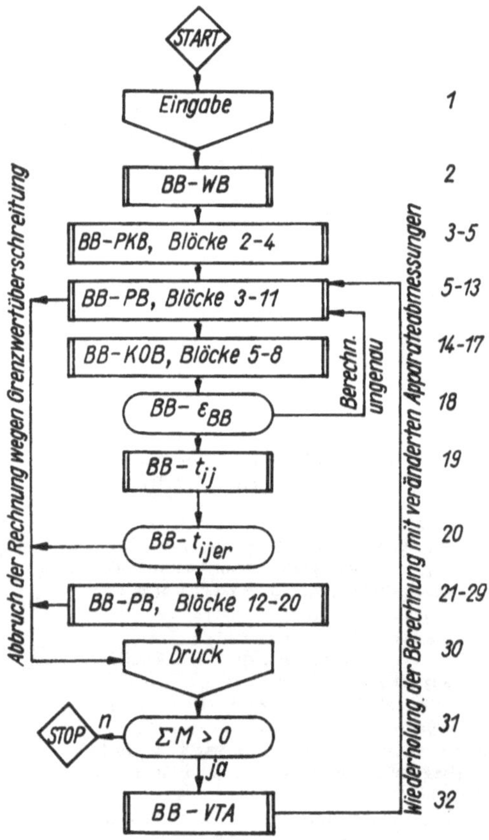

Abb. 3.4 Rechenschema für Projekt-Kontrollberechnungen von Wärmeübertragern (Symbol: BB — PKOB)

1 — Dateneingabe
2 — Lösung der Wärmebilanzaufgaben
18 — Genauigkeitskontrolle der Betriebsdatenberechnung
Berechnung der Temperaturverteilung im Fluid
20 — Kontrolle der Temperaturverteilung
30 — Ausdruck der Ergebnisse oder Begrenzungsmerkmale
31 — Kontrolle des Vorhandenseins von Grenzwertüberschreitungen
32 — Veränderung von Apparatetyp und -abmessung

Berechnungsvarianten: Die Elemente der Projekt-Konstruktionsberechnung können fehlen, wenn ein aus standardisierten Apparateteilen zusammengesetzter Wärmeübertrager projektiert wird. Außerdem können Bestandteile der Projekt-Kontrollberechnung entfallen. Deshalb gibt es mehrere Varianten von Projekt-Kontrollberechnungen.

3.6. Rechenschema für Optimierungsberechnungen

Ziel der Berechnungen ist die Ermittlung der unabhängigen Veränderlichen und dementsprechend der konstruktiven, thermischen, hydraulischen, ökonomischen und anderen Kennwerte des Wärmeübertragers, bei denen ein Extremum der Zielfunktion (der Optimalitätskenngröße OK) erreicht wird.

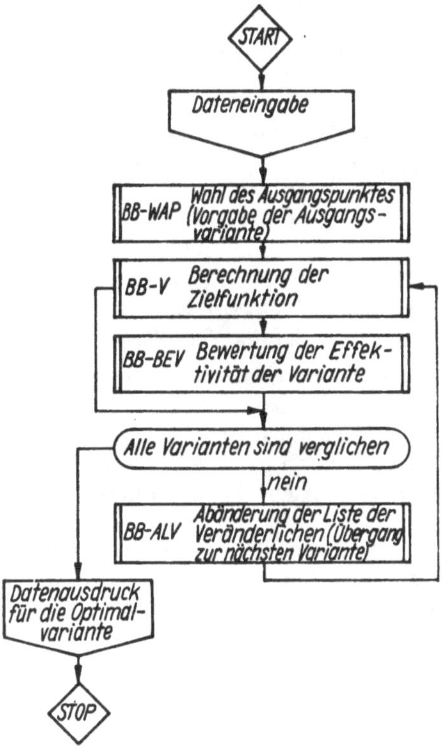

Abb. 3.5 Rechenschema für Optimierungsberechnungen (Symbol: BB — OB)

Die Varianten der Optimierungsberechnungen von Wärmeübertragern wurden bereits in Abschn. 2.4. beschrieben. Diese Berechnungen unterscheiden sich in der Art der Zielfunktion, in Anzahl und Zusammensetzung der unabhängigen Veränderlichen und in Anzahl und Zusammensetzung der Grenzwerte.

Ein charakteristisches Rechenschema einer Optimierungsrechnung (BB — OB) ist in Abb. 3.5 dargestellt.

Unabhängig von der Art der Optimierungsberechnungen beinhaltet das Rechenschema zwei Hauptkomponenten:

1. das Rechenschema zur Extremwertermittlung der Zielfunktion und
2. das in ihm enthaltene Rechenschema zur Berechnung der Zielfunktion (BB — V) bei feststehender Anzahl und Auswahl der unabhängigen Veränderlichen.

Gewöhnlich sind die Rechenschemata zur Berechnung der Zielfunktion (BB — V) algorithmisch am aufwendigsten. Die Art der Zielfunktion hängt von der jeweiligen Ebene im Rechenschema und dem Ziel der Optimierung ab. Diese Schemata schließen in der Regel drei aufeinanderfolgende Teile ein:

1. Das Rechenschema der Projektberechnung (BB — PB) oder der Projekt-Konstruktionsberechnung (BB — PKB), oder der Kontrollberechnung (BB — KOB), oder der Projekt-Kontrollberechnung (BB — PKOB) ohne die Blöcke Eingabe, Ausgabe zum Druck, Kontrolle des Vorhandenseins von Grenzwertüberschreitungen, Veränderung von Typ und Abmessungen (oder Bedingungen). Diese Rechenschemata wurden in Abschn. 3.2. bis 3.5. betrachtet.
2. Das Rechenschema für die ökonomische Berechnung (BB — ÖB). Das Rechenschema für die ökonomische Berechnung wird gesondert in Abschn. 11. beschrieben.
3. Das Rechenschema zur Bildung der Optimalitätskenngröße (BB — BOK) und, falls es nicht nur eine Qualitätskenngröße gibt und die Möglichkeit zu ihrer Veränderung vorgesehen ist, der Auswahl nach den Anforderungen des Anwenders entsprechend der vorgegebenen Liste von Zielfunktionen.
   Ein solches Rechenschema ist z. B. in [151], S. 8 dargestellt.

Das Rechenschema zur Berechnung der Zielfunktion ist Bestandteil des allgemeineren Rechenschemas zur Ermittlung des Extremums der Zielfunktion, also des äußeren, abschließenden Optimierungsschemas. Musterrechenschemata für die bei der Optimierung von Wärmeübertragern gebräuchlichsten Methoden zur Ermittlung der Zielfunktionsextrema werden im Abschn. 12. dargestellt.

Eine Bewertung der Effektivität der Variante wird nach einem in [151], S. 8 beschriebenen Schema vorgenommen. In der Folge wird die Spezifik der Schemata einiger der verbreitetsten Optimierungsberechnungen behandelt.

3.7. Rechenschema für die Projektoptimierung

Das Ziel der Berechnung besteht bei der Projektierung neuer oder zu rekonstruierender Produktionsanlagen in der Erreichung der Optimalität von Konstruktion und Materialausstattung der Wärmeübertrager, ihren konstruktiven Parametern, der Fluidstromführungen in den Arbeitsräumen u. a. Die aufgeführten Aufgaben können sowohl komplex als auch jede für sich allein oder in beliebiger Kombination gelöst werden. Davon hängt die Zusammensetzung der unabhängigen Veränderlichen ab.

Unabhängige Veränderliche:

1. Bei der Optimierung konstruktiver Parameter sind das die Hauptmessungen der Apparateteile (z. B. die Abmessungen von Profil und Länge der

Rohre, der Abstand zwischen ihnen und ihre Anzahl im Bündel, die Abstände zwischen den Zwischenwänden und die Maße der Aussparungen in ihnen, die Höhe und Breite der Kanäle bei Plattenapparaten, die Abmessungen der Windungen bei Schlangenrohrapparaten usw.).

2. Bei der Optimierung der Fluidstromführung im Wärmeübertrager sind das die Stromführungscharakteristiken M_A, M_{Ww}, M_{Wk}, M_G, M_F (Nomenklatur Abschn. 1.10.).
3. Bei der Optimierung der Materialausstattung der Apparate ist es die Materialausstattungsliste.

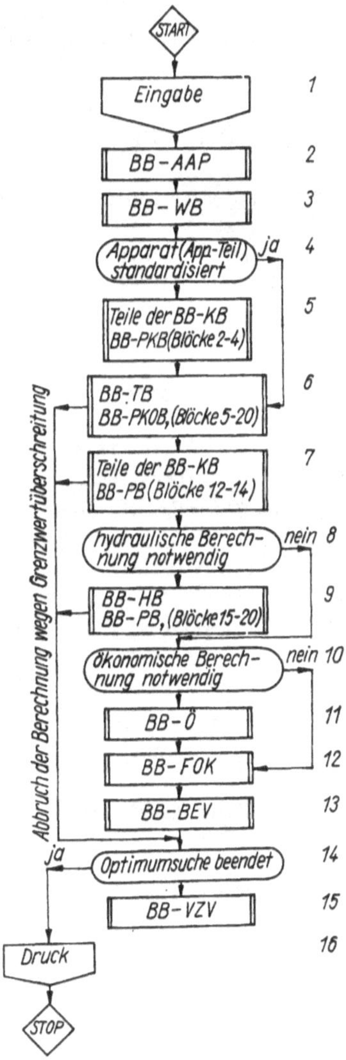

Abb. 3.6 Rechenschema für die Projektoptimierung von Wärme-Übertragern (Symbol: BB — POWÜ)

1 – Dateneingabe
2 – Auswahl des Ausgangspunktes (anfängliche Zusammenstellung der Veränderlichen)
3 – Lösung der Wärmebilanzaufgaben
4 – Überprüfung der Notwendigkeit zur Berechnung von Apparatetyp und -abmessung
5 – Teile der Konstruktionsberechnung (Ermittlung der konstruktiven Charakteristika, der Apparatefläche und -masse)
6 – Thermische Berechnung (Ermittlung der Wärmeübertragerfläche und der Medientemperaturverteilung)
7 – Teile der Konstruktionsberechnung (Ermittlung von Masse, Abmaßen und Volumen des Wärmeübertragers)
9 – Hydraulische Berechnung (Ermittlung des Strömungswiderstandes und der Druckerzeugungsleistungen)
11 – Ökonomische Berechnung
12 – Bildung der Optimalitätskennzahl
13 – Bewertung der Effektivität der Variante
15 – Veränderung der Zusammenstellung der Veränderlichen (Übergang zur nächsten Variante)
16 – Datenausgabe für die optimale Variante

4. Bei der Optimierung der Fluidzusammenstellung ist es die Fluidliste.
5. Bei der Optimierung technologischer Parameter sind das die Anfangs- bzw. Endtemperaturen der Fluide und ihre Massenströme.

Ausgangsdaten der Berechnung:

— formelle Konstruktionsmerkmale des Apparates,
— Tabellen standardisierter Apparatebauteile und deren Abmessungen bzw. die Grenzwerte und Baugrößenstufen nichtstandardisierter Apparate,
— die bekannten Temperaturen, Durchsätze, physikalischen Eigenschaften der Fluide,
— die zahlenmäßige Größe von Grenzwerten,
— Berechnungskonstanten (z. B. die zulässigen Fehler bei iterativen Berechnungen),
— ökonomische Daten u. a.

Die rechnerischen Grenzwerte sind dieselben wie in (BB — PB) (w_{wer}, w_{ker}, A_{er} u. a.).

Ein charakteristisches Rechenschema für die Projektoptimierung von Wärmeübertragern (BB — POWÜ) ist in Abb. 3.6 dargestellt.

Detaillierter werden verschiedene Rechenschemata zur Projektoptimierung industrieller Wärmeübertrager in [149], S. 26, 103, [152], S. 43, 44, 114—117, [45—49] beschrieben.

3.8. Rechenschema für die Optimierung maximalproduktiver Apparate

Es wird eine prinzipiell neue, aussichtsreiche Berechnungsart beschrieben, die Optimierung maximalproduktiver Apparate:

Maximalproduktive Apparate haben größtmögliche Abmaße, die durch die Herstellungsbedingungen und die existierenden Normen für Schwerlasttransporte begrenzt sind. Es kann eine Vielzahl solcher in ihrer Ausführung unterschiedlicher Apparate geben. Jeder von ihnen wird durch die Liste seiner unabhängigen Veränderlichen charakterisiert und muß unbedingt den Bedingungen genügen

$$A \in [A_{\min}, A_{\max}],$$

$$\frac{\dot{Q}_{\max} - \dot{Q}}{\dot{Q}_{\max}} \leqq \varepsilon_{Qer},$$

$A, A_{\max}, A_{\min}$ — die Abmaße des Apparates (z. B. Länge, Höhe, Durchmesser usw.) und ihre zulässigen Grenzwerte,
$\dot{Q}$ — der übertragene Wärmestrom
$\dot{Q}_{\max}$ — der größtmögliche Wärmestrom, der in einem aus der Vielzahl von Apparaten übertragen wird
ε_{Qer} — die zulässige Abweichung $\dot{Q}$ von $\dot{Q}_{\max}$

Die Aufgabe zur Optimierung solcher Apparate ergibt sich bei der Schaffung von Maschinen- und Apparateblöcken maximaler Produktivität.

Das Berechnungsziel besteht in der Auswahl eines solchen Apparates aus der Vielzahl derer, die den bereits aufgezählten Bedingungen entsprechen, bei dem die spezifische Optimalitätskenngröße, d. h. die Optimalitätskenngröße bezogen auf die Einheit der übertragenen Wärme, extremal ist (meistens minimal).

Die unabhängigen Veränderlichen und die rechnerischen Grenzwerte sind

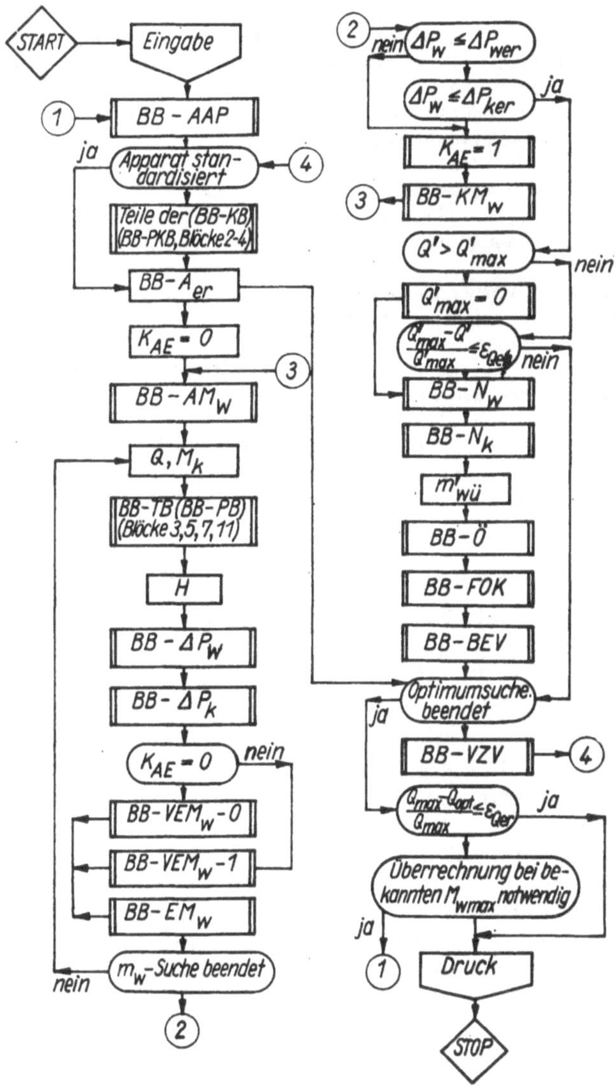

Abb. 3.7 Rechenschema zur Optimierung wärmeübertragender Apparate maximaler Produktivität (Symbol: BB — OWAMP)

dieselben wie bei der Projektoptimierung. Zu den rechnerischen Grenzwerten kommt nur noch die Bedingung der Zugehörigkeit zu den maximalproduktiven Apparaten hinzu.

In Abb. 3.7 ist ein charakteristisches Rechenschema zur Optimierung maximalproduktiver Apparate (BB — OMPWÜ) dargestellt. In diesem Rechenschema wird folgende Nomenklatur verwendet:

K_{AE}	— Kennziffer, die die Art der Ermittlung des Maximaldurchsatzes $\dot{m}_w$ und der ihm entsprechenden maximalen $\dot{Q}$ und $\dot{m}_k$ angibt (0 — der Maximaldurchsatz entspricht der Maximallänge oder -höhe des Apparates, 1 — der Maximaldurchsatz entspricht den Maximalwerten der Strömungswiderstände Δp_{wer}, Δp_{ker}),
BB — A_{er}	— Schema zur Kontrolle der Abmaßgrenzwerte,
BB — AM_w	— Schema zur Vorgabe des Ausgangswertes von $\dot{m}_w$,
$\dot{Q}$, $\dot{m}_r$, H	— Wärmestrom, Fluiddurchsatz, Höhe (oder ein anderes Kontrollabmaß, nach dem die Ermittlung von $\dot{m}_w$ durchgeführt wird),
BB — VEM_w — 0	— Schema zur Vorbereitung der Ermittlung von M_w,
BB — VEM_w — 1	— entsprechend bei $K_{AE} = 0$ und $K_{AE} = 1$,
BB — EM_w	— Schema zur Ermittlung von $\dot{m}_w$,
BB — KM_w	— Schema zur Korrektur von $\dot{m}_w$ bei der Berechnung eines „gekürzten" Apparates ($K_{AE} = 1$).

Die Nomenklatur der restlichen Elemente ist der in den vorher beschriebenen Rechenschemata verwendeten analog.

Betrachten wir die grundlegende Komponente des Rechenschemas, die Ermittlung der Maximaldurchsätze $\dot{m}_w$, $\dot{m}_k$ und des Wärmestromes $\dot{Q}$:

Das Rechenschema schließt zwei Etappen ein:

1. Die Ermittlung von $\dot{m}_w$ (und als Folge davon $\dot{m}_k$, $\dot{Q}$), die dem maximalen Kontrollabmaß des Apparates entsprechen; in unserem Fall H_{er} ($K_{AE} = 0$),
2. die Ermittlung von $\dot{m}_w$ (und $\dot{m}_k$, $\dot{Q}$) für den sog. „gekürzten" Apparat unter Beachtung der Begrenzungen durch den Strömungswiderstand ($K_{AE} = 1$).

Bei $K_{AE} = 0$ werden in (BB — AM_w) die äußeren Grenzwerte von $\dot{m}_w$ in einem breiten Intervall ermittelt und der Ausgangswert von $\dot{m}_w$ gebildet (z. B. der kleinstmögliche).

Danach wird mit dem $\dot{m}_w$ (und entsprechend $\dot{m}_k$, $\dot{Q}$) eine gewöhnliche thermische Berechnung nach (BB — TB) durchgeführt und das Kontrollabmaß H in (BB — EM_w) ermittelt. Das wird mit dem Grenzwert H_{er} verglichen. Dabei wird $\dot{m}_w$ ausgehend von der besten Annäherung zwischen H und H_{er} korrigiert. Zum Abschluß dieser Berechnung wird die Erfüllung der Bedingung

$$\Delta p_w \leqq \Delta p_{wer}$$

$$\Delta p_k \leqq \Delta p_{ker}$$

überprüft.

Im Falle des Überschreitens eines dieser Grenzwerte wird ein Zeichen zur Berechnung eines „gekürzten" Apparates ($K_{AE} = 1$) erstellt, dessen Abmaß $H < H_{er}$ ist und der besten Annäherung von Δp_k zu Δp_{ker} (oder Δp_w zu Δp_{wer}) entspricht.

Die Berechnung bei $K_{AE} = 1$ ist analog der Berechnung bei $K_{AE} = 0$.

Nach dem Vergleich aller konkurrierender Varianten maximalproduktiver Apparate werden Optimal- ($Q = Q_{opt}$) und eine Maximalvariante ($Q = Q_{max}$) ausgewählt. Manchmal können sie übereinstimmen.

Falls die Bedingung

$$\frac{\dot{Q}_{max} - \dot{Q}_{opt}}{\dot{Q}_{max}} \leqq \varepsilon_{Qer}$$

nicht erfüllt wird, ist die Möglichkeit zur Überrechnung, d. h. der erneuten Ermittlung von $\dot{Q}_{opt}$ bei schon bekanntem $\dot{Q}_{max}$, vorgesehen.

Ein ausführliches Rechenschema zur Optimierung maximalproduktiver Wärmeübertrager wurde vom Autor in [50] gegeben.

3.9. Rechenschema zum optimalen Austausch im Betrieb befindlicher Apparate

Die Erarbeitung einer einheitlichen technischen Konzeption auf dem Gebiet des Austausches und der Modernisierung laufender Betriebsausrüstungen hat eine große volkswirtschaftliche Bedeutung.

Gegenwärtig sind zwei Arten des Austausches verbrauchter Ausrüstungen gebräuchlich:

1. Einsatz eines neuen Apparates nach den korrigierten Zeichnungen der verbrauchten Ausrüstung,
2. Auswahl eines neuen Apparates entsprechend den Hauptparametern des betriebenen (Nenndruck, Wärmeübertragungsfläche, Durchflußquerschnitte der Fluidströmung im Apparat usw.).

Beide Austauscharten lösen weder die gestellten Aufgaben völlig, noch erlauben sie den Austausch der verbrauchten Einzelausrüstungen durch standardisierte im großen Maßstab. Ein nach der zweiten Methode ausgewählter Standardapparat ist gewöhnlich schwerer als der betriebene Einzelapparat. Zumindest eines seiner Abmaße ist infolge der Aufrundung bei der Nutzung von Standards größer. In einem Industriebetrieb ist solch ein Austausch oft unmöglich oder er ist mit großen Kosten für den Neuanschluß, den Umbau der Fundamente und der Neuauslegung der anschließenden Ausrüstungen verbunden.

Das Fehlen effektiver Austauschmethoden zwingt die Betriebe, Einzelapparate bei den Apparatebaubetrieben zu bestellen. Das wirkt sich negativ auf die Spezialisierung der Apparatebaubetriebe aus, denn nur sie gewährleistet eine Konzentration der Wärmeübertragerproduktion.

Bei einer Spezialisierung der Werke behindert ein großer Produktionsanteil Einzelapparate die serienweise Produktion bedeutend und überlastet die Produktionsmöglichkeiten.

Ein Ausweg aus dieser Situation liegt in der Schaffung und breiten Einführung von Methoden zum optimalen Austausch im Betrieb befindlicher Apparate. Eine dieser Methoden wurde 1968—1972 vom Institut für Gase der AdW der UdSSR und dem Moskauer Chemisch-Technologischen Institut

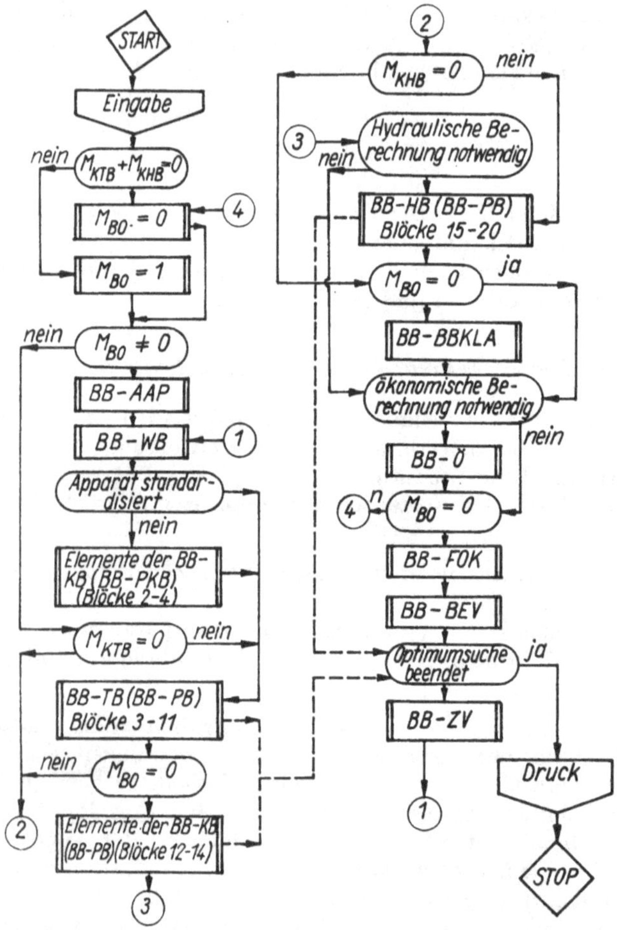

Abb. 3.8 Rechenschema zum optimalen Austausch betriebener wärmeübertragender Apparate (Symbol: BB — OABWÜ)

„D. I. Mendelejew" erarbeitet und im Kuibischewer Werk für Synthesealkohol und in einer Reihe anderer Betriebe eingeführt.

Es soll nachfolgend kurz auf das charakteristische Rechenschema zum optimalen Austausch im Betrieb befindlicher Wärmeübertrager (BB — OABWÜ) gemäß Abb. 3.8 eingegangen werden.

Im Rechenschema verwendete Nomenklatur:

M_{KTB}, M_{KHB} — Korrekturmerkmale (der Ähnlichkeitskoeffizientenberechnung) der thermischen und der hydraulischen Berechnung (0 — keine Korrektur, 1 — Korrektur),

M_{BD} — Merkmale der Berechnungsdurchführung (0 — Optimierungsberechnung wird durchgeführt, 1 — Korrektur wird vorbereitet),

BB — BBKLA — Schema zur Berechnung der Betriebskennwerte der laufenden Ausrüstung.

Mit gestrichelten Linien wird der Abbruch der Berechnung einer Wärmeübertragervariante wegen Grenzwertüberschreitung dargestellt.

Die Nomenklatur der anderen Elemente ist analog der in den vorhergehenden Rechenschemata verwendeten.

Das Rechenschema (BB — BBKLA) beinhaltet die aufeinanderfolgende Durchführung zweier Berechnungen:

1. die Vorbereitung der Ähnlichkeitskoeffizienten des Modells, der Sicherheitskoeffizienten (der Wärmeübertragungsflächen, des effektiven Wärmedurchgangskoeffizienten, des summarischen Wärmeleitwiderstandes der inneren und äußeren Ablagerungen auf der Übertragungsfläche, des Effektivitätskoeffizienten der Stromführung im Vergleich zum reinen Gegenstrom bei der Korrektur der thermischen Berechnung, der des Strömungswiderstandes bei der Korrektur der hydraulischen Berechnungen). Weiterhin wird eine Wertung der ökonomischen Kennziffern des betriebenen Wärmeübertragers vorgenommen.
2. die Projektoptimierungsberechnung für Standardapparate unter Berücksichtigung der Ähnlichkeitskoeffizienten. Im Rechenschema ist die Durchführung beider Korrekturen ($M_{KTB} = 1$, $M_{KHB} = 1$) oder einer von ihnen ($M_{KTB} = 1$, $M_{KHB} = 0$,) ($M_{KTB} = 0$, $M_{KHB} = 1$) vorgesehen.

Bei Fehlen der Korrekturberechnung ($M_{KTB} = 0$, $M_{KHB} = 0$) ist die Einbeziehung der Ähnlichkeitskoeffizienten in die Eingabedaten nach ihrer Verallgemeinerung außerhalb des Rechners möglich.

Zur Korrekturvorbereitung ($M_{BO} = 1$) werden die inneren Rechenschemata (BB — TB), (BB — HB) verwendet, die im weiteren der Optimierungsberechnung dienen ($M_{BO} = 1$). Allerdings ist bei $M_{BO} = 1$ die Überprüfung aller in ihnen vorkommenden Grenzwerte ausgeschlossen.

Die unabhängigen Veränderlichen und rechnerischen Grenzwerte sind im wesentlichen dieselben wie bei der Projektoptimierung. Es kommen nur noch konstruktiv-betriebstechnische Variable hinzu, solche wie die räumliche Anordnung der Apparateteile im Wärmeübertrager, die Apparatereserve und die Frist zwischen den Reinigungen. Zusätzliche Randbedingungen konkretisieren die Bedingungen für die Anordnung neuer, in der Hauptsache standardisierter, Apparate auf dem von den verbrauchten Ausrüstungen freigemachten Platz.

Die Optimalitätskenngrößen sind den zu berücksichtigenden Faktoren nach aufwendiger als die Optimalitätskenngrößen bei der Projektoptimierung. Das erklärt sich aus der Notwendigkeit einer detaillierten Berücksichtigung der konkreten Betriebs- und Wirtschaftslage. Die Optimalitätskenngrößen werden eingehend in Abschn. 11. beschrieben.

Ausführliche Rechenschemata zum optimalen Austausch industrieller Wärmeübertrager (Aufheizer, Kühler, Kondensatoren, Verdampfer-Kondensatoren) sind in [148], S. 38–42, [37, 51, 52] aufgeführt.

Die methodischen Grundlagen für den optimalen Austausch wärmeübertragender Ausrüstungen sind ausführlich in [53] dargestellt.

3.10. Rechenschema für Optimierungsberechnungen bei der Vereinheitlichung von Apparaten im Betriebsmaßstab

Die Vereinheitlichung der Ausrüstungen ist eine wichtige volkswirtschaftliche Aufgabe. Bei der Optimierung von Wärmeübertragern erhält man gewöhnlich jeweils voneinander abweichende Apparatetypen bzw. Abmessungen. So ergab die Optimierung von 288 Aufheizer–Kühlern in einem chemischen Werk 231 verschiedene Apparatetypen und -abmessungen. Folglich wird durch die Auswahl standardisierter Apparate anstelle von Einzelapparaten noch nicht ihre Vereinheitlichung nach Apparatetyp und -abmessung gelöst. Nach der Durchführung einer optimalen Projektierung bzw. eines optimalen Austausches ist es erforderlich, eine weitere begründete Verringerung der Typen- und Abmessungsanzahl durchzuführen.

Ein charakteristisches Rechenschema für Optimierungsberechnungen zur Vereinheitlichung der Apparate im Betriebsmaßstab (BB-OBV) ist in Abb. 3.9 dargestellt.

Das Ziel der Berechnungen ist die Auswahl einer solchen Typen- und Abmessungsanzahl von Wärmeübertragern im Betrieb, bei der der kleinste Wert der Optimalitätskenngröße erreicht wird. Gewöhnlich sind das die Gesamtkosten für Anschaffung, Montage, Betrieb und Instandhaltung des ganzen Wärmeübertragerparks unter Berücksichtigung der Kosten für Stillstandszeiten der technologischen Ausrüstungen während der planmäßigen Reparaturen der Wärmeübertrager.

Ausgangsdaten der Berechnung sind die Ergebnisse der optimalen Projektierung bzw. des optimalen Austausches sämtlicher Wärmeübertrager des Werkes. Für jeden Wärmeübertrager sind das die wesentlichsten Kennziffern der ökonomischen Berechnung aller verglichenen Varianten. Bei einer großen Anzahl Wärmeübertrager im Betrieb kann der Umfang an Ausgangsdaten erheblich sein.

Unabhängige Veränderliche sind die Anzahl der Apparatetypen und -abmessungen im Betrieb n, manchmal die Standzeit der Wärmeübertrager T.

Die Berechnung einer optimalen Typen- und Abmessungsanzahl basiert auf der nacheinander erfolgenden Bildung von Wärmeübertragerkomplexen mit jeweils verschiedener Typen- und Abmessungsanzahl und dem daran anschließenden Effektivitätsvergleich der Arbeit jedes dieser Komplexe. Bei der Formierung eines Wärmeübertragerkomplexes wird für jeden von ihnen aus all seinen Varianten eine ausgesondert. Diese Variante wird durch die Analyse der Verteilung der Apparate des Komplexes entsprechend der Typen-

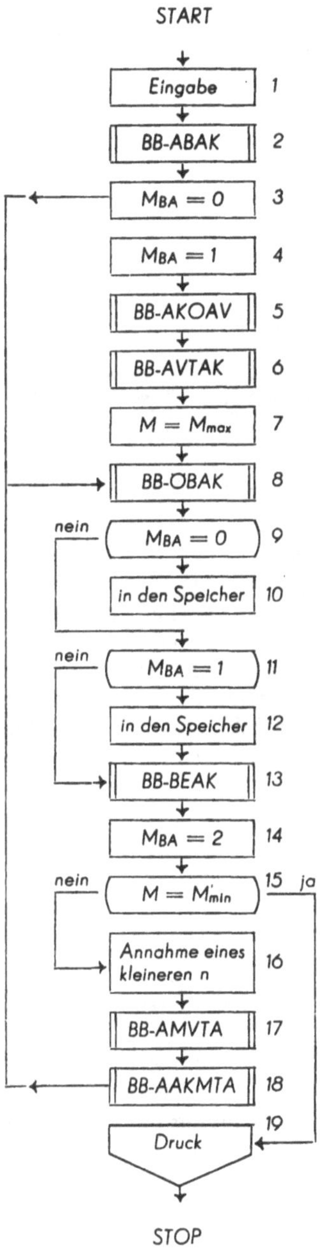

Abb. 3.9 Charakteristisches Rechenschema für Optimierungsberechnungen zur Vereinheitlichung der Apparate im Betriebsmaßstab (Symbol BB-OBV)

1 – **Dateneingabe**
2 – **Auswahl der Daten für einen betriebenen Apparatekomplex**
3 – **Bewertungsmerkmal des betriebenen Apparatekomplexes**
4 – **Bewertungsmerkmal eines Komplexes optimaler Apparate**
5 – **Auswahl eines Komplexes aus optimalen Apparatevarianten**
6 – **Analyse der Verteilung der Typen und Abmessungen im Komplex**
7 – **Berechnung von M_{max}**
8 – **Ökonomische Berechnung des Apparatekomplexes**
10 – **Einspeichern der Daten über den betrieblichen Apparatekomplex**
12 – **Einspeichern der Daten über den Komplex optimaler Apparate**
13 – **Bewertung der Effektivität des Apparatekomplexes**
14 – **Merkmal der Berechnung der optimalen Typen- und Abmessungsanzahl**
16 – **Typen- und Abmessungszahl verringern**
17 – **Auswahl der Mengen der verbreitetsten Typen und Abmessungen**
18 – **Auswahl des Apparatekomplexes aus der Menge der Typen u. Abmessungen (jeder der Apparate ist der in der gegebenen Menge von Typen und Abmessungen vorteilhafteste**
19 – **Datenausgabe für den Komplex mit optimaler Typen- und Abmessungszahl, den Komplex optimaler Apparate, den betriebenen Apparatekomplex**

und Abmessungsparameter ermittelt, z. B. gibt es für Rohrbündelapparate neun derartige Parameter:

- innerer Apparatedurchmesser d_i,
- Außendurchmesser der wärmeübertragenden Rohre d_a,
- ihre Länge l_r,
- ihre Wandstärke s_r,
- Bündelart,
- Gangzahl im Bündel M,
- räumliche Orientierung des Apparates,
- Nenndruck p_N.

Die Verringerung der Typen- und Abmessungszahl wird gewöhnlich in bezug auf eine begrenzte Anzahl von Parametern durchgeführt, z. B. bei Rohrbündelapparaten nach D_i, d_a, l_c, M, p_N. Dabei werden zwei Grenzfälle beobachtet:

1. die größte Typen- und Abmessungsanzahl ist gleich der Typen- und Abmessungsanzahl in dem Komplex, der nur aus den Optimalvarianten jedes Wärmeübertragers zusammengestellt wurde,
2. die kleinste Typen- und Abmessungsanzahl ist gleich eins, d. h., alle Wärmeübertrager sind völlig gleiche Apparate.

Das Optimum befindet sich zwischen diesen Zuständen.

Das Rechenschema (BB — OBV) erlaubt außer der Auswahl der optimalen Typen- und Abmessungsanzahl noch eine ökonomische Bewertung eines schon betriebenen Wärmeübertragerkomplexes durchzuführen. Dies ermöglicht, den ökonomischen Effekt der Vereinheitlichung zu berechnen. Ein ausführliches Rechenschema für Optimierungsberechnungen von Wärmeübertragern ist in [153] beschrieben. Dort wird es als (BB — BOTAWA) (Berechnung der optimalen Typen- und Abmessungsanzahl wärmeübertragender Apparate) bezeichnet. Die methodischen Grundlagen dieser Berechnungen werden auch in [A 53] erläutert.

3.11. Hierarchie der Rechenschemata — Musterschemata

Eingangs wurden die Versuche zur Schaffung charakteristischer Rechenschemata für acht der verbreitetsten oder aussichtsreichsten Berechnungsarten für Wärmeübertrager betrachtet. Sie alle sind beständig, vollständig, verträglich und subordiniert, d. h., sie sind Elemente einer Hierarchie.

Im arbeitsaufwendigsten Rechenschema, dem für die Optimierungsberechnung zur Vereinheitlichung (BB — OBV), dienen die Resultate der Projektoptimierungsberechnung (BB — POWÜ) oder der Berechnung des optimalen Austauschs (BB — OABWA) als Ausgangsdaten (ihr Umfang kann mehrere hunderttausend Zahlen erreichen). (BB — OABWA) schließt (BB — POWÜ) bzw. seine wesentlichen Elemente ein. Dieselben Elemente sind die Grundlage des Rechenschemas für die Optimierung von Apparaten maximaler Produktivität (BB — OMPWÜ). Schließlich enthält (BB — POWÜ) die hauptsächlichen Elemente einfacherer Berechnungen: der Projektberechnung (BB — PE), der Projekt-Konstruktionsberechnung (BB — PKB), der Kontrollberechnung (BB — KOB) und der Projekt-Kontrollberechnung (BB — PKOB).

Folglich kann nach der Betrachtung der Zusammensetzung der hauptsächlichsten Berechnungsarten für Wärmeübertrager ein notwendiges Minimum elementarer Musterschemata (Module) herauskristallisiert werden, aus denen man wie aus Bausteinen einen Algorithmus für beliebige Berechnungen aufbauen kann. Es soll hier eine Übersicht dieser Musterschemata angegeben werden:

1. BB — WB — Lösung der Wärmebilanzaufgaben
2. BB — w_w — Berechnung der Strömungsgeschwindigkeit des Fluides w
3. BB — w_k — Berechnung der Strömungsgeschwindigkeit des Fluides k
4. BB — α_w — Berechnung des Wärmeübergangskoeffizienten von der Seite des Fluids w
5. BB — α_k — Berechnung des Wärmeübergangskoeffizienten von der Seite des Fluids k
6. BB — k — Berechnung des Wärmedurchgangskoeffizienten
7. BB — A — Berechnung der Wärmeübertragungsfläche des Wärmeübertragers
8. BB — φ_{ee} — Berechnung der Effektivitätsfunktion eines Apparateelementes
9. BB — φ_{er} — Berechnung der Effektivitätsfunktion einer Apparateelementenreihe
10. BB — φ_{ek} — Berechnung der Effektivitätsfunktion eines Apparateelementenkomplexes
11. BB — BB — Berechnung der Betriebsdaten
12. BB — t_{ij} — Berechnung der Fluidtemperaturverteilung im Wärmeübertrager
13. BB — KCA — Berechnung der Konstruktionscharakteristika des Apparats
14. BB — A_{ap} — Berechnung der Apparateoberfläche
15. BB — m_{ap} — Berechnung der Apparatemasse
16. BB — A, V — Berechnung von Volumen und A
17. BB — Δp_w — Berechnung des Strömungswiderstandes des Fluids w
18. BB — Δp_k — Berechnung des Strömungswiderstandes des Fluids k
19. BB — N_w — Berechnung der Druckerzeugungsleistung für Fluid w
20. BB — N_k — Berechnung der Druckerzeugungsleistung für Fluid k
21. BB — $\ddot{O}$ — Ökonomische Berechnung
22. BB — ESZF — Extremwertsuche für die Zielfunktion

Weiterhin können gewöhnlich uneinheitliche und nur bedingt beständige (zeitweilige oder halbbeständige) Schemata herausgesondert werden, die auf der Nutzung von Normen, von physikalischen und ökonomischen Methodiken basieren, in denen von Zeit zu Zeit Korrekturen oder Auswechslungen vorgenommen werden. Das sind die Schemata (BB — KCA), (BB — A_{ap}), (BB — m_{ap}), (BB — A, V), Elemente des (BB — Ö), teilweise (BB — w_w), (BB — w_k), (BB — α_w), (BB — α_k), (BB — Δp_w), (BB — Δp_k), (BB — N).

Ihre Zusammenstellung ruft gewöhnlich keine großen Schwierigkeiten hervor, da sich die Arbeit auf die Umwandlung der vorhandenen normativen und methodischen Information in die algorithmische Form beschränkt. Die Mehrzahl dieser Schemata wurde in [37, 46, 146, 148—152] ausführlich beschrieben, deshalb werden sie im folgenden nur sehr kurz betrachtet.

Die restlichen Schemata (BB — k), (BB — A), (BB — φ_{ee}), (BB — φ_{er}),

(BB — φ_{ek}), (BB — BB), (BB — t_{ij}), die Grundlagen von (BB — Ö), (BB — ESZF) basieren auf der Nutzung fundamentaler Gesetzmäßigkeiten, Methoden und zuverlässigen logischen Verbindungen. Sie sind für eine langfristige Nutzung gedacht. Das sind in der Regel recht komplizierte Schemata. Bei ihrer Erarbeitung entstehen Schwierigkeiten, die mit der ungenügenden Formalisierung der Methoden bzw. ihrem teilweisen oder völligen Fehlen zusammenhängen. In der vorliegenden Arbeit werden die methodischen Grundlagen zur Schaffung dieser Schemata beschrieben und ihre typischsten Realisierungsvarianten dargestellt.

Aus der Klassifikation der Wärmeübertrager (Abschn. 1.) und ihrer Berechnungsmethoden (Abschn. 2.) ist ersichtlich, welche unendliche Vielzahl spezieller Algorithmen nötig ist, um die verbreitetsten industriellen Apparate mit den Hauptberechnungsarten zu erfassen. Die im weiteren betrachteten beständigen Schemata sind universell und auf beliebige Wärmeübertrager anwendbar. Dieses Vorgehen erlaubt von der Kumulation spezieller Algorithmen zur Synthese universeller Algorithmen mit einem breiten Anwendungsspektrum überzugehen.

Somit wird eine zuverlässige methodische Grundlage für die Synthese praktisch beliebiger Algorithmen zur Berechnung und Optimierung industrieller Wärmeübertrager gelegt.

Teil II

Verallgemeinerte Methoden zur Wärmeübertragungsberechnung

4. Klassifikation der Wärmeübertragungsberechnungsaufgaben

In diesem Abschnitt wird eine allgemeine funktionelle Klassifikation für die Aufgaben der thermischen Berechnung einschließlich der Wärmebilanz- und Wärmeübertragungsaufgaben vorgeschlagen. Durch die Zusammenlegung der Variablen wurden die 300 möglichen Aufgaben der thermischen Berechnung auf 66 reduziert, die sich auf 4 funktionelle Gruppen verteilen. Die aus der Literatur bekannten Klassifikationen stellen einen Teil der empfohlenen dar.

Die neue Einteilung dient zur Orientierung in der ganzen Vielfalt gelöster und ungelöster Aufgaben. Mit ihrer Hilfe wurden die Berechnungsziele der Wärmeübertragungsaufgaben der Abschn. 5. bis 8. formuliert.

Außerdem sichert die vorgeschlagene Gliederung die strukturelle Grundlage einer prinzipiell neuen Herangehensweise an die Synthese universeller Lösungsalgorithmen für die thermische Berechnung von Wärmeübertragern.

4.1. Aufgaben der thermischen Berechnung

Die thermische Berechnung von Wärmeübertragern besteht in der gemeinsamen Lösung von Wärmebilanz- und Wärmeübertragungsgleichungen. Für Gegenstrom und Gleichstrom können diese grundlegenden Gleichungen der thermischen Berechnung in folgender Form ausgedrückt werden:

$$d(\dot{Q}_w - \dot{Q}_{Vw}) = d(\dot{Q}_k + \dot{Q}_{Vk}) = d\dot{Q}, \tag{4.1}$$

wobei

$$d\dot{Q} = \frac{k}{\eta_R}\,(t_w - t_k)\,dA\,, \tag{4.2}$$

$$d\dot{Q}_w = \dot{m}_w c_w dt_w\,, \tag{4.3}$$

$$d\dot{Q}_k = \dot{m}_k c_k dt_k\,, \tag{4.4}$$

$$d\dot{Q}_{Vw} = k_{Vw}(t_w - t_{um})\,dA_{Vw}\,, \tag{4.5}$$

$$d\dot{Q}_{Vk} = k_{Vk}(t_k - t_{um})\,dA_{Vk} \tag{4.6}$$

sind.

Bei

$$dA_{Vw} = \frac{dA_{Vw}}{dA}\, dA = c_{Vw} dA, \tag{4.7}$$

$$dA_{Vk} = \frac{dA_{Vk}}{dA}\, dA = c_{Vk} dA, \tag{4.8}$$

$$c_{Vw} = \frac{dA_{Vw}}{dA} = \text{const}, \tag{4.9}$$

$$c_{Vk} = \frac{dA_{Vk}}{dA} = \text{const}, \tag{4.10}$$

und unter Berücksichtigung von Gl. (4.2) bis (4.8) kann Gl. (4.1) in der Integralform geschrieben werden

$$\overset{\dot{Q}_w}{\boxed{\pm\, \dot{m}_w \int\limits_{\substack{t_{we}\\ t_{wa}}}^{t_w} c_w dt_w}} - \overset{\dot{Q}_{Vw}}{\boxed{c_{Vw} \int\limits_{A}^{0} k_{Vw}(t_w - t_{um})\, dA}}$$

$$= \overset{\dot{Q}_k}{\boxed{\dot{m}_k \int\limits_{t_{ka}}^{t_k} c_k dt_k}} + \overset{\dot{Q}_{Vk}}{\boxed{\int\limits_{0}^{F} k_{Vk}(t_k - t_{um})\, dA}}$$

$$= \overset{\dot{Q}}{\boxed{\frac{1}{\eta_R} \int\limits_{0}^{p} k(t_w - t_k)\, dA}} \tag{4.11}$$

Im ersten Glied der Gleichung entsprechen das obere Zeichen und der Grenzwert $(+, t_{we})$ dem Gegenstrom, das untere Zeichen und der Grenzwert $(-, t_{wa})$ dem Gleichstrom. Die Darstellung der Hauptgleichung der thermischen Berechnung ist für kompliziertere Stromführungen und Bauarten aufwendiger. Allerdings sind Anzahl und Art der Größen, die den Inhalt der Berechnungen bestimmen, die gleichen wie beim Gleichstrom und Gegenstrom. Es kommen nur noch solche Größen hinzu, die die Stromführung im einzelnen Element (Gegenstromkoeffizient p) und den Stromführungstyp eines Komplexes (Gegenstrommerkmal M_G, die Merkmale der Fluidumkehr M_{Ww}, M_{Wk}, die Anzahl der parallelen Reihen u, die Elementeanzahl in der Reihe n_R) charakterisieren. Ausführlicher sind diese Größen in den Abschn. 1., 6., 7., 8. beschrieben.

Die thermische Berechnung (TB) stellt eine Kombination aus den Wärmebilanzaufgaben (WB) und der Wärmeübertragungsberechnung ($W\ddot{U}$) dar. Die Arten dieser Aufgaben kann man anhand der in den Grundgleichungen der thermischen Berechnung enthaltenen Größen unterscheiden.

Diese Größen können in drei Gruppen unterteilt werden:

- konstante Größen
- unabhängige Größen
- abhängige Größen (die mit unabhängigen und konstanten Größen ermittelt werden können).

Zu den Konstanten gehören bei einer gewissen Vereinfachung: w_u, t_u, z_w, z_k, A_w, A_k, η_F.

Unabhängige Größen sind: t_{wa}, t_{we}, t_{ka}, t_{ke}, $\dot{m}_w$, $\dot{m}_k$, τ, F_{wf}, φ_{wf}, A_{wf}, z_{wf}, z_{bw}, z_{bk}, p, A_{Vw}, z_{Vw}, A_{Vk}, z_{Vk}, M_V, M_{Ww}, M_{Wk}, M_G, M_A, U_w, U_k.

Die abhängigen Größen werden ihrerseits in drei Gruppen unterteilt.

Die erste Gruppe umfaßt die Größen, die im Verlaufe der Wärmeübertragungsberechnungen ermittelt werden: A, t_w, t_k, k, k_{Vw}, k_{Vk}, α_w, α_k, α_{wu}, α_{uw}, α_{ku}, α_{uk}, $\sum R_i$, $\sum R_{Vwi}$, $\sum R_{Vki}$, δ_{sw}, δ_{sk}, λ_{sw}, λ_{sk}, δ_{Vwi}, δ_{Vki}, t_{Ww}, t_{Wk}, t_{Wwu}, t_{Wku}, t_{Wuw}, t_{Wuk}, Q_w, Q_k, Q_{Vw}, Q_{Vk}, Q.

Die zweite Gruppe der abhängigen Größen gibt die im Ergebnis der thermodynamischen Berechnungen erhaltenen Größen an: E_w (einschließlich c_w), E_k (einschließlich c_K), PA_w, PA_k, λ_{Wi}, λ_{Vwi}, λ_{Vki}, λ_{bw}, λ_{bk}.

Die dritte Gruppe der Abhängigen vermittelt die im Verlaufe der Konstruktionsberechnungen gefundenen Größen: c_{Vw}, c_{Vk}, φ_{aw}, φ_{Vw}, φ_{ak}, φ_{Vk}, A_{aw}, A_{ak}.

Die Anzahl und Art der unabhängigen Größen bestimmen die Aufgaben der thermischen Berechnung (*TB*-Aufgaben). Die überschaubare (und oben beschriebene) Anzahl von Unabhängigen ist 25. Allerdings kann ihre Anzahl größer sein, wenn man φ_{Wf}, A_{Wf}, z_{Wf}, z_{bw}, z_{bk}, A_{fw}, z_{fw}, A_{fk}, z_{fk} entschlüsselt.

Bei der Lösung von Gleichungen des Typs (4.11) können beliebige zwei der 25 Veränderlichen ermittelt werden. Dementsprechend ist die Anzahl der möglichen TB-Aufgaben formell gleich der Anzahl der Kombinationen aus 25 Elementen bei zwei gesuchten demzufolge gleich 300.

In Wirklichkeit findet in der Rechenpraxis nur eine begrenztere Anzahl von Aufgaben Anwendung. Man kann sie erhalten, wenn man die Unabhängigen, so wie beschrieben, in Gruppen zusammenfaßt.

Die erste zusammengefaßte Gruppe (φ_{Wf}, A_{Wf}, z_{Wf}, z_{bw}, z_{bk}, p) kann man als Typ und Abmessung *TuA* bezeichnen. Der Begriff „Typ und Abmessung" ist eine komplexe Größe, die durch die Konstruktion des Apparats, die Form, die Abmessungen und Materialien der Wärmeübertragungsflächen und Ummantelung eindeutig bestimmt wird. Die Aufzählung der Größen, die die Abmessungen bedingen, hängt von der Wärmeübertragungsflächenform und der Konstruktion des Apparates ab. Für Rohrbündelapparate mit glatten Rohren sind das d_a, d_i, n_R, l, M, D_i, D_a; für Rohrbündelapparate mit Rippenrohren außerdem noch — h_r, S_r, δ_r, l_r usw., in Abhängigkeit von der Rippenform; für Apparate mit Zwischenwänden kommen Angaben über Abmessungen und Form der Zwischenwände h, hinzu usw. Somit sind Art und Anzahl der Größen, die den Typ und die Abmessung *TuA* charakterisieren, verschieden, doch müssen sie alle einer Bedingung genügen: Anzahl und Zusammensetzung der Größen müssen zur Ermittlung der effektiven Querschnitte an jedem beliebigen Ort im Fluidverlauf, der Oberfläche und der Masse eines laufenden Meters des Apparates ausreichen.

Gl. (4.11) kann in einer für praktische Berechnungen bequemeren Form geschrieben werden

$$\dot{Q}_w \eta_{Vw} = \dot{Q}_k \eta_{Vk} = \dot{Q}, \tag{4.12}$$

wobei

$$\eta_{Vw} = 1 - \frac{\dot{Q}_{Vw}}{\dot{Q}_w} = 1 \pm \frac{c_{Vw}}{\dot{m}_w} \frac{\int\limits_0^A k_{Vw}(t_w - t_{um})\, dA}{\int\limits_{t_{we}}^{t_w} c_w dt_w} \tag{4.13}$$

t_{wa}

$$\eta_{Vk} = 1 + \frac{\dot{Q}_{Vk}}{\dot{Q}_k} = 1 + \frac{c_{Vk}}{\dot{m}_k} \frac{\int\limits_0^A k_{Vk}(t_k - t_{um})\, dA}{\int\limits_{t_{ka}}^{t_k} c_k dt_k} \tag{4.14}$$

Aus den Gln. (4.12) bis (4.14) ergibt sich die Möglichkeit zur Heraushebung der zweiten und dritten Gruppe unabhängiger Größen: des Wärmeverlustkoeffizienten des wärmeabgebenden Fluids, $\eta_{Vw} = \eta_{Vw}(A_{Vw}, z_{Vw})$ und des analogen Koeffizienten des wärmeaufnehmenden Fluids $\eta_{Vk} = \eta_{Vk}(A_{Vk}, z_{Vk})$.

Die vierte Gruppe unabhängiger Größen ($\boldsymbol{M}_V$, $\boldsymbol{M}_{Ww}$, $\boldsymbol{M}_{Wk}$, $\boldsymbol{M}_G$, $\boldsymbol{M}_A$, U_w, U_k) kann bedingt als Bauart *BAU* bezeichnet werden. Die Bauart *BAU* bestimmt eindeutig das Kopplungsschema der Apparateteile.

Des weiteren wird der Einfachheit halber an Stelle von $A_{W\ddot{U}}$ nur A geschrieben.

Nach der Fusion der unabhängigen Größen ist ihre Anzahl gleich 12: A, t_{wa}, t_{we}, t_{ka}, t_{ke}, $\dot{m}_w$, $\dot{m}_k$, η_{Vw}, η_{Vk}, *TuA*, *BAU*, τ. In diesem Fall ist die Anzahl der thermischen Berechnungsaufgaben TB bei zwei gesuchten Größen gleich 66.

Die Teilaufgaben der thermischen Berechnung werden auf vier funktionelle Gruppen aufgeteilt (Tab. 4.1):

erste Gruppe: Oberflächenberechnungen (TB 1—TB 11)
zweite Gruppe: Apparateauswahl (TB 12—TB 30)
dritte Gruppe: Wärmeverlustberechnungen (TB 31—TB 45)
vierte Gruppe: Berechnung der Betriebsbedingungen (TB 46—TB 66)

Die Oberflächenberechnungen sind die Grundlage für die Projektierung von Wärmeübertragern für neue Produktionen. Die Apparateauswahlberechnungen können zum Aufbau von Komplexen aus standardisierten Apparaten und zur Ermittlung der Zweckmäßigkeit der Nutzung verschiedener *TuA* und *BAU* verwendet werden.

Die Wärmeverlustberechnungen werden zur Entscheidung über die Veränderung von Isolationsstärke und Wärmebilanz bei Veränderung der Arbeitsparameter der Apparate (konstanten und unabhängigen Größen) während des Betriebes genutzt.

Tabelle 4.1: Klassifikation der Aufgaben zur thermischen Berechnung

Oberflächen-berechnung	Auswahl der Apparate		Berechnung der Wärmeverluste		Berechnung der Betriebsdaten	
1 A, t_{wa}	12 TuA, t_{wa}	22 BAU, t_{wa}	31 η_{Vw},	39 η_{Vk}, t_{wa}	46 t_{wa}, t_{we}	56 $\dot{m}_w$, t_{wa}
2 A, t_{we}	13 TuA, t_{ke}	23 BAU, t_{we}	32 η_{Vw}, t_{we}	40 η_{Vk}, t_{we}	47 t_{wa}, t_{ka}	57 $\dot{m}_w$, t_{we}
3 A, t_{ka}	14 TuA, t_{ka}	24 BAU, t_{ka}	33 η_{Vw}, t_{ka}	41 η_{Vk}, t_{ka}	48 t_{wa}, t_{ke}	58 $\dot{m}_w$, t_{ka}
4 A, t_{ke}	15 TuA, t_{ke}	25 BAU, t_{ke}	34 η_{Vw}, t_{ke}	42 η_{Vk}, t_{ke}	49 t_{we}, t_{ka}	59 $\dot{m}_w$, t_{ke}
5 A, $\dot{m}_w$	16 TuA, $\dot{m}_w$	26 BAU, $\dot{m}_w$	35 η_{Vw}, $\dot{m}_w$	43 η_{Vk}, $\dot{m}_w$	50 t_{we}, t_{ke}	60 $\dot{m}_k$, t_{wa}
6 A, $\dot{m}_k$	17 TuA, $\dot{m}_k$	27 BAU, $\dot{m}_k$	36 η_{Vw}, $\dot{m}_k$	44 η_{Vk}, $\dot{m}_k$	51 t_{ka}, t_{ke}	60 $\dot{m}_k$, t_{wa}
7 A, η_{Vw}	18 TuA, η_{Vw}	28 BAU, η_{vw}	37 η_{Vw}, τ	45 η_{Vk}, τ	52 t_{wa}, τ	52 $\dot{m}_k$, t_{ke}
8 A, η_{Vk}	19 TuA, η_{Vk}	29 BAU, η_{vk}	38 η_{Vw}, η_{Vk}		53 t_{we}, τ	63 $\dot{m}_k$, t_{ke}
9 A, TuA	20 TuA, τ	30 BAU, τ			54 t_{ka}, τ	64 $\dot{m}_w$, τ
10 A, BAU	21 TuA, BAU				55 t_{ke}, τ	65 $\dot{m}_k$, τ
11 A, τ						66 $\dot{m}_w$, $\dot{m}_k$

Die Aufteilung der Aufgaben auf Gruppen ist relativ und die Wiederholhäufigkeit (der praktischen Anwendung) der Aufgaben unterschiedlich. Besonders problematisch ist die Nutzung der Aufgaben TB 12—TB 30. Deshalb sollte die hier aufgeführte nur als formelle Klassifikation betrachtet werden, die zur Beurteilung des ganzen Querschnitts existierender und möglicher thermischer Berechnungen benötigt wird.

Bei isothermer bzw. quasiisothermer Wärmezuführung (-abführung) (bei $t_{wa} = t_{we}$, $t_{ka} = t_{ke}$) verringert sich die Anzahl der TB-Aufgaben auf 55 bzw. 45.

Die vollständigste der bekannten Klassifikationen ist die von J. P. Schubin [19]. Er sonderte 21 Aufgaben der thermischen Berechnung aus, die sich durch die Kombination sieben Veränderlicher (A, t_{wa}, t_{we}, t_{ka}, t_{ke}, $\dot{m}_w$, $\dot{m}_k$) bei zwei gesuchten ergaben. Schubin vereinigte alle Aufgaben in sechs Gruppen:

I. Gruppe: TB 1, TB 4
II. Gruppe: TB 5, TB 6
III. Gruppe: TB 66
IV. Gruppe: TB 46, TB 51
V. Gruppe: TB 56, 57, 62, 63
VI. Gruppe: TB 58, TB 61

Die Numerierung der Aufgaben entspricht der vorliegenden Klassifikation (s. Tab. 4.1).

Die Verteilung der Aufgaben auf die Gruppen erfolgte aus Gründen der rechnerischen Gleichartigkeit. Allerdings wurden die sechs Berechnungsgruppen (-arten) unter den Annahmen aufgestellt, daß $\eta_{Vw} = \eta_{Vk} = 1$ ist, die Stromführungen nur Gegenstrom bzw. Gleichstrom sind und der Wärmeübertrager aus einem Apparat besteht.

Bei industriellen Wärmeübertragern (ein- und mehrgehäusige, mit komplizierten Stromführungen und Bauarten, mit einer Isolierung, die von Resultaten der Wärmeübertragungsberechnung abhängt) wird die rechnerische Gleichartigkeit der Aufgaben in den Gruppen gestört und verliert ihren Sinn. Deshalb kann man die Klassifikation Schubins ebenfalls nur als eine formelle ansehen, die ein Bestandteil der hier vorgeschlagenen allgemeineren Klassifikation ist.

4.2. *Wärmebilanzaufgaben*

Die Wärmebilanzaufgaben (*WB*) haben die Größenermittlung der Unabhängigen in der Wärmebilanzgleichung

$$\dot{Q}_w \eta_{Vw} = \dot{Q}_k \eta_{Vk} \tag{4.15}$$

bei vorgegebenen η_{Vw} und η_{Vk} zum Ziel. Da $\dot{Q}_w = \dot{Q}_w(\dot{m}_w, t_{wa}, t_{we})$, $\dot{Q}_k = \dot{Q}_k(\dot{m}_k, t_{ka}, t_{ke})$ sind. ist die Anzahl der *WB*-Aufgaben gleich der Anzahl der Kombinationen aus sechs Elementen ($\dot{m}_w$, t_{wa}, t_{we}, $\dot{m}_k$, t_{ka}, t_{ke}) bei einer gesuchten, d. h. gleich sechs. Eine Aufstellung der *WB*-Aufgaben ist aus der Klassifikation (Tab. 4.2) ersichtlich. (Die gesuchten Größen sind fettgedruckt). Bei isothermer oder quasiisothermer Wärmezuführung bzw. -abführung (bei $t_{wa} = t_{we}$, $t_{ka} = t_{ke}$) verringert sich die Anzahl der Wärmebilanzaufgaben auf 5 oder 4.

Tabelle 4.2: Klassifikation der Wärmebilanzaufgaben

WB 1	WB 2	WB 3	WB 4	WB 5	WB 6
$\mathbf{t_{wa}}$	t_{wa}	t_{wa}	t_{wa}	t_{wa}	t_{wa}
t_{we}	$\mathbf{t_{we}}$	t_{we}	t_{we}	t_{we}	t_{we}
t_{ka}	t_{ka}	$\mathbf{t_{ka}}$	t_{ka}	t_{ka}	t_{ka}
t_{ke}	t_{ke}	t_{ke}	$\mathbf{t_{ke}}$	t_{ke}	t_{ke}
$\dot{m}_w$	$\dot{m}_w$	$\dot{m}_w$	$\dot{m}_w$	$\mathbf{\dot{m}_w}$	$\dot{m}_w$
$\dot{m}_k$	$\dot{m}_k$	$\dot{m}_k$	$\dot{m}_k$	$\dot{m}_k$	$\mathbf{\dot{m}_k}$

4.3. *Aufgaben zur Wärmeübertragungsberechnung*

Die Aufgaben zur Berechnung der Wärmeübertragung (*WÜ*) in Wärmeübertragern werden nach zwei Merkmalen klassifiziert:

1. nach der Art (dem Ziel) der Berechnung
2. nach dem Objekt der Berechnung.

Entsprechend der Klassifikation (Tab. 4.3) wurden aus der ganzen Vielzahl von WÜ-Aufgaben 26 grundlegende, selbständige Musteraufgaben herausgearbeitet, die besondere Berechnungsmethodiken erfordern. Jeder Aufgabe ist eine dreistellige Schlüsselnummer zugeordnet, deren ersten beiden Ziffern die Berechnungsart bedeuten und die dritte Ziffer das Objekt. So bedeutet z. B. die Aufgabe WÜ 072 die Berechnung der Fluidendtemperaturen im Apparateelement.

Aus dem Matrizenaufbau der Klassifikation folgt, daß es formell 48 mögliche Wärmeübertragungsberechnungen gibt. Von den 22 in der Einteilung nicht bezeichneten Aufgaben sind 11 überhaupt physikalisch sinnlos (WÜ 041, 051, 061, 071, 081, 091, 101, 111, 112, 113, 121), während die anderen mit Hilfe der bezeichneten gelöst werden (die Aufgaben WÜ 012, 013, 014 lassen sich auf WÜ 011 zurückführen; WÜ 022, 023, 024 auf WÜ 021; WÜ 031, 032, 034 auf WÜ 033; WÜ 102, 104 auf WÜ 103).

In den Berechnungen WÜ 072, 073, 074, 092, 093, 094 treten als Resultat Größen auf, die mit Hilfe der Aufgaben WB 1 bis WB 6 ermittelt werden können. Der Unterschied dieser Berechnungen besteht darin, daß die ersteren durch komplizierte Zwischenberechnungen der Wärmeübertragung realisiert werden, die letzteren aber mit Hilfe der einfachen Wärmebilanzgleichung. Die einen wie die anderen sind gewöhnlich in den TB-Aufgaben miteinander verbunden.

Tabelle 4.3: Klassifikation der Aufgaben zur Berechnung der Wärmeübertragung

		BERECHNUNGSOBJEKT			
		1 Profil (Querschnitt)	2 Apparate- element	3 Apparate- teil	4 Wärme- übertrager
01	Wärmedurch-gangskoeffizient	WÜ 011			
02	Wandtempera-turen	WÜ 021			
03	Wandstärken (Wärmezufluß und -verlust)			WÜ 033	
04	Mittlerer Trieb-kraft		WÜ 042	WÜ 043	WÜ 044
05	Wärmeüber-tragungsfläche		WÜ 052	WÜ 053	WÜ 054
06	Lokale Fluid-temperaturen		WÜ 063	WÜ 063	WÜ 064
07	Fluidend-temperaturen		WÜ 072	WÜ 073	WÜ 074
08	Mittlere Fluid-temperaturen		WÜ 082	WÜ 083	WÜ 084
09	Erforderlicher Fluiddurchsatz		WÜ 092	WÜ 093	WÜ 094
10	Typ und Ab-messung			WÜ 103	
11	Erforderliche Bauart				WÜ 114
12	Erforderliche Zeit		WÜ 122	WÜ 123	WÜ 124

Die Wärmeübertragungsberechnungen können bedingt in zwei Gruppen unterteilt werden:

1. Berechnung lokaler Größen (WÜ 011, 021, 033, 062, 063, 064, 074, 072, 073), die von den Koordinaten t und A abhängig sind,
2. Berechnung gemittelter Größen (WÜ 042, 043, 044, 052, 053, 054, 082, 083, 084, 092, 093, 094, 103, 114, 122, 123, 124), die von den Grenzbedingungen (Eindeutigkeitsbedingungen) abhängig sind.

Terminologie

Für die Berechnung der Wärmeübertragungsfläche ist die Bezeichnung konstruktive [18, 146, 154], Projekt- [20], gerade [146, 149], thermische [22, 23] Berechnung gebräuchlich. Doch nicht eine dieser Bezeichnungen kann man als ausreichend genau ansehen, da sie alle nur eines aus mehreren Hauptmerkmalen der Berechnung hervorheben: die ersten zwei Bezeichnungen das Anwendungsgebiet, die dritte Bezeichnung die Verfahrensweise der Lösung der Wärmeübertragungsgleichung, die vierte Bezeichnung ist zu allgemein.

Die Berechnung der Endtemperaturen der Ströme WÜ 072, 073, 074 wird in [38] inverse Berechnung und in [19] Kontrollberechnung genannt. Andere Autoren bezeichnen diese Aufgaben als Überprüfungsberechnung. Die Unzulänglichkeiten dieser Bezeichnungen sind analog den oben genannten.

Es ist zweckmäßig, die aufgezählten und anderen Arten der Wärmeübertragungsberechnung entsprechend ihrer Einteilung nach (Tab. 4.3) zu bezeichnen, z. B. die Aufgaben WÜ 052, 053, 054 — als Flächenberechnung für Apparateelement, Apparateteil, Wärmeübertrager, die Aufgaben WÜ 072, 073, 074 als Berechnung der Endtemperaturen im Apparateelement, Apparateteil, Wärmeübertrager usw. Solche Bezeichnungen kennzeichnen kompakt und eindeutig Ziel und Objekt der Berechnung. In der Literatur sind korrekte Lösungen für die Aufgaben WÜ 011, 021, 033 sowie befriedigende Lösungen für die Aufgaben WÜ 042, 043, 052, 053, 062, 063, 072, 073, 082, 083, die sich für eine begrenzte, nicht vollständige Anzahl von Fällen eignen, beschrieben, während Lösungen für die Aufgaben WÜ 044, 054, 064, 074, 084, 092, 093, 094, 103, 114, 122, 123, 124 fehlen.

In den Abschn. 5. bis 8. des Buches wird die weitere Entwicklung der Methoden zur Wärmeübertragungsberechnung dargelegt. Sie führt in der Hauptsache zur Realisierung folgender Ziele:

1. die bekannten Lösungen der Wärmeübertragungsaufgaben (WÜ-Aufgaben) in die algorithmische Form zu bringen, sie zu vereinheitlichen, zu formalisieren,
2. genauere Lösungen für Teilaufgaben zu erarbeiten,
3. neue Lösungsmethoden für früher nicht betrachtete Aufgaben zu schaffen,
4. die Möglichkeit zur Universalisierung der Lösungen aller Aufgaben der thermischen Berechnung (*TB*) zu untersuchen, d. h. die strukturelle Grundlage für die Synthese universeller Lösungsalgorithmen für die Aufgaben der thermischen Berechnung vorzubereiten.

5. Wärmeübertragung im Querschnitt

Entsprechend der Einteilung in Tab. 4.3 werden die Aufgaben zur Berechnung der Wärmeübertragung im Querschnitt in Aufgaben zur Berechnung des Wärmedurchgangskoeffizienten (WÜ 011) und zur Berechnung der Wandtemperaturen (WÜ 021) unterteilt. Hier werden die Aufgaben zur Berechnung der Wärmeübertragung an Profilen für alle verbreiteten Wärmeübertragungsflächenarten betrachtet: für homogene bzw. mehrschichtige gerippte, ungerippte und glatte Flächen beliebiger Form. Es werden neue, genauere Methoden und Berechnungsschemata beschrieben. Es wird ein universelles Rechenschema zur Berechnung der Wärmeübertragung an Profilen vorgeschlagen, das für alle 36 möglichen Oberflächenarten beliebiger Form geeignet ist, d. h. einen äußerst breiten Anwendungsbereich hat. Damit wurde eine zuverlässige methodische und strukturelle Grundlage für die Synthese universeller Algorithmen zur Berechnung der Wärmeübertragung an Profilen gelegt. In diesem Umfange wurde eine solche Aufgabe erstmalig gelöst.

5.1. Wärmeübertragung durch gerippte Oberflächen

Betrachten wir eine gerippte Oberfläche entsprechend der in Abschn. 1.4. aufgeführten Klassifikation. Diese Oberfläche besteht im allgemeinen aus der die Rippen tragenden Fläche (Rohre oder Platten) und einer zweiseitigen Berippung. Die Form und das Profil der Rippen jeder Seite sind ebenfalls beliebig. Die Rippen sind mit Ablagerungen (Kesselstein, Eis, spezielle Überzüge usw.) bedeckt. An den Kontaktstellen zwischen den Rippen und den tragenden Flächen gibt es thermische Widerstände.

Den Rippen und den die Rippen umspülenden Fluiden werden die Indices 1 und 2 zugeordnet.

Die Fluidtemperatur sinkt entlang der Rippe 1 von t_{1a} bis t_{1e}, der Wärmeübergangskoeffizient α_{ar1} (vom Fluid zu den Ablagerungen auf der Rippe) verändert sich ebenfalls. Dies ist die Ursache für die Asymmetrie der Temperaturkurve im Verhältnis zur Achse des gerippten Elementes. Die Temperaturen an der Kante t_{kr1}, in der Mitte t_{r1}, an der Basis t_{r1}^b der Rippe 1 und die Temperatur der Ablagerungen auf der Rippe t_{ar1} sind im unteren Teil des gerippten Elements niedriger als die entsprechenden Temperaturen des oberen Teils des Elements. Ein analoges Bild ergibt sich für Rippe 2.

Eine derartige Temperaturverteilung kann praktisch ohne Anwendung numerischer Methoden keiner genauen Berechnung unterzogen werden.

Zur Vereinfachung der Wärmeübertragungsberechnung ist es allgemein üblich, folgende Annahme einzuführen:

Die Temperaturen t_1 und t_2 der die Rippen umströmenden Fluide sind gleich den mittleren arithmetischen, mittleren logarithmischen bzw. mittleren integralen Temperaturen. Die Wärmeabgabe von den Fluiden auf die Ablagerung an den Stirnseiten der Rippen wird vernachlässigt.

Für die weiteren Ausführungen wird $t_1 > t_2$ angenommen. Alle diese Unbekannten können bei der Lösung des unten aufgeführten Gleichungssystems für Wärmeübertragung, Wärmeabgabe und Wärmeleitung ermittelt werden.

Der Wärmestrom durch ein geripptes Element ist

$$\dot{Q} = k_{f1}(t_1 - t_2)\, A_{f1} \tag{5.1}$$

$$\dot{Q} = k_{f2}(t_1 - t_2)\, A_{f2} \tag{5.2}$$

$$\dot{Q} = k_{re1}(t_1 - t_2)\, A_{re1} \tag{5.3}$$

$$\dot{Q} = k_{re2}(t_1 - t_2)\, A_{re2} \tag{5.4}$$

$$\dot{Q} = \frac{1}{R_{rf}}\,(t_{f1} - t_{f2})\, A_{f1} \tag{5.5}$$

$$\dot{Q} = \alpha_1(t_1 - t_{f1})\, A_{f1} \tag{5.6}$$

$$\dot{Q} = \alpha_2(t_{f2} - t_2)\,A_{f2} \tag{5.7}$$

$$\dot{Q} = \frac{1}{R_{kre1}}\,(t^b_{ar1} - t_{f1})\,A_{re1} \tag{5.8}$$

$$\dot{Q} = \frac{1}{R_{kre2}}\,(t_{f2} - t^b_{ar2})\,A_{re2} \tag{5.9}$$

$$\dot{Q} = Q_{r1} + Q^{zr}_{f1} \tag{5.10}$$

$$\dot{Q} = Q_{r2} + Q^{zr}_{f2} \tag{5.11}$$

Wärmestrom durch Rippe 1

$$\dot{Q}_{r1} = \alpha_{ar1}(t_1 - t_{ar1})\,A_{ar1} \tag{5.12}$$

$$\dot{Q}_{r1} = \frac{1}{R_{k1}}\,(t^b_{r1} - t_{f1})\,A_{k1} \tag{5.13}$$

$$\dot{Q}_{11} = \frac{1}{R_{ar1}}\,(t_{ar1} - t_{r1})\,A_{ar1} \tag{5.14}$$

$$\dot{Q}_{11} = \alpha_{r1}(t_1 - t_{r1})\,A_{r1} \tag{5.15}$$

Wärmestrom durch Rippe 2

$$\dot{Q}_{r2} = \alpha_{ar2}(t_{ar2} - t_2)\,A_{ar2} \tag{5.16}$$

$$\dot{Q}_{r2} = \frac{1}{R_{k2}}\,(t_{f2} - t^b_{r2})\,A_{k2} \tag{5.17}$$

$$\dot{Q}_{r2} = \frac{1}{R_{ar2}}\,(t_{r2} - t_{ar2})\,A_{ar2} \tag{5.18}$$

$$\dot{Q}_{r2} = \alpha_{r2}(t_{r2} - t_2)\,A_{r2} \tag{5.19}$$

Wärmestrom durch die tragende Fläche zwischen den Rippen 1

$$\dot{Q}^{zr}_{f1} = \alpha_{af1}(t_1 - t_{af1})\,A^{zr}_{af1} \tag{5.20}$$

$$\dot{Q}^{zr}_{f1} = \frac{1}{R_{af1}}\,t_{af1} - t_{f1})\,A^{zr}_{af1} \tag{5.21}$$

$$\dot{Q}^{zr}_{f1} = \alpha_{f1}(t_1 - t_{f1})\,A^{zr}_{f1} \tag{5.22}$$

Wärmestrom durch die tragende Fläche zwischen den Rippen 2

$$\dot{Q}^{zr}_{f2} = \alpha_{af2}(t_{af2} - t_2)\,A^{zr}_{af2} \tag{5.23}$$

$$\dot{Q}^{zr}_{f2} = \frac{1}{R_{af2}}\,(t_{f2} - t_{af2})\,A^{zr}_{af2} \tag{5.24}$$

$$\dot{Q}^{zr}_{f2} = \alpha_{f2}(t_{f2} - t_2)\,A^{zr}_{f2} \tag{5.25}$$

wobei

$$A_{re1} = A_{r1} + A_{f1}^{zr}, \quad A_{f1} = A_{r1}^{b} + A_{f1}^{zr},$$

$$A_{re2} = A_{r2} + A_{f2}^{zr}, \quad A_{f2} = A_{r2}^{b} + A_{f2}^{zr},$$

sind.

Die Berechnung der gerippten Oberfläche besteht in der Ermittlung des Wärmestromes $\dot{Q}$, der durch ein Rippenelement gegebener Größe übertragen wird, in der Ermittlung der Rippenelementeanzahl

$$n_{re} = \frac{\dot{Q}_{wa}}{\dot{Q}} \tag{5.26}$$

und der Apparatefläche

$$A_{wa} = n_{re} \cdot A_{re} \tag{5.27}$$

Dabei ist es gleichgültig, auf welche der vier Flächen (A_{f1}, A_{f2}, A_{re1}, A_{re2}) der Wärmedurchgangskoeffizient bezogen wird und welche von ihnen als A_{re} in (5.27) eingesetzt wird.

Die Umrechnung der Wärmedurchgangskoeffizienten erfolgt nach einfachen Bedingungsgleichungen

$$k_{f1}A_{f1} = k_{f2}A_{f2} = k_{re1}A_{re1} = k_{re2}A_{re2} = \frac{\dot{Q}}{t_1 - t_2} = \text{const}, \tag{5.28}$$

die aus (5.1) bis (5.4) erhalten wurden.

Unabhängig von der Wahl der Basisfläche hängt die Genauigkeit der Berechnung des Wärmedurchgangskoeffizienten von der Vollständigkeit ab, mit der alle thermischen Widerstände berücksichtigt werden. Die Wärmeübergangskoeffizienten α_{ar1}, α_{ar2}, α_{af1}, α_{af2} sind gewöhnlich von den Wandtemperaturen t_{ar1}, t_{ar2}, t_{af1}, t_{af2} abhängig, die ihrerseits unbekannt sind und durch Iteration ermittelt werden können.

Folglich sind die Gln. (5.1)—(5.25) sowohl für die direkte Berechnung zur Ermittlung der Wärmedurchgangskoeffizienten bei gegebenen t_{ar1}, t_{ar2}, t_{af1}, t_{af2} wie auch für die inverse Berechnung zur Präzisierung der letzteren geeignet.

5.1.1. Berechnung der Wärmedurchgangskoeffizienten

Bei gleichzeitiger Lösung von (5.5) bis (5.7) erhält man

$$\dot{Q} = \frac{t_1 - t_2}{\frac{1}{A_{f1}}\left(\frac{1}{\alpha_1} + R_f\right) + \frac{1}{A_{f2}} \cdot \frac{1}{\alpha_2}}. \tag{5.29}$$

Aus (5.1) bis (5.3) folgt

$$k_{f1} = \frac{1}{\left(\frac{1}{\alpha_1} + R_f\right) + \frac{A_{f1}}{A_{f2}} \cdot \frac{1}{\alpha_2}} \tag{5.30}$$

$$k_{f2} = \frac{1}{\left(\frac{A_{f2}}{A_{f1}}\left(\frac{1}{\alpha_1} + R_f\right) + \frac{1}{\alpha_2}\right)} \tag{5.31}$$

$$k_{re1} = \frac{1}{\frac{A_{re1}}{A_{rf1}}\left(\frac{1}{\alpha_1} + R_f\right) + \frac{A_{re1}}{A_{f2}}\frac{1}{\alpha_2}} \tag{5.32}$$

$$k_{re2} = \frac{1}{\frac{A_{re2}}{A_{f1}}\left(\frac{1}{\alpha_1} + R_f\right) + \frac{A_{re2}}{A_{f2}}\frac{1}{\alpha_2}} \tag{5.33}$$

In diesen Gleichungen sind

$$\beta_1' = \frac{A_{re1}}{A_{f1}} \tag{5.34}$$

$$\beta_1 = \frac{A_{re1}}{A_{f2}} \tag{5.35}$$

$$\beta_2' = \frac{A_{re2}}{A_{f1}} \tag{5.36}$$

$$\beta_2 = \frac{A_{re2}}{A_{f2}} \tag{5.37}$$

die äußeren und inneren Berippungsgrade der Rippen 1 und 2.

Durch Einsetzen erhält man

$$k_{re1} = \frac{1}{\beta_1'\left(\frac{1}{\alpha_1} + R_f\right) + \beta_1\frac{1}{\alpha_2}}, \tag{5.38}$$

$$k_{re2} = \frac{1}{\beta_2'\left(\frac{1}{\alpha_1} + R_f\right) + \beta_2\frac{1}{\alpha_2}}. \tag{5.39}$$

Betrachten wir die Bestandteile von (5.29) bis (5.33). Hierin wird der thermische Widerstand vielschichtiger (und als Sonderfall einschichtiger) tragender Flächen (Wände) beliebiger Form berücksichtigt.

Veranschaulichen wir charakteristische Fälle zur Berechnung von R_f:

— Ebene Wand:

$$A_{f1} = A_{f2},$$

$$R_f = \sum_{j=1}^{m} \frac{\delta_j}{\lambda_j} \tag{5.40}$$

δ_j — Wandstärke der Schicht j,
λ_j — Wärmeleitkoeffizient der Schicht j
m — Schichtzahl

— Kreiszylinder:

$$A_{f1} : A_{f2} : A_{fj} = d_{f1} : d_{f2} : d_{fj}$$

$$R_f = d_{f1} \sum_{j=1}^{m} \frac{1}{2\lambda_j} \ln \left| \frac{d_{j+1}}{d_j} \right| \tag{5.41}$$

d — Durchmesser der Rohrschicht

— Kugel:

$$A_{f1} : A_{f2} : A_{fj} = d_{f1}^2 : d_{f2}^2 : d_{fj}^2 ,$$

$$R_f = \frac{A_{f1}}{\pi} \sum_{j=1}^{m} \frac{1}{2\lambda_j} \left| \frac{1}{d_j} - \frac{1}{d_{j+1}} \right| = \sum_{j=1}^{m} \frac{\delta_j}{\lambda_j} \frac{A_{f1}^2}{A_{fj} A_{f(j+1)}} \tag{5.42}$$

— Tragende Fläche beliebiger Form:

$$R_f = A_{f1} \sum_{j=1}^{m} \frac{2}{A_{fj} + A_{f(j+1)}} \frac{\delta_j}{\lambda_j} \tag{5.43}$$

In den Ausdrücken (5.29) bis (5.33) kommen die resultierenden Wärmetransportkoeffizienten α_1 und α_2 der Rippen 1 und 2 vor. Der resultierende Wärmetransportkoeffizient α_1 der Rippe 1 ist ein komplizierter Komplex, in dem die Wärmeübergangswiderstände $\frac{1}{\alpha_{ar1}}$, $\frac{1}{\alpha_{af1}}$ bezüglich des das Rippenelement umfließenden Fluids wie auch der Wärmeleitwiderstand der Ablagerungen auf der Rippe R_{ar1} und auf der tragenden Fläche R_{af1}, der Wärmeleitwiderstand der Rippe R_{r1} und der Wärmeübergangswiderstand an der Kontaktstelle von Rippe und tragender Fläche R_{k1} berücksichtigt werden.

Analog ist der resultierende Wärmetransportkoeffizient der Rippe 2

$$\alpha_2 = f\left(\frac{1}{\alpha_{ar2}}, \frac{1}{\alpha_{af2}}, R_{ar2}, R_{af2}, R_{r2}, R_{k2}\right).$$

Der relative Wärmetransportkoeffizient, in dem der Wärmeleitwiderstand der Ablagerungen auf der Rippe R_{ar1} berücksichtigt ist, wird für den Fall der Wärmeabgabe vom umfließenden Medium zur Rippe 1 aus (5.12), (5.14) und (5.15) ermittelt.

$$\alpha_{r1} = \frac{A_{ar1}}{A_{r1}} \frac{1}{\frac{1}{\alpha_{ar1}} + R_{ar1}} \tag{5.44}$$

Für die Wärmeabgabe vom umfließenden Medium auf eine tragende Fläche, die nicht mit Rippen bedeckt ist, wird ein analoger Koeffizient bei Berücksichtigung von R_{af1} aus (5.20) bis (5.22) ermittelt.

$$\alpha_{f1} = \frac{A_{af1}^{zr}}{A_{f1}^{zr}} \frac{1}{\frac{1}{\alpha_{af1}} + R_{af1}} \tag{5.45}$$

Als neuer Begriff wird bei der Wärmeabgabe vom umfließenden Medium auf die Rippe 1 der auf den Rippenquerschnitt an der Basis bezogene relative Wärmetransportkoeffizient

$$\alpha_{r1}^b = \frac{\dot{Q}_{r1}}{A_{r1}^b(t_1 - t_{f1})} \tag{5.46}$$

eingeführt, der im Vergleich zu α_{r1} noch zusätzlich den Wärmetransportwiderstand an der Kontaktstelle und den Wärmeleitwiderstand der Rippe berücksichtigt. Um α_{r1}^b durch α_{r1} und R_{k1} auszudrücken, ist es notwendig, (5.13) und (5.15) zusammen zu lösen, unter der Bedingung, daß der Rippeneffektivitätskoeffizient

$$E_{r1} = \frac{t_1 - t_{r1}}{t_1 - t_{r1}^b} \tag{5.47}$$

bekannt ist.

Entsprechend der Definition von E_{r1} wird zu seiner Berechnung α_{r1} benutzt und die Rippe als einschichtig betrachtet. Nach Umformungen ist

$$\dot{Q}_{r1} = \frac{t_1 - t_{f1}}{\dfrac{1}{\alpha_{r1}E_{r1}A_{f1}} + \dfrac{R_{k1}}{A_{k1}}} \tag{5.48}$$

und

$$\alpha_{r1}^b = \frac{1}{F_{r1}^b} \frac{1}{\dfrac{1}{\alpha_{r1}E_{r1}A_{r1}} + \dfrac{R_{k1}}{A_{k1}}} \tag{5.49}$$

Aus (5.6), (5.10), (5.22), (5.46) ergibt sich der gesuchte Ausdruck für den resultierenden Wärmetransportkoeffizienten

$$\alpha_1 = \alpha_{r1}^b \frac{F_{r1}^b}{F_{f1}} + \alpha_{f1} \frac{A_{f1}^{zr}}{A_{f1}}$$

oder

$$\alpha_1 = \alpha_{r1}^b \left(1 - \frac{A_{f1}^{zr}}{A_{f1}}\right) + \alpha_{f1} \frac{A_{f1}^{zr}}{A_{f1}} \tag{5.50}$$

Nach der Einsetzung von (5.49), (5.45) und (5.44) ist

$$\alpha_1 = \frac{1}{A_{f1}} \left(\frac{1}{\dfrac{1 + \alpha_{ar1}R_{ar1}}{\alpha_{ar1}E_{r1}A_{ar1}} + \dfrac{R_{k1}}{A_{k1}}} + \frac{\alpha_{af1}A_{af1}^{zr}}{1 + \alpha_{af1}R_{af1}} \right) \tag{5.51}$$

Allerdings wird die Berechnung von α_1 gewöhnlich dadurch erschwert, daß die zuverlässigsten Angaben über den Wärmetransportwiderstand R_{kre1} [54] auf die volle Berippungsfläche A_{re1} bezogen sind. Folglich muß R_{k1} durch R_{kre1} ausgedrückt werden.

Aus (5.8), (5.10), (5.13), (5.15), (5.22) folgt

$$\frac{R_{k1}}{A_{k1}} = \frac{R_{kre1}}{A_{re1}} = \frac{\dot{Q}}{\dot{Q}_{r1}} \tag{5.52}$$

und

$$\frac{R_{k1}}{A_{k1}} = \frac{R_{kre1}}{A_{re1}} \left(1 + \frac{A_{f1}^{zr}}{A_{r1}} \frac{t_1 - t_{f1}}{t_1 - t_{r1}} \cdot \frac{\alpha_{f1}}{\alpha_{r1}}\right). \tag{5.53}$$

Bei Berücksichtigung von (5.53) ist

$$\alpha_{r1}^b = \frac{1}{A_{r1}^b} \cdot \frac{1}{\dfrac{1}{\alpha_{r1} E_{r1} A_{r1}} + \dfrac{R_{kre1}}{A_{re1}} \left(1 + \dfrac{A_{f1}^{zr}}{A_{r1}} \dfrac{t_1 - t_{f1}}{t_1 - t_{r1}} \dfrac{\alpha_{f1}}{\alpha_{r1}}\right)}. \tag{5.54}$$

Aus (5.13) und (5.53) folgt

$$t_{f1} = \frac{\left(t_{r1}^b - \dot{Q}_{r1} \dfrac{R_{kre1}}{A_{re1}}\right)(t_1 - t_{r1}) - \dot{Q}_{r1} \dfrac{R_{kre1}}{A_{re1}} \dfrac{A_{f1}^{zr}}{A_{r1}} \dfrac{\alpha_{f1}}{\alpha_{r1}} t_1}{(t_1 - t_{r1}) - \dot{Q}_{r1} \dfrac{R_{kre1}}{A_{re1}} \dfrac{A_{f1}^{zr}}{A_{r1}} \dfrac{\alpha_{f1}}{\alpha_{r1}}} \tag{5.55}$$

Bei Einbeziehung von (5.15) und (5.47) ergibt sich

$$\frac{t_1 - t_{f1}}{t_1 - t_{r1}} = \frac{\dfrac{1}{E_{r1}} + \alpha_{r1} A \dfrac{R_{kre1}}{A_{re1}}}{1 - \alpha_{f1} A_{f1}^{zr} \dfrac{R_{kre1}}{A_{re1}}} \tag{5.56}$$

Dann ist

$$\alpha_{r1}^b = \frac{1}{A_{r1}^b} \frac{1 - \alpha_{f1} A_{f1}^{zr} \dfrac{R_{kre1}}{A_{re1}}}{\dfrac{1}{\alpha_{r1} E_{r1} A_{r1}} + \dfrac{R_{kre1}}{A_{re1}}} \tag{5.57}$$

Nach dem Einsetzen von α_{r1}^b (5.57) in (5.50) ist

$$\alpha_1 = \frac{\alpha_{r1} E_{r1} \dfrac{A_{r1}}{A_{f1}} + \alpha_{f1} \dfrac{A_{f1}^{zr}}{A_{f1}}}{1 + \alpha_{r1} E_{r1} A_{r1} \dfrac{R_{kre1}}{A_{re1}}} \tag{5.58}$$

Wenn α_{r1} (5.44) und α_{f1} (5.45) berücksichtigt werden, ergibt sich die gesuchte Abhängigkeit

$$\alpha_1 = \frac{1}{A_{f1}} \frac{\dfrac{\alpha_{ar1} E_{r1} A_{ar1}}{1 + \alpha_{ar1} R_{ar1}} + \dfrac{\alpha_{af1} A_{af1}^{zr}}{1 + \alpha_{af1} R_{af1}}}{\dfrac{\alpha_{ar1} E_{r1} A_{ar1}}{1 + \alpha_{ar1} R_{ar1}} \dfrac{R_{kre1}}{A_{re1}} + 1} \tag{5.59}$$

Die in (5.40), (5.41), (5.47), (5.55) enthaltenen Wärmeleitwiderstände der Ablagerungen auf der Rippe R_{ar1} und der tragenden Fläche R_{af1} werden analog R_{tf} (5.36) bis (5.39) berechnet:

$$R_{ar1} = \frac{\delta_{ar1}}{\lambda_{ar1}} \frac{2A_{ar1}}{A_{ar1} + A_{r1}} \tag{5.60}$$

— für eine ebene Wand ist

$$R_{af1} = \frac{\delta_{af1}}{\lambda_{af1}} \tag{5.61}$$

— für eine Zylinderwand ist

$$R_{af1} = \frac{d_{af1}}{2\lambda_{af1}} \left| \ln \frac{d_{af1}}{d_{f1}} \right| \approx \frac{\delta_{af1}}{\lambda_{af1}} \frac{2A_{af1}^{zr}}{A_{af1}^{zr} + A_{f1}^{zr}} \tag{5.62}$$

— für eine Kugel ist

$$R_{af1} = \frac{A_{af1}^{zr}}{\pi} \frac{1}{2\lambda_{af1}} \left| \frac{1}{d_{af1}} - \frac{1}{d_{f1}} \right| = \frac{\delta_{af1}}{\lambda_{af1}} \sqrt{\frac{A_{af1}^{zr}}{A_f^{zr}}} \tag{5.63}$$

— für eine Fläche beliebiger Form ist

$$R_{af1} = \frac{\delta_{af1}}{\lambda_{af1}} \frac{2A_{af1}^{zr}}{A_{af1}^{zr} + A_{f1}^{zr}} \tag{5.64}$$

Die erhaltenen Abhängigkeiten (5.44) bis (5.64) eignen sich auch zur Berechnung des resultierenden Wärmetransportkoeffizienten α_2 der Rippe 2 sowie aller Zwischenwerte, wenn die darin enthaltenen α_{af1}, α_{af1}, R_{ar1}, R_{af1}, R_{kre1}, R_{k1}, E_{r1}, E_{re1}, A_{ar1}, A_{af1}^{zr}, A_{f1}^{zr}, A_{f1}, A_{r1}, A_{k1} entsprechend durch α_{ar2}, α_{af2}, R_{ar2}, R_{kre2}, R_{k2}, E_{r2}, A_{re2}, A_{ar2}, A_{af2}^{zr}, A_{f2}^{zr}, A_{r2}, A_{f2}, A_{k2} ersetzt werden.

Ausnahmen sind die Gleichungen

$$t_{n2} = \frac{\left(t_{r2}^b + \dot{Q}_{r2} \frac{R_{kre2}}{A_{re2}}\right)(t_{r2} - t_2) - Q_{r2} \frac{A_{kre2}}{A_{r2}} \frac{\alpha_{f2}}{\alpha_{r2}} t_2}{(t_{r2} - t_2) - \dot{Q}_{r2} \frac{R_{kre2}}{A_{re2}} \frac{A_{f2}^{zr}}{A_{re}} \cdot \frac{\alpha_{f2}}{\alpha_{r2}}}$$

und

$$Q_{r2} = \frac{t_1 - t_{f1}}{\frac{1}{\alpha_{r2} E_{r2} A_{re}} + \frac{R_{k2}}{A_{k2}}}.$$

Somit ist der gesuchte Ausdruck für den resultierenden Wärmetransportkoeffizienten der Rippe 2:

$$\alpha_2 = \frac{1}{A_{f2}} \frac{\dfrac{\alpha_{ar2} E_{r2} A_{ar2}}{1 + \alpha_{ar2} R_{ar2}} + \dfrac{\alpha_{ar2} A_{af2}^{zr}}{1 + \alpha_{af2} R_{af2}}}{\dfrac{\alpha_{ar2} E_{r2} A_{ar2}}{1 + \alpha_{ar2} R_{ar2}} \dfrac{R_{kre2}}{A_{re2}} + 1} \tag{5.65}$$

$$\alpha_2 = \frac{1}{A_{f2}} \left(\frac{1}{\dfrac{1 + \alpha_{ar2} R_{ar2}}{\alpha_{ar2} E_{r2} A_{ar2}} + \dfrac{R_{k2}}{F_{k2}}} + \frac{\alpha_{ar2} A_{af2}^{zr}}{1 + \alpha_{af2} R_{af2}} \right). \tag{5.66}$$

5.1.2. Berechnung der Wandtemperaturen

Die Temperaturen der tragenden Fläche werden bei bekanntem $\dot{Q}_{re}$ (5.29) mit den Gleichungen

$$t_{f1} = t_1 - \frac{\dot{Q}}{\alpha_1 A_{f1}} \tag{5.67}$$

$$t_{f2} = t_2 + \frac{\dot{Q}}{\alpha_2 A_{f1}} \tag{5.68}$$

berechnet.

Bei diesen Temperaturen werden $\dot{Q}_{f1}^{zr}$ (5.22), Q_{f2}^{zr} (5.25), Q_{r1} (5.10) und Q_{r2} (5.11) ermittelt. Danach können die Temperaturen an den Außenflächen der Ablagerungen auf den Rippen ermittelt werden:

$$t_{ar1} = t_1 - \frac{\dot{Q}_{r1}}{\alpha_{ar1} A_{ar1}} \tag{5.69}$$

$$t_{ar2} = t_2 + \frac{\dot{Q}_{r2}}{\alpha_{ar2} A_{ar2}} \tag{5.70}$$

und analog die Temperatur der Ablagerungen auf den tragenden Flächen

$$t_{af1} = t_1 - \frac{\dot{Q}_{f1}^{zr}}{\alpha_{af1} A_{ar1}} \tag{5.71}$$

$$t_{af2} = t_2 + \frac{\dot{Q}_{f2}^{zr}}{\alpha_{af2} A_{af2}} \tag{5.72}$$

sowie die mittleren Temperaturen der Rippenoberflächen

$$t_{r1} = t_{ar1} - \frac{\dot{Q}_{r1} R_{ar1}}{A_{ar1}} \tag{5.73}$$

$$t_{r2} = t_{ar2} + \frac{\dot{Q}_{r2} R_{ar2}}{A_{ar2}} \tag{5.74}$$

und auch die an der Rippenbasis

$$t_{r1}^{b} = t_1 - \frac{t_1 - t_{r1}}{E_{r1}} \tag{5.75}$$

$$t_{r2}^{b} = t_2 + \frac{t_{r2} + t_2}{E_{r2}} \tag{5.76}$$

5.1.3. Modifikation der Wärmeübertragungsberechnung

Die Gln. (5.44), (5.48), (5.49), (5.51), (5.53) bis (5.59), (5.65), (5.66), (5.75), (5.76) wurden unter der Voraussetzung erhalten, daß die Werte des Effektivitätskoeffizienten E_{r1}, E_{r2} für einschichtige Rippen bekannt sind. Dabei werden die Wärmeleitwiderstände der Ablagerungen auf den Rippen R_{ar1}, R_{ar2} unabhängig von den Rippen betrachtet und bedingt in den Gesamtwärmetransportkoeffizienten $\alpha_{r1}\alpha_{r2}$ analog der Berechnung von α_{ar1} und α_{ar2} berücksichtigt. Eine solche Berechnungsmethode für R_{ar1}, R_{ar2} ist in Projektberechnungen weit verbreitet.

Betrachten wir eine genauere Modifikation der Wärmeübertragungsberechnung im Querschnitt, die auf der Kenntnis der Effektivitätskoeffizienten vielschichtiger Rippen beruht.

$$E_{ar1} = \frac{t_1 - t_{ar1}}{t_1 - t_{r1}^{b}} \tag{5.77}$$

$$E_{ar2} = \frac{t_{ar2} - t_2}{t_{r2}' - t_2}. \tag{5.78}$$

Bei dieser Methode wird der Wärmeleitwiderstand der Ablagerungen zusammen mit dem Wärmeleitwiderstand der eigentlichen Rippe berücksichtigt. Damit verlieren α_{r1} nach (5.44) und α_{r2} ihren physikalischen Sinn.

Aus (5.12), (5.13) und (5.77) folgt

$$\dot{Q}_{r1} = \frac{t_1 - t_{f1}}{\dfrac{1}{\alpha_{ar1}E_{ar1}A_{ar1}} + \dfrac{R_{k1}}{A_{k1}}}. \tag{5.79}$$

Dann sind (s. (5.46) und (5.51))

$$\alpha_{r1}^{b} = \frac{1}{A_{r1}^{b}} \frac{1}{\dfrac{1}{\alpha_{ar1}E_{ar1}A_{ar1}} + \dfrac{R_{k1}}{A_{k1}}}. \tag{5.80}$$

und

$$\alpha_1 = \frac{1}{A_{f1}} \left(\frac{1}{\dfrac{1}{\alpha_{ar1}E_{ar1}A_{ar1}} + \dfrac{R_{k1}}{A_{k1}}} + \frac{\alpha_{af1}A_{af1}^{zr}}{1 + \alpha_{af1}R_{af1}} \right) \tag{5.81}$$

Falls anstelle $\frac{R_{k1}}{A_{k1}}$ das Verhältnis $\frac{R_{kre1}}{A_{re1}}$ bekannt ist, kann mit Hilfe von (5.10), (5.12), (5.22), (5.77) ein (5.53) analoges Verhältnis gewonnen werden

$$\frac{R_{k1}}{A_{k1}} = \frac{R_{kre1}}{A_{re1}} \left(1 + \frac{A_{f1}^{zr}}{A_{ar1}} \frac{t_1 - t_{f1}}{t_1 - t_{ar1}} \frac{\alpha_{f1}}{\alpha_{ar1}}\right) = \frac{R_{kre1}}{A_{re1}} \frac{\dot{Q}}{\dot{Q}_{r1}} \tag{5.82}$$

wobei

$$\frac{\dot{Q}}{\dot{Q}_{r1}} = \frac{\dfrac{\alpha_{f1} A_{f1}^{zr}}{\alpha_{ar1} E_{ar1} A_{ar1}} + 1}{1 - \alpha_{f1} A_{f1}^{zr} \dfrac{R_{kre1}}{A_{re1}}} \tag{5.83}$$

ist.

Nach Einsetzen von (5.82) und (5.83) in (5.80) und (5.81) ergibt sich

$$\alpha_{r1}^b = \frac{1}{A_{r1}^b} \frac{1 - \alpha_{f1} A_{f1}^{zr} \dfrac{R_{kre1}}{A_{re1}}}{\dfrac{1}{\alpha_{ar1} E_{ar1} A_{ar1}} + \dfrac{A_{kre1}}{A_{re1}}}. \tag{5.84}$$

$$\alpha_1 = \frac{1}{A_{f1}} \frac{\alpha_{ar1} E_{ar1} A_{ar1} + \dfrac{\alpha_{af1} A_{af1}^{zr}}{1 + \alpha_{af1} R_{af1}}}{\alpha_{ar1} E_{ar1} A_{ar1} \dfrac{R_{kre1}}{A_{re1}} + 1} \tag{5.85}$$

Die Ausdrücke für $\dot{Q}_{r2}$, α_{r2}, $\frac{R_{k2}}{A_{k2}}$, $\frac{\dot{Q}}{\dot{Q}_{r2}}$, α_2 sind denen in (5.79) bis (5.85) adäquat.

Der Vergleich der zur Berechnung von α_1 bei zwei verschiedenen Formen der Einbeziehung von R_{ar1} erhaltenen Gleichungen zeigt, daß α_1 aus (5.51), (5.59) in α_1 aus (5.81), (5.85) verwendet werden kann, wenn E_{r1} durch E_{ar1} ersetzt und $R_{ar1} = 0$ gesetzt wird. Die beschriebene Modifikation der Berechnung ist genauer. Allerdings wird ihre Anwendung durch unzureichende Angaben über E_{ar1} und E_{ar2} erschwert.

Aus dem Vergleich von α_1 (5.59) und α_1 (5.85) kann der Wert des äquivalenten Effektivitätskoeffizienten für vielschichtige Rippen gewonnen werden, bei dem die Genauigkeit der Wärmeübertragungsberechnung bei beiden Methoden gleich ist.

$$E_{ar}^{ä} = \frac{E_r}{1 + \alpha_{ar} R_{ar}}. \tag{5.86}$$

Dieser Ausdruck dient zur Bewertung der Berichtigung des Effektivitätskoeffizienten

$$\varepsilon_E = \frac{E_m - E_m^{ä}}{Em} = 1 - \frac{E_r}{E_{ar}} \frac{1}{1 + \alpha_{ar} R_{ar}}. \tag{5.87}$$

5.1.4. Rechenschema zur Ermittlung des Wärmedurchgangskoeffizienten für eine gerippte Oberfläche

In diesem Abschnitt werden drei Rechenschemata ihrer Einfachheit nach geordnet dargestellt. In den ersten beiden Schema ist nur die Berechnung der Wandtemperaturen vorgesehen, die zur Gewährleistung der geforderten Genauigkeit bei der Ermittlung des Wärmedurchgangskoeffizienten benötigt werden. In allen drei Schemata wird angenommen, daß der Wärmeleitwiderstand der tragenden Fläche R_f bekannt ist (entweder in den Eingabedaten enthalten oder außerhalb des Schemas berechnet).

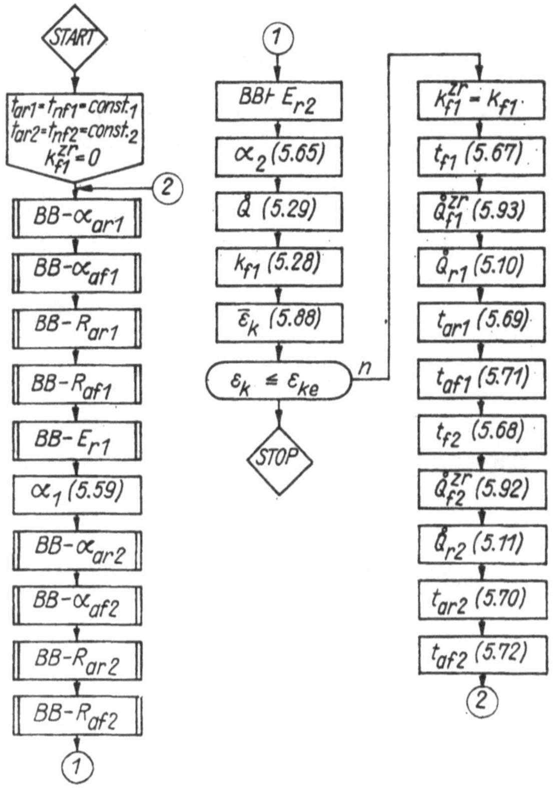

Abb. 5.1 Rechenschema zur genauen iterativen Berechnung der Wärmedurchgangszahl für eine gerippte Oberfläche (Symbol: BB — *k*)

In Abb. 5.1 ist das Schema zur genauen iterativen Berechnung des Wärmedurchgangskoeffizienten dargestellt. Bedingung ist, daß α_{ar1}, α_{af1}, α_{ar2}, R_{af1}, α_{af2}, R_{ar2}, R_{af2} von den entsprechenden Temperaturen t_{ar1}, t_{af1}, t_{ar2}, t_{af2} abhängen. Der zulässige Rechenfehler ε_{ker} wird durch genügend Iterationen in bezug auf diese Temperaturen bis zur Befriedigung der Bedingung

$$\varepsilon_k \leqq \varepsilon_{ker}$$

gewährleistet, wobei

$$\varepsilon_k = \frac{|k_{f1} - k_{f1}^{zr}|}{k_{f1}} \tag{5.88}$$

ist.

Die Anzahl der Iterationen hängt von der Richtigkeit der Annahme der ersten Annäherungen $t_{ar1} = t_{af1} = \text{const}$ und $t_{ar2} = t_{af2} = \text{const}$ ab. Die Berechnung von const_1 und const_2 ist eine selbständige Aufgabe und mit den Objektcharakteristiken verbunden. Ein Beispiel der Ermittlung dieser Größen für Luftkühler von Kühlanlagen ist in [149], S. 19—20, 39, 125, s. BB — t_{ib}, t_{it} enthalten.

In einem beliebigen Fall, wenn k_{af1}, α_{ar1}, α_{ar2} ungefähr eingeschätzt werden können, ist

$$\text{const}_1 = t_1 - \frac{k_{f1}}{\alpha_{ar1}\beta_2'}(t_1 - t_2) \tag{5.89}$$

und

$$\text{const}_2 = t_2 + \frac{k_{f2}}{\alpha_{ar2}\beta_2'}(t_1 - t_2). \tag{5.90}$$

Falls ungefähre Angaben über k_{nf1}, α_{ar1}, α_{ar2} nicht vorliegen, kann in (5.89) und (5.90)

$$\frac{k_{f1}}{\alpha_{ar1}\beta_1'} = \frac{k_{f2}}{\alpha_{ar2}\beta_2'} = \frac{1}{3}$$

angenommen werden.

Der Wärmestrom durch die tragende Fläche zwischen den Rippen ist

$$\dot{Q}_{f1}^{zr} = \frac{\alpha_{af1}A_{af1}^{zr}}{1 + \alpha_{af1}R_{af1}}(t_1 - t_{f1}) \tag{5.91}$$

$$\dot{Q}_{f2}^{zr} = \frac{\alpha_{af2}A_{af2}^{zr}}{1 + \alpha_{af2}R_{af2}}(t_{f2} - t_2). \tag{5.92}$$

In [149], S. 29—35, 55—57, 118—125, 138—140 sind zwei Anwendungsfälle des hier vorgeschlagenen Rechenschemas für den Wärmedurchgangskoeffizienten beschrieben.

In Abb. 5.2 ist das Schema für eine vereinfachte iterative Berechnung dargestellt. Im Unterschied zum ersten Rechenschema sind hier mehrere Annahmen zulässig.

— R_{ar1}, R_{af1}, R_{ar2}, R_{af2} hängen nicht von den Wandtemperaturen ab und sind gegeben (bzw. schon vorher berechnet);

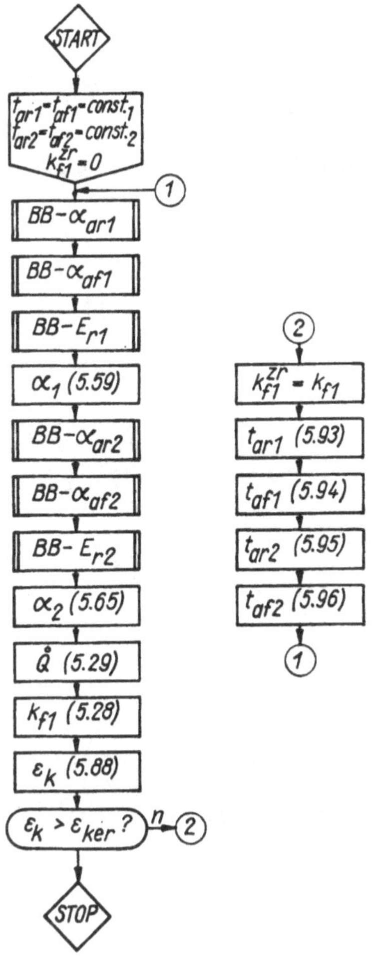

Abb. 5.2 Rechenschema der vereinfachten iterativen Berechnung des Wärmedurchgangskoeffizienten für eine gerippte Oberfläche (Symbol: BB — *k*)

— zur Ermittlung der Oberflächentemperaturen der Ablagerungen werden folgende vereinfachte Gleichungen verwendet

$$t_{ar1} = t_1 - \frac{E_{r1}}{\alpha_{ar1}} \frac{\dot{Q}}{E_{r1} A_{ar1} + A_{af1}^{zr}} \tag{5.93}$$

$$t_{af1} = t_1 - \frac{1}{\alpha_{af2}} \frac{\dot{Q}}{E_{r1} A_{ar1} - A_{af1}^{zr}} \tag{5.94}$$

$$t_{ar2} = t_2 - \frac{E_{r2}}{\alpha_{ar2}} \frac{\dot{Q}}{E_{r2} A_{ar2} + A_{af2}^{zr}} \tag{5.95}$$

$$t_{af2} = t_2 + \frac{1}{\alpha_{af2}} \frac{\dot{Q}}{E_{r2} A_{ar2} + A_{af2}^{zr}} \tag{5.96}$$

— deshalb entfällt die Notwendigkeit der Berechnung von t_{f1}, t_{f2}, $\dot{Q}^{zr}_{f1}$, $\dot{Q}^{zr}_{f2}$, $\dot{Q}_{r1}$, $\dot{Q}_{r2}$.

Die Gleichungen (5.93) bis (5.96) wurden bei den Bedingungen $R_{kre1} = R_{kre2} = 0$, $\alpha_{ar1} = \alpha_{af1}$, $\alpha_{ar2} = \alpha_{af2}$, $R_{ar1} = R_{af1}$, $R_{ar2} = R_{af2}$ erhalten.

Diese Bedingungen beziehen sich nicht auf andere Berechnungselemente, infolgedessen bleibt die Berechnung trotz bedeutender Vereinfachung ausreichend genau.

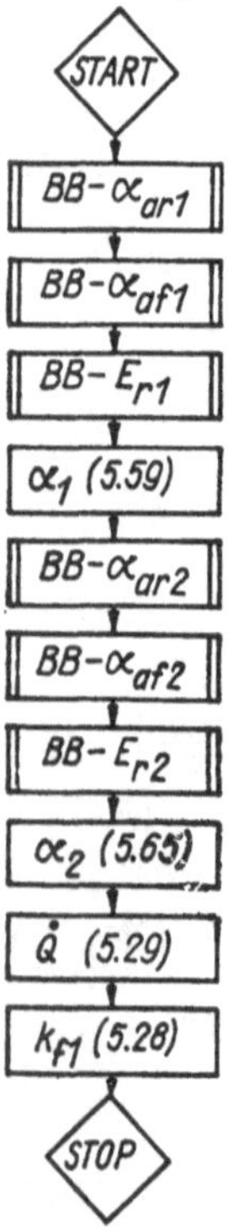

Abb. 5.3 Rechenschema der nichtiterativen Berechnung der Wärmedurchgangskoeffizienten für eine gerippte Oberfläche (Symbol: BB — k)

In Abb. 5.3 ist das einfachste Rechenschema ersichtlich, das eine genaue nichtiterative Wärmeübertragungsberechnung unter der Bedingung gewährleistet, daß α_{ar1}, α_{af1}, α_{ar2}, α_{af2} von den Wandtemperaturen unabhängig und gegeben sind (bzw. schon vorher berechnet wurden).

Für die genauere modifizierte Berechnung müssen in den in Abb. 5.1 bis 5.3 dargestellten Schema (BB + E_{r1}), (BB — E_{r2}) mit (BB — E_{ar1}), (BB — E_{ar2}) getauscht werden und E_{ar1} anstelle von E_{r1}, $R_{ar1} = 0$ in (5.59) und E_{ar2} anstelle von E_{r1}, $R_{ar2} = 0$ in (5.65) gesetzt werden.

5.1.5. Rechenschema zur Berechnung der Wandtemperatur einer Rippenfläche

Dieses Rechenschema ist sehr einfach. Es umfaßt eines der in Abschn. 5.1.4. beschriebenen Schemata (BB — k) und danach die Berechnung der Temperaturen (nach den Formeln (5.6) bis (5.76), die in (BB — k) nicht ermittelt wurden.

5.1.6. Analyse der Schemata für die Wärmeübertragungsberechnung (Entartungsbedingungen)

Die vorgeschlagene Methode gewährleistet die genaue Berechnung der Wärmeübertragung durch zweiseitig berippte Flächen, mit Rippen beliebiger Form und Abmessungen, mit Ablagerungen auf den Rippen und der tragenden Fläche zwischen den Rippen und bei Berücksichtigung des Wärmeübergangswiderstandes an der Kontaktstelle zwischen den Rippen und den tragenden Flächen. Hinsichtlich der Berücksichtigung der relevanten Faktoren und des Aufbaus der Berechnungen ist diese Methode die allgemeinste der bekannten.

Betrachten wir die formellen Entartungsbedingungen der Methode für die einfachsten Fälle (s. Tab. 5.1).

Tabelle 5.1: Formelle Entartungsbedingungen der Methode zur Berechnung der Wärmeübertragung im Querschnitt

Fall	Symbol des Entartungsfalls	angenommene (vorgesehene) Bedingungen	aus der Berechnung ausschließen
1	$M_{nr1} = 0$	$E_{r1} = 1$, $\dot{Q}_{f1}^{zr} = \dot{Q}$, $\beta_1' = 1$, $A_{ar1} = A_{r1} = A_{k1} = 0$, $A_{f1} = A_{f1}^{zr}$, $A_{af1} = A_{af1}^{zr}$, $A_{re1} = A_{f1}$, $\alpha_{ar1} = 0$, $R_{ar1} = R_{kre1} = R_{k1} = 0$	(BB – α_{ar1}), (BB – R_{ar1}), (BB – E_{r1}), α_{f1} (5.45), $\dot{Q}_{f1}^{zr}$ (5.22), $\dot{Q}_{r1}$ (5.10), t_{ar1} (5.69)
2	$M_{nr2} = 0$	$E_{r2} = 1$, $\dot{Q}_{f2}^{zr} = \dot{Q}$, $\beta_2' = 1$, $A_{ar2} = A_{r2} = A_{k2} = 0$, $A_{f2} = A_{f2}^{zr}$, $A_{af2} = A_{af2}^{zr}$, $A_{re1} = A_{f2}$, $\alpha_{ar2} = 0$, $R_{ar2} = R_{kre1} = R_{k2} = 0$	(BB – α_{ar2}), (BB – R_{ar2}), (BB – E_{r2}), α_{f2} (Typ 5.45), $\dot{Q}_{f2}^{zr}$ (5.25), $\dot{Q}_{r2}$ (5.11) t_{ar2} (5.70)
3	$M_{nk1} = 0$	$R_{kre1} = R_{k1} = 0$	–
4	$M_{nk2} = 0$	$R_{kre1} = R_{k2} = 0$	–
5	$M_{na1} = 0$	$R_{ar1} = R_{af1} = 0$, $A_{ar1} = A_{r1}$, $A_{af1}^{zr} = A_{f1}^{zr}$	(BB – R_{ar1}), (BB – R_{af1})
6	$M_{na2} = 0$	$R_{ar2} = R_{af2} = 0$, $A_{ar2} = A_{r2}$, $A_{af2}^{zr} = A_{f2}^{zr}$	(BB – R_{ar2}), (BB – R_{af2})

Sonderfall 1: Auf der Seite des wärmeabgebenden Fluidstromes 1 fehlen die Rippen ($M_{nr1} = 0$).
Daraus folgt: $\dot{Q}_{r1} = \dot{Q}$, $\dot{Q} = \dot{Q}_{f1}^{zr} = \dot{Q}_{f1}$, β_1 (5.35) $= \dfrac{A_{f1}}{A_{f2}}$, $\beta_1' = 1$ (5.34), α_1 (5.51) $= \alpha_{f1}$ (5.45), $\alpha_{r1} = \alpha_{r1k} = 0$, k_{f1} (5.30) $= k_{re1}$ (5.32).

Das vereinfacht die Gleichung für α_1 (5.51), (5.59)

$$\alpha_1 = \frac{A_{af1}}{A_{f1}} \frac{1}{\dfrac{1}{\alpha_{af1}} + R_{af1}}. \tag{5.97}$$

Sonderfall 2: Auf der Seite des wärmeaufnehmenden Fluidstromes 2 fehlen die Rippen ($M_{nr2} = 0$).
Daraus folgt: $\dot{Q}_{r2} = 0$, $\dot{Q}_{f2}^{zr}$, β_2' (5.36) $= \frac{A_{f2}}{A_{f1}}$, β_2 (5.37) $= 1$, $\alpha_{r2} = \alpha_{r2k} = 0$, $\alpha_2 = \alpha_{f2}$, k_{f2} (5.31) $= k_{re2}$ (5.33).

Die vereinfachte Gleichung für α_2 (5.65), (5.66) ist bei Austausch des Index 1 durch 2 von Gl. (5.97) adäquat.

Sonderfall 3: Der Wärmetransportwiderstand zwischen Rippen und tragender Fläche fehlt auf der Seite von Fluidstrom 1 (Rippen und tragende Fläche sind aus einem Stück), ($M_{nk1} = 0$).
Daraus folgt: t_{f1} (5.55) $= t_{r1}^b$, α_{r1}^b (5.49), (5.54) $= \alpha_{r1}E_{r1}$. Das vereinfacht die Gleichung für α_1 (5.51), (5.59)

$$\alpha_1 = \frac{1}{A_{f1}}\left(\frac{\alpha_{ar1}E_{r1}A_{ar1}}{1 + \alpha_{ar1}R_{ar1}} + \frac{\alpha_{af1}A_{af1}^{zr}}{1 + \alpha_{af1}R_{af1}}\right). \tag{5.98}$$

Sonderfall 4: Der Wärmetransportwiderstand zwischen Rippen und tragender Fläche fehlt auf der Seite von Fluidstrom 2 (Rippen und tragende Fläche sind aus einem Stück), ($M_{nk2} = 0$).
Daraus folgt: $t_{f2} = t_{r2}^b$, $\alpha_{r2}^b = \alpha_{r2}E_{r2}$.

Die vereinfachte Gleichung für α_2 (5.65), (5.66) ist bei Austausch des Indexes 1 durch 2 der Gl. (5.98) adäquat.

Sonderfall 5: Auf der Seite des Fluidstromes 1 fehlen Ablagerungen ($M_{na1} = 0$).
Daraus folgt: α_{r1} (5.44) $= \alpha_{ar1}$, α_{f1} (5.45) $= \alpha_{af1}$, t_{r1} (5.75) $= t_{ar1}$, t_{f1} (5.67) $= t_{af1}$ (5.71).
Das vereinfacht die Gleichungen für α_1 (5.51), (5.59)

$$\alpha_1 = \frac{1}{A_{f1}}\left(\frac{\alpha_{r1}E_{r1}A_{r1}}{\alpha_{r1}E_{r1}A_{r1}\,\dfrac{R_{k1}}{A_{k1}}} + \alpha_{f1}A_{f1}^{zr}\right) \tag{5.99}$$

$$\alpha_1 = \frac{1}{A_{f1}}\,\frac{\alpha_{r1}E_{r1}A_{r1} + \alpha_{f1}A_{f1}^{zr}}{\alpha_{r1}E_{r1}A_{r1}\,\dfrac{R_{kre1}}{A_{re1}} + 1}. \tag{5.100}$$

Sonderfall 6: Auf der Seite des Fluidstromes 2 fehlen Ablagerungen ($M_{na2} = 0$).
Daraus folgt: $\alpha_{r2} = \alpha_{ar2}$, $\alpha_{f2} = \alpha_{af2}$, t_{r2} (5.74) $= t_{ar2}$, t_{f2} (5.68) $= t_{af2}$ (5.72).

Die vereinfachte Gleichung für α_2 (5.65) entspricht (5.100) und die für α_2 (5.66) entspricht (5.99) bei Austausch der Indices 1 und 2.

Mit Hilfe der betrachteten 6 Sonderfälle können die Wärmeübertragungsflächenarten klassifiziert werden.

5.1.7. Klassifikation der Wärmeübertragungsflächenarten an Profilen

Unter Berücksichtigung der in Abschn. 5.1.6. betrachteten Sonderfälle können 6 Wärmeübertragungsflächenarten je Stromseite unterschieden werden (s. Tab. 5.2).

Tabelle 5.2: Klassifikation von Wärmeübertragungsflächen

Typ	Oberflächenart	M_{nr1} (M_{nr2})	M_{nk1} (M_{nk2})	M_{na1} (M_{na2})	M_{ar1} (M_{ar2})
1	Glatt (unberippt), ohne Ablagerungen	0	0	0	000
2	Glatt (unberippt), mit Ablagerungen	0	0	1	001
3	Berippt, monolithisch, ohne Ablagerungen	1	0	0	100
4	Berippt, monolithisch, mit Ablagerungen	1	0	1	101
5	Berippt, mit Kontakt ohne Ablagerungen	1	1	0	110
6	Berippt, mit Kontakt mit Ablagerungen	1	1	1	111

Verschiedene Kombinationen von M_{OA1} (6 Arten) und M_{OA2} (6 Arten) ergeben 36 mögliche Wärmeübertragungsflächenarten an Profilen M_{OA}. Jede wird mit einer sechsstelligen aus M_{OA1} und M_{OA2} zusammengestellten Zahl kodiert. So bezeichnet z. B. $M_{OA} = 111111$ den allgemeinsten Fall einer berippten Oberfläche, wie sie in Abschn. 5.1. betrachtet wurde; $M_{OA} = 000000$ eine beidseitig glatte Oberfläche ohne Ablagerungen.

Aus der vorliegenden Klassifikation folgt, daß unter allen 36 Arten von Wärmeübertragungsflächen im Querschnitt nur 4 beidseitig glatte (unberippte) Oberflächen mit bzw. ohne Ablagerungen vorhanden sind. Die übrigen 32 Arten sind verschiedene berippte Oberflächen.

Im Hinblick auf die Systematisierung der Berechnungen ist ein universelles Rechenschema zur Berechnung der Wärmeübertragung durch Profile, das auf jede der 36 Oberflächenarten anwendbar ist, besonders interessant.

5.1.8. Universelles Rechenschema zur Berechnung der Wärmeübertragung durch Profile

Dieses Schema ist in Abb. 5.4 dargestellt. Es hat die Berechnung der Wärmeübertragung durch Profile beliebiger glatter und gerippter Oberflächen zum Inhalt. Die Oberflächenart wird durch die Merkmale M_{nr1}, M_{nr2}, M_{na1}, M_{na2} (s. Abschn. 5.1.7.) angegeben.

Die Genauigkeit der Berechnung wird durch Iterationen hinsichtlich K_{f1} (5.28) bei den Bedingungen $\sum M_{\alpha R} > 0$, $\varepsilon_k > \varepsilon_{ker}$ gewährleistet. Hierbei ist:

$$\sum M_{\alpha R} = M_{\alpha af1} + M_{Raf1} + M_{\alpha ar1} + M_{Rar1} + M_{\alpha af2} + M_{\alpha ar2} + M_{Raf2} + M_{Rar2}.$$

$M_{\alpha af1} M_{Raf1}$ – Merkmal der Abhängigkeit von α_{af1} und R_{af1} von der Temperatur t_{af1}
$M_{\alpha ar1} M_{Rar1}$ – Merkmal der Abhängigkeit von α_{ar1} und R_{ar1} von t_{ar1}
$M_{\alpha af2} M_{\alpha ar2} M_{Raf2} M_{Rar2}$ – analoge Merkmale für Stromseite 2.

Wenn jedes der Merkmale 1 ist, bedeutet dies, daß in der Berechnungsmethode für die dem jeweiligen Merkmal zugehörige Größe die Abhängigkeit eben dieser Größe von der entsprechenden Temperatur der Ablagerungen (Wände) berücksichtigt wird. Wenn das Merkmal 0 ist, hängt die ihm entsprechende Größe nicht von den Temperaturen der Ablagerungen (Wände) ab. Mit den Merkmalen der Berechnungsmethode für den Effektivitätskoeffizienten mehrschichtiger Rippen M_{rEar1}, M_{rEar1} wird die Art der Wärmeübertragungsberechnung festgelegt (0 — Berechnung mit bekannten E_{r1}, E_{r2}, 1 — modifizierte, genauere Berechnung).

Die Auswahl der Gleichungen für die Berechnung von α_1, α_2 wird mit Hilfe

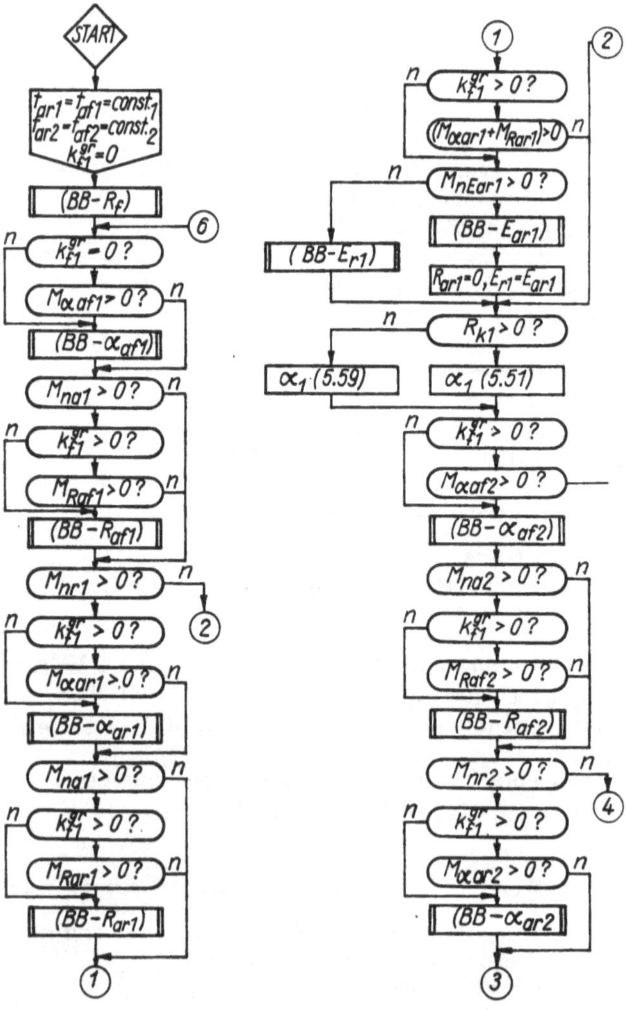

der Probe $R_{k1}(R_{k2}) > 0$ („ja“ → $R_{k1}(R_{k2})$ bekannt, „nein“ → $R_{kre1}(R_{kre2})$ bekannt) vorgenommen. Mit dem vorgeschlagenen universellen Rechenschema können 648 Arten der Wärmeübertragungsberechnung für Profile realisiert werden [4 Arten glatter Oberflächen ×2 (mit Iteration und ohne) + 16 Arten beidseitig berippter Oberflächen ×2 ×2 (mit Modifikation oder ohne auf jeder Seite)×2 ×2 (mit R_k oder R_{kre} auf jeder Seite ×2 (mit Iteration und ohne) + 16 einseitig berippter Oberflächen ×2 (mit Modifikation oder ohne auf der berippten Seite) ×2 (mit R_k oder R_{kre} auf der berippten Seite) ×2 (mit Iteration oder ohne)].

Bei $M_{\alpha af1}$, M_{Raf1}, $M_{\alpha ar1}$, M_{Rar1}, $M_{\alpha af2}$, M_{Raf2}, $M_{\alpha ar2}$, M_{Rar2}, M_{nr1}, $M_{nr2} = 1$ wird das universelle Rechenschema zu dem in Abb. 5.1 dargestellten, jedoch

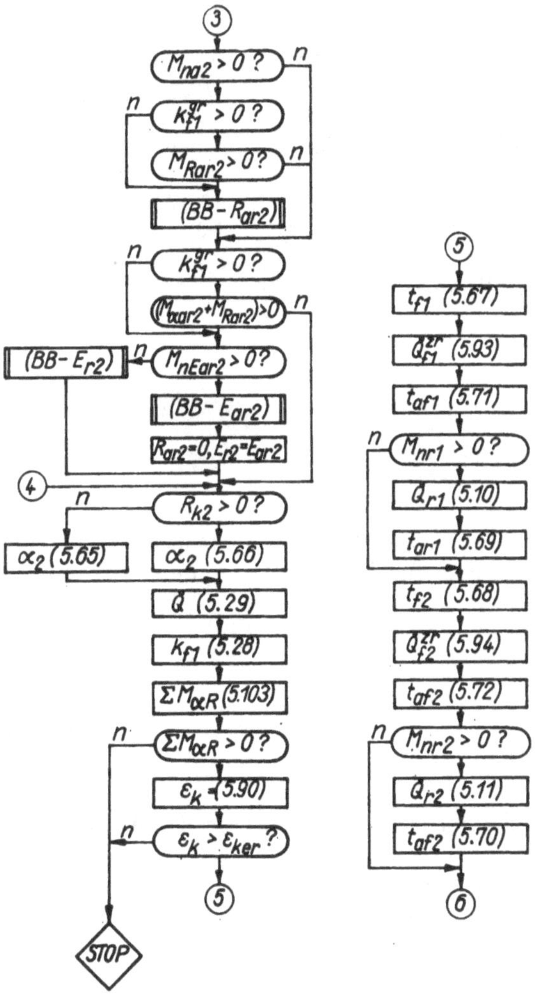

Abb. 5.4 Universalrechenschema zur Berechnung der Wärmedurchgangskoeffizienten im Querschnitt (Symbol: BB — k)

bei $M_{\alpha af1}$, M_{Raf1}, $M_{\alpha ar1}$, M_{Rar1}, $M_{\alpha af2}$, M_{Rar2}, $M_{\alpha ar2}$, $M_{Rar2} = 0$, M_{nr1}, $M_{nr2} = 1$ zu dem Schema auf Abb. 5.3. Das Rechenschema auf Abb. 5.2 entspricht den Bedingungen M_{nr1}, $M_{nr2} = 1$, $M_{\alpha af1}$, $M_{\alpha ar1}$, $M_{\alpha af2}$, $M_{\alpha ar2} = 1$, M_{Raf1}, M_{Rar1}, M_{Rar2}, $M_{Raf2} = 0$.

Mittels dieser drei speziellen Rechenschemata werden 32 der 648 mit dem universellen Schema zu realisierenden Berechnungsarten ausgeführt.

Das vorliegende Universalschema kann zur Berechnung der Wärmeübertragung durch Profile beliebiger Wärmeübertrager benutzt werden.

5.2. Wärmeübertragung durch glatte Wände

Gleichungen für glatte (bzw. unberippte) Wände sind allgemein bekannt und in der Literatur angegeben (z. B. [18, 20]. Zu glatten Oberflächen mit bzw. ohne Ablagerungen gehören 4 der 36 Wärmeübertragungsflächenarten gemäß Abschn. 5.1.7., auf die das Universalrechenschema anwendbar ist. Nach diesem Schema haben glatte Oberflächen die Merkmale $M_{\alpha ar1}$, $M_{\alpha ar2}$, M_{Rar1}, $M_{Rar2} = 0$, die Codes der Sonderfälle sind M_{nr1}, M_{nr2}, M_{nk1}, $M_{nk2} = 0$. Ihnen entsprechen die in Tab. 5.1, Fall 1 bis 4, aufgeführten formellen Entartungsbedingungen. Unter diesen Bedingungen bleiben die Ausdrücke für $\dot{Q}$ (5.29), k_{f1} (5.30), k_{f2} (5.31), t_{f1} (5.67), t_{f2} (5.68), t_{af1} (5.71), t_{af2} (5.72) dieselben wie vorher, wobei in (5.71) und (5.72) $\dot{Q}_{f1}^{zr}$ (5.91) und $\dot{Q}_{f2}^{zr}$ (5.92) zu $\dot{Q}$ (5.6), (5.7) werden.

Es vereinfachen sich (5.51), (5.59) bzw. (5.65), (5.66)

$$\alpha_1 = \frac{A_{af1}}{A_{f1}} \frac{1}{\dfrac{1}{\alpha_{af1}} + R_{af1}}, \tag{5.102}$$

$$\alpha_2 = \frac{A_{af2}}{A_{f2}} \frac{1}{\dfrac{1}{\alpha_{af2}} + R_{af2}}. \tag{5.103}$$

Nach Einsetzen von α_1 (5.102) und α_2 (5.103) in $\dot{Q}$ (5.29) bei Berücksichtigung von (5.1) und (5.2) erhält man die Wärmeübertragungsgleichung für glatte Oberflächen beliebiger Form.

$$\frac{\dot{Q}}{t_1 - t_2} = k_{f1}A_{f1} = k_{f2}A_{f2} = k_{fi}A_{fi}$$

$$= \frac{1}{\dfrac{1}{\alpha_{af1}A_{af1}} + \dfrac{R_{af1}}{A_{af1}} + \dfrac{R_{af2}}{A_{af2}} + \dfrac{1}{\alpha_{af2}A_{af2}}} \tag{5.104}$$

Aus dieser Gleichung werden die Formeln zur Berechnung des Wärmedurchgangskoeffizienten k_{f1} (oder k_{f2}, k_{fi}, ...) und der Temperatur t_i einer beliebigen i-ten Schicht der Wand abgeleitet. Von der Oberflächenform hängen die Werte der in (5.104) enthaltenen Größen A_{f1}, A_{f2}, A_{af1}, A_{af2}, R_{af1}, R_{af2}, R_f ab. Die Bedingungen und die Resultate der Umformung von (5.104) in Formeln für die verbreitetesten Formen glatter Wände sind in Tab. 5.3 aufgeführt.

Tabelle 5.3: **Wärmeübertragung durch glatte Wände**

	Bedingungen	k_{f1}	t_i
ebene Wand	$A_{f1} = A_{f2} = A_{af1} = A_{af2}$, R_{af1} (5.61), R_{af2} (Typ 5.61), R_f (5.40)	$= k_{f2} = \dfrac{1}{\dfrac{1}{\alpha_{af1}} + \sum\limits_{i=1}^{n} \dfrac{\delta_i}{\lambda_i} + \dfrac{1}{\alpha_{af2}}}$	$t_1 - k_{f1}\left(\dfrac{1}{\alpha_{af1}} + \sum\limits_{i=1}^{i-1} \dfrac{\delta_i}{\lambda_i}\right)(t_1 - t_2)$
zylindrische Wand	$A_{f1} : A_{f2} : A_{af1} : A_{af2} = d_{f1} : d_{f2} : d_{af1} : d_{af2}$ R_{af1} (5.62), R_{af2} (Typ 5.62), R_f (5.40)	$\dfrac{1}{d_{f1}} \cdot \dfrac{1}{\dfrac{1}{\alpha_{af1} d_{af1}} + \sum\limits_{i=1}^{n} \dfrac{1}{2\lambda_i}\left\lvert \ln \dfrac{d_{i+1}}{d_i} \right\rvert + \dfrac{1}{\alpha_{af2} d_{af2}}}$ *	$t_1 - k_{f1} d_{f1}\left(\dfrac{1}{\alpha_{af1} d_{af1}} + \sum\limits_{i=1}^{i-1} \dfrac{1}{\lambda_i}\left\lvert \ln \dfrac{d_{i+1}}{d_i} \right\rvert\right)(t_1 - t_2{}^*)$
Kugelwand	$A_{f1} : A_{f2} : A_{af2} = d_{f1}^2 : d_{f2}^2 : d_{af1}^2 : d_{af2}^2$ R_{af1} (5.63), R_{af2} (5.63), R_f (5.42)	$\dfrac{1}{A_{f1}} \cdot \dfrac{1}{\dfrac{1}{\alpha_{af1} A_{af1}} + \sum\limits_{i=1}^{n} \dfrac{\delta_i}{\lambda_i} \dfrac{1}{\sqrt{A_i A_{i+1}}} + \dfrac{1}{\alpha_{af2} A_{af2}}}$	$t_1 - k_{f1} A_{f1}\left(\dfrac{1}{\alpha_{af1} A_{af1}} + \sum\limits_{i=i}^{n=1} \dfrac{\delta_i}{\lambda_i} \dfrac{1}{\sqrt{A_i A_{i+1}}}\right)(t_1 - t_2)$
beliebige Wand	R_{af1} (5.64), R_{af2} (Typ 5.64), R_f (5.43)	$\dfrac{1}{A_{f1}} \cdot \dfrac{1}{\dfrac{1}{\alpha_{af1} A_{af1}} + \sum\limits_{i=1}^{n} \dfrac{\delta_i}{\lambda_i} = \dfrac{2}{A_i + A_{i+1}} + \dfrac{1}{\alpha_{af2} A_{af2}}}$	$t_1 - k_{f1} A_{f1}\left(\dfrac{1}{\alpha_{af1} A_{af1}} + \sum\limits_{i=1}^{i-1} \dfrac{\delta_i}{\lambda_i} \dfrac{2}{A_i + A_{i+1}}\right)(t_1 - t_2)$

* bei $\left\lvert \dfrac{d_{af2}}{d_{af1}} - 1 \right\rvert \leqq 0{,}4$ mit einem Rechenfehler $< 1\%$ ist $\sum\limits_{i=1}^{n} \dfrac{d_{f1}}{2\lambda_i}\left\lvert \ln \dfrac{d_{i+1}}{d_i} \right\rvert \cong \sum\limits_{i=1}^{n} \dfrac{\delta_i}{\lambda_i} \dfrac{2A_{f1}}{A_i - A_{i+1}}$, entsprechend sind

$$k_{f1} = \frac{1}{d_{f1}} \cdot \frac{1}{\dfrac{1}{\alpha_{af1} A_{af1}} + \sum\limits_{i=1}^{n} \dfrac{\delta_i}{\lambda_i} \dfrac{2}{d_i + d_{i+1}} + \dfrac{d}{\alpha_{af2} A_{af2}}}$$

$$t_i = t_1 - k_{f1} d_{f1}\left(\frac{1}{\alpha_{af1} d_{af1}} + \sum_{i=1}^{i-1} \frac{\delta_i}{\lambda_i} \frac{2}{d_i + d_{i+1}}\right)(t_1 - t_2)$$

Diese bekannten Formeln illustrieren die Universalität der vorgeschlagenen Methode. Dabei ist n die Gesamtschichtanzahl (n Wandschichten (s. (5.40) bis (5.43)) und 2 Ablagerungsschichten an beiden Seiten der Wand bei $i = 1$ ist $\delta_i = \delta_{afi}$).
$\lambda_i = \lambda_{af1}$, $F_i = F_{af1}$, $F_{ir1} = F_{f1}$; bei $i = n$ ist $\delta_i = \delta_{af2}$, $F_i = F_{f2}$, $F_{i+1} = F_{af2}$,

In [A 8] wird ein in der Projektierung weit verbreitetes Rechenschema zur iterativen Berechnung der Wärmeübertragung an Profilen mit glatten Oberflächen beschrieben. Es stellt einen Sonderfall des in Abschn. 5.1. vorgeschlagenen Universalschemas dar.

6. Wärmeübertragung im Element

Das wärmeübertragende Apparateelement ist der charakteristische Teil eines jeden wärmeübertragenden Apparates. Die Berechnung der Wärmeübertragung im Element liegt praktisch jeder Wärmeübertragungsberechnung zugrunde.

Die Wärmeübertragung in verschiedenen Elementen wurde in der Literatur ausführlich behandelt, z. B. in [28, 36, 55—76, 155—159]. Die Vorzüge und Unzulässigkeiten der wesentlichsten Arbeiten werden im weiteren festgestellt.

In den Abschn. 6.1. bis 6.3. werden die bekannten speziellen Methoden für die Wärmeübertragungsberechnung analysiert und neue Lösungen für die wesentlichsten Fluidstromführungen bei Annahme konstanter bzw. veränderlicher Wärmeübertragungsbedingungen im Element erläutert. In den übrigen Abschnitten wird eine universelle Methode für die Berechnung der Wärmeübertragung im Element vorgeschlagen, weiterhin werden Musterrechenschemata angeführt, mit denen diese Methode auf alle 66 Aufgaben der Wärmeübertragungsberechnung angewendet werden kann. Es werden Projektierungshilfsmittel (Gleichungen, Tabellen, Diagramme, u. a.) für das maschinelle und manuelle Rechnen empfohlen.

Die vorgeschlagene Methode erlaubt eine effektive Durchführung aller Arten der wärmeübertragungsberechnung. Das eröffnet prinzipiell neue Möglichkeiten für die Synthese von Berechnungssystemen für Wärmeüberträger.

6.1. *Gegenstrom und Gleichstrom*

Betrachten wir die Methoden zur Ermittlung der Wärmeübertragungsfläche eines Elementes A und der mittleren Triebkraft Δt_m. Bei Konstanz der Wärmeübertragungsbedingungen (α_w, α_k, k, c_{pw}, c_{pk}) entlang der ganzen Oberfläche sind die Lösungen allgemein bekannt.

Bei veränderlichen Wärmeübertragungsbedingungen im Element werden folgende Lösungsmethoden verglichen:

— die COLBURN-Methode [18, 60],
— die Methode der Linearisierung des Wärmedurchgangskoeffizienten [77, 78],

— die SIGMUND-Methoden [28],
— die Intervall-Iterationsmethode [78, 146].

Mit der Analyse werden folgende Ziele verfolgt:

1. die Methoden hinsichtlich Genauigkeit und Schwierigkeit der Berechnungen zu vergleichen,
2. den Einfluß veränderlicher Wärmeübertragungsbedingungen einzuschätzen,
3. die Möglichkeiten zur Nutzung einfacher Lösungen, die bei Ausnahme der Konstanz von α_w, α_k, k, c_{pw}, c_{pk} erhalten werden, zu beurteilen.

6.1.1. COLBURN-Methode

COLBURN erhielt eine Lösung bei folgenden Annahmen

$$c_{pw} = \text{const}$$

$$c_{pk}\dot{C}_k = \text{const}$$

$$k = a + bt \tag{6.1}$$

Im Ergebnis der Herleitung erhält man die Wärmeübertragungsfläche eines Elementes

$$A = \frac{\dot{Q}}{\dot{q}_m} \tag{6.2}$$

mit

$$\dot{q}_m = (k\Delta t)_m = \frac{\Delta t_1 k_2 - \Delta t_2 k_1}{\ln \dfrac{\Delta t_1 k_2}{\Delta t_2 k_1}} \tag{6.3}$$

Δt_1, Δt_2 — Triebkräfte an Anfang und Ende des Elementes
k_1, k_2 — Wärmedurchgangskoeffizienten an Anfang und Ende des Elements

6.1.2. Methode der Linearisierung des Wärmedurchgangskoeffizienten

Die Lösung der Wärmeübertragungsgleichung wird bei folgenden Annahmen erhalten

$$k = \frac{1}{\dfrac{G}{\alpha_w} + B + \dfrac{E}{\alpha_k}} \tag{6.4}$$

$$\alpha_w = U + St_w \tag{6.5}$$

$$\alpha_k = p + rt_k \tag{6.6}$$

Zur Bedeutung von G, B, E s. [146].

Die Zuverlässigkeit dieser Annahmen wird durch die Arbeiten GORLONSKYS [79, 80], JAQUES [81] und HOBLERS [29] erhärtet.

Die Lösung ist

$$A = \frac{\dot{Q}}{k_m \cdot \Delta t_{m\log}} \tag{6.7}$$

$\Delta t_{m\log}$ — mittlere logarithmische Triebkraft,
k_m — Wärmedurchgangskoeffizient (6.4), der mit den Mittelwerten der Wärmeübergangskoeffizienten $\alpha_w = \alpha_{wm}$, $\alpha_k = \alpha_{km}$ errechnet wurde.

Bei Gegenstrom ist

$$\alpha_{wm} = \alpha_{we} \cdot \varphi_{\alpha w} \tag{6.8}$$

bei Gleichstrom

$$\alpha_{wm} = \alpha_{wa} \cdot \varphi_{\alpha w} \tag{6.9}$$

für beide Stromführungen

$$\alpha_{km} = \alpha_{ka} \cdot \varphi_{\alpha k} . \tag{6.10}$$

Hierbei sind:

$$\varphi_{\alpha w} = \frac{\ln n_{\Delta t}}{n_{\Delta t} - 1} \frac{n_{\Delta t} - n_{\alpha w}}{\ln n_{\Delta t} - \ln n_{\alpha w}} \tag{6.11}$$

$$\varphi_{\alpha k} = \frac{\ln n_{\Delta t}}{n_{\Delta t} - 1} \frac{n_{\Delta t} - n_{\alpha k}}{\ln n_{\Delta t} - \ln n_{\alpha k}} . \tag{6.12}$$

Die Berechnung der dimensionslosen Simplexe ist weiter unten beschrieben:

$n_{\Delta t}$ (6.18), (6.24),
$n_{\alpha w}$ s. (6.21), (6.27),
$n_{\alpha k}$ s. (6.31).

6.1.3. Methode der vollständigen Linearisierung

Annahmen:

k s. (6.4),
α_w s. (6.5)
α_k s. (6.6),

$$c_{pw} = a + bt_w , \tag{6.13}$$

$$c_{pk} = l + ft_k . \tag{6.14}$$

Resultate der Lösung der Wärmeübertragungsgleichung:

$$A = \frac{\dot{Q}}{\Delta t^1 k_1} \frac{2n_1}{n_{ck} + 1} \frac{I_4}{G + n_\lambda + En_{\alpha x}} , \tag{6.15}$$

wobei:

$$I_4 = \int_0^1 \frac{(n_{cw}-1)\,[n_{ck}-(n_{ck}-1)\,Z] \times \left[\frac{G(n_{\Delta t}n_1 - n_1 + 1)\,(1-n_{cw})}{(n_{\Delta t}n_1 - n_1 + 1)\,(n_{aw}-n_{cw}) + (1-n_{aw})\,(n_{cw}-1)\,R} + n_\lambda + \frac{E n_{ax}}{n_{ak}-(n_{ak}-1)\,Z}\right]}{n_{cw}(n_1-1) - n_1 n_{\Delta t} + (n_{cw}-1)\,(R+Z)}\,dZ \tag{6.16}$$

$$R = \sqrt{\frac{n_{cw}+1}{n_{cw}-1}\,\frac{n_{ck}-1}{n_{ck}+1}\,(n_{\Delta t}n_1 - n_1 + 1)\left(Z^2 - \frac{2n_{ck}}{n_{ck}-1}\,Z + \frac{n_{cw}^2}{n_{cw}-1}\,\frac{n_{ck}+1}{n_{ck}-1}\right)} \tag{6.17}$$

Die dimensionslosen Simplexe sind

bei Gegenstrom		bei Gleichstrom	
$n_{\Delta t} = \frac{t_{wa}-t_{ke}}{t_{we}-t_{ka}}$	(6.18)	$n_{\Delta t} = \frac{t_{we}-t_{ke}}{t_{wa}+t_{ka}}$	(6.24)
$n_{cw} = \frac{c_{pwa}}{c_{pwe}}$	(6.19)	$n_{cw} = \frac{c_{pwe}}{c_{pwa}}$	(6.25)
$n_1 = \frac{t_{we}-t_{ka}}{t_{ke}-t_{ka}}$	(6.20)	$n_1 = \frac{t_{wa}-t_{ke}}{t_{ke}-t_{ka}}$	(6.26)
$n_{aw} = \frac{\alpha_{wa}}{\alpha_{we}}$	(6.21)	$n_{aw} = \frac{\alpha_{we}}{\alpha_{wa}}$	(6.27)
$n_{ax} = \frac{\alpha_{we}}{\alpha_{ka}}$	(6.22)	$n_{ax} = \frac{\alpha_{wa}}{\alpha_{ke}}$	(6.28)
$n_\lambda = B\alpha_{wc}$	(6.23)	$n_\lambda = B\alpha_{wa}$	(6.29)

für beide Stromführungen

$$n_{ck} = \frac{C_{ke}}{C_{ka}} \tag{6.30}$$

$$n_k = \frac{\alpha_{ke}}{\alpha_{ka}}. \tag{6.31}$$

Gl. (6.13) umfaßt:

k_1 – Wärmedurchgangskoeffizient am Querschnitt (t_{we}, t_{ka}) bei Gegenstrom und am Querschnitt (t_{wa}, t_{ka}) bei Gleichstrom,

$$\Delta t_1 = t_{we} - t_{ka} \quad \text{bei Gegenstrom} \tag{6.32}$$

$$\Delta t_1 = t_{wa} - t_{ka} \quad \text{bei Gleichstrom} \tag{6.33}$$

6.1.4. SIGMUND-*Methoden*

Von SIGMUND wurden in [28] zwei Lösungen vorgeschlagen:

1. Lösung (s. [28], S. 121–124):

Es wird angenommen, daß

$$k = k_1(a + b\Delta t), \tag{6.34}$$

st. Daraus folgt:

$$a = 1 - b\Delta t_1 \tag{6.35}$$

$$b = \frac{k_2 - k_1}{k_1(\Delta t_2 - \Delta t_1)} \tag{6.36}$$

Hier und im weiteren wird dieselbe Nomenklatur verwendet wie zur Beschreibung der übrigen Rechenmethoden.

Das Resultat kann wie folgt angegeben werden

$$\Delta t_m = \frac{a(t_{wa} - t_{we})\left(1 - \dfrac{t_{ke} - t_{ka}}{t_{wa} - t_{we}}\right)}{\ln \dfrac{\Delta t_2(a + b\Delta t_1)}{\Delta t_1(a + b\Delta t_2)}} \tag{6.37}$$

Nach Einsetzen von a und b und Umformung kann (6.37) wie folgt beschrieben werden:

$$\Delta t_m = \frac{\dot{q}_m}{k_1}, \tag{6.38}$$

wobei $\dot{q}_m$ der nach der COLBERN-Methode errechnete spezifische Wärmestrom ist.

2. Lösung:

Es wird angenommen, daß

$$k = k_1 \frac{a_1 + b_1\Delta t}{a_2 + b_2\Delta t} \tag{6.39}$$

ist, wobei a_1, a_2, b_1, b_2 Koeffizienten sind, die durch Approximation der Werte aus der Tabelle $k = f(\Delta t)$ gewonnen wurden. Als Resultat ergibt sich

$$\Delta t_m = \frac{n_1(t_{wa} - t_{we})\left(1 - \dfrac{t_{ke} - t_{ka}}{t_{wa} - t_{we}}\right)}{\ln \dfrac{\Delta t_2(a_1 + b_1\Delta t_2)^{n2}}{\Delta t_1(a_1 + b_1\Delta t_1)^{n2}}} \tag{6.40}$$

dabei sind

$$n_1 = \frac{a_1}{a_2} \tag{6.41}$$

$$n_2 = n_1 \frac{b_2}{b_1} - 1. \tag{6.42}$$

Nach Umformungen ergibt sich

$$\Delta t_m = \frac{n_1(\Delta t_2 - \Delta t_1)}{\ln \dfrac{\Delta t_2}{\Delta t_1} \left(\dfrac{a_1 + b_1 \Delta t_2}{a_1 + b_1 \Delta t_1}\right)^{n2}} \tag{6.43}$$

6.1.5. Intervall-Iterationsmethode

Dieser Methode liegt die abschnittsweise Berechnung des Apparates zugrunde. Sie wurde z. B. von Gersch [82] beschrieben, ihr Rechenschema ist in [146] enthalten.

Eine Modifikation der Intervall-Iterationsberechnung wird ebenfalls in [146] angegeben. Darin werden die Methode der abschnittsweisen Linearisierung und eine modifizierte Methode der direkten iterativen abschnittsweisen Berechnung beschrieben. Diese Methoden unterscheiden sich durch die Art der Wärmeübertragungsberechnung im Intervall selbst. Gemeinsamkeiten beider Methoden bestehen in folgenden Schritten

— dem schrittweisen Übergang von einem Intervall zum anderen,
— der Kontrolle der Bedingungen zur Gewährleistung der benötigten Rechengenauigkeit,
— der Durchführung präzisierender Iterationen.

6.1.6. Vergleich der Methoden

Bei veränderlichen Wärmeübertragungsbedingungen im Element sind die abschnittsweisen iterativen Berechnungen am genauesten. Mit ihrer Hilfe kann praktisch jede für die Lösung der Wärmeübertragungsgleichungen benötigte Genauigkeit erreicht werden. Die der Genauigkeit nach zweite ist die Methode der vollständigen Linearisierung. Gemäß [78] ist ihre Genauigkeit praktisch identisch mit der der Intervall-Iterationsmethode. Da die Lösung bei dieser Methode durch dimensionslose Simplexe (6.18)—(6.31) ausgedrückt wird, ist sie zur Analyse und zum Vergleich mit anderen Berechnungsarten geeignet.

Die Unterschiede der Berechnung von Elementen mit veränderlichen Wärmeübertragungsbedingungen werden sowohl bei genauer Berücksichtigung dieser Bedingungen (mit Hilfe der Methode der vollständigen Linearisierung), wie auch ohne diese so bewertet, wie es bei der Projektierung üblich ist. Im letzten Fall wird die bei konstanten Werten der Größen α_w, α_k, k, c_{pw}, c_{pk} erhaltene allgemein bekannte Wärmeübertragungsgleichung

$$A = \frac{\dot{Q}}{k \Delta t_{m\log}} \tag{6.44}$$

verwendet, wobei angenommen wird, daß

$$k = \frac{1}{\dfrac{G}{\alpha_w(t_{wm})} + B + \dfrac{E}{\alpha_k(t_{km})}} \tag{6.45}$$

ist und t_{wm}, t_{km} nach der BOGATKOW-Methode [160] errechnet werden.

Wenn k (6.45) und A (6.44) durch dimensionslose Simplexe (6.18), (6.19) bis (6.24), (6.26) bis (6.29) ausgedrückt werden, erhält man

$$A = \frac{\dot{Q}}{\Delta t_1 k_1} \frac{1}{\varphi}, \tag{6.46}$$

mit

$$\varphi = \frac{n_{\Delta t} - 1}{\ln n_{\Delta t}} \frac{G + n_\lambda + E n_{\alpha x}}{\dfrac{G}{1 + \dfrac{n_{\alpha w} - 1}{n_{\Delta t} - 1}\left(\dfrac{n_{\Delta t} - 1}{\ln n_{\Delta t}} - 1\right)} + n_\lambda + \dfrac{E n_{\alpha x}}{1 + \dfrac{n_{\alpha k} - 1}{n_{\Delta t} - 1}\left(\dfrac{n_{\Delta t} - 1}{\ln n_{\Delta t}} - 1\right)}} \tag{6.47}$$

In der Folge bezeichnen wir A nach (6.46) als A_M und φ nach (6.47) als φ_M (der Index „M" bedeutet eine Mitteilung der Wärmeübertragungsparameter) und A nach (6.15) als A_E (Berechnung mit vollständiger Linearisierung, sog. Eichmethode).

Aus (6.15) folgt

$$\varphi_E = \frac{n_m + 1}{2 n_1} \frac{G + n_\lambda + E n_{\alpha x}}{I_4} \tag{6.48}$$

mit I_4 nach (6.16).

Der gesuchte Fehler der Oberflächenberechnung mit gemittelten Wärmeübertragungsparametern im Verhältnis zur sog. Eichberechnung ist

$$\eta A_{ME} = \frac{A_M}{A_E} - 1 = \frac{\varphi_E}{\varphi_M} - 1 . \tag{6.49}$$

Mit dem Rechner BESM-2M wurden die Werte für φ_E, φ_M, η_{FME} bei

$n_\Delta t \in [0{,}001; 100]$, $n_{\alpha w} \in [0{,}2; 5]$

$n_{ck} \in [0{,}5; 2]$, $n_{\alpha k} \in [0{,}2; 5]$

$n_{cw} \in [0{,}5; 2]$, $n_{\alpha x} \in [0{,}01; 100]$

$n_1 \in [0{,}01; 100]$, $n_\lambda \in [0{,}2]$

$G = 1; 1{,}3 \quad E = 1$

berechnet.

Die Resultate dieser Berechnung wurden in 162 Tabellen zusammengefaßt. Eine davon ist zur Illustration als Anlage beigefügt (Tab. 6.1). Die Tabellen enthalten Angaben über 17496 Berechnungsvarianten von (φ_E, φ_M, η_{FME}).

Die Analyse dieser Tabellen zeigt, daß sich die Ergebnisse der Berechnungen nach den verglichenen Methoden bedeutend unterscheiden können. Deshalb ergibt sich die Frage nach den zulässigen Grenzen und Bedingungen für die Verwendung der einfacheren Parameterermittlungsmethoden. Unsere Berechnungen zeigen, daß sogar bei konstanter Wärmekapazität des Fluid-

Tabelle 6.1: Grenzwerte der thermischen Effektivitätsfunktion eines Elementes

W	S	p	Φ_E	
1	$< \infty$ > 0	1	$\frac{S}{S+1}$	
$\to 0$	$< \infty$ > 0	$0-1$	$\to 1 - \frac{1}{\exp(S)}$	
$\to 0$	$\to 0$	$0-1$	$\to 0$	(6.121)
$\to 0$	$\to \infty$	$0-1$	$\to 1$	
$\to \infty$	$< \infty$ > 0	$0-1$	$\to 0$	
$< \infty$ > 0	$\to \infty$	$0-1$	$\to \frac{2}{Z+(W+1)}$	

Bei $SZ \geqq 7$ ist der Fehler kleiner als $\pm 0{,}1\%$ und

$$\Phi_E = \frac{2}{Z + (W + 1)} \tag{6.122}$$

stromes eine verhältnismäßig geringe Veränderung der Wärmetransportkoeffizienten (um 20—30%) zu 1—2% Abweichungen bei der Berechnung der Oberfläche führen. Die Wärmeabgabekoeffizienten können sich jedoch in industriellen Apparaten um das 2—3fache verändern, was zu 10—15%igen Abweichungen führt. Falls auch noch c_{pw}, c_{pk} veränderlich sind, vergrößert sich der Rechenfehler. Das unterstreicht die Notwendigkeit einer genauen Wärmeübertragungsberechnung für Apparate, wenn $n_{aw}, n_{ak}, n_{cw}, n_{ck} \notin [n_{\min}, n_{\max}]$ sind, wobei $n_{\min} = 0{,}5$ und $n_{\max} = 2$ angenommen werden kann. Zur zuverlässigeren Bewertung dieser Grenzen sollten die Resultate dieser Berechnung von η_{FME} benutzt werden.

Für eine Reihe von Produktionszweigen sowie für den Fall, daß an die Genauigkeit der Oberflächenberechnung keine hohen Anforderungen gestellt werden, ist die Anwendung der einfachen Parameterermittlungsmethode ohne Bewertung von η_{FME} zulässig.

In [83] wird z. B. erwähnt, daß in Apparaten von Gastrennungsanlagen in der Regel keine große Veränderung des Wärmedurchgangskoeffizienten beobachtet wird. Aus den dort aufgeführten Tabellen für charakteristische Wärmeübertragungsfälle ergibt sich, daß in den Apparaten dieser Anlagen $n_{aw}, n_{ak} \in [0{,}58;\ 1{,}7]$ sind. Deshalb wird empfohlen, genaue iterative abschnittsweise Berechnungen nur in Sonderfällen durchzuführen. Auch weiterhin wird die Wärmeübertragungsberechnung für ein Element mit konstanten (gemittelten) Parametern eine der wesentlichsten in der Projektierungspraxis verwendeten Methoden bleiben. Hieraus ergibt sich die Aufgabe zu ihrer Universalisierung, ihrer Erweiterung auf Apparatereihen und -komplexe. Diese Lösungen werden in den Abschn. 6.4. bis 6.10. und in den Abschn. 7. und 8. erläutert.

Falls es notwendig ist, Veränderungen der Wärmeübertragungsbedingungen entlang der Oberfläche zu berücksichtigen, kann die Intervall-Iterationsmethode empfohlen werden, bei der jede beliebige der oben betrachteten Wärmeübertragungsberechnungsmethoden angewandt werden kann, indem sie auf ein Intervall als einen Teil des Elements bezogen wird. Damit wird die gleiche Rechengenauigkeit erreicht, allerdings mit unterschiedlichem Aufwand. Deshalb besteht die Aufgabe in der Auswahl der Methode zur Wärmeübertragungsberechnung im Intervall, die einfacher und schneller zum Resultat führt. Die „Eich"-Methode der vollständigen Linearisierung wird aus der Betrachtung ausgeschlossen, da sie sehr kompliziert ist (sie erfordert numerisches Integrieren) und die Genauigkeit ist praktisch der Intervall-Iterationsmethode gleichwertig.

Mankowski verglich in [83] 3 Methoden

— die Methode mit Parameterermittlung,
— die Colburn-Methode [18],
— die Methode mit Linearisierung der Wärmetransportkoeffizienten aus [146].

Mit diesen Methoden wurde ein Programm zur iterativen abschnittsweisen Berechnung von Gegenstrom-Röhrenbündelapparaten erstellt. Bei jeder der verglichenen Methoden wurde die Rechnung mit Intervallanzahl 1 begonnen. Weiter wurde die Intervallanzahl bis zur Erreichung der geforderten Genauigkeit der Oberflächenberechnung jeweils verdoppelt. Die Wärmekapazität der Fluide wurde als konstant angenommen.

Es wurde festgestellt, daß zur Berechnung der Intervalloberfläche nach der Parameterermittlungsmethode die maximale Intervallanzahl und, ungeachtet der algorithmischen Einfachheit der Methode, auch die maximale Rechenzeit erforderlich ist. Die Methode mit Linearisierung der Wärmetransportkoeffizienten ist um 5—7% genauer als die Colburn-Methode. Die beiden letzten Methoden erfordern zur Erreichung der geforderten Genauigkeit die gleiche Intervallanzahl, jedoch ist die Colburn-Methode algorithmisch einfacher.

Die letzte Schlußfolgerung Mankowskis ist nach Meinung des Autors unzureichend begründet. Die von uns durchgeführten Berechnungen zeigten, daß die geforderte Genauigkeit bei der Berechnung der Wärmeübertragung im Intervall mit der Colburn-Methode bei einer größeren Intervallanzahl langsamer erreicht wird als bei der Anwendung der Methode mit Linearisierung der Wärmetransportkoeffizienten. Das zeigt sich besonders bei bedeutenden Schwankungen der Wärmeübertragungsparameter entlang der Oberfläche. Im Algorithmus der abschnittsweisen iterativen Berechnung darf keine Verdopplung der Intervallanzahl bei den Iterationen vorgegeben sein, wie es Mankowski tat, sondern ihre stufenweise Erhöhung um je eins.

Ungeachtet der unbedeutenden Komplizierung des resultierenden Ausdrucks für die Wärmeübertragungsfläche ist die Gesamtrechenzeit bei der letzten Methode geringer. Das erklärt sich daraus, daß zur Erreichung der vorgegebenen Genauigkeit eine geringere Anzahl von Berechnungen für α_w, α_k, k erforderlich ist. Doch ist die Berechnung dieser Größen auch nur in einem Querschnitt teilweise bedeutend schwieriger als die Wärmeübertragungsberechnung nach einer beliebigen der hier verglichenen Methoden. Im übrigen stimmen die Resultate der von Mankowski durchgeführten Analyse der drei Methoden mit unseren Ergebnissen überein.

Kommen wir jetzt zur Bewertung der SIGMUND-Methoden. Das Resultat der ersten Lösung (6.36) erinnert der Form nach an die COLBERN-Gleichung (6.2), (6.3), nur mit dem Unterschied, daß bei COLBURN $\dot{q}_m = k_m \Delta t_m$ ist, also die mittlere Triebkraft auf irgendeinen mittleren Querschnitt bezogen wird, während bei Sigmund $\dot{q}_m = k_1 \Delta t_m$ ist, also die mittlere Triebkraft auf den Randquerschnitt bezogen wird.

Die zweite Lösung erlaubt es, die Veränderung des Wärmedurchgangskoeffizienten genauer zu berücksichtigen als es bei der COLBERN-Methode geschieht. Diese Methode ist der Genauigkeit nach praktisch gleichwertig der Methode mit Wärmeabgabekoeffizientenlinearisierung und ist ungenauer als die Methode der vollständigen Linearisierung.

Die zweite Lösung SIGMUNDS ist algorithmisch bedeutend komplizierter als die COLBURN-Methode und die Methode mit Linearisierung der Wärmetransportkoeffizienten. Zu ihrer Durchführung ist die quantitative Ermittlung der Koeffizienten a_1, b_1, a_2, b_2 der Gl. (6.39) erforderlich, unter Nutzung der Werte aus der Tabelle $k = f(\Delta t)$, die vorher berechnet sein müssen.

6.2. Kondensation und Sieden

Betrachten und vergleichen wir die folgenden Berechnungsmethoden für die Wärmeübertragungsfläche bei Kondensation und Sieden (bei konstanter Temperatur eines der Fluide):

- die Methode der Wärmeübertragungsparameterermittlung,
- die COLBURN-Methode [18, 84],
- die Methode mit Linearisierung der Wärmetransportkoeffizienten und Wärmekapazitäten der Fluide mit veränderlicher Temperatur (abgekürzt „Linearisierungsmethode" genannt [78, 85],
- die MANKOWSKI-Methode [83],
- die abschnittsweise iterative Berechnung.

Die erste Methode ist allgemein bekannt. Sie ist ein Sonderfall der analogen Methode zur Berechnung der Wärmeübertragungsfläche bei Gegenstrom und Gleichstrom, sobald $t_w = t_{wa} = t_{we}$ für die Kondensation und $t_k = t_{ka} = t_{ke}$ für das Sieden angenommen wird.

Die COLBURN-Methode wurde schon in Abschn. 6.1. beschrieben. Betrachten wir die anderen Methoden.

6.2.1. Linearisierungsmethode

Die Lösung wurde unter Berücksichtigung der linearen Veränderung des Wärmeabgabekoeffizienten und der Wärmekapazität des den Aggregatzustand nicht verändernden Fluids im Element ermittelt, mit
bei Kondensation

$$\alpha_{pk} = p + r t_k \tag{6.6}$$

$$C_{pk} = l + f t_k \tag{6.14}$$

beim Sieden

$$\alpha_w = u + st_w \tag{6.5}$$

$$C_{pw} = a + bt_w \tag{6.13}$$

Die Lösungen sind für beide Fälle gleich:

$$A = \frac{\dot{Q}}{\alpha \Delta t} \frac{2}{(n_c + 1)(n_{\Delta t} - 1)} \left[\left(n_R \frac{n_{\Delta t} - n_c}{n_{\Delta t} - 1} + n_\varphi \frac{n_{\Delta t} - n_c}{n_{\Delta t} - n_\alpha} \right) \ln n_{\Delta t} + n_\varphi \frac{n_{\Delta t} - 1}{n_\alpha - 1} \frac{n_c - n_\alpha}{n_{\Delta t} - n_\alpha} \ln n_\alpha + n_R(n_c - 1) \right], \tag{6.50}$$

— bei Kondensation

$$\alpha \Delta t = \alpha_{ka}(t_w - t_{ka}) \tag{6.51}$$

$$n_{\Delta t} = \frac{t_w - t_{ka}}{t_w - t_k} \tag{6.52}$$

$$n_\alpha = \frac{\alpha_{ka}}{\alpha_{ke}} \tag{6.53}$$

$$n_R = \alpha_{ka} \left(\frac{G}{w} + B \right) \tag{6.54}$$

$$n_c = \frac{c_{pke}}{c_{pka}} \tag{6.55}$$

— beim Sieden

$$\alpha \Delta t = \alpha_{we}(t_{we} - t_k) \tag{6.56}$$

$$n_{\Delta t} = \frac{t_{wa} - t_k}{t_{we} - t_k} \tag{6.57}$$

$$n_\alpha = \frac{\alpha_{wa}}{\alpha_{we}} \tag{6.58}$$

$$n_R = \alpha_{we} \left(\frac{E}{k} + B \right) \tag{6.59}$$

$$n_c = \frac{c_{pwa}}{c_{pwe}} \tag{6.60}$$

Der Formfaktor ist für eine flache Wand $n_\varphi = 1$ und für eine Zylinderwand $n_\varphi = \dfrac{d_a}{d_i}$.

6.2.2. MANKOWSKI-*Methoden*

Die Lösungen wurden für beide Fälle einzeln erhalten.

Beim Sieden wird angenommen:

$$\alpha_k = a(t_{wk} - t_k)^n, \tag{6.61}$$

wobei $n = 2{,}33$ ist. Die anderen Wärmeübertragungsbedingungen werden als konstant angesehen.

Die Lösung wird in folgender Form dargestellt

$$\varepsilon = \frac{A_M}{A_{Ma}} = \nu_m(1 + exm) \int\limits_0^1 \frac{dx}{\nu(1 - ex)} \tag{6.62}$$

A_M — Wärmeübertragungsfläche, nach der Methode der Parameterermittlung bestimmt

A_{Ma} — nach der MANKOWSKI-Methode errechnete Übertragungsfläche

$\nu = \dfrac{t_w - t_w}{t_w - t_k}$ — Temperaturkomplex in einem beliebigen Querschnitt

$\nu_m = \dfrac{t_{wm} - t_{wwm}}{t_{wm} - t_k}$ — Temperaturkomplex in einem mittleren Querschnitt

$X = \dfrac{\dot{Q}_i}{\dot{Q}}$

$\dot{Q}$ — Gesamtwärmestrom

$\dot{Q}_i$ — Teilwärmestrom auf dem Elementenabschnitt vom Eintritt des Fluids w bis zum Querschnitt i ist.

Weiterhin ist

$$e = \frac{\dot{Q}}{(t_{wa} - t_k)\, c_{pw}\dot{m}_w} = \frac{t_{wa} - t_{we}}{t_{wa} - t_k} \quad \text{Temperaturkomplex}$$

und

$$X_m = \frac{\dot{Q}_m}{\dot{Q}} = \frac{1}{e} + \frac{1}{\ln(1 - e)} \quad \text{Wert von } X \text{ in einem mittleren Querschnitt.}$$

Die Größe ν kann zahlenmäßig aus einer transzendenten Gleichung ermittelt werden

$$\frac{R}{(1 - eX)^n} = \frac{(1 - \nu)^{n+1}}{\nu} \tag{6.63}$$

wobei

$$R = \frac{1}{\dfrac{1}{\alpha_w} + R_0} \, \frac{1}{a(t_{wa} - t_k)}$$

ist.

Die Größe von ν_m wird analog zu $x = x_m$ ermittelt. Somit kann die resultierende Größe ε (6.62) nur zahlenmäßig ermittelt werden.

Bei der Kondensation wird angenommen

$$\alpha_w = a(t_w - t_{ww})^n,$$

dabei ist $n = -0{,}25$. Die übrigen Wärmeübertragungsbedingungen werden als konstant angesehen.

Die Lösung ist der Form nach analog der für das Sieden erhaltenen.

6.2.3. Intervall-Iterationsmethode

Sie entspricht der gleichnamigen Methode für Gegenstrom und Gleichstrom.

6.2.4. Methodenvergleich

Mit der Intervall-Iterationsmethode kann praktisch jede beliebige Rechengenauigkeit bei der Wärmeübertragungsberechnung für ein Element erreicht werden.

Die Methode der vollständigen Linearisierung nähert sich der Genauigkeit nach der Intervall-Iterationsmethode, ist jedoch algorithmisch bedeutend einfacher. Die Genauigkeit dieser Methode verschlechtert sich, wenn bei der Kondensation $\alpha_w \ll \alpha_k$ und α_w variabel und beim Sieden $\alpha_k \ll \alpha_w$ und α_k variabel. Solche Fälle trifft man jedoch in der Praxis seltener als umgekehrte.

Die genaueste und einfachste ist die Methode mit Mittlung der Wärmeübertragungsparameter.

Die MANKOWSKI-Methoden präzisieren nur in speziellen Fällen (bei der Kondensation für $\alpha_w \ll \alpha_k + \frac{1}{R_w}$ und konstanten Werten von c_{pk}, beim Sieden $\alpha_k \ll \alpha_w + \frac{1}{R_w}$ und konstanten Werten von c_{pw}) die Ergebnisse der Parameterermittlungsmethode. Außerdem sind sie unter allen bekannten Methoden die algorithmisch kompliziertesten. Deshalb ist anzuzweifeln, daß sie Aussicht haben, in der Praxis des maschinellen und besonders des manuellen Rechners angewendet zu werden.

Die Methode der vollständigen Linearisierung (Eichmethode mit $A = A_E$, bei A nach (6.50)) wird mit der Parameterermittlungsmethode verglichen.

Der Rechenfehler der letzten Methode ist

$$\eta_{AME} = \frac{A_M}{A_E} - 1$$

und

$$A_M = \frac{\dot{Q}}{\alpha \Delta t} \frac{\ln n_{\Delta t}}{n_{\Delta t} - 1} \left(n_R + \frac{1}{\frac{n_{\Delta t} - n_\alpha}{n_{\Delta t} - 1} + \frac{n_\alpha - 1}{\ln n_{\Delta t}}} \right). \tag{6.64}$$

Mit dem Rechner Minsk-22 wurden die Werte von η_{AME} bei

$n_{\Delta t} \in [0{,}01;\, 100]$
$n_\alpha \in [1;\, 3]$
$n_C \in [1;\, 1{,}5]$
$n_R \in [0{,}1;\, 10]$

errechnet.

Die Analyse dieser Resultate erlaubt folgende Schlußfolgerungen:

1. die Größe von η_{AME} kann bedeutend sein und bis $\pm 16\%$ betragen,
2. bei der einfachsten Methode, der Parameterermittlungsmethode, übersteigt der Rechenfehler 1—2% nicht, für $n_\alpha < 1{,}5$, $n_c < 1{,}1$ und beliebige Werte von $n_{\Delta t}$.

Bei bedeutenden Schwankungen der Wärmeübergangsbedingungen im Element wird empfohlen, die Intervall-Iterationsmethode anzuwenden. Im Intervall kann entweder die Parametermittlungsmethode oder die Methode der vollständigen Linearisierung angewendet werden. Im letzteren Falle verkürzt sich die Rechenzeit auf 1/2 bis 1/3, jedoch verkompliziert sich der Algorithmus.

6.3. *Gemischter Strom und Kreuzstrom*

In Elementen mit gemischtem Strom und Kreuzstrom ist der Durchschnittswerts des spezifischen Wärmestroms kleiner als in Gegenstrom- und größer als in Gleichstromelementen.

In der Projektierungspraxis wird die Wärmeübertragungsfläche gewöhnlich als

$$A = \frac{\dot{Q}}{k \Delta t_m} \tag{6.65}$$

ermittelt, wobei die mittlere Triebkraft im Element

$$\Delta t_m = \Delta t_{mge} \varepsilon_{\Delta t} \tag{6.66}$$

und die mittlere Triebkraft bei Gegenstrom

$$\Delta t_{mge} = \frac{(t_{wa} - t_{ke}) - (t_{we} - t_{ka})}{\ln \dfrac{t_{wa} - t_{ke}}{t_{we} - t_{ka}}} \tag{6.67}$$

ist.

Der Korrekturfaktor der mittleren logarithmischen Triebkraft bei Gegenstrom ist $\varepsilon_{\Delta t} = f(P, R)$, wobei der dimensionslose Temperaturkomplex

$$P = \frac{t_{ke} - t_{ka}}{t_{wa} - t_{ke}} \tag{6.68}$$

und die Funktion der Wasseräquivalente der Fluide für das Element

$$R = \frac{t_{wa} - t_{we}}{t_{ke} - t_{ka}} \tag{6.69}$$

ist.

Der Korrekturfaktor $\varepsilon_{\Delta t}(P, R)$ kann aus einer der vielen Graphiken oder Gleichungen ermittelt werden, die z. B. in [18, 20 29, 32] u. a. für verschiedene Stromführungen aufgeführt sind.

Die mittlere Triebkraft bei gemischtem Strom und Kreuzstrom kann auch nach der BELOKOW-Methode [156, 157] ermittelt werden. Rechenmethoden zur Ermittlung der mittleren Triebkraft werden für verschiedene Stromführungen und konstante Wärmeübertragungsbedingungen im Element ausführlich in den Arbeiten [28, 36, 55—69, 86—89] u. a. beschrieben. Die Unzulänglichkeiten dieser Arbeiten sind in [146] untersucht worden. Die wesentlichsten Mängel sind:

1. ein Teil der Lösungen ist unkorrekt, für eine Reihe von Stromführungen fehlen Lösungen gänzlich,
2. die Veränderung der Wärmeübertragungsbedingungen im Element wird nicht berücksichtigt,
3. jede der Lösungen ist eng spezialisiert, nur anwendbar auf eine Stromführung,
4. die Lösungen sind unzureichend formalisiert, ein Teil der Resultate wird in Form von Korrekturgraphiken dargestellt.

Die beiden letzten Umstände erschweren die Nutzung dieser Lösungen für das maschinelle Rechnen.

In den Abschn. 6.4. bis 6.10. wird eine Universalmethode zur Wärmeübertragungsberechnung betrachtet, die frei von diesen Unzulänglichkeiten ist. Nachfolgend werden Möglichkeiten zur Präzisierung der Berechnungen in Elementen mit gemischtem Strom betrachtet. Dabei werden zwei Arten von Aufgaben gelöst:

1. es werden für Konstanz der Wärmeübertragungsbedingungen im Element neue Lösungen erstellt bzw. vorhandene Lösungen präzisiert
2. es werden Methoden zur Berücksichtigung der Schwankungen der Wärmeübertragungsparameter erarbeitet.

6.3.1. Wärmeübertragung in Elementen mit gemischtem Strom und gerader Gangzahl

Das Ziel besteht in der Ermittlung der mittleren Triebkraft in einem Element mit einem Gang für das wärmeabgebende Fluid und einer beliebigen geraden Anzahl N paralleler Gänge für das wärmeaufnehmende Fluid (s. Abb. 6.1).

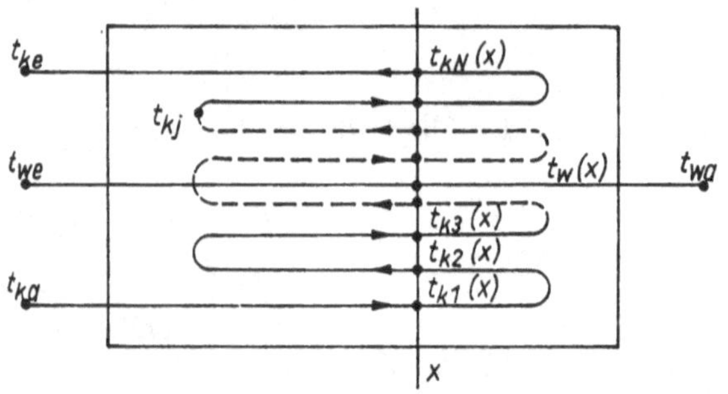

Abb. 6.1 Fließbild eines Elements mit gemischter Stromführung und gerader Ganganzahl

Zur Lösung der Aufgabe sind folgende Annahmen notwendig:

1. die Wärmeübertragungsbedingungen sind stationär,
2. jedes Medium wird ideal vermischt,
3. es gibt keine Aggregatzustandsänderungen,
4. die Wärmeübertragungsparameter α_w, α_k, k, c_{pw}, c_{pk} sind konstant,
5. die Wärmeübertragungsfläche ist für alle Parallelgänge gleich.

Ausgangsbedingungen:

— Wärmeüberttagungsgleichung für das ganze Element

$$\dot{m}_w c_{pw} \eta_{vw} (t_{wa} - t_{we}) = \dot{m}_k c_{pk} \eta_{vk} (t_{ke} - t_{ka}) = N A_l l k \Delta t_m , \tag{6.70}$$

— Wärmebilanzgleichung für den rechten Teil des Elements

$$\dot{m}_w c_{pw} \eta_{vw} \big(t_{wa} - t_w(x)\big) = \dot{m}_k c_{pk} \eta_{vk} \sum_{i=1}^{n} (-1)^i \, t_{ki}(x) \tag{6.71}$$

N — die Anzahl der parallelen Gänge des wärmeaufnehmenden Fluids,
l — die Ganglänge (Elementenlänge),
A_l — Fläche, pro Länge eines Ganges
x — Ganglänge (von seiner rechten Seite) bis zum betrachteten Querschnitt

Aus den Gln. (6.70) und (6.71) folgt das Differential

$$\frac{dt_w(x)}{dx} = \frac{kA_l}{\dot{m}_w c_{pw} \eta_{vw}} \left(N t_w(x) - \sum_{i=1}^{n} t_{ki}(x) \right), \tag{6.72}$$

und daraus die Differentialgleichung

$$\frac{d^2 Z(x)}{dx^2} - \frac{N k A_l}{\dot{m}_w c_{pw} \eta_{vw}} \frac{dZ(x)}{dx} - \left(\frac{kA_l}{\dot{m}_k c_{pk} \eta_{vk}} \right)^2 Z(x) = 0 \tag{6.73}$$

mit

$$Z(x) = t_{wa} - t_w(x) . \tag{6.74}$$

Nach dem Einsetzen der Anfangsbedingungen

$$Z_{x=0} = t_{wa} - t_{we} , \quad Z_{x=l} = 0 \tag{6.75}$$

ergibt sich die Lösung von (6.73) bis (6.75) zu

$$Z = A_1 \exp(a_1 x) + A_2 \exp(a_2 x) , \tag{6.76}$$

mit

$$a_1 = \frac{N k A_l}{2 \dot{m}_w c_{pw} \eta_{vw}} (1 + \nu) , \tag{6.77}$$

$$a_2 = \frac{N k A_l}{2 \dot{m}_w c_{pw} \eta_{vw}} (1 - \nu) , \tag{6.78}$$

$$\nu = \sqrt{1 - \left(\frac{2}{N} \frac{\dot{m}_w c_{pw} \eta_{vw}}{\dot{m}_k c_{pk} \eta_{vk}}\right)^2} \tag{6.79}$$

$$A_1 = \frac{(t_{wa} - t_{we}) \exp(a_2 l)}{\exp(a_1 l) - \exp(a_2 l)} \tag{6.80}$$

$$A_2 = \frac{(t_{wa} - t_{we}) \exp(a_1 l)}{\exp(a_1 l) - \exp(a_2 l)} \tag{6.81}$$

Bei $x = 0$ ergibt sich aus (6.72) und (6.76)

$$A_1 a_1 + A_2 a_2 = \frac{k A_l}{\dot{m}_w c_{pw} \eta_{vw}} \left(N t_{we} - t_{ka} - 2 \sum_{j=1}^{\frac{N}{2}-1} t_{yi} \right). \tag{6.82}$$

Der Ausdruck für die Temperatur in den Knotenpunkten ist

$$t_{kj} = t_{ka} + (t_{ke} - t_{ka}) \frac{1 - \exp(-2bj)}{1 - \exp(-bN)}, \tag{6.83}$$

mit

$$b = \frac{k A_l l}{\dot{m}_k c_{pk} \eta_{vk}} \tag{6.84}$$

und

$$j \in \left[1, \frac{N}{2} - 1\right],$$

j ist ganzzahlig.

Nach dem Einsetzen von (6.83) in (6.82) erhält man das Verhältnis

$$\nu(t_{wa} - t_{we}) \operatorname{cth} \frac{N k A_l l \nu}{2 \dot{m}_w c_{pw} \eta_{vw}} + (t_{ke} - t_{ka}) \left(\operatorname{cth} \frac{N k A_l l}{2 \dot{m}_k c_{pk} \eta_{vk}} - \frac{2}{N} \operatorname{cth} \frac{k A_l l}{\dot{m}_k c_{pk} \eta_{vk}} \right)$$
$$= t_{wa} + t_{we} + t_{ka} - t_{ke}. \tag{6.85}$$

Aus (6.70) und (6.85) folgt die transzendente Gleichung zur Ermittlung der mittleren Triebkraft

$$\Delta t_m = \frac{\nu(t_{wa} - t_{we})}{\ln \dfrac{(t_{wa} - t_{we} - t_{ka} - t_{ke}) + \nu(t_{wa} - t_{we}) - \psi}{(t_{wa} + t_{we} - t_{ke}) - \nu(t_{wa} - t_{we}) - \psi}} \tag{6.86}$$

mit

$$\psi = (t_{ke} - t_{ka}) \left(\operatorname{cth} \frac{t_{ke} - t_{ka}}{2 \Delta t_m} - \frac{2}{N} \operatorname{cth} \frac{t_{ke} - t_{ka}}{N \Delta t_m} \right). \tag{6.87}$$

Mit Benutzung von (6.68) und (6.69) ergibt sich

$$\Delta t_m = \frac{(t_{ke} - t_{ka}) \sqrt{R^2 + \left(\frac{2}{N}\right)^2}}{\ln \frac{2 - P\left(1 + R - \sqrt{R^2 + \left(\frac{2}{N}\right)^2} + D\right)}{2 - P\left(1 + R + \sqrt{R^2 \left(\frac{2}{N}\right)^2} + D\right)}} \tag{6.88}$$

mit

$$D = \operatorname{cth} \frac{t_{ke} - t_{ka}}{2\Delta t_m} - \frac{2}{N} \operatorname{cth} \frac{t_{ke} - t_{ka}}{N\Delta t_m}. \tag{6.89}$$

Bei $N = 2$ (zweigängige Elemente) ist $D = 0$ und

$$\Delta t_m = \frac{(t_{ke} - t_{ka}) \sqrt{R^2 + 1}}{\ln \frac{2 + P\left[\sqrt{R^2 + 1} - (R + 1)\right]}{2 - P\left[\sqrt{R^2 + 1} - (R + 1)\right]}} \tag{6.90}$$

Bei $N > 2$ wird die Berechnung von Δt_m mittels (6.86) und (6.88) iterativ durchgeführt.

Bei $N \to \infty$ nimmt die Gleichung für Δt_m (6.88) folgende Form an

$$\Delta t_m = \frac{(t_{ke} - t_{ka}) R}{\frac{2 - P\left(1 + \operatorname{cth} \frac{1}{2\tau} - 2\tau\right)}{2 - P\left(1 + \operatorname{cth} \frac{1}{2\tau} - 2\tau + 2R\right)}}, \tag{6.91}$$

d. h., sie geht in die zur Berechnung der mittleren Triebkraft in Elementen und einfachem Kreuzstrom und Durchmischung beider Fluide über [80].

Die Vorzüge der erhaltenen Lösung sind:

1. sie ist im Vergleich zu den bekannten Lösungen allgemeiner und ersetzt somit die für einzelne N erhaltenen gebräuchlichen Gleichungen,
2. bei $N = 2$ nimmt die vorgeschlagene Lösung die in der Literatur angegebene Form an; bei $N > 2$ ist sie genauer als die bekannten speziellen Lösungen, die mit Hilfe vereinfachter Annahmen erhalten wurden (s. z. B. [91]).

Weiterhin kann festgestellt werden, daß auch bei einer Umkehrung der gegenseitigen Fluidströmung oder einem Platztausch der Fluide die erhaltenen Resultate dieselben bleiben.

6.3.2. Wärmeübertragung in Elementen mit gemischtem Strom und ungerader Ganganzahl

Die Aufgabe wird mit den selben Annahmen gelöst, wie im vorhergehenden Fall. Das Fließbild eines Mischstromelements mit ungerader Ganganzahl ist in Abb. 6.2 dargestellt.

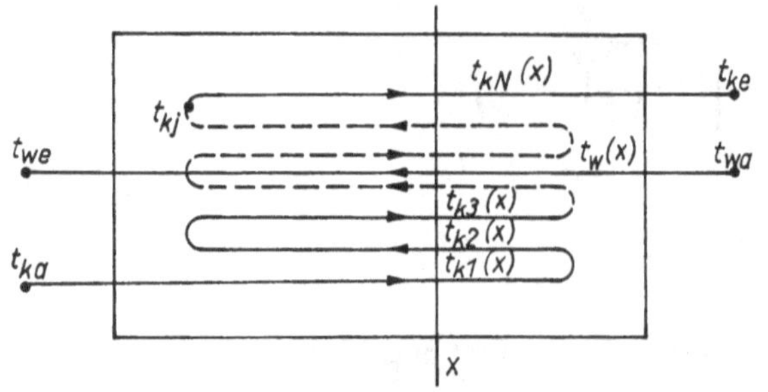

Abb. 6.2 Fließbild eines Mischstromelements mit ungerader Ganganzahl

Betrachtet werden zwei Fälle:

- Überwiegen der Gleichstromgänge ($B < 1$),
- Überwiegen der Gegenstromgänge ($B > 1$),

dabei siehe für B (6.145).

Der Wärmeübertragungsprozeß wird durch folgendes Gleichungssystem beschrieben

$$\dot{m}_w c_{pw} \eta_{vw} (t_{wa} - t_{we}) = \dot{m}_k c_{pk} \eta_{vk} (t_{ke} - t_{ka}) = N A_l l k \Delta t_m \tag{6.70}$$

$$\dot{m}_k c_{pk} \eta_{vk} \left[\sum_{i=1}^{N} (-1)^i t_{ki}(x) + t_{ke} \right] = \begin{cases} \dot{m}_w c_{pw} \eta_{vw} [t_{wa} - t_w(x)] & \text{bei } B < 1 \\ \dot{m}_w c_{pw} \eta_{vw} [t_w(x) - t_{we}] & \text{bei } B > 1 \end{cases} \tag{6.92}$$

$$(-1)^{i-1} \dot{m}_k c_{pk} \eta_{vk} dt_{ki} = k[t_w(x) - t_{ki}(x)]\, A_l dx\,, \tag{6.93}$$

dabei ist $1 \leqq i \leqq N$.

Die Lösungen sind:

- bei $B > 1$

$$\Delta t_m = \frac{(t_{ke} - t_{ka}) \times \beta'}{\ln \dfrac{(1-P) + \mu(1-PR) - \dfrac{R-\beta'}{2(R-1)}(1-P)\left[1 + \mu \exp\left(\dfrac{R-\beta'}{2\tau}\right)\right] + \left[(1-P)\exp\left(\dfrac{R-\beta'}{2\tau}\right) - (1-PR)\right]\mu \dfrac{R+\beta'}{2(R-1)}}{(1-P) + \mu(1-PR) - \dfrac{R-\beta'}{2(R-1)}(1-PR)\left[\mu + \exp\left(\dfrac{R-\beta'}{2\tau}\right)\right] - \dfrac{R+\beta'}{2(R-1)}\left[(1-P) - (1-PR)\exp\left(\dfrac{R-\beta'}{2\tau}\right)\right]}} \tag{6.94}$$

— bei $B < 1$

$$\Delta t_m = \frac{(t_{ke} - t_{ka})\,\beta}{\ln \dfrac{2(R+1)(A+\mu) + (\beta - R)\,\mu - (\beta + R)\,A + 2\beta \exp\left(\dfrac{\beta - R}{2\tau}\right)}{2(R+1)(A+\mu) + (\beta - R)\,A - (\beta + R)\,\mu + 2\beta\,\mu \exp\left(-\dfrac{\beta - R}{2\tau}\right) M}} \tag{6.95}$$

mit

$$\tau = \frac{\Delta t_m}{t_{ke} - t_{ka}} \tag{6.96}$$

$$M = 1 - P - PR \tag{6.97}$$

$$\mu = \exp\left(\frac{-1}{N\tau}\right)\left(\frac{N+1}{\dfrac{N+1}{2} + \dfrac{N-1}{2}\,\mathrm{cth}\,\dfrac{N-1}{2N\tau} - \mathrm{cth}\,\dfrac{1}{N\tau}} - 1\right) \tag{6.98}$$

$$\beta = \sqrt{R^2 + \frac{4(R+1)}{N^2}} \tag{6.99}$$

$$\beta' = \sqrt{R^2 - \frac{4(R-1)}{N^2}} \tag{6.100}$$

Für $N \to \infty$ gehen (6.94) und (6.95) wie auch (6.88) in (6.91) über, die zur Berechnung der mittleren Triebkraft in Elementen mit einfachen Kreuzstrom und Durchmischung beider Fluide [90] geeignet ist.

Die transzendenten Gln. (6.94), (6.95), (6.91) werden iterativ mit dem Rechner gelöst. Mit Hilfe dieser Gleichungen und der Gl. (6.98) wurden die vorhandenen Werte für die Gegenstromkoeffizienten von Mischstromelementen präzisiert und neue Werte für alle übrigen bekannten Mischstromelemente gewonnen (s. Abschn. 6.8.).

Vorteile der erhaltenen Lösung:

1. die Lösungen wurden erstmalig erhalten (außer für $N = 3$),
2. die Lösung ist universell, d. h. sie ist für beliebige ungerade N geeignet.

Die oben aufgeführten Lösungen für Mischstromapparate mit gerader und ungerader Ganganzahl bei konstanten Wärmeübertragungsparametern wurden von Iwanowa erarbeitet.

Eine ausführliche Analyse dieser Lösungen wird in den Arbeiten [92—94] angegeben.

6.3.3. Methode der Linearisierung des Wärmedurchgangskoeffizienten

Es wurden Untersuchungen mit dem Ziel durchgeführt, die Anwendbarkeit der Randbedingungen Colburns (6.1) auch auf Zweigangelemente mit gemischtem Strom auszudehnen. Insgesamt wurden 4 Fälle betrachtet. Zur

Beschreibung der Wärmeübertragung wurde für jeden dieser Fälle die Differentialgleichung zweiter Ordnung mit variablen Koeffizienten aufgestellt, die zwecks Vereinfachung der Lösung in ein System von Differentialgleichungen erster Ordnung umgewandelt wurde. Allerdings können diese transzendenten Gleichungen nicht analytisch genau gelöst werden. Die numerische Lösung dieser Gleichungen wie auch die Lösung der approximierten Gleichungen ist algorithmisch sehr schwierig und kann nicht zur praktischen Anwendung empfohlen werden. Natürlich ist diese Aussage, die für die einfachste Mischstromführung (Zweigangelement) und den einfachsten Fall in der Berücksichtigung der Wärmeübertragungsbedingungen (6.1) erhalten wurde, auch für alle anderen Mischstromapparate signifikant.

Eine genaue Lösung dieser Aufgabe kann durch die abschnittsweise iterative Berechnung erreicht werden.

6.3.4. *Iterative abschnittsweise Berechnung*

In [78], S. 45–56, [146], S. 66–97 wurden ausführlich Intervall-Iterationsmethoden zur Wärmeübertragungsberechnung für Mischstromapparate beschrieben. Eine Unzulänglichkeit dieser Methoden besteht darin, daß sie nur für zwei- und viergängige Elemente anwendbar sind.

Betrachten wir die methodischen Berechnungsgrundlagen für beliebige Mischstromelemente, mit beliebig gerader oder ungerader Parallelganganzahl. Die Fließbilder dieser Elemente sind in Abb. 6.3 und 6.4 dargestellt.

Es gibt vier mögliche Varianten der Fluidströmung:

Variantenchiffre

	MS 1	MS 2	MS 3	MS 4
x_a	t_{we}	t_{wa}	t_{ke}	t_{ka}
x_e	t_{wa}	t_{we}	t_{ka}	t_{ke}
y_a	t_{ka}	t_{ke}	t_{we}	t_{we}
y_e	t_{ke}	t_{ka}	t_{wa}	t_{wa}

Zusätzlich zu der bisher verwendeten wird folgende Nomenklatur eingeführt:

x — Temperatur des nicht die Richtung ändernden Fluids,
y — Temperatur des zweiten Fluids,
j — Ordnungsnummer des Parallelganges,
N — Ganganzahl im Element,
i — Ordnungsnummer des Intervalls,
m_{Aj} — Koeffizient der ungleichmäßigen Elementenflächenverteilung auf die Gänge

Die Zeichen x, y werden auch noch als Indices der entsprechenden Fluide bei den Größen m, $c_p\eta_v$ verwendet, die Zeichen j, i, N bei den Größen x, y, A, Δt, k. Die Indices 1 und 2 bedeuten dementsprechend Anfang und Ende des Intervalls.

Rechenschema

1. In der ersten Näherung wird die unbekannte Temperatur y_{11j} an den Wendestellen des Fluids y für alle $j \in [1, N]$ ermittelt.

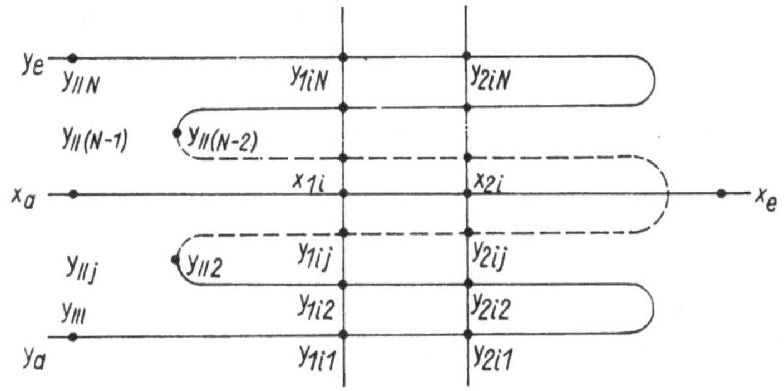

Abb. 6.3 Temperaturschema für ein Mischstromelement mit geradem N

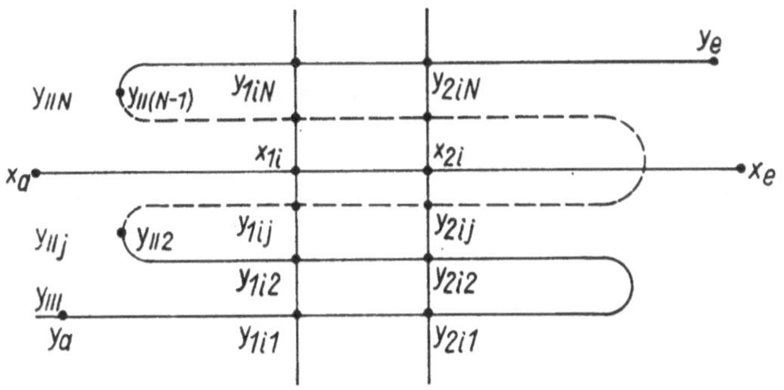

Abb. 6.4 Temperaturschema für ein Mischstromelement mit ungeradem N

Bei ungeradem j ist

$$y_{11j} = y_a + \frac{j-1}{N} (y_e - y_a) \tag{6.101}$$

bei geradem j ist

$$y_{11j} = y_a + \frac{j}{N} (y_e - y_a). \tag{6.102}$$

2. Die Intervallanzahl m wird gleich der anfänglichen Zahl m_a angenommen (wird mit den Ausgangsdaten vorgegeben).
3. Es werden die Temperaturen des Fluids x an den Enden des ersten Intervalls ($i = 1$) ermittelt:

$$x_{1i} = x_a \quad \text{bei } i = 1$$

$$x_{1i} = x_{1i} + \delta x \qquad \delta x = \frac{x_e - x_a}{m} \tag{6.103}$$

4. Nach den Wärmeübertragungsgleichungen wird für das i-te Intervall die Intervallfläche A_i und Temperatur des Fluids y in allen Gängen am

Ende des Intervalls y_{21j} bei bekannten y_{1ij} ermittelt. Im ersten Intervall ist $y_{1ij} = y_{11j}$.

5. Bevor nicht alle Intervalle betrachtet wurden ($i \neq m$), wird immer zum nächsten Intervall übergegangen (i wird um 1 erhöhte). Die Anfangstemperaturen des neuen Intervalls werden durch die Endtemperaturen des schon betrachteten Intervalls ausgedrückt:

   $$x_{1i} = x_{2(i-1)} \quad y_{1ij} = y_{2(i-1)j}, \quad j \in [1, N].$$

   Danach wird die Berechnung, angefangen von Punkt 4., wiederholt, bis die Bedingung $i = m$ erfüllt ist.

6. Sobald alle Intervalle betrachtet wurden ($i = m$), wird die der Intervallanzahl m entsprechende Elementenfläche

   $$A_m = \sum_{i=1}^{m} A_i \tag{6.104}$$

   ermittelt.

7. Die Einhaltung der geforderten Rechengenauigkeit wird mit Hilfe der Bedingungen

   $$\varepsilon_A = \frac{|A_m - A_m^{vor}|}{A_m} \leqq \varepsilon_{Aer} \tag{6.105}$$

   $$\varepsilon_t = \frac{x_{zi(j+1)} - y_{zij}|}{y_e - y_a} \leqq \varepsilon_{ter} \tag{6.106}$$

   kontrolliert.

8. In der zweiten Gleichung ist $j \in [1, N - 1]$, $i = m$. Bei $N = 1$ (Eingangselement) werden diese Bedingungen nicht überprüft. Wenn eine der Bedingungen nicht erfüllt ist, wird $A_m^{vor} = A_m$ angenommen, die Intervallanzahl m wird erhöht und die Berechnung, angefangen mit Punkt 3., wiederholt.

   Dieser Iteration geht die Korrektur der Temperaturen an den Wendestellen des Fluids y bei allen $j \in [1, N]$ voraus.

   $$y_{11j} = y_a + N_j(y_e - y_a), \tag{6.107}$$

   dabei ist bei ungeradem j

   $$N_j = \frac{\sum_{j=1}^{i-1} \delta y_j}{\sum_{j=1}^{N} \delta y_j} \tag{6.108}$$

   und bei geradem j

   $$N_j = \frac{\sum_{j=1}^{j} \delta y_j}{\sum_{j=1}^{N} \delta y_j} \tag{6.109}$$

wobei

$$\delta y_j = |y_{zij} - y_{11j}| \quad \text{bei} \quad i = m \quad \text{ist.} \tag{6.110}$$

9. Die Berechnung ist beendet, wenn die in Pkt. 7. aufgeführten beiden Bedingungen erfüllt sind.

Grundgleichungen zur Wärmeübertragungsberechnung für das i-te Intervall.

— Wärmestrom:

$$\dot{Q}_i = \dot{m}_x \frac{c_{px}(x_{2i}) + c_{px}(x_{1i})}{2} |x_{2i} - x_{1i}| \, \eta_{vx} \tag{6.111}$$

oder

$$Q_i = m_x |i_{x2i} - i_{x1i}| \, \eta_{ix} \tag{6.112}$$

— Wärmeaustauschfläche:

$$A_i = \frac{\dot{Q}_i}{\sum\limits_{j=1}^{N} m_{Aj} k_{ij} |\Delta t_{mij}|} \tag{6.113}$$

wobei die Bedingung

$$\sum_{j=1}^{N} m_{Aj} = 1$$

erfüllt sein muß.

— Fluidtemperatur am Intervallende im i-ten Gang:

$$y_{2ij} = y_{1ij} - (-1)^j \, \Delta t_{mij} \frac{A_i m_{Aj} k_{ij}}{\dot{m}_y c_{pyij} \eta_{vy}}. \tag{6.114}$$

Es gibt zwei Polarmethoden zur Berechnung von k_{ij}, Δt_{mij}, c_{yij} im Intervall [95, 96]:

1. die genauere, für

$$k = k(x_{im}, y_{ijm})$$
$$x_{im} = x_{im}(x_{1i}, x_{2i})$$
$$y_{ijm} = y_{ijm}(y_{1ij}, y_{2ij})$$
$$\Delta t_{mij} = \Delta t_{mij}(x_{1i}, x_{2i}, y_{1ij}, y_{2ij})$$
$$c_{pyij} = c_{pyij}[c_{py}(y_{1ij}), c_{py}(y_{2ij})]$$

2. die einfachere,

$$k_{ij} = k_{nij} = k(x_{1i}, y_{1ij})$$
$$\Delta t_{mij} = \Delta t_{1ij} = |x_{1i} - y_{1ij}|$$
$$c_{pyij} = c_{py}(y_{1ij})$$

Im ersten Fall ist y_{2ij} unbekannt, deshalb erfolgt die Berechnung von A_i iterativ. Im zweiten Fall werden A_i, y_{2ij} ohne Iterationen berechnet, allerdings ist zur Gewährleistung der erforderlichen Rechengenauigkeit eine größere Intervallanzahl m notwendig. Die vom Autor durchgeführten rechnerischen

Vergleiche erhärteten die Vorteile der zweiten einfacheren Berechnungsmethode für k_{ij}, Δt_{mij}, c_{pyij}.

Anwendungsmöglichkeiten der Methode

Mit Hilfe dieser Methode können die Wärmeübertragungsfläche und die Fluidtemperaturverteilung für beliebige Mischstromelemente berechnet werden:

1. mit beliebiger gerader oder ungerader Gangzahl,
2. als Sonderfall, bei $N = 1$ für Eingangs-(Gegenstrom- oder Gleichstrom-)-elemente,
3. mit gleichmäßiger $\left(m_{Aj} = \frac{1}{N}\right)$ oder beliebiger (m_{Aj} variabel, $\sum_{j=1}^{m} m_{Aj} = 1$) Elementenflächenverteilung auf die Gänge,
4. bei der Veränderung der Wärmeübertragungsbedingungen entlang der Oberfläche (bei konstanten bzw. variablen k, c_{px}, c_{py}) nach einem vorgegebenen Ablaufgesetz.

Somit ist die vorgeschlagene Methode ihren Möglichkeiten nach die genaueste und universellste der bekannten Methoden. Außerdem ist sie ausreichend algorithmisch einfach und kann leicht auf einem Rechner ausgeführt werden. Universalität, Genauigkeit und Einfachheit der Methode geben die Möglichkeit zur zuverlässigen Berechnung einer breiten Skala von industriellen Wärmeübertragern. In vielen Fällen, z. B. für ungerade $N > 0$ und verschiedenen Kombinationen von variablen m_{Aj}, k, c_{px}, c_{py} eröffnen sich erstmalig solche Möglichkeiten. Diese Methode kann auch zur Berechnung der genauen Werte des Gegenstromkoeffizienten (s. Abschn. 6.8.) verschiedener Elemente und zur Anfertigung zuverlässiger und einfacher Projektunterlagen verwendet werden. Ein Durchführungsbeispiel für die vorgeschlagene Methode ist in [95, 96] dargelegt.

6.4. Mathematische Modelle des Wärmeübertragungsprozesses im Element

6.4.1. Mathematische Prozeßbeschreibung

Das nachfolgend dargestellte universelle mathematische Modell des Wärmeübertragungsprozesses im Element umfaßt alle in der Technik bekannten Elementarstromführungen. Das Modell ist ein statisches. Es wurde aus der Wärmebilanzgleichung und der BELOKON-Gleichung für die mittlere Triebkraft [155, 156] erhalten. Das mathematische Prozeßmodell ist das Gleichungssystem

$$W = \frac{\dot{m}_w c_{pw} \eta_{vw}}{\dot{m}_k c_{pk} \eta_{vk}} = \frac{t_{ke} - t_{ka}}{t_{wa} - t_{we}} = \frac{1}{R} \tag{6.115}$$

$$\varphi_E = \frac{t_{wa} - t_{we}}{t_{wa} - t_{ke}} = \frac{P}{W} \tag{6.116}$$

W – Funktion der Wasseräquivalente der Fluide im Element
P – dimensionsloser Temperaturkomplex (6.68)

Alle Größen in (6.115), (6.116) und in den übrigen Gleichungen des Abschn. beziehen sich auf das Element. Die in (6.116) enthaltene thermische Effektivitätsfunktion für ein Element ist

$$\varphi_E = 2\,\frac{\exp(SZ) - 1}{Z + (W + 1)\exp(SZ) + Z - (W + 1)} \tag{6.117}$$

oder anders ausgedrückt

$$\varphi_E = \frac{1}{\dfrac{Z + (W + 1)}{2} + \dfrac{Z}{\exp(SZ) - 1}} \tag{6.118}$$

mit

$$Z = \sqrt{(W + 1)^2 - 4pW} \tag{6.119}$$

Zur Funktion der Wasseräquivalente der Fluide im Element A s. (6.115). Die Anzahl der Wärmetransporteinheiten im Element ist

$$S = \frac{kA}{\dot{m}_w c_{pw} \eta_{vw}} = \frac{1}{W}\,\frac{kA}{\dot{m}_k c_{pk} \eta_{vk}} \tag{6.120}$$

In (6.119) ist der Gegenstromkoeffizient für ein Element $p \in [0, 1]$ enthalten, eine sehr wichtige Kennziffer für die Güte der Wärmeübertragung, die Spezifik der Stromführung berücksichtigt. Ausführlich wird p in Acschn. 6.8. beschrieben. Die Grenzwerte der thermischen Effektivitätsfunktion für ein Element und verschiedene Kombinationen von W, S, p, bei denen φ_E nicht mit der aufgeführten Gleichung ermittelt wird, sind in Tab. 6.1 zusammengestellt.

Tabelle 6.1: Grenzwerte der thermischen Effektivitätsfunktion eines Elementes

W	S	p	Φ_E	
1	$< \infty$, > 0	1	$\dfrac{S}{S+1}$	
$\to 0$	$< \infty$, > 0	$0-1$	$\to 1 - \dfrac{1}{\exp(S)}$	
$\to 0$	$\to 0$	$0-1$	$\to 0$	(6.121)
$\to 0$	$\to \infty$	$0-1$	$\to 1$	
$\to \infty$	$< \infty$, > 0	$0-1$	$\to 0$	
$< \infty$, > 0	$\to \infty$	$0-1$	$\to \dfrac{2}{Z + (W+1)}$	

Bei $SZ \geqq 7$ ist der Fehler kleiner als $\pm 0{,}1\%$ und

$$\Phi_E = \frac{2}{Z + (W + 1)} \tag{6.122}$$

6.4.2. Universalität des Modells

Die Universalität des Modells ergibt sich aus der Gleichung für die thermische Effektivitätsfunktion eines Elementes φ_E (6.117), (6.118), (6.122). Diese Gleichung gilt für beliebige Elemente.

Die Spezifik der Stromführung wird nur durch den Gegenstromkoeffizienten berücksichtigt. Bei $p = 1$; 0,5; 0 entspricht der Ausdruck für φ_E (6.117) allgemein bekannten analogen Funktionen, wie z. B. ψ_{gl} ψ_{ge}, [36], S. 258—260, φ, φ_y [146], S. 36, 40—42, p_1, p_2 [18], S. 273 u. a. (bei Gegenstrom, zweigängig gemischtem Strom, Gleichstrom). Außerdem ersetzt das betrachtete Modell vollständig die früher [146], S. 37—42 vorgeschlagenen und sehr aufwendigen Berechnungsverfahren, bei denen der Korrekturfaktor $\psi = f(P, R)$ zur Ermittlung der mittleren Triebkraft bei verschiedenen Fluidstromführungen im Element benötigt wurden.

6.4.3. Verwendbarkeit des Modells

Das Modell kann zur Lösung beliebiger Aufgaben der thermischen Berechnung eines Elements verwendet werden. Beispiele dafür sind in den Abschn. 6.5., 6.6., 6.7. enthalten.

6.4.4. Prozeßbedingungen

Es ist zweckmäßig, diese Bedingungen hinsichtlich der Anwendung des Modells zu betrachten.

Flächenberechnung

Die Grenzwerte, innerhalb derer der Prozeß ablaufen kann, können der Bedingung

$$A \in [0, \infty] \tag{6.123}$$

bei A nach (6.138) entnommen werden.

Dabei sind die Kenngrößen

$$W \in [0, \infty], \tag{6.124}$$

$$p \in [0, 1] \tag{6.125}$$

Aus (6.138) folgt $A = 0$ für

$$\ln \frac{2W + P[Z - (W + 1)]}{2W - P[Z - (W + 1)]} = 0 \tag{6.126}$$

was nur bei $P = P_{\min} = 0$ gewährleistet ist.

Da in (6.126) immer

$$2W + P[Z - (W + 1)] > 0 \tag{6.127}$$

ist $A > 0$ bei

$$2W - P[Z - (W + 1)] > 0 \tag{6.128}$$

Daraus folgt:

$$P < \frac{2W}{Z + (W + 1)} \tag{6.129}$$

Durch Einsetzen in (6.138) kann überprüft werden, daß bei

$$P = P_{\max} = \frac{2W}{Z + (W + 1)} \tag{6.130}$$

die Elementeoberfläche $A = \infty$ ist.

Somit wurde folgender zulässiger Bereich für den in einem Element mit beliebiger Stromführung ablaufenden Prozeß ermittelt:

$$P \in \left[0;\ \frac{2W}{Z + (W + 1)}\right]. \tag{6.131}$$

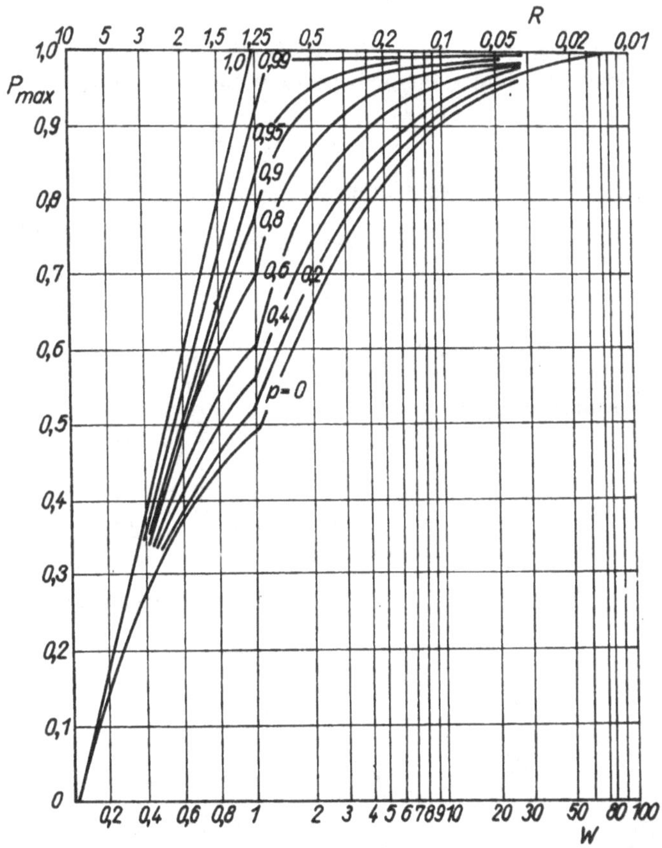

Abb. 6.5 Obere Existenzgrenze des Wärmeübertragungsprozesses im Element $P_{\max} = \dfrac{2W}{Z + (W + 1)}$

Für die Stromführungsgrenzfälle wurden aus (6.129) folgende Grenzwerte für W und P ermittelt:

Gegenstrom $p = 1$ $\quad W \in (0, 1), \quad P \leqq W$ $\quad$ (6.132)

$\quad W \in (1, \infty) \quad P \leqq 1$

Gleichstrom $p = 0$ $\quad W \in (0, \infty) \quad P \leqq \dfrac{W}{W+1}$ $\quad$ (6.133)

Der Ausdruck (6.129) ist auf beliebige Stromführungen anwendbar, deshalb sollte er in Berechnungen zur Überprüfung der Realität des Wärmeübertragungsprozesses im Element genutzt werden. In Abb. 6.5 wird die Veränderung des oberen Grenzwertes des dimensionslosen Komplexes $P_{\max} = P$ nach (6.130) in Abhängigkeit vom Wasseräquivalent W (sowie ebenfalls von $R = \frac{1}{W}$) für verschiedene Werte des Gegenstromkoeffizienten p in dessen ganzem zulässigem Bereich dargestellt.

Die Kurve ergibt, daß sich im Maße der Vergrößerung von W und p der zulässige Bereich des Prozesses schrittweise verbreitert und bei $p = 1$, $W > 1$ seine äußerste Größe erreicht.

Übrige thermische Berechnung

Die Existenzbedingungen des Prozesses wurden aus den Bedingungen

$$\varphi_E \in (0, 1) \tag{6.134}$$

$$W \in (0, \infty) \tag{6.135}$$

$$p \in (0, 1) \tag{6.136}$$

mit φ_E nach (6.117) und W nach (6.115) erhalten und in Tab. 6.2 zusammengestellt.

Somit existiert die Funktion φ_E im genannten Bereich gemäß (6.134) für alle positiven W, S für jede beliebige Stromführung. Folglich entfällt bei der Durchführung thermischer Berechnungen (außer der Oberflächenberechnung), in denen φ_E verwendet wird, die Notwendigkeit zur Überprüfung der Realität des Prozesses (es wird nur die allgemein gebräuchliche Bedingung $t_w > t_k$ in beliebigen Querschnitten des Elements überprüft).

Tabelle 6.2: Grenzwerte der Realitätsbedingungen für den Wärmeübertragungsprozeß im Element

Φ_E	p	W	S
$\to 0$	$0-1$	$0-1$	$\to 0$
	$0-1$	$\leqq 1$	$\frac{1}{Z} \ln \frac{2+Z-(W+1)}{2-Z-(W+1)} \to \infty$
$\to 1$	1 (Gegenstrom)	$0-1$	$-\frac{1}{W-1} \ln \frac{1-W}{0} \to \infty$
	1 (Gleichstrom)	0	$-\frac{1}{W+1} \ln(-W) \to \infty$

6.5. Universelle Methode zur Berechnung der Wärmeübertragungsfläche eines Elements

6.5.1. Mathematische Beschreibung und Rechenschema

Aus (6.115) bis (6.122) ergibt sich die Gleichung für die Wärmeübertragungsfläche eines Elementes

$$A = \frac{\dot{m}_w c_{pw} \eta_{vw}}{kZ} \ln \frac{2W + P[Z - (W + 1)]}{2W - P[Z + (W + 1)]}, \tag{6.138}$$

Z – s. (6.118)
W – s. (6.115)
P – s. (6.68)

Diese Gleichung ist auf Elemente mit beliebiger Stromführung anwendbar.

Das Rechenschema zur Berechnung der Fläche, das sich aus (6.138) ergibt, ist sehr einfach. Es ist in Abb. 6.6 dargestellt.

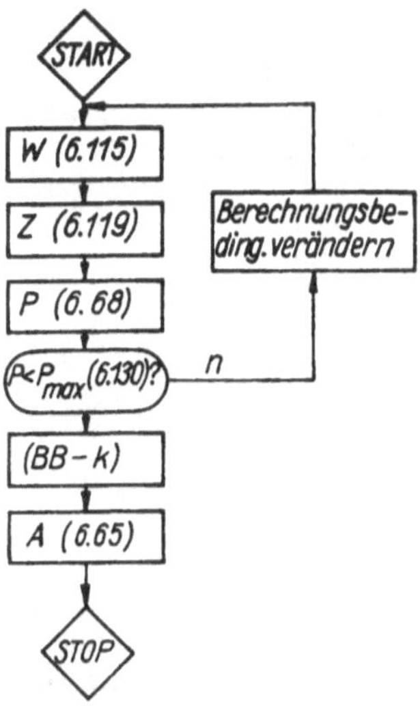

Abb. 6.6 Rechenschema zur Berechnung der Wärmeaustauschfläche eines Elementes (Symbol BB – A)

6.5.2. Universalkorrekturgleichung für die mittlere logarithmische Triebkraft bei Gegenstrom

In methodischer und praktischer Hinsicht interessiert eine universelle Darstellungsweise von $\varepsilon_{\Delta t}$, die für beliebige Stromführungen anwendbar ist. Aus (6.138) und (6.65) erhält man die Universalgleichung

$$\Delta t_m = \delta t_w \frac{Z}{\ln \frac{2W + P[Z - (W + 1)]}{2W - P[Z + (W + 1)]}} \tag{6.139}$$

Dieser Ausdruck ist eine Modifikation der BELOKON-Gleichung. Ihrerseits kann (6.67) in der Form

$$\Delta t_{mge} = \delta t_w \frac{W - 1}{\ln \dfrac{1 - \dfrac{P}{W}}{1 - P}} \tag{6.140}$$

dargestellt werden.

Unter Verwendung von (6.139), (6.140) kann aus (6.66) die gesuchte Größe

$$\varepsilon_{\Delta t} = \frac{Z}{1 - W} \frac{\ln W \dfrac{1 - P}{W - P}}{\ln \dfrac{2W + P[Z - (W + 1)]}{2W - P[Z + (W + 1)]}} \tag{6.141}$$

erhalten werden, mit Z nach (6.119).

Bei Vorhandensein zuverlässiger Angaben über den Gegenstromkoeffizienten eines Elementes p kann Gl. (6.141) anstelle der ganzen Vielzahl bekannter Gleichungen und Kurven für $\varepsilon_{\Delta t}(P, R)$ verwendet werden. Mit ihrer Hilfe können außerdem beliebige neue Kurven konstruiert werden.

Zur Illustration der Universalität von (6.141) wird ihre Verwandlung in Ausdrücke für verbreitete Elementestromführungen dargestellt.

Gegenstrom ($p = 1$)

Beim Einsetzen von $p = 1$ in (6.141) erhält man $\varepsilon_{\Delta t} = 1$.

Gleichstrom ($p = 0$)

Beim Einsetzen von $p = 0$ in (6.141) erhält man

$$\varepsilon_{\Delta t} = \frac{W + 1}{W - 1} \frac{\ln \dfrac{1 - P}{W - P}}{\ln \left[1 - \dfrac{P}{W} (W + 1)\right]} \tag{6.142}$$

Da alle Elementarstromführungen im Hinblick auf die Wärmeübertragungseffektivität zwischen Gegenstrom (effektivste Stromführung) und Gleichstrom (uneffektivste Stromführung) liegen, kann Gl. (6.142) zur Bewertung der Effektivitätsverschlechterung und des Bereiches realer Stromführungen dienen

$$\varepsilon_{\Delta t} \in [\varepsilon_{\Delta tgl}, 1] \tag{6.143}$$

Zweigängiger gemischter Strom ($p = 0{,}5$)

Der Ausdruck (6.141) wird zu

$$\varepsilon_{\Delta t} = \frac{\sqrt{W^2 + 1}}{1 - W} \frac{\ln W \dfrac{1 - P}{W - P}}{\ln \dfrac{2W + P\left[\sqrt{W^2 + 1} - (W + 1)\right]}{2W - P\left[\sqrt{W^2 + 1} + (W + 1)\right]}} \tag{6.144}$$

Diese Gleichung entspricht den in der Literatur angeführten (z. B. in [18], S. 261 bei $N = 1$).

Zweigängiger gemischter Strom mit einem Ungleichmäßigkeitsgrad $B \neq 1$

In einem solchen Element ist der Ungleichmäßigkeitsgrad ([18], S. 261]

$$B = \frac{A_{ge}k_{ge}}{A_{gl}k_{gl}} \neq 1 \tag{6.145}$$

wobei sich die Indices *ge* und *gl* entsprechend auf die jeweiligen Gegen- und Gleichstromanteile des Elements beziehen. Nach Einsetzen von

$$p = \frac{B}{B+1} \tag{6.146}$$

wird der Ausdruck für $\varepsilon_{\Delta t}$ (6.141) zur Gleichung (16.12) für ψ in [18]. Bei $B = 1$ (d. h. $p = 0{,}5$) wird er zu (6.144).

6.6. *Universalmethode zur Berechnung der Endtemperaturen*

Die bekannten Abhängigkeiten für die Berechnung der lokalen Temperaturen und der Endtemperaturen sind nur für einen geringen Teil der Elementenstromführungen geeignet:

- für Gegenstrom und Gleichstrom [97],
- für zweigängige Elemente mit gemischtem Strom [18],
- für 2–6gängige Elemente mit gerader und ungerader Ganganzahl, mit ungleichen Wasseräquivalenten der Gänge [28] u. a.

Sie können nicht für eine große Anzahl anderer verbreiteter Stromführungen verwendet werden. Jedes dieser Rechenverfahren ist spezialisiert und nur auf eine bestimmte Stromführung zugeschnitten. In der Mehrzahl ist ihre Realisierung aufwendig. Infolge dessen ist die Möglichkeit zur Durchführung ausreichender zuverlässiger Projekt- und Kontrollberechnungen erschwert bzw. vollkommen in Frage gestellt und damit auch die Möglichkeit zur Lösung einer wichtigen praktischen Aufgabe: der begründeten Auswahl von optimalen Elementestromführungen und der optimalen Anordnung der Elemente in Apparaten.

Die in [161] beschriebene Methode zur Endtemperaturenberechnung ist frei von diesen Unzulänglichkeiten. Die Methode ist für alle beliebigen bekannten Elementestromführungen geeignet, algorithmisch einfach und kann sowohl beim manuellen als auch beim maschinellen Rechnen angewendet werden. Die Methode basiert auf der Anwendung des in Abschn. 6.4. vorgeschlagenen mathematischen Modells des Wärmeübertragungsprozesses im Element. Sie gewährleistet die Lösung der Aufgaben zur Betriebsdatenberechnung TB 46–TB 51 entsprechend der Aufgabenklassifikation für die thermische Berechnung nach (Abb. 4.1).

Tabelle 6.3: Berechnungsgleichungen für Fluidendtemperaturen

Symbol der Aufgabe	bekannte Temperaturen	zu ermittelnde Temperatur des wärmeabgebenden Fluids		zu ermittelnde Temperatur des wärmeaufnehmenden Fluids	
TB 50	t_{wa}, t_{ka}	$t_{we} = t_{wa} - (t_{wa} - t_{ka})\,\Phi_E$	(6.147)	$t_{ke} = t_{ka} + (t_{wa} - t_{ka})\,W \cdot \Phi_E$	(6.148)
TB 49	t_{ww}, t_{ke}	$t_{we} = t_{wa}\left(1 + \frac{\Phi_E}{W\Phi_E - 1}\right) - t_{ke}\frac{\Phi_E}{W\Phi_E - 1}$	(6.149)	$t_{ka} = t_{wa}\frac{W\Phi_E}{W\Phi_E - 1} = t_{ke}\frac{1}{W\Phi_E - 1}$	(6.150)
TB 48	t_{we}, t_{ka}	$t_{wa} = t_{we}\frac{1}{1 - \Phi_E} - t_{ka}\frac{\Phi_E}{1 - \Phi_E}$	(6.151)	$t_{ke} = t_{we}\frac{W\Phi_E}{1 - \Phi_E} + t_{ke}\frac{\Phi_E - 1}{W\Phi_E - 1 + \Phi_E}$	(6.152)
TB 47	t_{we}, t_{ke}	$t_{wa} = t_{we}\frac{W\Phi_E - 1}{W\Phi_E - 1 + \Phi_E} + t_{ke}\frac{\Phi_E}{W\Phi_E - 1 + \Phi_E}$	(6.153)	$t_{ka} = t_{we}\frac{W\Phi_E}{W\Phi_E - 1 + \Phi_E} + t_{ke}\frac{\Phi_E - 1}{W\Phi_E - 1 + \Phi_E}$	(6.154)
TB 51	t_{wa}, t_{we}			$t_{ka} = t_{wa}\left(1 - \frac{1}{\Phi_e}\right) + t_{we}\frac{1}{\Phi_E}$	(6.155)
				$t_{ke} = t_{wa}\left(1 + \frac{W\Phi_E - 1}{\Phi_E}\right) - t_{we}\frac{W\Phi_E - 1}{\Phi_E}$	(6.156)
TB 46	t_{ka}, t_{ke}	$t_{ka} = t_{ke}\left(1 - \frac{1}{W\Phi_E}\right) + t_{ke}\frac{1}{W\Phi_E}$	(6.157)		
		$t_{we} = t_{ka}\left(1 - \frac{1 - \Phi_E}{W\Phi_E}\right) + t_{ke}\frac{1 - \Phi_E}{W\Phi_E}$	(6.158)		

6.6.1. *Berechnungsinhalt*

Die Berechnung besteht in der Ermittlung zweier Temperaturen aus (t_{wa}, t_{we}, t_{ka}, t_{ke}). Die dazu notwendigen Gleichungen für die sechs möglichen Fälle sind in Tab. 6.3 zusammengefaßt.

Die in (6.147) bis (6.156) enthaltene Größe φ_E wird aus den Gln. (6.117), (6.118) oder (6.122) ermittelt.

6.6.2. *Universalität der Methode*

Sie ist die allgemeinste der bekannten Methoden. Ihre Universalität ergibt sich aus der Universalität des Modells, s. Abschn. 6.4.2.

6.6.3. *Genauigkeit der Methode*

Sie ist die genaueste der bekannten Methoden. Gewöhnlich werden in der Projektierungspraxis zur Ermittlung der Fluidtemperaturen bei Misch- oder Kreuzstromführungen die allgemein gebräuchlichen Gleichungen für die Stromführungsgrenzfälle, für Gegenstrom und Gleichstrom, verwendet [97]. Dabei tritt im Vergleich zur Universalmethode ein Rechenfehler von -20% bis $+50\%$ auf.

Zur Illustration dieser Tatsache sind in Tab. 6.4 die Resultate und Rechenfehler der gebräuchlichen [97] und der vorgeschlagenen Methode anhand eines konkreten Beispiels verglichen worden.

Tabelle 6.4: Berechnungsresultate

Ermittelte Größe	Genaue Methode	Gegenstrom nach [74]	Gleichstrom nach [74]
φ_E	0,576	0,797	0,476
t_{we} in °C	51,8	35,4	59,3
t_{ke} in °C	67,5	85,8	59,2
$\dot{Q}$ in kJ/h	18100000	25140000	12570000
Fehler für $\dot{Q}$ in %	–	+38,9	−16,7

Ausgangsdaten des Beispiels: Heißes Wasser mit einer Anfangstemperatur von $t_{wa} = 95\,°C$ wird mit kaltem Wasser $t_{ka} = 20\,°C$ abgekühlt. Weiterhin sind bekannt:

$$\dot{m}_w = 100000 \text{ kg/h}, \qquad \dot{m}_k = 90000 \text{ kg/h}$$

$$c_{pw} = 4{,}15 \frac{\text{kJ}}{\text{kg K}}, \qquad c_{pk} = 4{,}19 \frac{\text{kJ}}{\text{kg K}}$$

$$\eta_{vw} = 1{,}01, \qquad \eta_{vk} = 1{,}01.$$

Das Element ist ein Apparat mit einfachem Kreuzstrom mit Verzweigung des einen Fluidstromes im Rohrbündel in einzelne Teilströme ($p = 0{,}57$).

$$A = 430{,}5\ \mathrm{m}^2, \qquad k = 4\,860{,}4\ \frac{\mathrm{kJ}}{\mathrm{m^2\,h\,K}}, \qquad \eta_S = 1.$$

Die Zwischenresultate der Berechnung sind: $W = 1{,}1$; $Z_c = 1{,}38$; $S_c = 5$.

6.6.4. Rechenschema

In Abb. 6.7 und 6.8 sind zwei praktisch gleichwertige Rechenschema zur Ermittlung zweier beliebiger unbekannter Fluidtemperaturen im Element dargestellt.

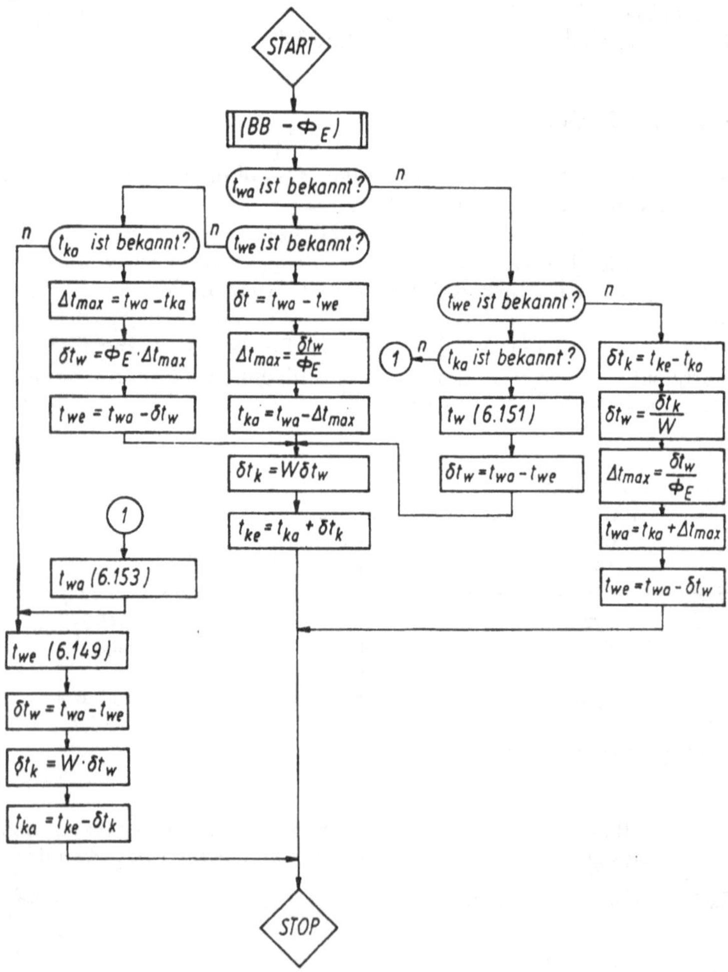

Abb. 6.7 Rechenschema zur Berechnung zweier beliebiger Fluidtemperaturen im Element (Symbol: BB — t_e)

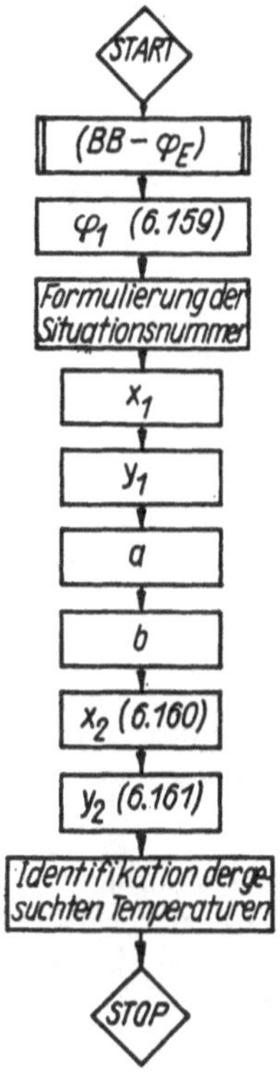

Abb. 6.8: Schema zur Berechnung zweier beliebiger Fluidentemperaturen (Symbol BB — t_e)

Das erste Schema verwendet die Gln. (6.149), (6.151), (6.153) und verschiedene Darstellungsarten der Kopplungsgleichungen (6.115) und (6.116). Dieses Schema wird durch eine einfache Berechnungslogik und umfangreichere Gleichungen charakterisiert.

Das zweite Schema ergibt sich aus der Verallgemeinerung der Darstellungsform von (6.147) bis (6.158) und basiert auf der Anwendung der Tab. 6.5 mit

$$\varphi_1 = W\varphi_E - 1 \tag{6.159}$$

$$x_2 = x_1 - a(x_1 - y_1) \tag{6.160}$$

$$y_2 = x_1 - b(x_1 - y_1) \tag{6.161}$$

Wie aus Tab. 6.5 ersichtlich, wurde jedem bekannten Temperaturpaar eine Schlüsselnummer, die die Berechnungssituation kennzeichnet, zugeordnet. Nach dem Aufstellen derselben werden x_1, y_1 durch die bekannten Temperaturen ausgedrückt, die Koeffizienten a und b mit den dem Koeffizientenchiffre entsprechenden Formeln berechnet, x_2 und y_2 ermittelt und durch sie die gesuchten Temperaturen ausgedrückt. Ungeachtet der Einfachheit der Gleichungen ist dieses Schema schwerer mit EDV zu realisieren als das erste. Es ist jedoch bequemer und anschaulicher für manuelle Berechnungen.

Tabelle 6.5: Verallgemeinerte Schreibweisen für die gesuchten Temperaturpaare bei der Wärmeübertragung

bekannt	Situationsnummer	Identifikation		berechnet wird		Identifikation	
		x^1	y_1	a	b	x_2	y_2
t_{wa}, t_{ka}	1	t_{wa}	t_{ka}	φ_E	$-\varphi_{,}$	t_{we}	t_{ke}
t_{wa}, t_{ke}	2	t_{wa}	t_{ke}	$-\dfrac{\varphi_E}{\varphi_{,}}$	$-\dfrac{1}{\varphi_{,}}$	t_{we}	t_{ka}
t_{we}, t_{ka}	3	t_{we}	t_{ka}	$\dfrac{\varphi_E}{\varphi_E - 1}$	$\dfrac{\varphi_E - \varphi_{,}}{\varphi_E - 1}$	t_{wa}	t_{ke}
t_{we}, t_{ke}	4	t_{we}	t_{ke}	$\dfrac{\varphi_E}{\varphi_E + \varphi_{,}}$	$\dfrac{\varphi_E - 1}{\varphi_E + \varphi_{,}}$	t_{wa}	t_{ka}
t_{wa}, t_{we}	5	t_{wa}	t_{we}	$\dfrac{1}{\varphi_E}$	$-\dfrac{\varphi_E}{\varphi_{,}}$	t_{ka}	t_{ke}
t_{ka}, t_{ke}	6	t_{ka}	t_{ke}	$\dfrac{1}{1 + \varphi_{,}}$	$\dfrac{1 - \varphi_E}{1 + \varphi_{,}}$	t_{wa}	t_{we}

Beide Schemata gehen bei Vereinfachung in speziellere Rechenschemata zur Berechnung zwei beliebiger unbekannter Temperaturen über. In beiden Rechenschemata wurde die Berechnung der Effektivitätsfunktion des Elements φ_E in einem besonderen Unterschema (siehe (BB — φ_E) in Abschn. 6.9.) zusammengefaßt, da der Wert von φ_E noch in anderen Aufgaben der Wärmeübertragungsberechnung (s. Abschn. 7. und 8.) sowie zur Analyse der Wärmeübertragungsberechnung von Stromführungen (s. Abschn. 6.9.) benötigt wird.

6.7. Lösungsverfahren für die übrigen Aufgaben der thermischen Berechnung

Im Abschn. 6.5. wurden die methodischen Grundlagen für die Flächenberechnung TB 1 bis TB 8 betrachtet. Dabei wird eine beliebige der aufgeführten Größen (t_{wa}, t_{we}, t_{ka}, t_{ke}, $\dot{m}_w$, $\dot{m}_k$, η_{vw}, η_{vk}) aus der Wärmebilanzgleichung (4.16) und die Elementenfläche aus (BB — A) (s. Abb. 6.6) ermittelt. In Abschn. 6.6. wurde die Lösung für alle Aufgaben der Endtemperaturenberechnung (TB 44—TB 51) erarbeitet.

Unten werden die Lösungswege für die übrigen Aufgaben betrachtet.

6.7.1. Lösung der Betriebsdatenberechnung

Zusätzlich zu den in Abschn. 6.6. gelösten Aufgaben TB 44 bis TB 51 sind hier die Schemata für die Aufgaben TB 56 bis TB 63 und TB 66 aufgeführt.

Ihre Lösung besteht jeweils in der Ermittlung zweier unbekannter Größen mit Hilfe von (6.115) und (6.116).

Aufgaben TB 56 bis TB 63

In jeder dieser acht Aufgaben ist einer der Durchsätze x (m_w oder m_k) und eine der Temperaturen $y(t_{wa}$, oder t_{we}, oder t_{ka}, oder $t_{ke})$ unbekannt. Das Rechenschema für die Berechnung von x, y (s. Abb. 6.9) ist für alle Aufgaben gleich. Die Unbekannten werden durch Iterationen ermittelt.

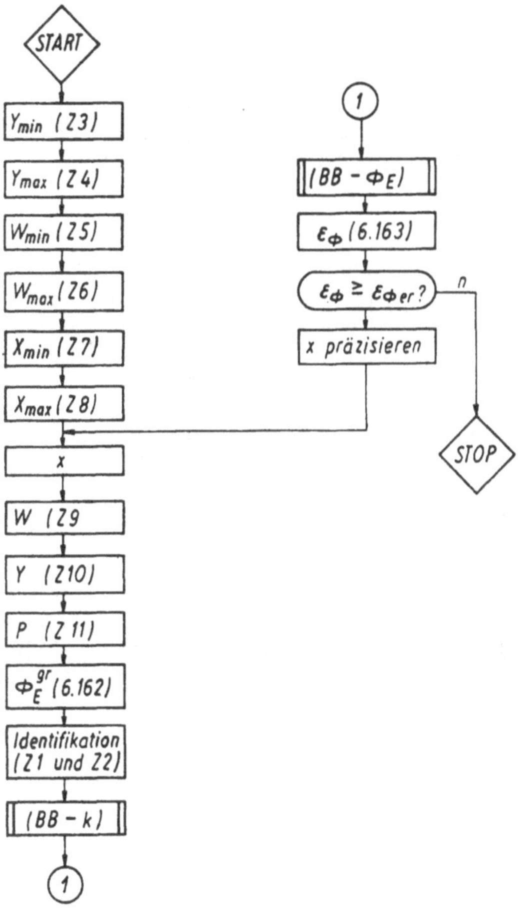

Abb. 6.9 Schema der iterativen Lösung von 16 Aufgaben der thermischen Berechnung (Symbol: BB — 16 ATB)

In den Blöcken 1—6 des Blockbildes werden die Grenzwerte der Unbekannten gebildet. In Block 7 wird ein Ausgangswert für $x \in [x_{min}, x_{max}]$ vorgegeben. Dabei wird

$$\varphi_E^{gr} = \frac{P}{W} \tag{6.162}$$

und φ_E aus (BB — φ_E) (s. Abb. 6.18, S. 166) ermittelt.

Tabelle 6.6: Bedingungen und Gleichungen zur Lösung der 8 Aufgaben der Betriebswerteberechnung

Nr.	Größe	Symbole der Aufgaben der thermischen Berechnung			
		TB 56	TB 57	TB 58	TB 59
1	x	$\dot{m}_w$	$\dot{m}_w$	$\dot{m}_w$	$\dot{m}_w$
2	y	t_{wa}	t_{we}	t_{ka}	t_{ke}
3	$y_{\min}$	$\gtrless t_{we}$	$\gtrless t_{ka}$	$< t_{ke}, < t_{we}.$	$\gtrless t_{ka}$
4	$y_{\max}$	$> t_{ke}, > t_{we}$	$\lessgtr t_{wa}$	$\lessgtr t_{ke}$	$\lessgtr t_{wa}$
5	$W_{\min}$	$\frac{t_{ke} - t_{ka}}{y_{\max} - t_{we}}$	$\frac{t_{ke} - t_{ka}}{t_{wa} - y_{\min}}$	$\frac{t_{ke} - y_{\max}}{t_{wa} - t_{we}}$	$\frac{y_{\min} - t_{ka}}{t_{wa} - t_{we}}$
6	$W_{\max}$	$\frac{t_{ke} - t_{ka}}{y_{\min} - t_{we}}$	$\frac{t_{ke} - t_{ka}}{t_{wa} - y_{\max}}$	$\frac{t_{ke} - y_{\min}}{t_{wa} - t_{we}}$	$\frac{y_{\max} - t_{ka}}{t_{wa} - t_{we}}$
7	$x_{\min}$	$W_{\min}\dot{m}_k \frac{c_{pk}\eta_{vk}}{c_{pw}\eta_{vw}}$	$W_{\min}\dot{m}_k \frac{c_{pk}\eta_{vk}}{c_{pw}\eta_{vw}}$	$W_{\min}\dot{m}_k \frac{c_{pk}\eta_{vk}}{c_{pw}\eta_{vw}}$	$W_{\min}\dot{m}_k \frac{c_{pk}\eta_{vk}}{c_{pw}\eta_{vw}}$
8	$x_{\max}$	$W_{\max}\dot{m}_k \frac{c_{pk}\eta_{vk}}{c_{pw}\eta_{vw}}$	$W_{\max}\dot{m}_k \frac{c_{pk}\eta_{vk}}{c_{pw}\eta_{vw}}$	$W_{\max}\dot{m}_k \frac{c_{pk}\eta_{vk}}{c_{pw}\eta_{vw}}$	$W_{\max}\dot{m}_k \frac{c_{pk}\eta_{vk}}{c_{pw}\eta_{vw}}$
9	W	$\frac{x c_{pw}\eta_{vw}}{\dot{m}_k c_{pk}\eta_{vk}}$	$\frac{x c_{pw}\eta_{vw}}{\dot{m}_k c_{pk}\eta_{vk}}$	$\frac{x c_{pw}\eta_{vw}}{\dot{m}_k c_{pk}\eta_{vk}}$	$\frac{x c_{pw}\eta_{vw}}{\dot{m}_k c_{pk}\eta_{vk}}$
10	y	$t_{we} + \frac{t_{ke} - t_{ka}}{W}$	$t_{wa} - \frac{t_{ke} - t_{ka}}{W}$	$t_{ke} - W(t_{wa} - t_{we})$	$t_{ka} + W(t_{wa} - t_{we})$
11	P	$\frac{t_{ke} - t_{ka}}{y - t_{ka}}$	$\frac{t_{ke} - t_{ka}}{t_{wa} - t_{ka}}$	$\frac{t_{ke} - y}{t_{wa} - y}$	$\frac{y - t_{ka}}{t_{wa} - t_{ka}}$

Der in φ_E enthaltene Wärmedurchgangskoeffizient kann als Konstante vorgegeben oder als Variable aus (BB — k) ermittelt werden. Im letzteren Falle wird eine genauere Berechnung gewährleistet.

Bei geglückter Vorgabe von x wird die Bedingung

$$\varepsilon_\varphi \leqq \varepsilon_{\varphi er}$$

erfüllt, wobei

$$\varepsilon_\varphi = \frac{|\varphi_E^{gr} - \varphi_E|}{\varphi_E} \tag{6.163}$$

ist, und die Ermittlung der Unbekannten ist damit abgeschlossen.

Im gegenteiligen Fall wird x (Block 17) präzisiert und die Berechnung wird bis zum Erreichen der geforderten Genauigkeit wiederholt. Dazu kann jedes beliebige Iterationsverfahren genommen werden, z. B. die Halbwertsteilungsmethode. Die Formeln zur Berechnung der Größen in den Blöcken 1—11 wurden den entsprechenden Zeilen (Zeile 3—Zeile 11) der Tab. 6.6 entnommen. In dieser Tabelle sind die notwendigen Informationen für jede der acht betrachteten Betriebsdatenberechnungen enthalten.

nach (TB-SB)

TB 60	TB 61	TB 62	TB 63
$\dot{m}_k$	$\dot{m}_k$	$\dot{m}_k$	$\dot{m}_k$
t_{wa}	t_{we}	t_{ka}	t_{ke}
$\gtreqqless t_{we}$	$\gtreqqless t_{ka}$	$< t_{ke}, < t_{we}$	$\lesseqqgtr t_{ka}$
$> t_{ke}, > t_{we}$	$\lesseqqgtr t_{wa}$	$\lesseqqgtr t_{ke}$	$\lesseqqgtr t_{wa}$
$\frac{t_{ke} - t_{ka}}{y_{\max} - t_{we}}$	$\frac{t_{ke} - t_{ka}}{t_{wa} - y_{\min}}$	$\frac{t_{ke} - y_{\max}}{t_{wa} - t_{we}}$	$\frac{y_{\min} - t_{ka}}{t_{wa} - t_{we}}$
$\frac{t_{ke} - t_{ka}}{y_{\min} - t_{we}}$	$\frac{t_{ke} - t_{ka}}{t_{wa} - y_{\max}}$	$\frac{t_{ke} - y_{\min}}{t_{wa} - t_{we}}$	$\frac{y_{\max} - t_{ka}}{t_{wa} - t_{we}}$
$\frac{\dot{m}_w}{W_{\max}} \frac{c_{pw}\eta_{vw}}{c_{pk}\eta_{vk}}$	$\frac{\dot{m}_w}{W_{\max}} \frac{c_{pw}\eta_{vw}}{c_{pk}\eta_{vk}}$	$\frac{\dot{m}_w}{W_{\max}} \frac{c_{pw}\eta_{vw}}{c_{pk}\eta_{vk}}$	$\frac{\dot{m}_w}{W_{\max}} \frac{c_{pw}\eta_{vw}}{c_{pk}\eta_{vk}}$
$\frac{\dot{m}_w}{W_{\min}} \frac{c_{pw}\eta_{vw}}{c_{pk}\eta_{vk}}$	$\frac{\dot{m}_w}{W_{\min}} \frac{c_{pw}\eta_{vw}}{c_{pk}\eta_{vk}}$	$\frac{\dot{m}_w}{W_{\min}} \frac{c_{pw}\eta_{vw}}{c_{pk}\eta_{vk}}$	$\frac{\dot{m}_w}{W_{\min}} \frac{c_{pw}\eta_{vw}}{c_{pk}\eta_{vk}}$
$\frac{\dot{m}_w c_{pw}\eta_{vw}}{x c_{pk}\eta_{vk}}$	$\frac{\dot{m}_w c_{pw}\eta_{vw}}{x c_{pk}\eta_{vk}}$	$\frac{\dot{m}_w c_{pw}\eta_{vw}}{x c_{pk}\eta_{vk}}$	$\frac{\dot{m}_w c_{pw}\eta_{vw}}{x c_{pk}\eta_{vk}}$
$t_{we} + \frac{t_{ke} - t_{ka}}{W}$	$t_{wa} - \frac{t_{ke} - t_{ka}}{W}$	$t_{ke} - W(t_{wa} - t_{we})$	$t_{we} + W(t_{wa} - t_{we})$
$\frac{t_{ke} - t_{ka}}{y - t_{ka}}$	$\frac{t_{ke} - t_{ka}}{t_{wa} - t_{ka}}$	$\frac{t_{ke} - y}{t_{wa} - y}$	$\frac{y - t_{ka}}{t_{wa} - t_{ka}}$

In Tab. 6.6 sind folgende Beziehungen eingeführt worden:

$$W_{\min} = \frac{t_{ke} - t_{ka}}{y_{\max} - t_{we}} \tag{6.164}$$

$$W_{\min} = \frac{t_{ke} - t_{ka}}{t_{wa} - y_{\min}} \tag{6.165}$$

$$W_{\min} = \frac{t_{ke} - y_{\max}}{t_{wa} - t_{we}} \tag{6.166}$$

$$W_{\min} = \frac{y_{\min} - t_{ka}}{t_{wa} - t_{we}} \tag{6.167}$$

$$W_{\max} = \frac{t_{ke} - t_{ka}}{y_{\min} - t_{we}} \tag{6.168}$$

$$W_{\max} = \frac{t_{ke} - t_{ka}}{t_{wa} - y_{\max}} \tag{6.169}$$

$$W_{\max} = \frac{t_{ke} - y_{\min}}{t_{wa} - t_{we}} \tag{6.170}$$

$$W_{\max} = \frac{y_{\max} - t_{ka}}{t_{wa} - t_{we}} \tag{6.171}$$

$$x_{\min} = W_{\min} \dot{m}_k \frac{c_{pk} \eta_{vk}}{c_{pw} \eta_{vw}} \tag{6.172}$$

$$x_{\min} = \frac{\dot{m}_w}{W_{\max}} \frac{c_{pw} \eta_{vw}}{c_{pk} \eta_{vk}} \tag{6.173}$$

$$x_{\max} = W_{\max} \dot{m}_k \frac{c_{pk} \eta_{vk}}{c_{pw} \eta_{vw}} \tag{6.174}$$

$$x_{\max} = \frac{\dot{m}_w}{W_{\min}} \frac{c_{pw} \eta_{vw}}{c_{pk} \eta_{vk}} \tag{6.175}$$

$$W = \frac{x c_{pw} \eta_{vw}}{\dot{m}_k c_{pk} \eta_{vk}} \tag{6.176}$$

$$W = \frac{\dot{m}_w c_{pw} \eta_{vw}}{x c_{pk} \eta_{vk}} \tag{6.177}$$

$$y = t_{we} + \frac{t_{ke} - t_{ka}}{W} \tag{6.178}$$

$$y = t_{wa} - \frac{t_{ke} - t_{ka}}{W} \tag{6.179}$$

$$y = t_{ke} - W(t_{wa} - t_{we}) \tag{6.180}$$

$$y = t_{ka} + W(t_{wa} - t_{we}) \tag{6.181}$$

Aufgabe TB 66

Unbekannt sind m_w, m_k. Falls der Wärmedurchgangskoeffizient k nur in geringem Maße von m_w, m_k abhängig ist, kann $k = \text{const}$ angenommen werden. In diesem Fall ist die Berechnung nicht iterativ. Das Schema für diese Berechnung ist in Abb. 6.10 dargestellt. Die in dieser Berechnung verwendete Wärmeübertragungseinheitenzahl

$$S = \frac{1}{Z} \ln \frac{2 + \varphi_E[Z - (W + 1)]}{2 - \varphi_E[Z + (W + 1)]} \tag{6.182}$$

wurde aus (6.117) erhalten.

Für $k = k(\dot{m}_w, \dot{m}_k \neq \text{const})$, werden $\dot{m}_w$, $\dot{m}_k$ iterativ berechnet. Das Schema einer solchen Berechnung ist in Abb. 6.11 dargestellt.

Die wirklichen Rechenfehler bei der Berechnung von $\dot{m}_w$, $\dot{m}_k$ sind

$$\varepsilon_{\dot{m}w} = \frac{|\dot{m}_w - \dot{m}_w^{gr}|}{\dot{m}_w} \tag{6.183}$$

$$\varepsilon_{\dot{m}k} = \frac{|\dot{m}_k - \dot{m}_k^{gr}|}{\dot{m}_k} \tag{6.184}$$

Durch Iterationen wird $\varepsilon_{\dot{m}w}, \varepsilon_{\dot{m}k} \leqq \varepsilon_{\dot{m}er}$ erreicht.

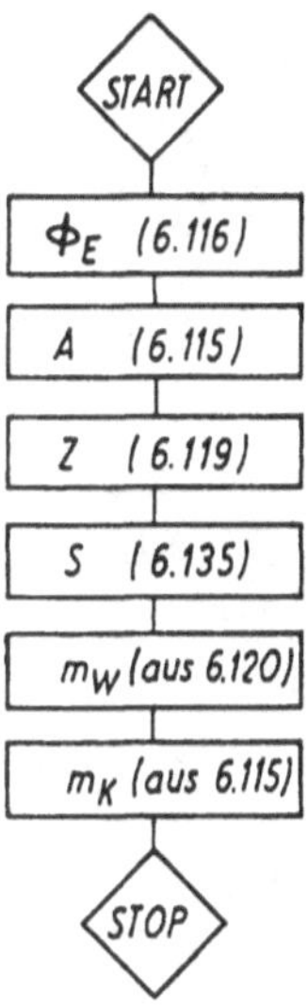

Abb. 6.10 Schema zur Berechnung von $\dot{m}_w$, $\dot{m}_k$ (Symbol: BB — $\dot{m}_w$, $\dot{m}_k$)

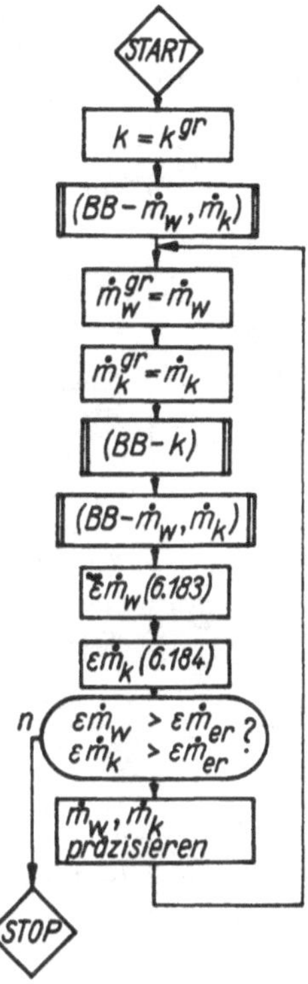

Abb. 6.11 Schema zur präzisierten Berechnung von $\dot{m}_w$, $\dot{m}_k$ (Symbol: BB — $\dot{m}_w$, $\dot{m}_k$, PR)

6.7.2. Wärmeverlusteberechnung

Aufgaben TB 31 bis TB 34, TB 39 bis TB 42

In jeder dieser acht Aufgaben sind einer der Wärmeverlustkoeffizienten x (η_{vw} oder η_{vk}) und eine der Temperaturen y (t_{wa} oder t_{we} oder t_{ka} oder t_{ke}) unbekannt.

Das Schema zur Berechnung dieser Unbekannten (s. Abb. 6.9) stimmt mit dem für die Aufgaben TB 57 bis TB 63 überein. Die Spezifik der Berechnung wird mit Tab. 6.7 berücksichtigt.

In Tab. 6.7 sind folgende Beziehungen eingeführt worden

$$x_{\min} = W_{\min}\eta_{vk}\,\frac{\dot{m}_k c_{pk}}{\dot{m}_w c_{pw}} \tag{6.185}$$

$$x_{\min} = \frac{\eta_{vw}\dot{m}_w c_{pw}}{W_{\max}\dot{m}_k c_{pk}} \tag{6.186}$$

Tabelle 6.7: Bedingungen und Gleichungen zur Lösung von 8 Aufgaben der Wärmeverlustberechnung

Nr.	Größe	Symbole der Aufgaben der thermischen Berechnung			
		TB 31	TB 32	TB 33	TB 34
1	x	η_{vw}	η_{vw}	η_{vw}	η_{vw}
2	y	t_{wa}	t_{we}	t_{ka}	t_{ke}
3	$y_{\min}$	$\gtreqless t_{we}$	$\gtreqless t_{ka}$	$< t_{ke}, < t_{we}$	$\gtreqless t_{ka}$
4	$y_{\max}$	$> t_{ke}, > t_{we}$	$\lesseqgtr t_{wa}$.	$\lesseqgtr t_{ke}$	$\lesseqgtr t_{wa}$
5	$W_{\min}$	$\dfrac{t_{ke} - t_{ka}}{y_{\max} - t_{we}}$	$\dfrac{t_{ke} - t_{ka}}{t_{wa} - y_{\min}}$	$\dfrac{t_{ke} - y_{\max}}{t_{wa} - t_{we}}$	$\dfrac{y_{\min} - t_{ke}}{t_{wa} - t_{we}}$
6	$W_{\max}$	$\dfrac{t_{ke} - t_{ka}}{y_{\min} - t_{we}}$	$\dfrac{t_{ke} - t_{ka}}{t_{wa} - y_{\max}}$	$\dfrac{t_{ke} - y_{\min}}{t_{wa} - t_{we}}$	$\dfrac{y_{\max} - t_{ke}}{t_{wa} - t_{we}}$
7	$x_{\min}$	$W_{\min}\eta_{vk} \dfrac{\dot m_k c_{pk}}{\dot m_w c_{pw}}$	$W_{\min}\eta_{vk} \dfrac{\dot m_k c_{pk}}{\dot m_w c_{pw}}$	$W_{\min}\eta_{vk} \dfrac{\dot m_k c_{pk}}{\dot m_w c_{pw}}$	$W_{\min}\eta_{vk} \dfrac{\dot m_k c_{pk}}{\dot m_w c_{pw}}$
8	$x_{\max}$	$W_{\max}\eta_{vk} \dfrac{\dot m_k c_{pk}}{\dot m_w c_{pw}}$	$W_{\max}\eta_{vk} \dfrac{\dot m_k c_{pk}}{\dot m_w c_{pw}}$	$W_{\max}\eta_{vk} \dfrac{\dot m_k c_{pk}}{\dot m_w c_{pw}}$	$W_{\max}\eta_{vk} \dfrac{\dot m_k c_{pk}}{\dot m_w c_{pw}}$
9	W	$\dfrac{\dot m_w c_{pw} x}{\dot m_k c_{pk} \eta_{vk}}$	$\dfrac{\dot m_w c_{pw} x}{\dot m_k c_{pk} \eta_{vk}}$	$\dfrac{\dot m_w c_{pw} x}{\dot m_k c_{pk} \eta_{vk}}$	$\dfrac{\dot m_w c_{pw} x}{\dot m_k c_{pk} \eta_{vk}}$
10	y	$t_{we} + \dfrac{t_{ke} - t_{ka}}{W}$	$t_{wa} - \dfrac{t_{ke} - t_{ka}}{W}$	$t_{ke} - W(t_{wa} - t_{we})$	$t_{ka} + W(t_{wa} - t_{we})$
11	P	$\dfrac{t_{ke} - t_{ka}}{y - t_{ka}}$	$\dfrac{t_{ke} - t_{ka}}{t_{wa} - t_{ka}}$	$\dfrac{t_{ke} - y}{t_{wa} - y}$	$\dfrac{y - t_{ka}}{t_{wa} - t_{ka}}$

$$x_{\max} = W_{\max}\eta_{vk} \frac{\dot m_k c_{pk}}{\dot m_w c_{pw}} \tag{6.187}$$

$$x_{\max} = \frac{\eta_{vw} \dot m_w c_{pw}}{W_{\min} \dot m_k c_{pk}} \tag{6.188}$$

$$W = \frac{\dot m_w c_{pw} x}{m_k c_{pk} \eta_{vk}} \tag{6.189}$$

$$W = \frac{m_w c_{pw} \eta_{vw}}{m_k c_{pk} x} \tag{6.190}$$

Aufgaben TB 36 bis TB 38, TB 43

Das Schema zur Lösung dieser Aufgaben ist in Abb. 6.12 dargestellt. Dabei ist k unveränderlich (bzw. nur wenig von den gesuchten Größen abhängig).

Bei $k \neq$ const ist das Schema analog dem in Abb. 6.11 dargestellten, wenn (BB – m_w, m_k) durch (BB – WVB) (Abb. 6.12) ersetzt wird und m_w, m_k durch die gesuchten Größen.

nach (BB-TB)

TB 39	TB 40	TB 41	TB 42
η_{vk}	η_{vk}	η_{vk}	η_{vk}
t_{wa}	t_{we}	t_{ka}	t_{ke}
$\gtrless t_{we}$	$\gtrless t_{ka}$	$< t_{ke}, < t_{we}$	$\gtrless t_{ka}$
$> t_{ke}, > t_{we}$	$\lessgtr t_{wa}$	$\lessgtr t_{ke}$	$\lessgtr t_{wa}$
$\dfrac{t_{ke} - t_{ka}}{y_{max} - t_{we}}$	$\dfrac{t_{ke} - t_{ka}}{t_{wa} - y_{min}}$	$\dfrac{t_{ke} - y_{max}}{t_{wa} - t_{we}}$	$\dfrac{y_{min} - t_{ka}}{t_{wa} - t_{we}}$
$\dfrac{t_{ke} - t_{ka}}{y_{min} - t_{we}}$	$\dfrac{t_{ke} - t_{ka}}{t_{wa} - y_{max}}$	$\dfrac{t_{ke} - y_{min}}{t_{wa} - t_{we}}$	$\dfrac{y_{max} - t_{ka}}{t_{wa} - t_{we}}$
$\dfrac{\eta_{vw}\dot{m}_w c_{pw}}{W_{max}\dot{m}_k c_{pk}}$	$\dfrac{\eta_{vw}\dot{m}_w c_{pw}}{W_{max}\dot{m}_k c_{pk}}$	$\dfrac{\eta_{vw}\dot{m}_w c_{pw}}{W_{max}\dot{m}_k c_{pk}}$	$\dfrac{\eta_{vw}\dot{m}_w c_{pw}}{W_{max}\dot{m}_k c_{pk}}$
$\dfrac{\eta_{vw}\dot{m}_w c_{pw}}{W_{min}\dot{m}_k c_{pk}}$	$\dfrac{\eta_{vw}\dot{m}_w c_{pw}}{W_{min}\dot{m}_k c_{pk}}$	$\dfrac{\eta_{vw}\dot{m}_w c_{pw}}{W_{min}\dot{m}_k c_{pk}}$	$\dfrac{\eta_{vw}\dot{m}_w c_{pw}}{W_{min}\dot{m}_k c_{pk}}$
$\dfrac{\dot{m}_w c_{pw}\eta_{vw}}{\dot{m}_k c_{pk} x}$	$\dfrac{\dot{m}_w c_{pw}\eta_{vw}}{\dot{m}_k c_{pk} x}$	$\dfrac{\dot{m}_w c_{pw}\eta_{vw}}{\dot{m}_k c_{pk} x}$	$\dfrac{\dot{m}_w c_{pw}\eta_{vw}}{\dot{m}_k c_{pk} x}$
$t_{we} + \dfrac{t_{ke} - t_{ka}}{W}$	$t_{wa} - \dfrac{t_{ke} - t_{ka}}{W}$	$t_{ke} - W(t_{wa} - t_{we})$	$t_{ka} + W(t_{wa} - t_{we})$
$\dfrac{t_{ke} - t_{ka}}{y - t_{ka}}$	$\dfrac{t_{ke} - t_{ka}}{t_{wa} - t_{ka}}$	$\dfrac{t_{ke} - y}{t_{wa} - y}$	$\dfrac{y - t_{ka}}{t_{wa} - t_{ka}}$

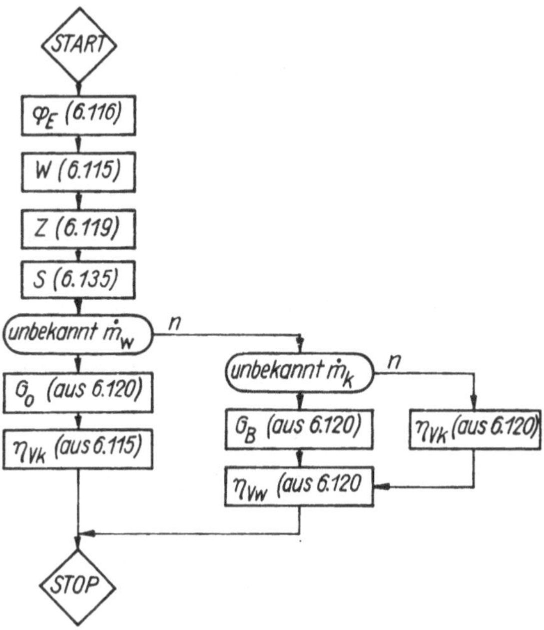

Abb. 6.12 Schema zur Lösung der Aufgaben der Wärmeverlustberechnung (Symbol: BB – WVB)

6.7.3. *Apparateauswahl*

Aufgaben vom Typ TB 12 bis TB 19

In jeder dieser acht Aufgaben sind eine der Größen t_{wa}, t_{we}, t_{ka}, t_{ke}, $\dot{m}_w$, $\dot{m}_k$, η_{vk}, η_{vw} und der *TuA* des Apparates (s. Abschn. 4.1.) gesucht.

Die Berechnung der Unbekannten ist in drei Etappen gegliedert:

1. Ermittlung der ersten Unbekannten nach (6.115),
2. Berechnung von φ_E (6.116), W (6.115), Z (6.119), S (6.182) und des erforderlichen Wärmedurchgangskoeffizienten

$$k = \dot{m}_w c_{pw} \eta_{vw} \frac{S}{F} \tag{6.191}$$

3. Auswahl von solchen *TuA* des Apparates, die das erforderliche k (6.191) gewährleisten.

Aufgaben des Typs TB 22 bis TB 29

Im Unterschied zu den vorhergehenden Aufgaben ist hier die Bauart *BAU* anstelle von *TuA* die zweite Unbekannte (s. Abschn. 4.1.). Bezogen auf ein Apparateelement stimmt der Begriff *BAU* mit dem Begriff Elementestromführung überein, die ihrerseits, wie weiter oben dargestellt, durch den Gegenstromkoeffizienten p charakterisiert wird. Die Berechnung untergliedert sich in folgende Etappen:

1. Ermittlung der ersten Unbekannten nach (6.115),
2. Berechnung von φ_E (6.116), W (6.115), S (6.120), Z iterativ aus (6.117), p aus (6.119),
3. Auswahl einer Stromführung, die den ermittelten Gegenstromkoeffizienten p gewährleistet.

6.7.4. *Universalrechenschemata*

Die in Abb. 6.9 bis 6.12 dargestellten Rechenschemata haben noch folgende Unzulänglichkeiten:

1. jedes ist nur zur Lösung eines begrenzten Umfangs thermischer Berechnungen geeignet,
2. ein Teil dieser Schemata (z. B. (BB — 16 ATB) in Abb. 6.9) ist auf die manuelle Berechnung orientiert.

Die in den Abschn. 6.7.1. bis 6.7.3. gegebenen Informationen reichen jedoch völlig zur Schaffung von Zwischenlösungen und von verallgemeinerten Universalrechenschemata aus. In Abb. 6.13 ist als Beispiel das Universalrechenschema zur Lösung von 16 thermischen Berechnungsaufgaben dargestellt, das sowohl auf die maschinelle wie auch auf die manuelle Berechnung orientiert ist. Die dazu verwendeten Gln. (6.164) bis (6.181), (6.185) bis (6.190) sind in Tab. 6.6 und 6.7 enthalten.

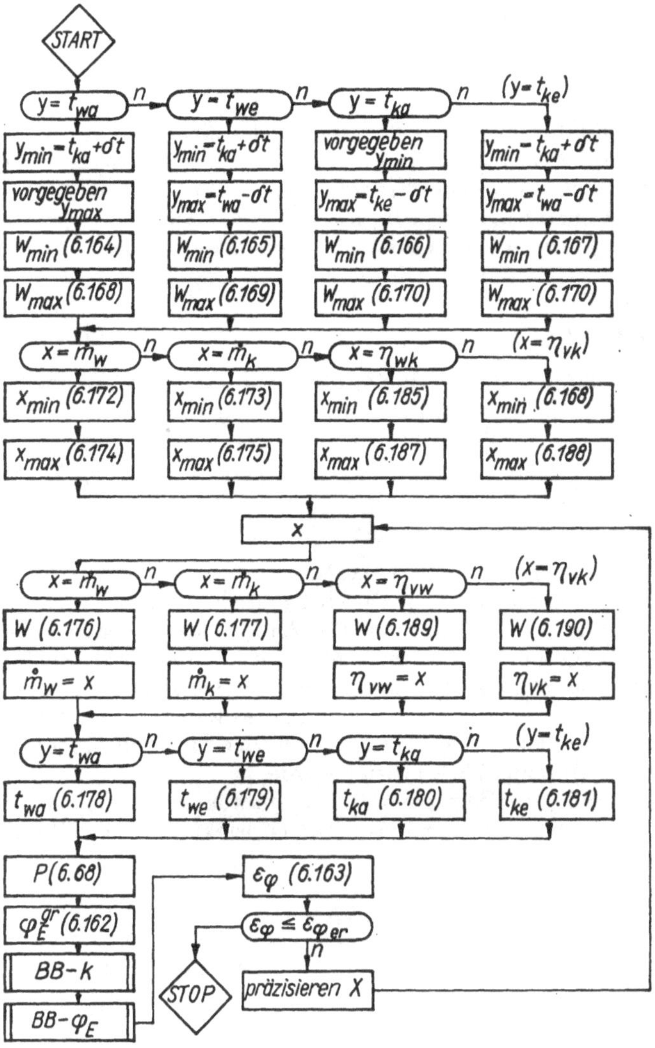

Abb. 6.13 Universalschema zur Lösung von 16 Aufgaben der thermischen Berechnung (Symbol BB — 16TB)

6.8. Der Gegenstromkoeffizient eines Elementes

6.8.1. Der Gegenstromkoeffizient als Kennziffer für die Güte der Wärmeübertragung in Stromführungen

Der Gegenstromkoeffizient p ist das einzige Charakteristikum, das eindeutig das Wärmeübertragungsschema (bzw. die Stromführung) im Element bestimmt. Der Gegenstromkoeffizient ist außerdem eine indirekte Kennziffer für die Güte der Wärmeübertragung von Stromführungen.

In Abschn. 6.4.4. wurde schon aufgezeigt, daß

$$p \in [0, 1] \tag{6.125}$$

st, dabei ist für Gegenstrom $p = 1$ und für Gleichstrom $p = 0$.

Für alle anderen Stromführungen ist $0 < p < 1$. Je näher p zu 1 ist, um so effektiver ist die Wärmeübertragung im Element. Eine noch aussagefähigere Kennziffer für die Güte der Wärmeübertragung ist die Effektivitätsfunktion der Stromführung im Element $\varphi_E = f(p, W, S)$, s. Abschn. 6.9.

Nach [158] ist der Gegenstromkoeffizient eines Apparates

$$p = \frac{(kA)_{ge}}{kA} = \frac{(kA)_{ge}}{(kA)_{ge} + (kA)_{gl}} \tag{6.192}$$

Für komplizierte Stromführungen, z. B. für die Schaltung von Gegenstrom- und Gleichstromelementen in Reihe, wird in [158] empfohlen

$$p = \frac{1}{kA} \sum_{i=1}^{n} p_i (kA)_i \tag{6.193}$$

zu setzen.

In (6.192) und (6.193) ist A die Wärmeübertragungsfläche; die Indices *ge* und *gl* kennzeichnen die Gegenstrom- und Gleichstromteile des Elementes.

Unsere eignen Untersuchungen, wie auch die Analyse der Angaben verschiedener Autoren zeigen, daß der Ausdruck (6.192) für p nur für Elemente mit gemischtem Strom und geradzahliger Gangzahl ausreichend genau ist. Der Ausdruck (6.193) ist sehr grob und kann nicht zur Anwendung empfohlen werden. Außerdem ist $p = f(W, P)$ für die Mehrzahl der Stromführungen in Elementen, wie schon in Abschn. 6.8.4. gezeigt wurde.

Nachstehend sind Tabellen der von einer Reihe Autoren erhaltenen Werte für p aufgeführt, die Aufgabe zu ihrer Präzisierung (Korrektur, Überprüfung) formuliert und deren Ergebnisse dargestellt.

6.8.2. *Literaturangaben über die Gegenstromkoeffizienten*

Von uns wurden die in [98, 155, 156] u. a. Quellen enthaltenen Angaben über p verglichen.

Die Resultate der Analyse wurden in Tab. 6.8 zusammengefaßt. Der größeren Vollständigkeit halber sind in der Tabelle nicht nur die Gegenstromkoeffizienten für Elemente (Schaltbilder 1 bis 6, 11 bis 13, 19, 20), sondern auch die für Elementekomplexe (übrige Schaltbilder) aufgeführt.

6.8.3. *Überprüfung und Korrektur der Gegenstromkoeffizienten*

In Tab. 6.8 sind die Werte von p für 22 Stromführungen (elementare und komplexe) enthalten. Zur Gewährleistung der Genauigkeit der Wärmeübertragungsberechnung ist ihre Überprüfung und in einigen Fällen ihre Korrektur

Tabelle 6.8: Werte des Gegenstromkoeffizienten p für Elemente und Elementekomplexe (Literaturangaben)

Nr. des Schemas	Bezeichnung der Ströme	Schaltbilder	p
1	2	3	4
1	Gleichstrom	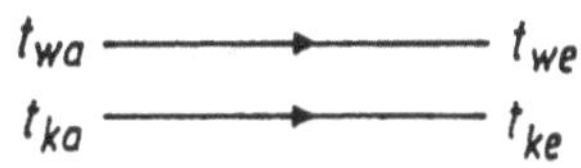	0
2	Gegenstrom	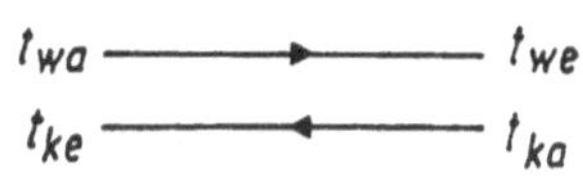	I
3	symmetrisches U-förmiges Element; ein Gang im Gleichstrom; der andere im Gegenstrom $(kF)_{ge} = (kF)_{gl}$	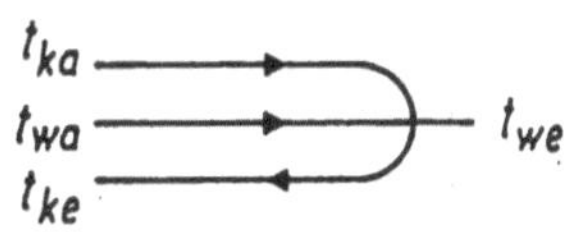	0,50
4	unsymmetrisches U-förmiges Element $(kF)_{ge} = (kF)_{gl}$	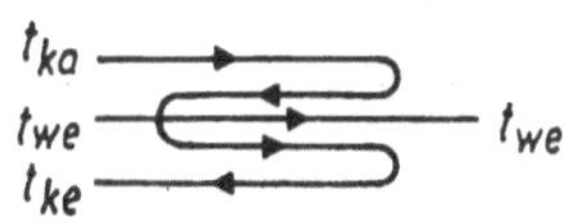	$\frac{(kF)_g}{kF}$
5	gemischter Strom, ein Gang im Gehäuse, zwei Gänge in den Rohren	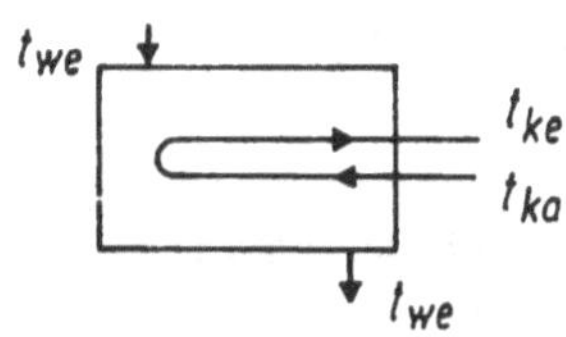	0,50
6	gemischter Strom, ein Gang im Gehäuse und vier Gänge in den Rohren	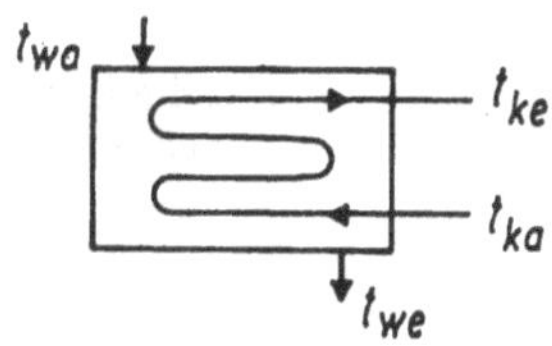	0,45
7	gemischter Strom, eingeteilter Gang im Gehäuse und vier Gänge in den Rohren	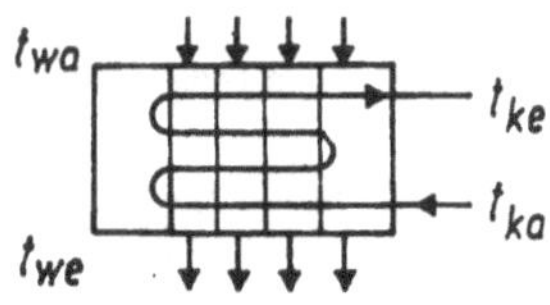	0,60
8	gemischter Strom, zwei Gänge im Gehäuse und vier Gänge in den Rohren	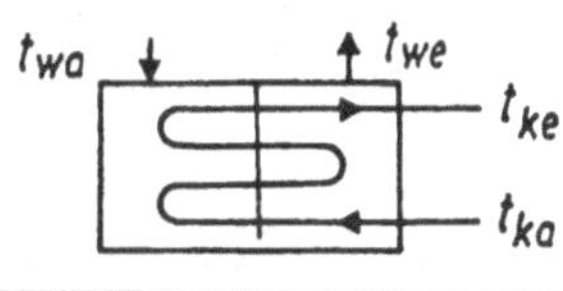	0,90

Tabelle 6.8 (Fortsetzung)

1	2	3	4
9	gemischter Strom, 4 Gänge im Gehäuse, 2 in den Rohren	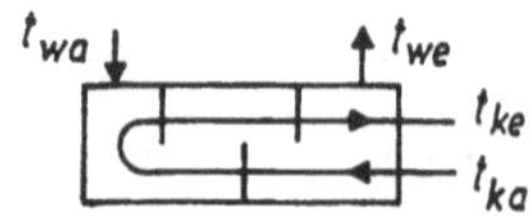	0,49
10	gemischter Strom, 4 Gänge im Gehäuse, 8 Gänge in den Rohren	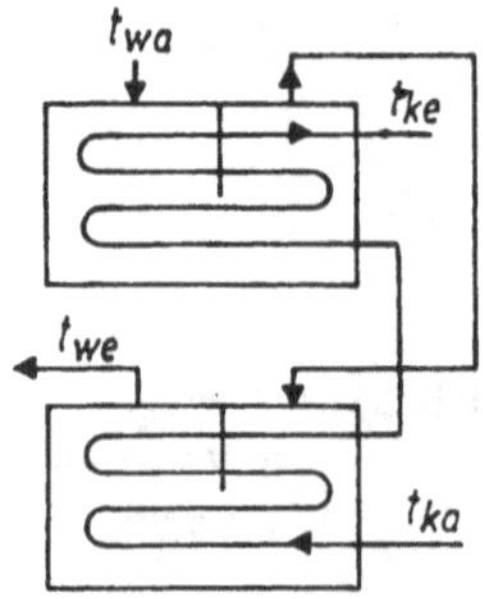	0,98
11	parallel-gemischter Strom mit 2 Gleichstromgängen	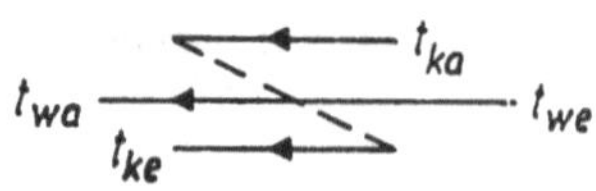	0,18
12	parallel-gemischter Strom mit 2 Gegenstromgängen	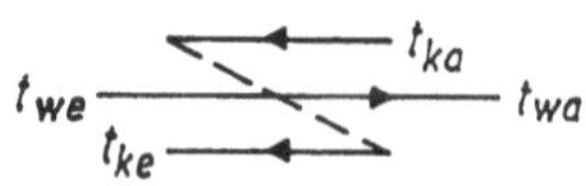	0,70
13	Kreuzstrom mit Durchmischung beider Fluide, einfach		0,56
14	Kreuzstrom mit Durchmischung beider Fluide, zweifach, insgesamt Gegenstrom	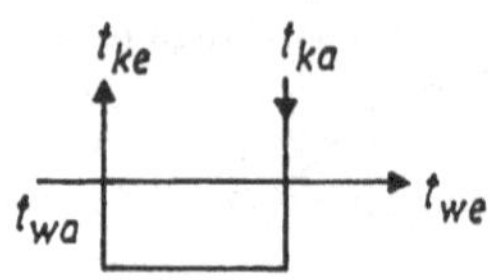	0,88
15	Kreuzstrom mit Durchmischung beider Fluide, dreifach, insgesamt Gegenstrom	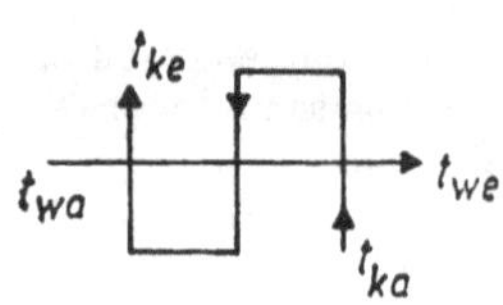	0,95
16	Kreuzstrom mit Durchmischung beider Fluide, vierfach, insgesamt Gegenstrom	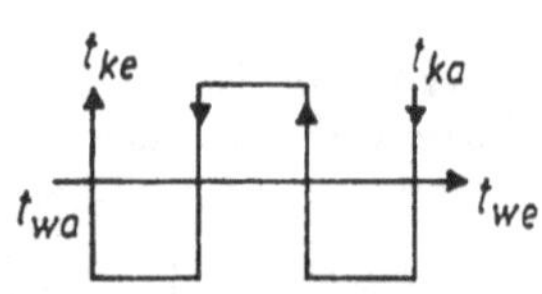	0,98

Tabelle 6.8 (Fortsetzung)

1	2	3	4
17	Kreuzstrom mit Durchmischung beider Fluide, fünf- und mehrfach, insgesamt Gegenstrom	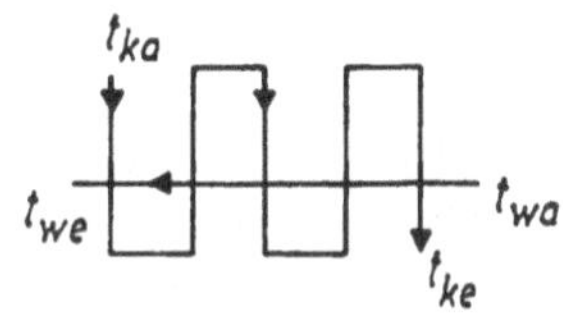	1,00
18	Kreuzstrom mit Durchmischung beider Fluide, fünf- und mehrfach, insgesamt Gleichstrom	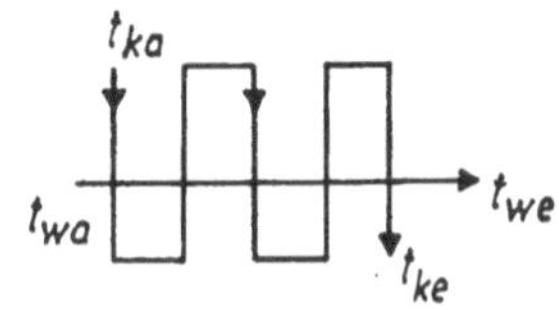	0
19	Kreuzstrom mit Verzweigung des einen Fluids in einzelne Teilströme, einfach	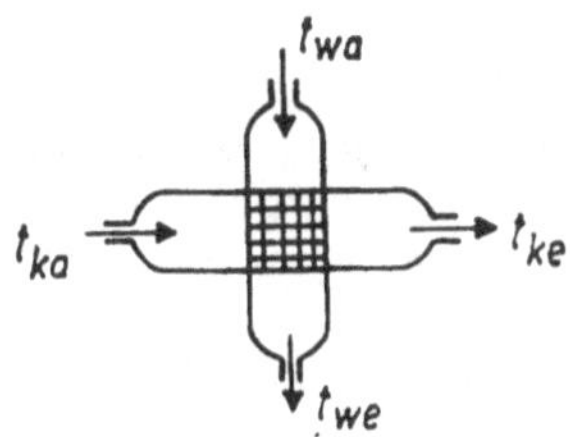	0,57
20	Kreuzstrom mit Verzweigung beider Fluide in einzelne Teilströme, einfach	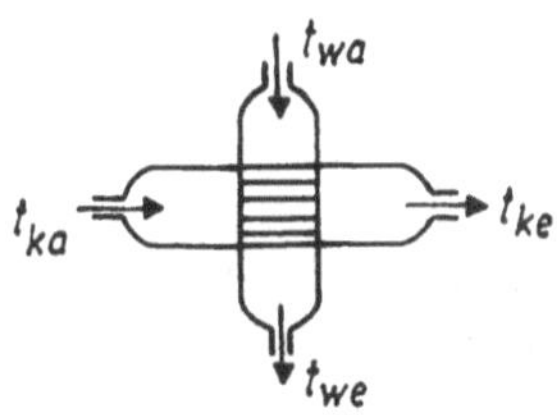	0,76
21	Kreuzstrom mit Verzweigung des Fluids in einzelne Teilströme, zweifach, insgesamt Gegenstrom	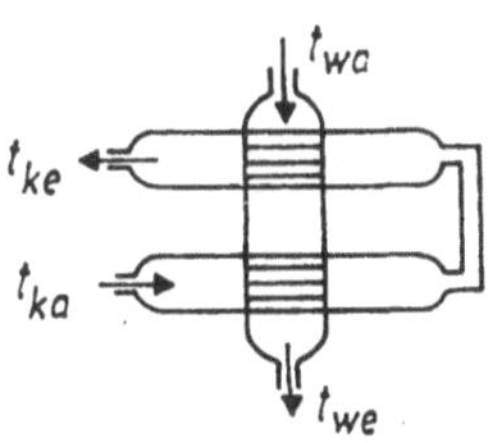	0,90
22	Kreuzstrom mit Verzweigung des einen Fluids in einzelne Teilströme, zweifach, insgesamt Gleichstrom	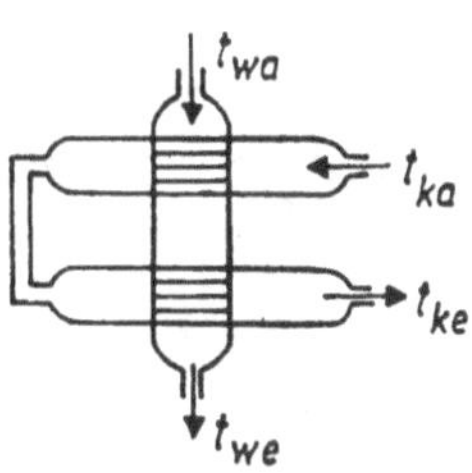	0,14

erforderlich. Außerdem ist es notwendig, neue Werte des Gegenstromkoeffizienten für andere Stromführungen zu erhalten. Diese Aufgaben können auf zweierlei Wegen gelöst werden:

1. durch die Berechnung von p auf der Grundlage der Kurven des Korrekturfaktors $\varepsilon_{\Delta t}$ zur mittleren logarithmischen Triebkraft,
2. durch die Berechnung von p auf der Grundlage der vorhandenen analytischen Lösungen.

Im weiteren werden die Rechenschemata für diese beiden Berechnungsarten und einige Resultate aufgeführt. Dabei wird berücksichtigt, daß $p = f(P, W)$ ist.

6.8.4. Schema zur Berechnung des Gegenstromkoeffizienten mit Hilfe der Korrekturfaktorenkurven

Gegeben: die Tabelle oder die Graphik $\varepsilon_{\Delta t}(P, R)$.

Berechnungsziel:

1. Ermittlung von $p_{\min}$, des kleinstmöglichen Wertes des Gegenstromkoeffizienten für die vorliegende Stromführung,
2. Ermittlung von $p_{\max}$, des größtmöglichen Wertes des Gegenstromkoeffizienten,
3. Ermittlung von $\overline{p}$, des Mittelwertes des Gegenstromkoeffizienten,
4. Ermittlung des kleinsten relativen Fehlers bei der Mittelung des Gegenstromkoeffizienten

$$\varepsilon_{p\min} = \frac{p_{\min} - \overline{p}}{\overline{p}}, \tag{6.194}$$

5. Ermittlung des größten relativen Fehlers bei der Mittelung des Gegenstromkoeffizienten

$$\varepsilon_{p\max} = \frac{p_{\max} - \overline{p}}{\overline{p}}, \tag{6.195}$$

6. Ermittlung von $\bar{\varepsilon}_p$, des mittleren relativen Fehlers bei der Mittelung des Gegenstromkoeffizienten,
7. Ermittlung von $\bar{\varepsilon}_{\varepsilon\Delta t\min}$, des mittleren relativen Fehlers der Berechnung bei gemitteltem Gegenstromindex $\overline{p}$.

Nach [58] sind gesucht:

$$\overline{p} = \frac{\int\limits_{P_{\min}}^{P_{\max}} \int\limits_{R_{\min}}^{R_{\max}} p(P, R)\, dR dP}{(P_{\max} - P_{\min})\,(R_{\max} - R_{\min})}, \tag{6.196}$$

$$\bar{\varepsilon}_p = \frac{\int\limits_{P_{\min}}^{P_{\max}} \int\limits_{R_{\min}}^{R_{\max}} \varepsilon_p(P, R)\, dR dP}{(P_{\max} - P_{\min})\,(R_{\max} - R_{\min})} \tag{6.197}$$

Bei tabellarischer Vorgabe von $p(P, R)$ und dementsprechend $\varepsilon_p(P, R)$ können die Ausdrücke (6.196), (6.197) durch

$$\bar{p} = \frac{\sum p(P_i R_i)\, \overline{\Delta R_i}\, \overline{\Delta P_i}}{(P_{\max} - P_{\min})\,(R_{\max} - R_{\min})} \tag{6.198}$$

$$\bar{\varepsilon}_p = \frac{\sum \varepsilon_p(P_i R_i)\, \overline{\Delta R_i}\, \overline{\Delta P_i}}{(P_{\max} - P_{\min})\,(R_{\max} - P_{\min})} \tag{6.199}$$

ersetzt werden, wobei

$$\overline{\Delta R_i} = \frac{R_{i+1} - R_{i-1}}{2}, \tag{6.200}$$

$$\overline{\Delta P_i} = \frac{P_{i+1} - P_{i-1}}{2} \tag{6.201}$$

sind.

Die gesuchten Größen werden in zwei Etappen ermittelt:

1. zuerst werden $p_{\min}$, $p_{\max}$, $\varepsilon_{p\min}$, $\varepsilon_{p\max}$, Orientierungswerte für $\bar{p}$ (6.198) und $\bar{\varepsilon}_p$ (6.199) berechnet. Diese Rechenetappe ist zur Bereichseingrenzung für die genauere Ermittlung von $\bar{p}$ notwendig sowie auch zur Untersuchung, inwieweit p von P und R abhängig ist,
2. die Werte für $\bar{p}$ und $\bar{\varepsilon}_p$ werden korrigiert, zum Schluß wird ein $\bar{p}$ gefunden, bei dem

$$\bar{\varepsilon}_{\varepsilon \Delta t} = \left[\frac{\sum \dfrac{|\varepsilon_{\Delta t}^{tab}(P_i R_i) - \varepsilon_{\Delta t}^{ber}(P_i R_i)|}{\varepsilon_{\Delta t}^{tab}(P_i R_i)}\, \overline{\Delta P_i}\overline{\Delta R_i}}{(P_{\max} - P_{\min})\,(R_{\max} - R_{\min})} \right]_{\min} \tag{6.202}$$

ist, wobei $\varepsilon_{\Delta t}^{tab}(P_i, R_i)$ der Wert von $\varepsilon_{\Delta t}$ aus der Tabelle für $\varepsilon_{\Delta t}(P, R)$ ist, und $\varepsilon_{\Delta t}^{ber}(P_i, R_i)$ der Wert von $\varepsilon_{\Delta t}$ ist, der mit einer Gleichung vom Typ (6.141) für einen gewissen Wert von p berechnet wurde.

Für die Berechnung von p gibt es folgende Begrenzung:

$$\left[\frac{\varepsilon_{\Delta t}^{tab}(P_i, R_i) - \varepsilon_{\Delta t}^{ber}(P_i, R_i)}{\varepsilon_{\Delta t}^{tab}(P_i, R_i)} \right]_{\max} \leqq \varepsilon_{\varepsilon \Delta t er} \tag{6.203}$$

Betrachten wir die Realisierung jeder dieser Berechnungsetappen genauer:

1. Etappe

Wie aus der Analyse von (6.194) bis (6.203) ersichtlich, ist die Ermittlung von p bei beliebigen P, R, $\varepsilon_{\Delta t}$ die Grundlage für die Berechnung der gesuchten Größen.

Es wäre logisch, zur Suche von p die Gl. (6.141) zu benutzen, um sie zuerst nach Z (6.119) aufzulösen und dann nach p. Jedoch ist (6.141) nur für Elementarstromführungen zutreffend, während die meisten Informationen über die Abhängigkeit $\varepsilon_{\Delta p}(P, R)$ für Elementekomplexe vorliegen. Deshalb überspringen wir vorerst einige Ausführungen und verwenden schon die Resultate der folgenden Ableitungen und nutzen zur Berechnung von p die folgende Universalgleichung, die sowohl für Elemente wie auch für Elementekomplexe geeignet ist

$$\varepsilon_{\Delta t} = \frac{Z}{Z_v} \frac{n_{4v}}{n_4} \frac{U_v}{U} \frac{f_{uv}}{f_u} \frac{\ln \dfrac{B_v^{\frac{1}{f_u}} + n_{5v}}{B_v^{\frac{1}{f_u}} + n_{5v} + 1}}{\ln \dfrac{B_v^{\frac{1}{f_u}} + n_5}{B^{\frac{1}{f_u}} n_5 + 1}}, \tag{6.204}$$

mit

$$Z_v = \sqrt{(N_v + 1)^2 - 4pW_v}, \tag{6.205}$$

$$n_{4v} = \begin{cases} -1 \text{ bei } P_v = 0 \\ 1 \text{ bei } P_v > 0, \end{cases} \tag{6.206}$$

$$n_{5v} = \left[\frac{(n_{3v}W_v + 1) + Z_v}{(n_{3v}W_v + 1) - Z_v}\right]^{n_{4v}}, \tag{6.207}$$

$$n_{3v} = (-1)^{M_{Gv}} \tag{6.208}$$

$$B_v = \left\{(1 + n_{3v}W_v^{n_{1v}}) \left[1 - P\left(\frac{U_v}{A_v}\right)^{n_{2v}}\right]^{\frac{n_{3v}}{U_v}} - n_{3v}W_v^{n_{1v}}\right\}^{n_3 n_2} \tag{6.209}$$

$$n_{1v} = (-1)^{M_{Vwv}}, \tag{6.210}$$

$$n_{2v} = 1 - M_{Vwv}, \tag{6.211}$$

$$W_v = W_k U_v^{n1v} = \frac{U_v^{n1v}}{R} \tag{6.212}$$

Der Index v in (6.204) bis (6.212) zeigt, daß sich die damit versehenen Größen auf eine Vergleichs-Eich-Strömung (gewöhnlich Gegenstrom) beziehen, im Verhältnis zu der $\varepsilon_{\Delta t}$ der untersuchten Stromführung ermittelt wird.

Bei einer Vergleichsstromführung ist

U_v — Anzahl der parallelen Reihen,
f_{nv} — Anzahl der Apparateelemente in der Reihe,
M_{Vwv} — Fluidstromverzweigungsmerkmal für das wärmeabgebende Medium (0 — in Reihe geschaltet, 1 — Verzweigung)
M_{Gv} — Gegenstrommerkmal in einer Reihe der Vergleichsstromführung

Die Größen Z, n_4, n_5, n_3, B, n_1, n_2, W werden für die untersuchte Stromführung mit den Gln. (6.205) bis (6.212) berechnet, wobei aus ihnen der Index v entfernt wird.

In (6.204) wird Z durch das gesuchte p ausgedrückt, aber von Z ist nur n_5 abhängig.

Nach Einsetzen von n_5 (in Form von (6.207)) und Umformungen ist

$$\frac{B^{\frac{1}{fu}} + n_5}{B^{\frac{1}{fu}} n_5 + 1} = \left(\frac{n_{22} - Z}{n_{22} + Z}\right)^{n_4} \tag{6.213}$$

mit

$$n_{22} = (n_3 W + 1) \frac{B^{\frac{1}{fu}} + 1}{B^{\frac{1}{fu}} - 1}.$$

In diesem Falle kann $\varepsilon_{\Delta t}$ kompakter dargestellt werden,

$$\varepsilon_{\Delta t} = \frac{n_{21} Z}{\ln \left(\frac{n_{22} - Z}{n_{22} + Z}\right)^{n_4}} \tag{6.214}$$

wobei

$$n_{21} = \frac{1}{Z_v} \frac{n_{4v}}{n_4} \frac{U_v}{U} \frac{f_{uv}}{f_u} \ln \frac{B_v^{\frac{1}{fu}} + n_{5v}}{B^{\frac{1}{fu}} n_{5v} + 1} \tag{6.215}$$

ist.

Aus (6.214) erhält man:

$$\ln \left(\frac{n_{22} - Z}{n_{22} + Z}\right) = n_{23} Z \tag{6.216}$$

$$n_{23} = \frac{n_{21}}{\varepsilon_{\Delta t} n_4}.$$

Nach Einsetzen von n_{21} (6.215) ist

$$n_{23} = \frac{n_{4v}}{\varepsilon_{\Delta t} Z_v} \frac{U_v}{U} \frac{f_{uv}}{f_u} \ln \frac{B_v^{\frac{1}{fu}} + n_{5v}}{B^{\frac{1}{fu}} n_{5v} + 1}. \tag{6.217}$$

In der Formel für n_{23} wurde n_4^2 im Nenner weggelassen (stets gleich 1). Schließlich ergibt sich aus (6.216)

$$(n_{22} + Z) \exp (n_{23} Z) + Z - n_{22} = 0 \tag{6.218}$$

Aus dieser Gleichung findet man das gesuchte Z. Da es eine transzendente Gleichung ist, wird Z iterativ ermittelt.

In Abb. 6.14 wird das Schema der ersten Berechnungsetappe (Symbol *BB — BMGK*) dargestellt, in Abb. 6.15 wird ein Rechenschema für die

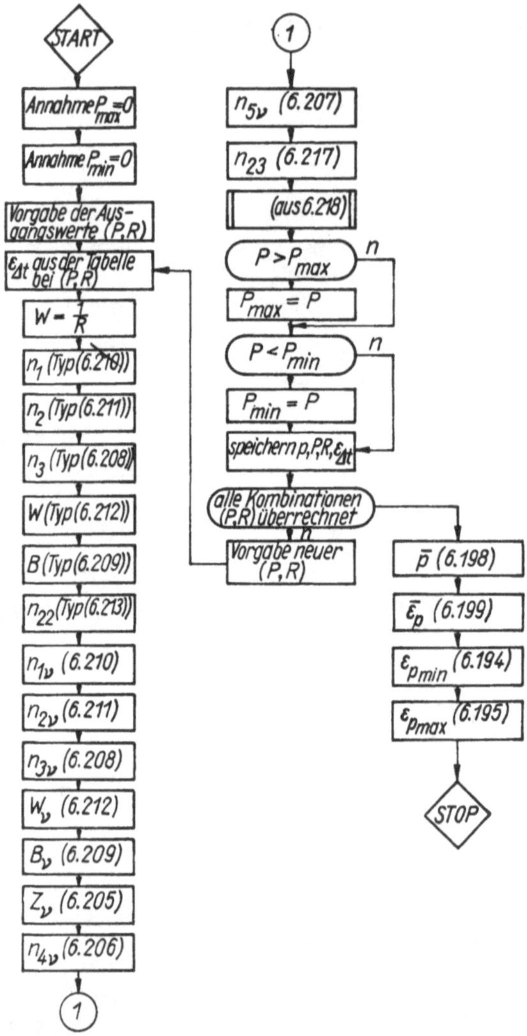

Abb. 6.14 Schema zur Berechnung und Mittelung der Gegenstromkoeffizienten (Symbol: BB — BMGK)

terative Ermittlung von p (nach der Halbwertsteilungsmethode) mit vorgegebenen maximal möglichem absoluten Rechenfehler Δ_{pEer} bei fixierten $\varepsilon_{\Delta t}$, P, R empfohlen.

2. Etappe

Nach der Durchführung der ersten Berechnungsetappe sind $p_{\min}$, $p_{\max}$ bekannt. In der zweiten Etappe ist ein $p \in [p_{\min}, p_{\max}]$ gesucht, das die Bedingung (6.202) erfüllt.

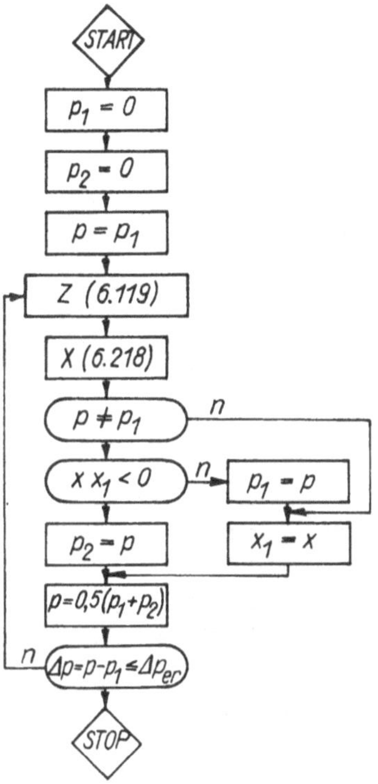

Abb. 6.15 Schema zur iterativen Berechnung des Gegenstromkoeffizienten mit der Methode der Halbwertsteilung (Symbol: BB – HT)

Das Rechenschema dafür ist in Abb. 6.16 dargestellt. Das Schema schließt vier Zyklen ein.

Im ersten Zyklus (Blöcke 4—5) wird eine solche Schrittfolge Δp (eine der Reihen 0,1; 0,01; 0,001 usw.) für die Berechnung des Gegenstromkoeffizienten p festgelegt, bei der die Anzahl der p (Block 47) im Intervall $p_{\min} - p_{\max}$ sinnvoll ist. In den Blöcken 6—7 werden diese Grenzwerte auf ein ganzes Vielfaches des Schrittmaßes Δp gerundet, dabei $p_{\min}$ nach unten und $p_{\max}$ nach oben.

Im zweiten Zyklus (Blöcke 11—40) wird eine Veränderung von (P, R) von der Ausgangsvariante (Block 9) bis zur letzten bei vorgegebenen p (Blöcke 8 oder 47) vorgenommen

In den Blöcken 13—29 werden die für die Berechnung von $\varepsilon_{\Delta t}$ (Block 30) benötigten Größen festgelegt. In den Blöcken 32—35 werden Größen berechnet, die weiterhin (Block 41) zur Ermittlung des mittleren relativen Fehlers $\varepsilon_{\varepsilon\Delta t}$ bei vorgegebenem p benötigt werden. In den Blöcken 37—39 wird der kleinste Wert von $\varepsilon_{\varepsilon\Delta t}$ bei allen Zusammenstellungsvarianten von $(P,\ R)$ $\varepsilon_{\varepsilon\Delta t\min}$ ermittelt.

Im dritten Zyklus (Blöcke 9—47) erfolgt die Berechnung von $p \in [p_{\min}, p_{\max}]$ mit dem Schrittmaß Δp. In den Blöcken 41—45 wird der Mittelwert $\overline{p}$ ausgewählt, der $\varepsilon_{\varepsilon\Delta t\min}$, dem kleinsten $\varepsilon_{\varepsilon\Delta t}$ für alle Werte von p, die sich mit dem Schrittmaß Δp verändern, entspricht.

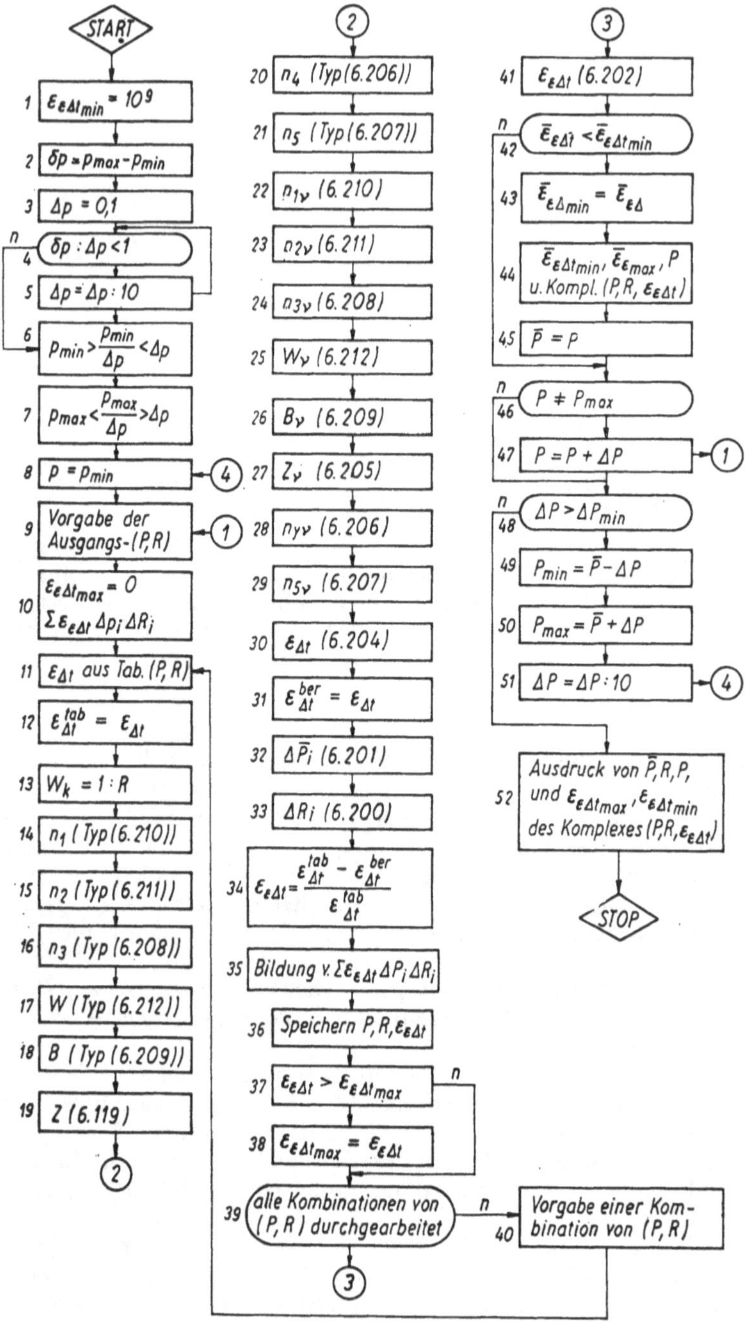

Abb. 6.16 Schema zur Berechnung des Mittelwertes des Gegenstromkoeffizienten (Symbol: BB — $\overline{p}$)

Im vierten Zyklus (Block 8—51) erfolgt die Verringerung des Schrittmaßes Δp (Block 51), die Verengung der Grenzen $p_{\min}$, $p_{\max}$ (Block 49—51) und die Wiederholung aller aufgezählten Prozeduren zwecks Ermittlung von $\bar{p}$ mit einer Genauigkeit bis $\Delta p_{\min}$ (Block 48).

Die Berechnung im ganzen ist nicht iterativ und leicht mit dem Rechner durchzuführen.

Kommentar

1. Die Größen $p_{\min}$, $p_{\max}$, $\bar{p}$, $\varepsilon_{p\min}$, $\varepsilon_{p\max}$, $\varepsilon_{\varepsilon\Delta t}$ u. a. können ausschließlich mit BB — $\bar{p}$, unter Umgehung der Berechnungsetappe 1., ermittelt werden (Abb. 6.16).
2. In diesem Fall sind $p_{\min}$, $p_{\max}$ (die in der 1. Berechnungsetappe hätten ermittelt werden sollen) anfangs unbekannt, deshalb werden sie grob vorgegeben, z. B. so:

   $p_{\min} \gtrapprox 0, \quad p_{\max} \lessapprox 1.$

   Falls zu Anfang der Berechnungen schon zusätzliche Informationen vorliegen, können engere Grenzen für $\bar{p}$ vorgegeben werden.
3. Durch keine Att der Grenzwertvorgabe für $\bar{p}$ wird die Berechnungsdurchführung im ganzen erschwert.
4. Damit zusammenhängend entfällt die Notwendigkeit zur Programmierung der Rechenschemata in Abb. 6.14 und Abb. 6.15 und zur Durchführung aufwendiger iterativer Berechnungen.
5. Mit Berechnung nach (BB — $\bar{p}$) kann indirekt anhand der Größe von $\varepsilon_{\varepsilon\Delta t\min}$ auf die gesuchten Grenzwerte $p_{\min}$ und $p_{\max}$ geschlossen werden.

Da im Prozeß der Berechnung von $\bar{p}$ eine Vielzahl verschiedener Werte für $p \in [p_{\min}, p_{\max})$ berechnet wird, können die Größen $p_{\min}$, $p_{\max}$ durch die Analyse der Berechnung gefunden werden, falls die Bedingung zutrifft, daß $\varepsilon_{\varepsilon\Delta t}$ (P, R, p) für die Grenzfälle von (P, R) bekannt ist.

6.8.5. Schema zur Berechnung des Gegenstromkoeffizienten auf der Grundlage analytischer Lösungen

Gegeben: die Beziehung $\varepsilon_{\Delta t}(P, R)$.
Berechnungsziel: entsprechend Abschn. 6.8.4.
Rechenfolge: wie in Abschn. 6.8.4. (s. Abb. 6.14—6.16).

Spezifik der Berechnungsdurchführung:

1. Variante: mit $\varepsilon_{\Delta t}$ (P, R) wird eine Tabelle berechnet. Weiter wie in Abschn. 6.8.4. Zu dieser Variante werden die Durchführungsprogramme der vorigen Aufgabe ohne Änderung verwendet.

2. Variante: in (BB — BMGK) Block 4 (Abb. 6.14) und (BB — $\bar{p}$) Block 11 (Abb. 6.16) wird die Entnahme von $\varepsilon_{\Delta t}$ aus den Tabellen durch die Berechnung nach Formeln ersetzt. In diesem Fall ist die Änderung der vorhandenen Programme für jede neue Stromführung im Element notwendig.

Die erste Variante ist universeller und deshalb vorzuziehen.

6.8.6. Resultate der Überprüfung und Korrektur der Gegenstromkoeffizienten

In Tab. 6.9 sind die Resultate der in [99—101] durchgeführten Überprüfung und Korrektur der Gegenstromkoeffizienten für Elementarstromführungen enthalten. Die Daten für die Stromführungen Nr. 1—4 wurden analytisch erhalten, für die restlichen aus (BB — BMGK) (Abb. 6.14) und (BB — $\overline{p}$) (Abb. 6.16).

In den Spalten, 3, 8, 9 sind die von uns gewonnenen Mittelwerte $\overline{p}$, p und der aus der vorhandenen Literatur entnommene relative Fehler der Literaturangaben

$$\varepsilon_p = \frac{\overline{p}_E - p_E}{\overline{p}_E}$$

enthalten.

Außerdem sind in der Tabelle das mittlere $\bar{\varepsilon}_{\varepsilon\Delta t}$ (Spalte 4), der lokale Höchstwert des relativen Berechnungsfehlers der mittleren Triebkraft auf Grund der Mittlung des Gegenstromkoeffizienten $\varepsilon_{\varepsilon\Delta t\max}$ (Spalte 7), sowie die lokalen Gegenstromkoeffizientengrenzwerte $p_{\min}$, $p_{\max}$ (Spalten 6, 5) für jede Elementenstromführung enthalten.

Die in Tab. 6.9 aufgeführten Werte des Gegenstromkoeffizienten für Elemente mit gemischtem Strom (Schaltbilder 3 bis 16) hängen vom Ungleichmäßigkeitsgrad B (6.145) ab, der schon in Abschn. 6.5.2. beschrieben wurde.

Wie aus der Tabelle ersichtlich, wurden die der Literatur entnommenen Daten nur für 4 Stromführungen (Schaltbilder 1 bis 3, 20) bestätigt. Für acht Stromführungen (Schaltbilder 5, 6, 7, 17 bis 22) wurden die Werte aus der Literatur um 4—12% präzisiert. Für 10 Stromführungen (also 45% aller in der Tabelle aufgeführten Stromführungen) wurden erstmalig p-Werte erhalten.

6.8.7. Abhängigkeit des Gegenstromkoeffizienten von der Gangzahl bei Mischstromführungen

In Abb. 6.17 ist die Abhängigkeit $\overline{p}$ von der Gangzahl und von B für alle in Tab. 6.9 enthaltenen Mischstromelemente dargestellt.

Aus der Analyse dieser Abhängigkeiten ergeben sich folgende Schlußfolgerungen:

1. Die Stromführungen mit ungerader Gangzahl (3, 5, 7 usw.) haben dieselbe Güte wie die mit gerader Gangzahl, (2, 4, 6 usw.). Analog zu den letzteren gewährleisten sie auch eine stufenweise Erhöhung der Durchflußgeschwindigkeit zur Intensivierung der Wärmeübertragung. Die Kopplungsmöglichkeiten sind analog denen für Gegenstrom- und Gleichstromapparate. Jedoch übertragen Stromführungen mit ungerader Ganganzahl bei $B > 1$ die Wärme effektiver. Außerdem haben sie einen genügend großen Existenzbereich von $\overline{p} \in [0{,}56;\ 0{,}44)$ bei $B \gtrless 1$ im Vergleich mit $\overline{p} \approx 0{,}50$ für Stromführungen mit gerader Ganganzahl, was zusätzliche Möglichkeiten

Tabelle 6.9: Resultate der Überprüfung und Korrektur des Gegenstromkoeffizienten für elementare Stromführungen

Nr.	Stromführung	$\bar{p}$	$\bar{\varepsilon}_{\varepsilon\Delta t}$ (%)	$p_{\min}$	$p_{\max}$	$\varepsilon_{\varepsilon\Delta t\max}$ (%)	p (aus Literatur)	ε_p (%)
1	2	3	4	5	6	7	8	9
1	Gleichstrom 	0	0	0	0	0	0	0
2	Gegenstrom 	1	0	1	1	0	1	0
3	gemischter Strom, 2 Gänge $B = 1$ 	0,500	0	0,500	0,500	0	0,500	0
4	dasselbe, $B \neq 1$	$\frac{B}{B+1}$	0	$\frac{B}{B+1}$	$\frac{B}{B+1}$	0	keine	keine
5	gemischter Strom, 4 Gänge $B = 1$ 	0,497	0,028	0,490	0,500	0,282	0,45	9,5
6	gemischter Strom, 6 Gänge $B = 1$ 	0,496	0,016	0,488	0,500	0,164	0,44	11,3
7	gemischter Strom, gerade unendliche Ganganzahl $B = 1$	0,496	0,034	0,488	0,500	0,155	0,44	11,3
8	gemischter Strom, 3 Gänge $B = 2$ 	0,558	0,040	0,555	0,575	0,537	keine	keine
9	gemischter Strom, 5 Gänge $B = 1{,}5$ 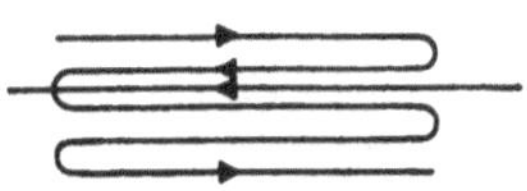	0,518	0,027	0,512	0,525	0,359	keine	keine
10	gemischter Strom, 7 Gänge $B = 1{,}33$ 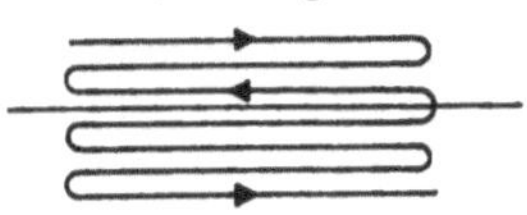	0,506	0,029	0,500	0,510	0,402	keine	keine

Tabelle 6.9: (Fortsetzung)

Nr.	Stromführung	$\bar{p}$	$\bar{\varepsilon}_{\varepsilon \Delta t}$ (%)	$p_{\min}$	$p_{\max}$	$\varepsilon_{\varepsilon \Delta t \max}$ (%)	p (aus Literatur)	ε_p (%)
1	2	3	4	5	6	7	8	9
11	gemischter Strom, 9 Gänge $B = 1{,}25$	0,502	0,024	0,495	0,507	0,301	keine	keine
12	gemischter Strom, ungerade unendliche Ganganzahl, $B = 1$	0,496	0,061	0,492	0,502	0,730	keine	keine
13	gemischter Strom, 3 Gänge $B = 0{,}5$ 	0,434	0,088	0,367	0,444	0,798	keine	keine
14	gemischter Strom, 5 Gänge $B = 0{,}67$ 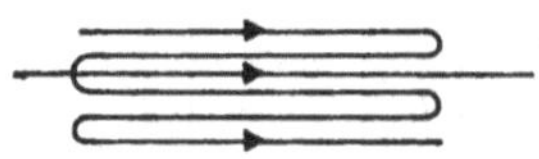	0,472	0,055	0,402	0,480	0,324	keine	keine
15	gemischter Strom, 7 Gänge, $B = 0{,}75$	0,484	0,137	0,446	0,490	0,443	keine	keine
16	gemischter Strom, ungerade unendliche Ganganzahl, $B > 1$	0,496	0,275	0,489	0,500	0,734	keine	keine
17	gleichgerichteter Strom mit Rückführung, 2 gegenläufige Gänge 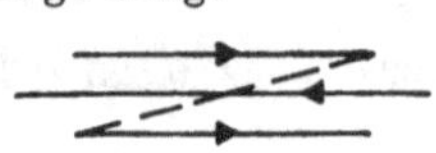						0,70	
18	gleichgerichteter Strom mit Rückführung, 2 gleichläufige Gänge 						0,18	

Tabelle 6.9: (Fortsetzung)

Nr.	Stromführung	$\bar{p}$	$\bar{\varepsilon}_{\varepsilon\Delta t}$ (%)	$p_{\min}$	$p_{\max}$	$\varepsilon_{\varepsilon\Delta t\max}$ (%)	p (aus Literatur)	ε_p (%)
1	2	3	4	5	6	7	8	9
19	einfacher Kreuzstrom mit Durchmischung beider Fluide 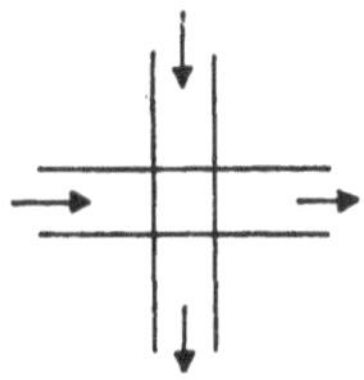	0,496	0,012	0,491	0,500	0,133	0,56	−12,2
20	einfacher Kreuzstrom mit Verzweigung des einen Fluids in einzelne Teilströme 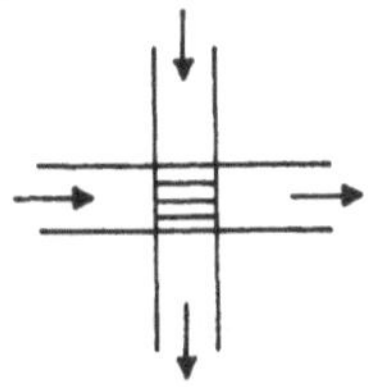	des kalten Fluids 0,570	0,34	0,500	0,640	4,441	0,57	0
21		des warmen Fluids 0,595	0,42	0,513	0,700	3,17	0,57	4
22	einfacher Kreuzstrom mit Verzweigung beider Fluide in einzelne Teilströme 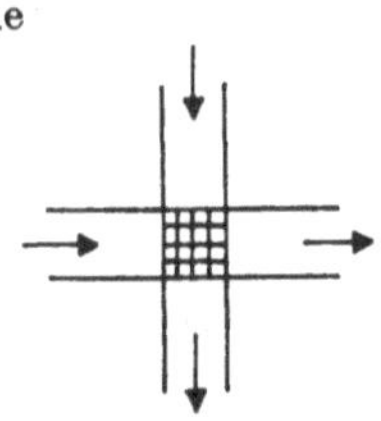						0,76	

In allen Elementen mit gemischtem Strom (3 bis 16) ist der Ungleichmäßigkeitsgrad $B = \frac{A_{ge}k_{ge}}{A_{gl}k_{gl}}$, wobei sich die Indices *ge* und *gl* auf die gegen- bzw. gleichströmigen Parallelzweige beziehen.

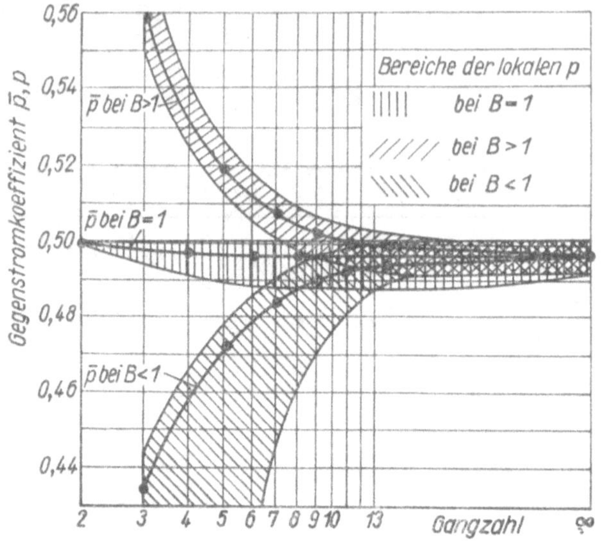

Abb. 6.17 Mittlere $\bar{p}$ und lokale p Werte der Gegenstromkoeffizienten in Elementen mit gemischtem Strom

1 — Gegenstromkoeffizient $\bar{p}$, p
2 — Gangzahl
3 — Bereiche der lokalen p

zur Regulierung und Projektierung von Apparaten durch Wenden in den Stromführungen bietet.

Deshalb wird die vorrangige Verwendung von Mischstromführungen ungerader Gangzahl und in erster Linie die Erarbeitung von Standards für 3-, 5- und möglicherweise 7gängige Apparate empfohlen.

2. Mit der Vergrößerung der Gangzahl nähern sich die Effektivitäten der Stromführungen mit gerader und ungerader Gangzahl einander an und stimmen bei einer genügend großen Gangzahl ($>$ 7) überein.
3. Bei einer unendlichen Gangzahl stimmen die Gegenstromkoeffizienten beider Systeme überein und entsprechen dem Gegenstromkoeffizienten bei einfachem Kreuzstrom mit Durchmischung beider Fluide.

6.9. Effektivität von Stromführungen in Elementen

6.9.1. Die Effektivität als Kennziffer für die Wärmeübertragungsgüte von Stromführungen

Wie aus [55], S. 259—260 hervorgeht, werden Angaben über die Effektivität bei Gegenstrom, Gleichstrom und Kreuzstrom schon länger als ein halbes Jahrhundert zur Berechnung der Fluidtemperaturen verwendet.

Die frühesten Angaben sind in den Arbeiten von Nusselt von 1911 [55], 1930 [56] und Gröber 1921 [57] enthalten. Kirpitschew u. a. [36] gaben in

Tabellen Angaben

$$\psi_{ge}\left(\frac{\dot{W}_1}{\dot{W}_2}, \frac{kA}{W_1}\right), \quad \psi_{gl}\left(\frac{\dot{W}_1}{\dot{W}_2}, \frac{kA}{W_1}\right)$$

über die Effektivität von Gegen- und Gleichstromführungen bei

$$\frac{\dot{W}_1}{\dot{W}_2} \in [0, \infty], \frac{kA}{W_1} \in \left[\frac{1}{30}, \infty\right].$$

Später wurden diese Daten in der Mehrzahl der Lehrbücher und Abhandlungen über die Wärmeübertragung wiederholt verwendet [18, 29, 97] u. a. 1934 führte COOK [58] die Bezeichnung

$$S = \frac{kA}{\dot{W}_{\min}}$$

ein und erklärte diese Größe als dimensionslosen Komplex, der die Ähnlichkeitszustände der Temperaturverhältnisse beim Betrieb des Wärmeübertragers charakterisiert.

CASE und LONDON [76] nannten die Größe S „Anzahl der Wärmeübertragungseinheiten" und bezeichneten sie als NTU. Von ihnen, und später von PETROWSKI, FASTOWSKI [102], SIGMUND [28] wurden die vollständigsten Angaben über die Effektivität einiger Elementarstromführungen und Komplexe gemacht: für die Stromführungen 1, 2, 19, 20 (entsprechend der Numerierung in Tab. 6.8), für die Mischstromführungen 2—4, 3—6, 4—8 in [76] und [102] und für 1—6, 8—9, 12—22 in [28]. Dem Umfang der umfaßten Stromführungen nach ist die Arbeit SIGMUNDS [28] die erschöpfendste.

In den Arbeiten [76, 102] wird der Begriff „Effektivität" mit Hilfe folgender Gleichung (in unserer Nomenklatur) erklärt

$$\dot{Q} = \dot{W}_{\min}(t_{wa} - t_{ka})\,\varepsilon, \tag{6.219}$$

$\dot{W}_{\min}$ — das kleinere der Wasseräquivalente der Medien ist ($\dot{W}_w = \dot{m}_w c_{pw} \eta_{vw}$ oder $\dot{W}_k = \dot{m}_k c_{pk} \eta_{vk}$),

ε — Effektivität oder der Wirkungsgrad des Wärmeübertragers.

Das Produkt in (6.219)

$$\dot{W}_{\min}(t_{wa} - t_{ka}) = \dot{Q}_{gr} \tag{6.220}$$

ist der theoretisch maximale Wärmestrom, der im Wärmeübertrager von einem Fluid auf das andere bei Erreichung einer Null-Temperaturdifferenz zwischen den Strömen, also von Anfang/Ende des Wärmeübertragers bei unendlicher Wärmeübertragungsfläche übertragen werden könnte [102] S. 16).

Somit berücksichtigt ε die realen Bedingungen der Wärmeübertragung bei einer endlichen Fluidtemperaturdifferenz, und deshalb ist immer

$$\varepsilon \in (0, 1).$$

Aus (6.219) „ergibt sich der physikalische Sinn von ε als einer Größe, die dem Verhältnis zwischen dem faktisch übertragenen und theoretisch maximalen Wärmestrom, die der vollständigen Ausschöpfung der Triebkraft zwischen den Fluiden entspricht, gleich ist" ([102] S. 16).

Daraus folgt

$$\varepsilon = \frac{\dot{Q}}{\dot{Q}_{gr}} = \frac{\dot{W}_w(t_{wa} - t_{we})}{\dot{W}_{\min}(t_{wa} - t_{ka})} = \frac{\dot{W}_k(t_{ke} - t_{ka})}{\dot{W}_{\min}(t_{wa} - t_{ka})} \tag{6.221}$$

In [28, 76, 102] wurden die Angaben über die Effektivität in Form von Gleichungen, Tabellen und Nomogrammen

$$\varepsilon \left(S, \frac{\dot{W}_{\min}}{\dot{W}_{\max}} \right)$$

dargestellt, dabei ist S in [28] als A_i, N_i, in [76] als NTU, in [102] als N bezeichnet worden. Neben ihrem hohen Informationswert haben diese Angaben allerdings wesentliche Unzulänglichkeiten:

1. jede Gleichung (Tabelle, Nomogramm) ist nur individuell für ihre bestimmte Stromführung anwendbar,
2. die vorhandenen Gleichungen (Tabellen Nomogramme) umfassen nicht alle in der Industrie existierenden Stromführungen.

Das erschwert maschinelle Berechnungen der Wärmeübertragung mit Hilfe von ε bedeutend, oft macht es sie unmöglich.

6.9.2. Zusammenhang zwischen ε, φ_E, Δt_m, $\varepsilon_{\Delta t}$

Zusammenhang zwischen ε und φ_E

Zwischen ε (6.221) und der Funktion der thermischen Effektivität φ_E (6.116) existiert folgender Zusammenhang:

1. bei $W \leqq 1$ (mit W nach (6.115)), d. h. bei $\dot{W}_{\min} = \dot{W}_w < \dot{W}_k$) ist

$$\varepsilon = \frac{t_{wa} - t_{we}}{t_{wa} - t_{ka}} = \varphi_E = \frac{P}{W} \tag{6.222}$$

2. bei $W > 1$, d. h. bei $\dot{W}_{\min} = \dot{W}_k < \dot{W}_w$)

$$\varepsilon = \frac{t_{ke} - t_{ka}}{t_{wa} - t_{ka}} = \varphi_E W = P \tag{6.223}$$

Aus den Gleichungen für ε (6.222), (6.223) können folgende Schlußfolgerungen gezogen werden:

Wenn in die Gln. (6.224), (6.225), (6.227), (6.228) ε nach (6.222) bei $W = 1$ oder ε nach (6.223) bei $A > 1$ eingesetzt wird, kann man 8 Gleichungen der Art $\Delta t_m = \Delta t_m(\varepsilon)$, $\varepsilon = \varepsilon(\Delta t_m)$, $\varepsilon_{\Delta t} = \varepsilon_{\Delta t}(\varepsilon)$, $\varepsilon = \varepsilon(\varepsilon_{\Delta t})$ erhalten. Zum Beispiel folgen aus (6.224) zwei Gleichungen

— bei $W \leqq 1$ ist

$$\Delta t_m = \delta t_w \frac{Z}{\ln \dfrac{2 + \varphi_E[Z - (W + 1)]}{2 - \varphi_E[Z + (W - 1)]}}, \tag{6.224}$$

$$\varepsilon_{\Delta t} = \frac{Z}{1 - W} \frac{\ln \dfrac{1 - W\varphi_E}{1 - \varphi_E}}{\ln \dfrac{2 + \varphi_E[Z - (W + 1)]}{2 - \varphi_E[Z + (W + 1)]}} \tag{6.225}$$

$$S = \frac{hA}{\dot{m}_w \cdot C_{pw} \cdot \eta_{vw}} = \frac{\delta t_w}{\Delta t_m}, \tag{6.226}$$

$$\varphi_E = 2 \frac{\exp\left(\dfrac{\delta t_w}{\Delta t_m} Z\right) - 1}{[Z + (W + 1)] \exp\left(\dfrac{\delta t_w}{\Delta t_m} Z\right) + [Z - (W + 1)]}, \tag{6.227}$$

$$\varphi_E = 2 \frac{\exp\left(\dfrac{Z}{\varepsilon \Delta t} \dfrac{\delta t_w}{\Delta t_{mge}}\right) - 1}{[Z + (W + 1)] \exp\left(\dfrac{Z}{\varepsilon \Delta t} \dfrac{\delta t_w}{\Delta t_{mge}}\right) + (Z - (W + 1)]} \tag{6.228}$$

$$\Delta t_m = \delta t_w \frac{Z}{\ln \dfrac{2 + \varepsilon[Z - (W + 1)]}{2 - \varepsilon[Z + (W + 1)]}} \tag{6.229}$$

— bei $A > 1$ ist

$$\Delta t_m = \delta t_w \frac{Z}{\ln \dfrac{2W + \varepsilon[Z - (W + 1)]}{2W - \varepsilon[Z + (W + 1)]}} \tag{6.230}$$

Alle angeführten Gleichungen können zur Ermittlung der Größen durch bekannte andere verwendet werden.

6.9.3. Rechenschema zur Berechnung von φ_E

Wie in Abschn. 6.6 und 6.7. dargestellt, wird φ_E bei der thermischen Berechnung zur Lösung der meisten Aufgaben verwendet. Die Zahlenwerte von φ_E und ε stimmen bei $W > 1$ überein. Außerdem stimmen auch bei $W \leqq 1$ die Zahlenwerte von ε und φ_E überein, wenn in das letztere

$$\dot{W} = \frac{\dot{W}_{\min}}{\dot{W}_{\max}} \quad \text{und} \quad S = \frac{kA}{\dot{W}_{\min}}$$

eingesetzt werden.

Das Rechenschema zur Berechnung von φ_E ist in Abb. 6.18 dargestellt. Es ist einfach und kann sowohl für die maschinelle wie auch für die manuelle Berechnung verwendet werden.

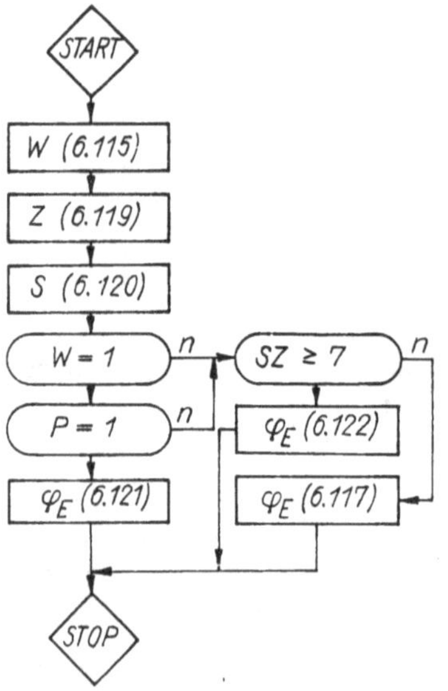

Abb. 6.18 Schema zur Berechnung der thermischen Effektivitätsfunktion für ein Element (Symbol: BB — φ_E)

6.9.4. *Universaltabellen für φ_E*

Mit Hilfe des Rechenschemas (BB — φ_E) wurden 63 fünfstellige Universaltabellen $\varphi_E\left(S,\, R = \frac{1}{W},\, p\right)$ bei:

$S \in [0, 100]$, ingesamt für 30 Werte,
$R \in [0, 1\,000]$, insgesamt für 40 Werte,
$p \in [0, 1]$, insgesamt für 21 Werte, (Rechenschritt $\Delta p = 0{,}05$)

ermittelt.

Die Tabellen enthalten 25200 Angaben über φ_E. Dies sind die genauesten und vollständigsten bekannten Tabellen. Als Illustration ist dem Anhang Tab. A 6.2 beigefügt. In ihr sind Angaben über φ_E für ganze genannte Bandbreite von S, R bei $p = 0{,}5$ enthalten. Die Werte von φ_E bei anderen S und R können durch Interpolation ermittelt werden.

6.9.5. *Universalnomogramme für φ_E*

In Abb. 6.19 bis 6.31 sind die von uns zur Berechnung der Effektivitätsfunktion φ_E und der Effektivität ε für alle bekannten Stromführungen erarbeiteten Universalnomogramme dargestellt. Die Universalität dieser Nomogramme ergibt sich aus der Universalität des o. g. Prozeßmodells der Wärmeübertragung im Element.

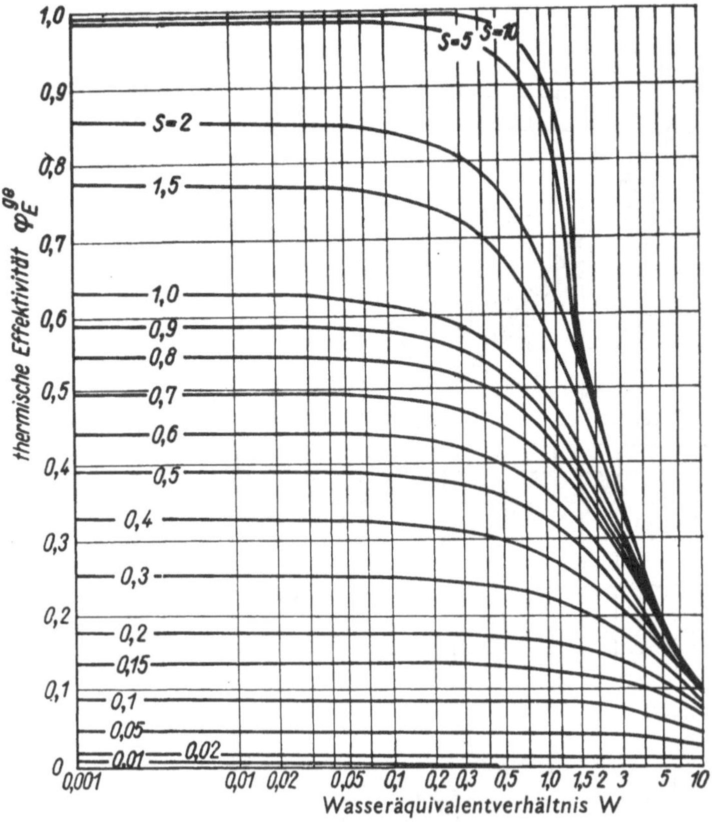

Abb. 6.19 Thermische Effektivität φ_E^{ge} für Gegenstrom ($p = 1$) in Abhängigkeit des Wasseräquivalentverhältnisses W

Die gestrichelten Kurven (für $S = \infty$) in Abb. 6.21 zeigen, daß die Bedingung ($S > 10$) bei $W \approx 1$ nicht eingehalten wird. Konkret stimmen z. B. bei $W = 1{,}0$ und $1{,}1$ die Werte für n bei $S = 10$ und $S = \infty$ nicht überein. Für alle übrigen W ist der Wert von $n\varphi$ für beliebige $S \geqq 10$ (darunter auch für $S = \infty$) gleich.

Reihenfolge der Effektivitätsfunktionsberechnung mit Hilfe der Nomogramme bei vorgegebener Stromführung im Element:

1. W nach (6.115) berechnen,
2. S nach (6.120) berechnen,
3. die thermische Effektivitätsfunktion für Gegenstrom φ_E^{ge} aus Abb. 6.19 für $W \geqq 10$ und aus Abb. 6.20 für $W \leqq 10$ ermitteln,
4. Tab. 6.9 Wert des Gegenstromkoeffizienten $p = \overline{p}$ entsprechend der vorgegebenen Stromführung im Element (oder im Komplex) entnehmen,

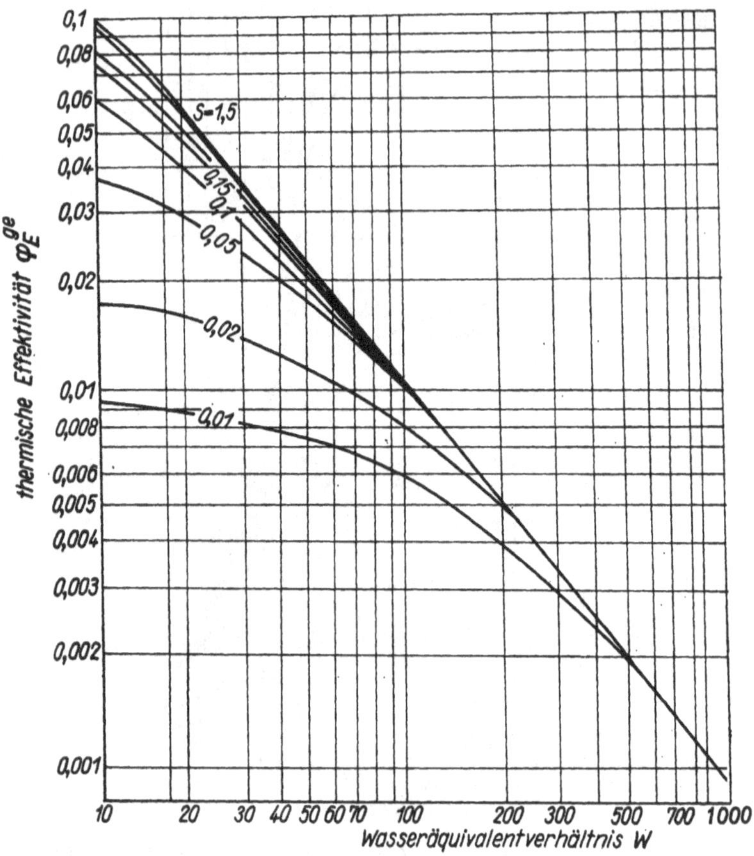

Abb. 6.20 Thermische Effektivität φ_E^{ge} für Gegenstrom ($p = 1$) in Abhängigkeit des Wasseräquivalentverhältnisses W

5. bei bekannten W, S, p aus Abb. 6.21 bis 6.31 n_φ ermitteln,
6. die Effektivitätsfunktion für die gegebene Stromführung berechnen

$$\varphi_E = \varphi_E^{ge} n_\varphi . \tag{6.231}$$

6.9.6. Vergleich der Effektivität verschiedener Stromführungen mit Hilfe der Universalnomogramme

Die aufgeführten Universalnomogramme können außer zur Projektierung auch zur Analyse des Einflusses verschiedener Stromführungen auf die Effektivität genutzt werden.

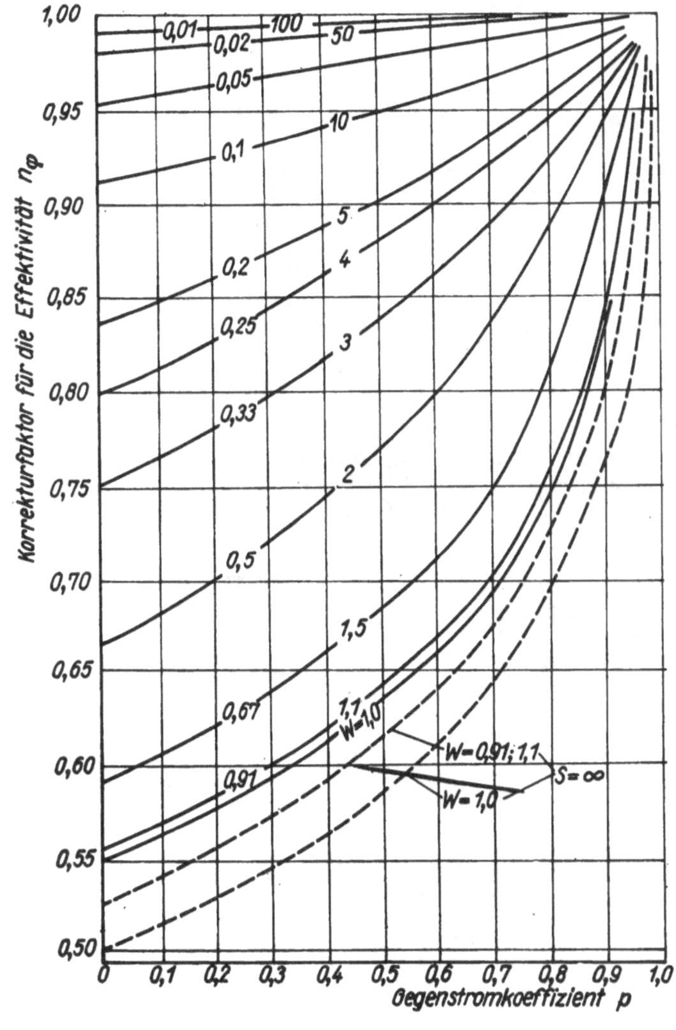

Abb. 6.21 Korrekturfaktor für die Effektivität n_φ in Abhängigkeit des Gegenstromkoeffizienten p für $S \geqq 10$

Nachfolgend sind einige Resultate der Analyse dargestellt:

1. Bei $W \in (0, \infty)$,
   $S \in (0, \infty)$,
   $p \in (0, 1)$,

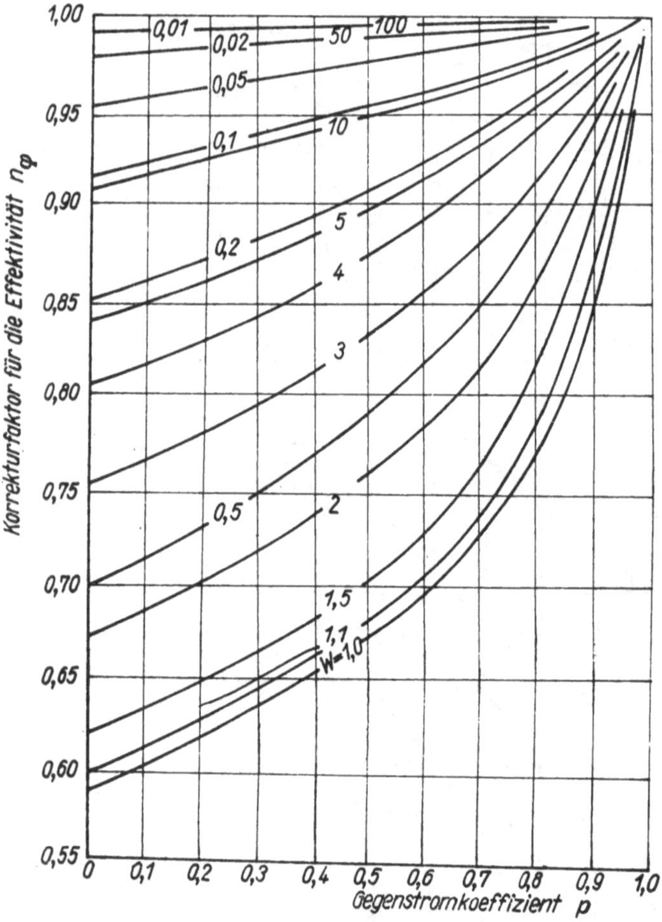

Abb. 6.22 Korrekturfaktor für die Effektivität n_φ in Abhängigkeit des Gegenstromkoeffizienten p für $S = 5$

d. h. im ganzen zulässigen Bereich des Wärmeübertragungsprozesses ist $n_\varphi \in [1; 0{,}5]$.

Das bedeutet, daß sich die Effektivität beliebiger möglicher Stromführungen von der Effektivität bei Gegenstrom um nicht mehr als die Hälfte unterscheiden kann, bei gleicher Wärmeübertragungsfläche A.

2. Der stärkste Effektivitätsabfall im Vergleich zum Gegenstrom wird bei $S \to \infty$, $W \to 1$, $p \to 0$ beobachtet.
   Bei $S = \infty$, $W = 1$, $p = 0$ (d. h. bei Gleichstrom) ist $n_\varphi = 0{,}5$.
   Diese Tatsache wurde z. B. auch in [36, 76, 102] erwähnt.

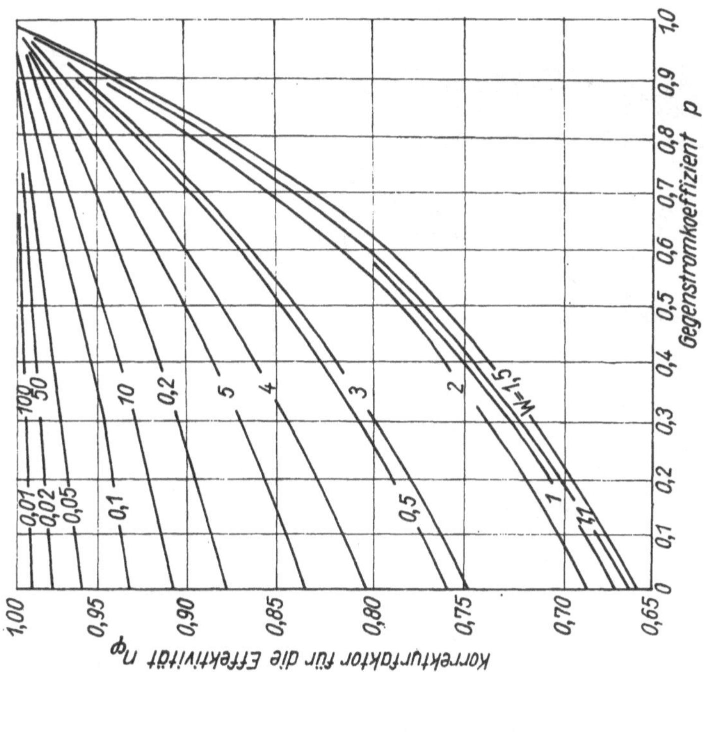

Abb. 6.23 Korrekturfaktor für die Effektivität n_φ in Abhängigkeit des Gegenstromkoeffizienten p für $S = 3$

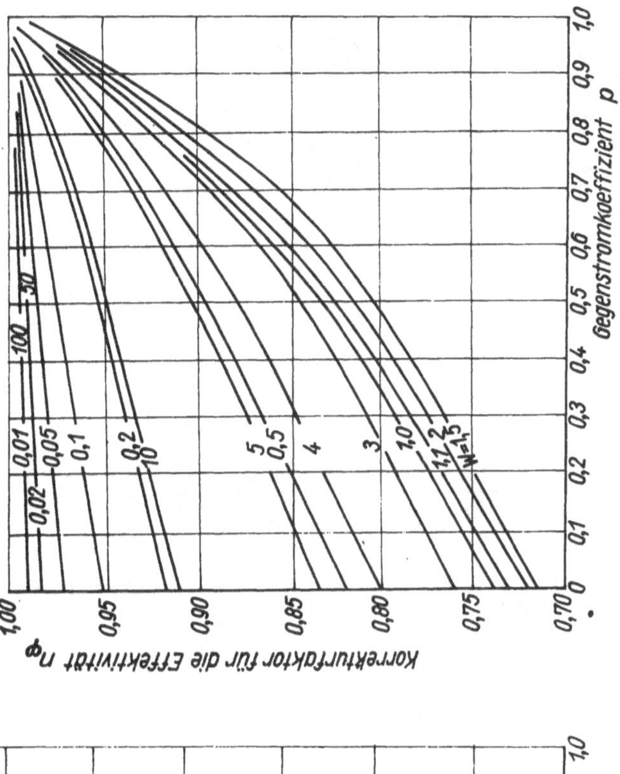

Abb. 6.24 Korrekturfaktor für die Effektivität n_φ in Abhängigkeit des Gegenstromkoeffizienten p für $S = 2$

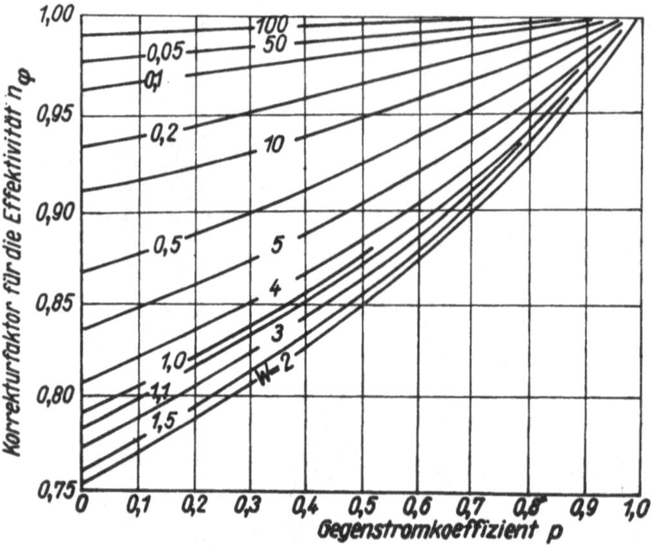

Abb. 6.25 Korrekturfaktor für die Effektivität n_φ in Abhängigkeit des Gegenstromkoeffizienten p für $S = 1{,}5$

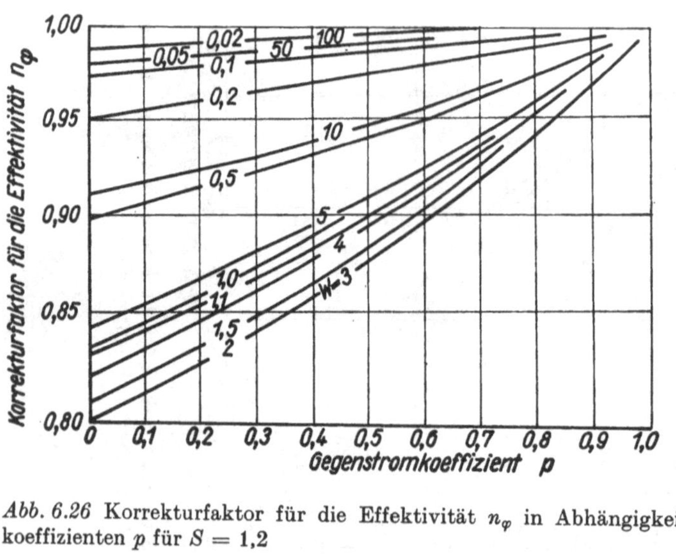

Abb. 6.26 Korrekturfaktor für die Effektivität n_φ in Abhängigkeit des Gegenstromkoeffizienten p für $S = 1{,}2$

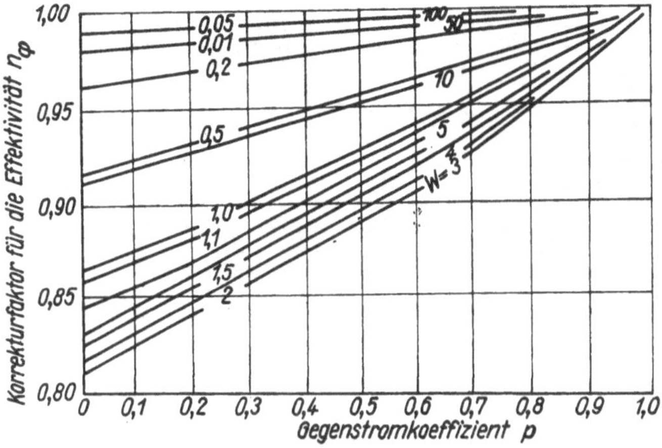

Abb. 6.27 Korrekturfaktor für die Effektivität n_φ in Abhängigkeit des Gegenstromkoeffizienten p für $S = 1{,}0$

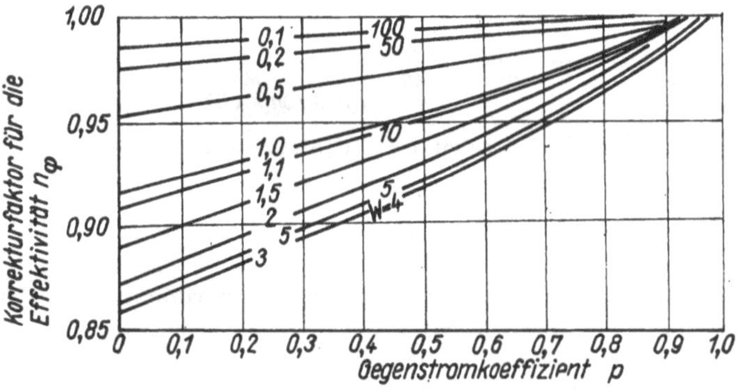

Abb. 6.28 Korrekturfaktor für die Effektivität n_φ in Abhängigkeit des Gegenstromkoeffizienten p für $S = 0{,}7$

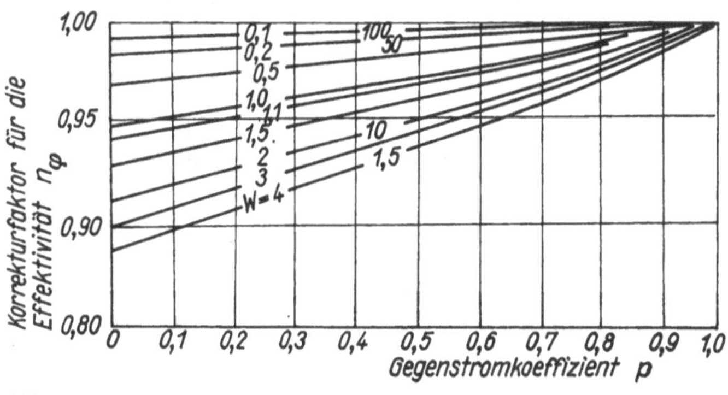

Abb. 6.29 Korrekturfaktor für die Effektivität n_φ in Abhängigkeit des Gegenstromkoeffizienten p für $S = 0{,}5$

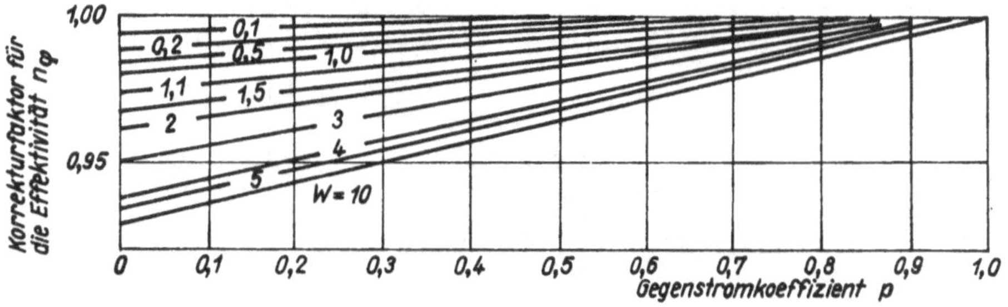

Abb. 6.30 Korrekturfaktor für die Effektivität n_φ in Abhängigkeit des Gegenstromkoeffizienten p für $S = 0{,}3$

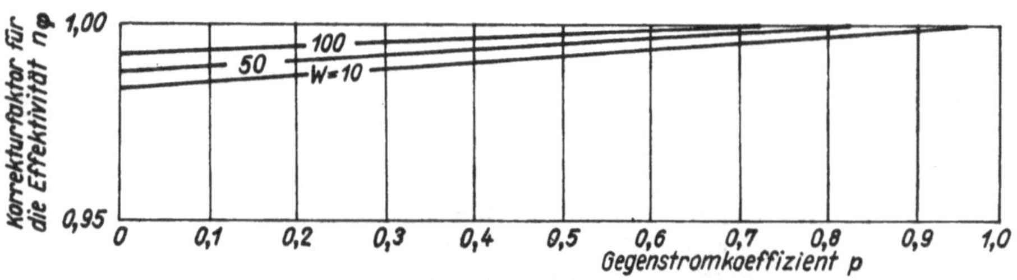

Abb. 6.31 Korrekturfaktor für die Effektivität n_φ in Abhängigkeit des Gegenstromkoeffizienten p für $S = 0{,}1$

3. Der geringste Effektivitätsabfall (oder die beste Annäherung an die effektivste Stromführung) wird für alle Stromführungen, einschließlich Gleichstrom, bei $S \to 0$ und beliebigem W und p beobachtet. So wird $n_\varphi \geqq 0{,}98$ schon bei $S = 0{,}1$ erreicht.
4. Eine solch geringe Abweichung vom Gegenstrom wird auch für beliebige S (einschließlich $S \to \infty$) erreicht, wenn $W \leqq 0{,}02$ bzw. $W \geqq 50$ ist.
5. Bei $S \to \infty$ (praktisch schon bei $S \geqq 10$) wird die Bedingung

$$n_\varphi(A) = n_\varphi \left(\frac{1}{A}\right)$$

eingehalten.

Aus Abb. 6.21 ist ersichtlich, daß n_φ für folgende Werte von A übereinstimmt: (0,01; 100), (0,2; 5), (0,91; 1,1) usw.

6. Dieselbe Bedingung wird ausreichend genau bei beliebigem S erfüllt, wenn $W \leqq 0{,}02$ oder $W \geqq 50$ ist.
7. Bei $S < 1$ kann mit einem Fehler von weniger als 0,02 n_φ linearisiert werden:

$$n_\varphi = p + (1 - p)\, n_{\varphi gl} \tag{6.232}$$

und entsprechend

$$\varphi_E = \varphi_E^{ge} p + 1(1 - p)\, \varphi_E^{gl}. \tag{6.233}$$

φ_E — Effektivitätsfunktion bei $p \in (0, 1)$,
φ_{Ege} — Effektivitätsfunktion für Gegenstrom ($p' = 1$),
φ_{Egl} — Effektivitätsfunktion für Gleichstrom ($p = 0$).

6.10. Korrektur der mittleren logarithmischen Triebkraft bei Gegenstrom

6.10.1. Der Korrekturfaktor $\varepsilon_{\Delta t}$ — eine Kennziffer der Wärmeübertragungsgüte der Stromführung

Aus (6.66) folgt, daß der Korrekturfaktor für die mittlere logarithmische Triebkraft bei Gegenstrom

$$\varepsilon_{\Delta t} = \frac{\Delta t_m}{\Delta t_{mge}} \tag{6.234}$$

ist.

Diese Größe ist wie auch φ_E eine wichtige Kennziffer für die Wärmeübertragungsgüte einer Stromführung zur Lösung der Oberflächenberechnungen TB 1 bis TB 8, wo nach der Lösung der Wärmebilanzgleichung t_{wa}, t_{we}, t_{ka}, t_{ke}, $\dot{m}_w$, $\dot{m}_k$, η_{vw}, η_{vk}, $\dot{Q}$ bekannt sind und als Folge auch der Wärmedurchgangskoeffizient k. Der Korrekturfaktor $\varepsilon_{\Delta t}$ charakterisiert den Unterschied zwischen der Fläche eines Gegenstromelements

$$A_{Ege} = \frac{\dot{Q}}{k \Delta t_{mge}} \tag{6.235}$$

und der Fläche A eines Elements mit einer bestimmten (nicht Gegenstrom) Stromführung (6.65) bei gleichen übrigen Bedingungen, d. h.

$$\varepsilon_{\Delta t} = \frac{A_{Ege}}{A_E}. \tag{6.236}$$

In der Literatur, z. B. [18, 20, 28, 29, 36, 97], sind eine große Anzahl von Nomogrammen und einige Gleichungen für $\varepsilon_{\Delta t}$ für die hauptsächlichsten Stromführungen in Elementen und Komplexen enthalten. Wie auch bei der Ermittlung von φ_E sind diese bekannten Daten jedoch schwer auf andere Stromführungen zu übertragen. Außerdem sind sie sehr speziell, nur auf einzelne betrachtete Fälle anwendbar; es ist auch ziemlich aufwendig, die Gleichungen zu lösen. Die vorgeschlagene Universalrechenmethode für $\varepsilon_{\Delta t}$ ist frei von diesen Unzulänglichkeiten. Sie basiert auf der Verwendung der schon weiter oben aufgeführten Gl. (6.141). Die Gleichung ist für beliebige Stromführungen im Element richtig. Beispiele für den Übergang von (6.141) in bekannte spezielle Gleichungen sind in Abschn. 6.5.2. enthalten. Die Spezifik der Stromführung im Element wird ausschließlich durch den Gegenstromkoeffizienten p berücksichtigt. Im Abschn. 6.8. sind die genauesten und vollständigsten Angaben über p für die Mehrzahl der bekannten Elementenstromführungen zusammengefaßt.

Diese Daten wie auch (6.141) sind ausreichend für eine genaue und einfache Lösung der Flächenberechnung für alle in der Industrie anzutreffenden Wärmeübertragungselemente.

6.10.2. Rechenschema zur Berechnung von $\varepsilon_{\Delta t}$

Traditionell wird in den bekannten Gleichungen und Nomogrammen für $\varepsilon_{\Delta t}$ anstelle der Größe W ihr Kehrwert $R = \frac{1}{W}$ verwendet. Wenn man dies berücksichtigt, nimmt (6.141) folgende Form an

$$\varepsilon_{\Delta t} = \frac{\sqrt{(R+1)^2 - 4pR}}{R-1} \frac{\ln \frac{1-P}{1-PR}}{\ln \frac{2 - P\left[(R+1) - \sqrt{(R+1)^2 - 4pR}\right]}{2 - P\left[(R+1) - \sqrt{(R+1)^2 - 4pR}\right]}} \tag{6.237}$$

Die Existenzbedingungen des Wärmeübertragungsprozesses

$$\varepsilon_{\Delta t} \in [0, 1] \tag{6.238}$$

bei

$$p \in [0, 1] \tag{6.239}$$

$$R \in [0, \infty] \tag{6.240}$$

werden erfüllt bei

$$P \in [0, P_{\max}] \tag{6.241}$$

mit

$$P_{\max} = \frac{2}{(R+1) + \sqrt{(R+1)^2 - 4pR}} \tag{6.242}$$

Bei $P \to P_{\max}$ ist $\varepsilon_{\Delta t} \to 0$ und $A \to \infty$ (A nach (6.65)). Die Gln. (6.241) und (6.242) sind der Existenzbedingung (6.131) für den Wärmeübertragungsprozeß adäquat,

Sonderfälle von $\varepsilon_{\Delta t}$ nach (6.237):

Bei $R = 1 (W = 1)$, $p \neq 1$, $P = 0$ ist

$$\varepsilon_{\Delta t} = \frac{P}{1-P} \frac{2\sqrt{1-p}}{\ln \frac{1 - P\left(1 - \sqrt{1-p}\right)}{1 - P\left(1 + \sqrt{1-p}\right)}} \tag{6.243}$$

$$\left.\begin{array}{l} \text{bei } P = 0 \text{ und beliebigen } R \in [0, \infty],\ p \in [0, 1] \\ \text{bei } p = 1 \text{ und beliebigen } R \in [0, \infty],\ P \in [0, 1] \\ \text{bei } R = 0 \text{ und beliebigen } p \in [0, 1],\ P \in [0, 1] \end{array}\right\} \varepsilon_{\Delta t} = 1$$

Das Schema zur Berechnung von $\varepsilon_{\Delta t}$ unter Berücksichtigung der aufgezählten Grenzwerte ist in Abb. 6.32 angegeben.

6.10.3. Universaltabellen für $\varepsilon_{\Delta t}$

Die der Form nach traditionellen Tabellen wie auch die bekannten Nomogramme für $\varepsilon_{\Delta t}$ (P, R) haben ernsthafte Unzulänglichkeiten. Da sich $\varepsilon_{\Delta t}$ bei $P \to P_{\max}$ schnell dem Wert 0 nähert, verringert sich in diesem Bereich die Nutzungsgenauigkeit der Tabellen und Nomogramme beträchtlich. Außerdem bezieht sich die Hälfte des Tabellenumfangs auf irreale Wärmeübertragungsverhältnisse, d. h. enthält keine verwertbaren Informationen. Um diese Unzulänglichkeiten auszuschalten, wurde ein einfaches Verfahren verwendet; es wurde ein neuer Temperaturkomplex eingeführt

$$N = \frac{P}{P_{\max}}, \tag{6.244}$$

mit P nach (6.68) und $P_{\max}$ nach (6.242) oder (6.130).

Nach Austausch der Variablen P (6.68) durch N (6.244) hat die Universalgleichung für den Korrekturfaktor folgendes Aussehen

$$\varepsilon_{\Delta t} = y \frac{\ln \dfrac{1 - NP_{\max}}{1 - RNP_{\max}}}{R - 1}, \tag{6.245}$$

Bei $R = 1$ ist

$$\varepsilon_{\Delta t} = y \frac{NP_{\max}}{1 - NP_{\max}}, \tag{6.246}$$

mit

$$Y = \frac{Z}{\ln \dfrac{1 - N(1 - ZP_{\max})}{1 - N}} \tag{6.247}$$

$$P_{\max} = \frac{2}{(R + 1) + Z} \tag{6.248}$$

$$Z = \sqrt{(R + 1)^2 - 4pR} \tag{6.249}$$

$\varepsilon_{\Delta t}$ (6.245), (6.246) bleibt bei Austausch von R durch $\frac{1}{R} = W$ unverändert. Das erlaubt, den Umfang der Berechnungen auf die Hälfte zu verringern und den Ermittlungsbereich von $R \in [0{,}001;\ 1000]$ auf $R \in [1,\ 1000]$ oder $R \in [0{,}001;\ 1]$ einzuengen.

Die Existenzbedingung (6.238) des Wärmeübertragungsprozesses wird bei beliebigen p nach (6.239) und R nach (6.240) und wenn

$$N \in [0, 1] \tag{6.250}$$

ist, erfüllt.

Der Vergleich der analogen Grenzwerte des Prozesses (6.241) und (6.250) fällt zugunsten der letzteren aus, da hier die obere Grenze feststeht (=1), während sie im ersten Fall gleitend ist.

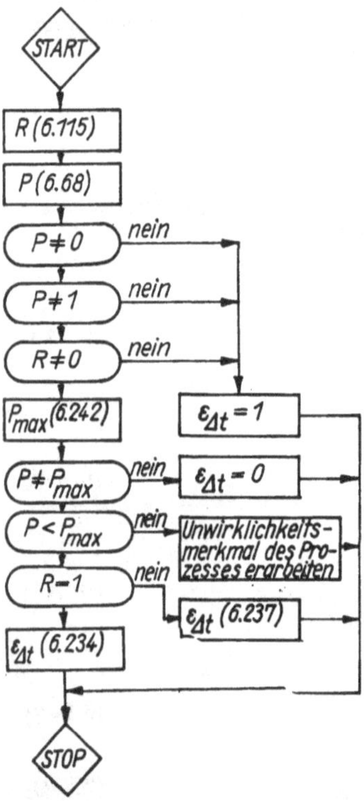

Abb. 6.32 Schema zur Berechnung des Korrekturfaktors $\varepsilon_{\Delta t}$ für die mittlere logarithmische Triebkraft bei Gegenstrom (Symbol: BB — $\varepsilon_{\Delta t}$)

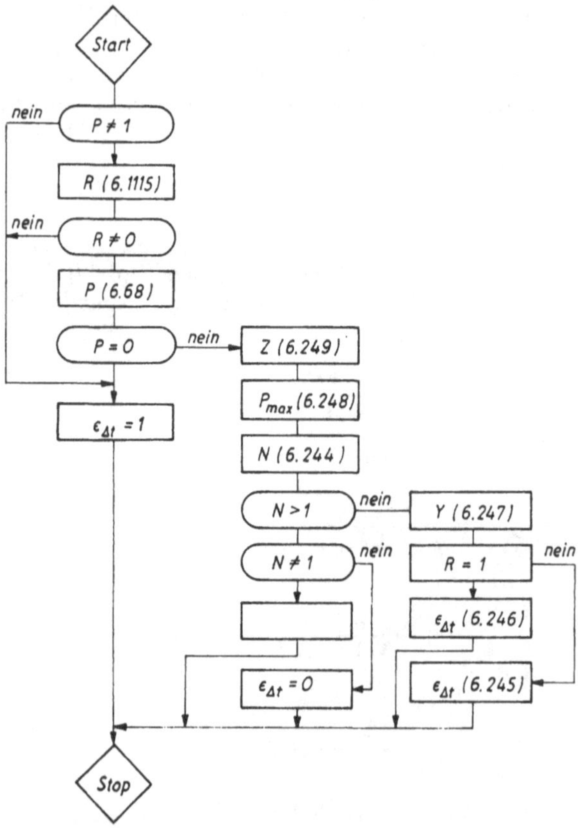

Abb. 6.33 Schema zur Berechnung des Korrekturfaktors $\varepsilon_{\Delta t}$ für die mittlere logarithmische Triebkraft bei Gegenstrom mit den modifizierten Gleichungen (Symbol: BB — $\varepsilon_{\Delta t}$)

Sonderfälle von $\varepsilon_{\Delta t}$ nach (6.245):

$\varepsilon_{\Delta t} = 0$ und $y = 0$ nach (6.247)

bei $N = 1$ und $R \in [0, \infty]$, $p \in [0, 1]$,

$\varepsilon_{\Delta t} = 1$

bei $N = 0$ und $R \in [0, \infty]$, $p \in [0, 1]$.

Das Rechenschema zur Berechnung von $\varepsilon_{\Delta t}$ mit den modifizierten Gln. (6.245) und (6.246) ist in Abb. 6.33 dargestellt. Dieses Rechenschema ist analog dem in Abb. 6.32 dargestellten, hat jedoch Vorteile, die sich aus der modifizierten Schreibweise von $\varepsilon_{\Delta t}$ ergeben. Deshalb wird seine Anwendung für das maschinelle und manuelle Rechnen empfohlen. Mit Hilfe dieses Schemas wurden 100 modifizierte vierstellige Universaltabellen $\varepsilon_{\Delta t}$ (N, R, p) errechnet.

Bei

R, $A \in [1, 1000]$ insgesamt für 41 Werte,
$p \in [0; 0{,}95]$, Rechenschritt $\Delta p = 0{,}05$, insgesamt für 20 Werte.
$N \in [0; 0{,}95]$ Rechenschritt $\Delta N = 0{,}05$ für 20 Werte,
$N \in [0{,}91; 1{,}0]$ Rechenschritt $\Delta N = 0{,}01$ für 10 Werte,
$N \in [0{,}991; 1{,}0]$ Rechenschritt $\Delta N = 0{,}001$ für 10 Werte,
$N \in [0{,}9991; 1{,}0]$ Rechenschritt $\Delta N = 0{,}0001$ für 10 Werte,

nsgesamt für 50 Werte von N.

Also enthalten die Tabellen 41000 Daten über $\varepsilon_{\Delta t}$. Diese neuen Tabellen haben nicht mehr die Unzulänglichkeiten der traditionellen Tabellen. Außerdem enthalten sie neue, ausführliche Informationen über $\varepsilon_{\Delta t}$ in dem Bereich, wo die Kurve schnell abfällt (bei $N \in [0{,}99; 1{,}00]$). Die Benutzung der Tabellen ist sehr einfach. Der Ermittlung von $\varepsilon_{\Delta t}$ gehen voraus:

1. Auswahl des Gegenstromkoeffizienten p (s. Abschn. 6.8.)
2. Berechnung von R nach (6.115); wenn $R < 1$ ist, wird angenommen, daß

   $R = \dfrac{1}{R}$ ist,

3. Berechnung von p nach (6.68),
4. Ermittlung von P_{max} aus Abb. 6.5,
5. Berechnung von N nach (6.244).

6.10.4. *Universaldiagramme für* $\varepsilon_{\Delta t}$

Zur Vereinfachung und Beschleunigung der Projektierungsberechnungen ohne EDV-Anwendung sind die Universaldiagramme für $\varepsilon_{\Delta t}$ (N, R, p) zu empfehlen.

Sie sind in Abb. 6.34 bis 6.44 dargestellt. Diese Diagramme haben alle Vorteile der Universaltabellen. Infolge ihrer Universalität entheben diese Diagramme von der Notwendigkeit, eine Vielzahl bekannter spezieller Diagramme, die jeweils nur auf eine Stromführung anwendbar sind, zu nutzen.

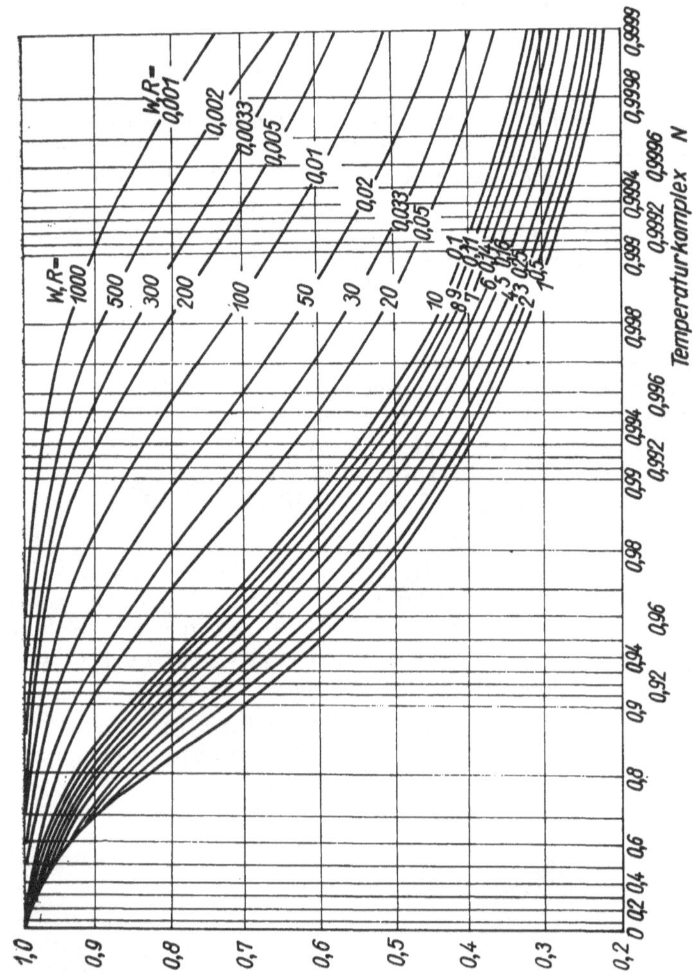

Abb. 6.34 Korrekturfaktor $\varepsilon_{\Delta t}$ für die mittlere logarithmische Triebkraft für $p = 0$

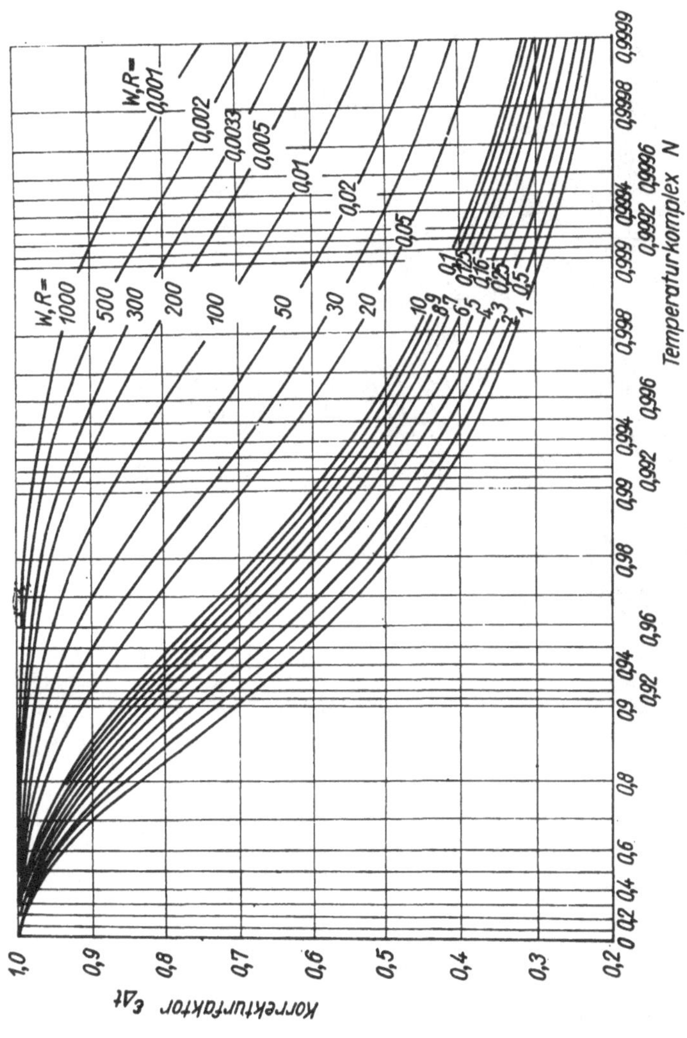

Abb. 6.35 Korrekturfaktor $\varepsilon_{\Delta t}$ für die mittlere logarithmische Triebkraft für $p = 0{,}1$

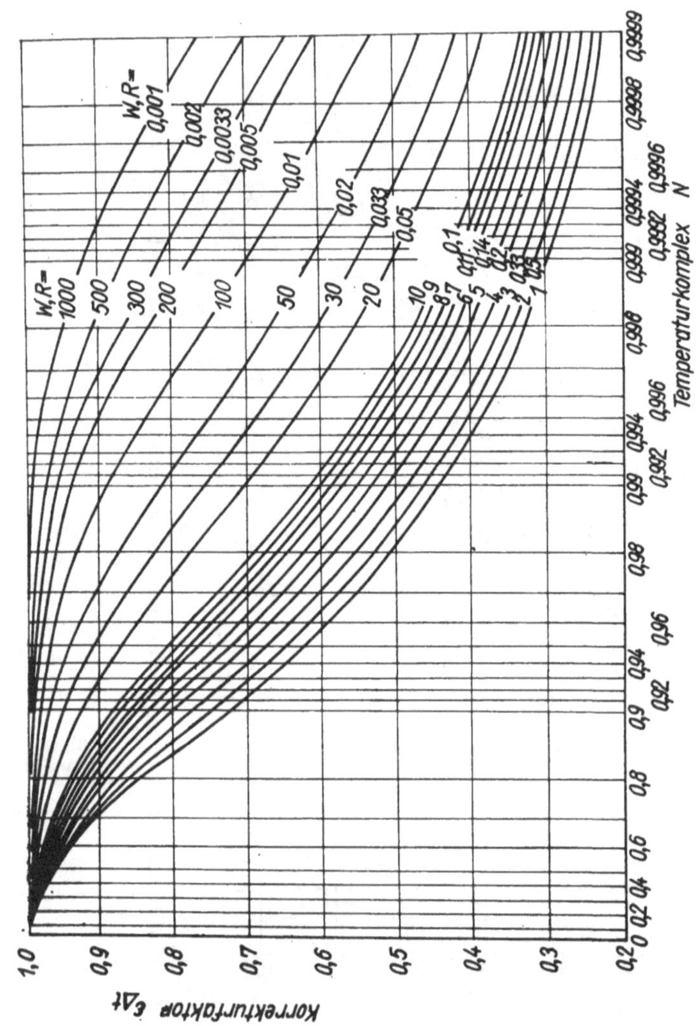

Abb. 6.36 Korrekturfaktor $\varepsilon_{\Delta t}$ für die mittlere logarithmische Triebkraft für $p = 0{,}2$

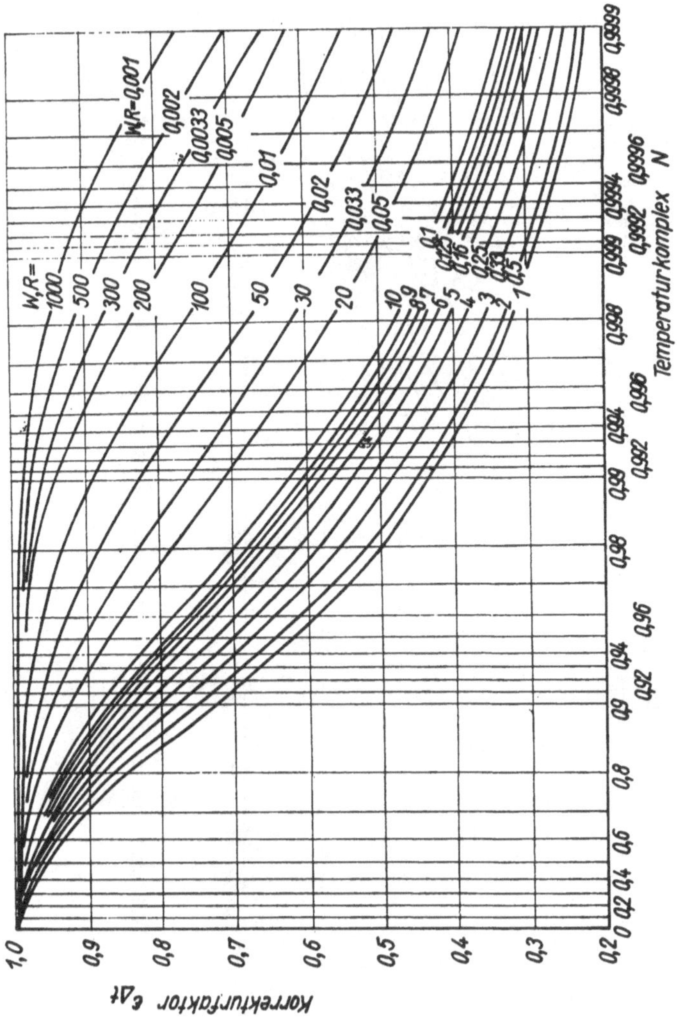

Abb. 6.37 Korrekturfaktor $\varepsilon_{\Delta t}$ für die mittlere logarithmische Triebkraft für $p = 0{,}3$

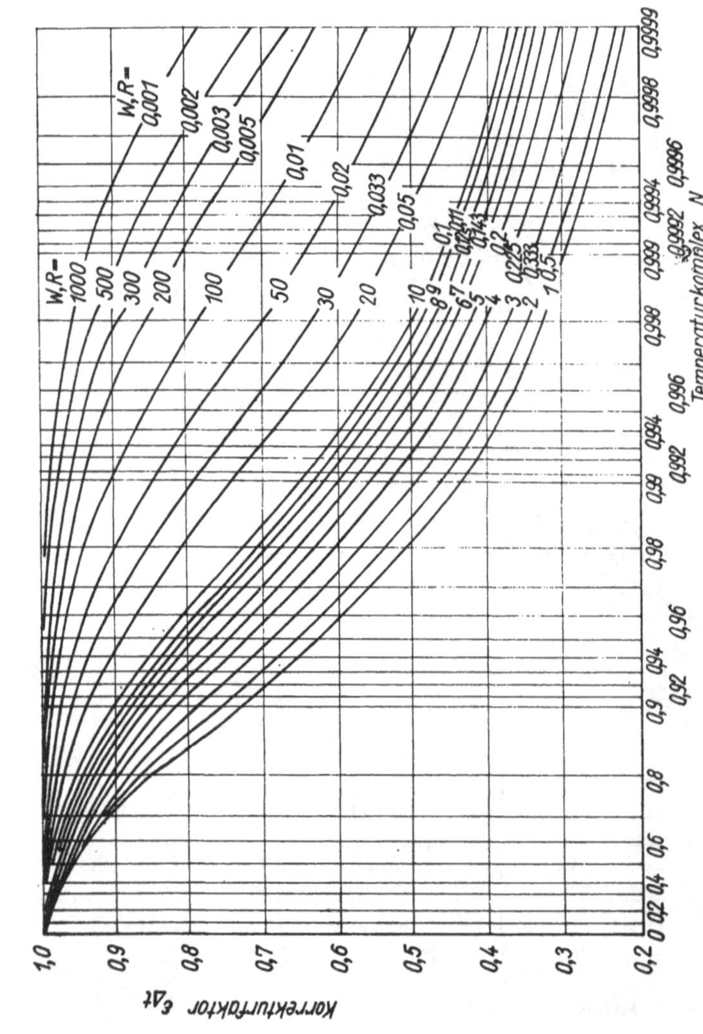

Abb. 6.38 Korrekturfaktor $\varepsilon_{\Delta t}$ für die mittlere logarithmische Triebkraft für $p = 0{,}4$

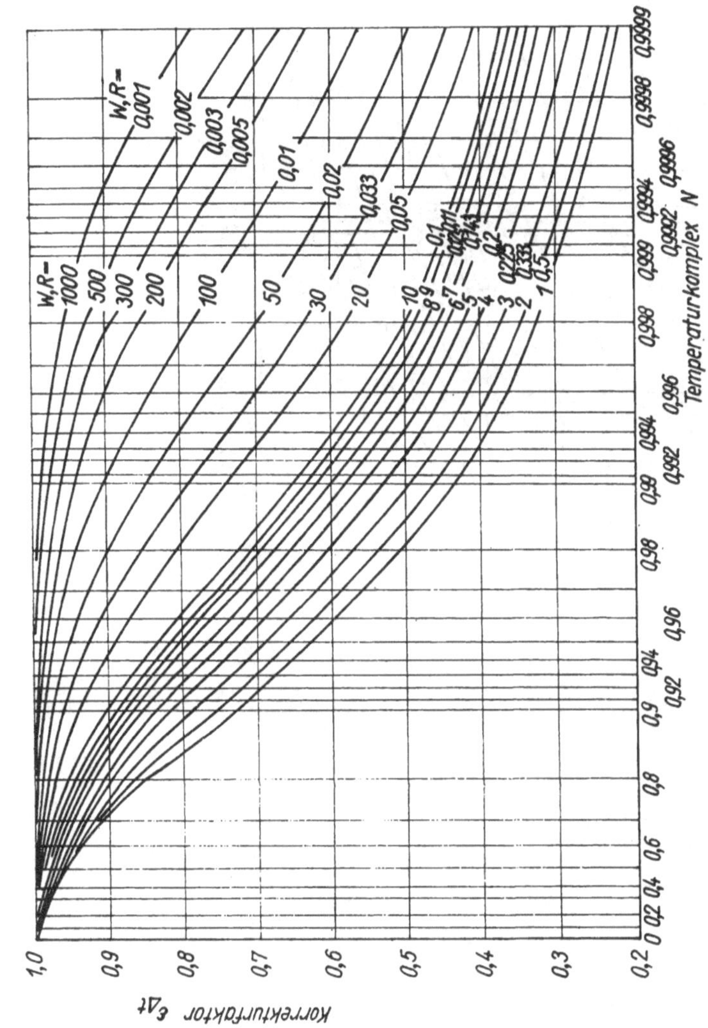

Abb. 6.39 Korrekturfaktor $\varepsilon_{\Delta t}$ für die mittlere logarithmische Triebkraft für $p = 0,5$

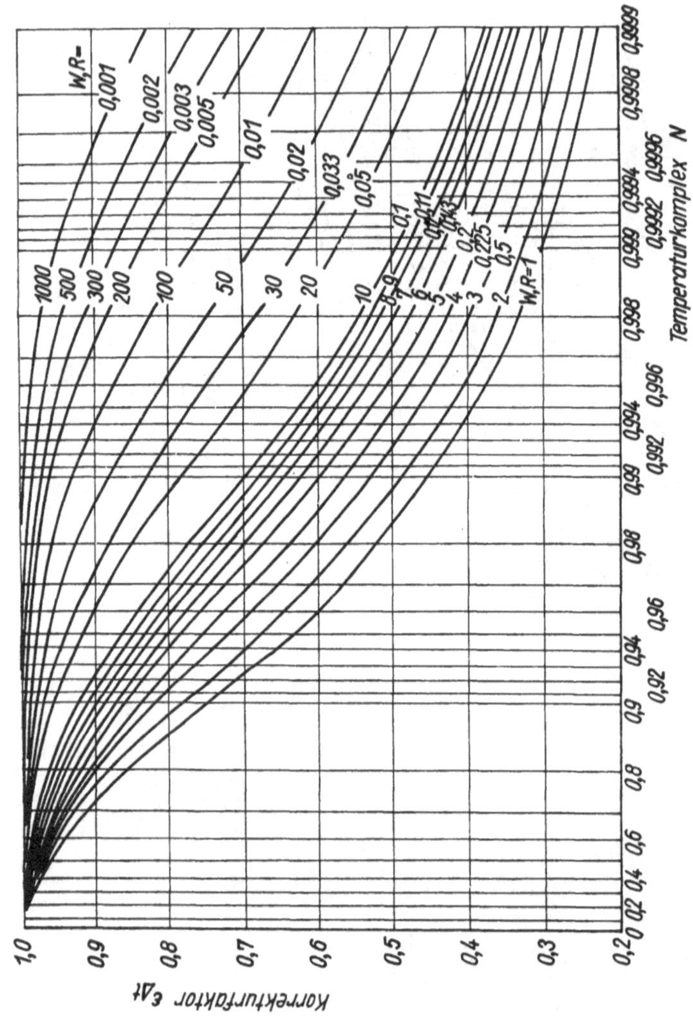

Abb. 6.40 Korrekturfaktor $\varepsilon_{\Delta t}$ für die mittlere logarithmische Triebkraft für $p = 0,6$

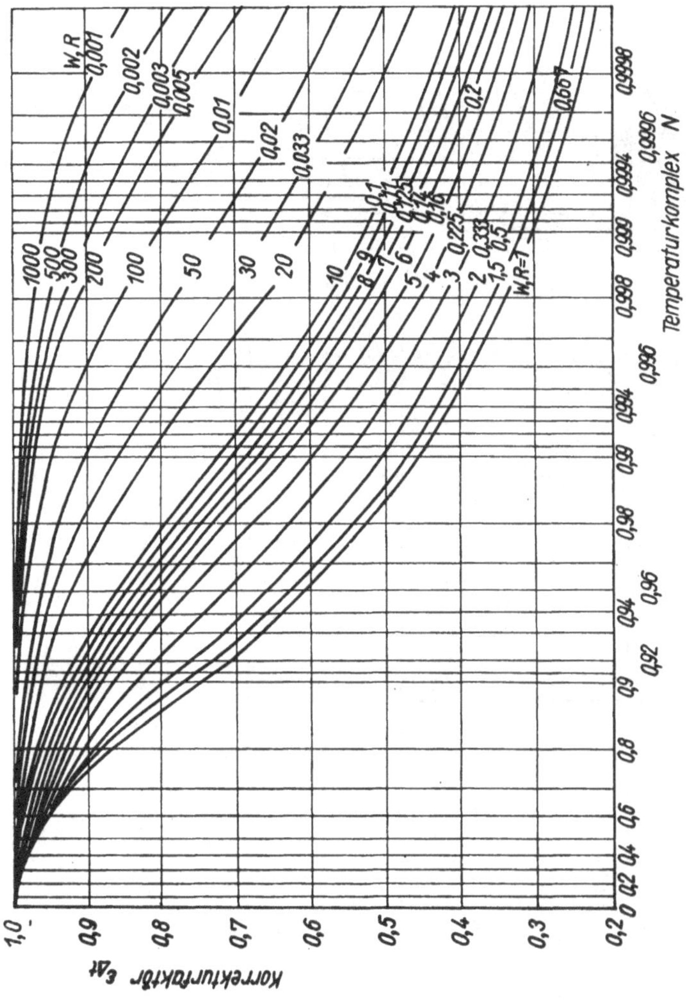

Abb. 6.41 Korrekturfaktor $\varepsilon_{\Delta t}$ für die mittlere logarithmische Triebkraft für $p = 0{,}7$

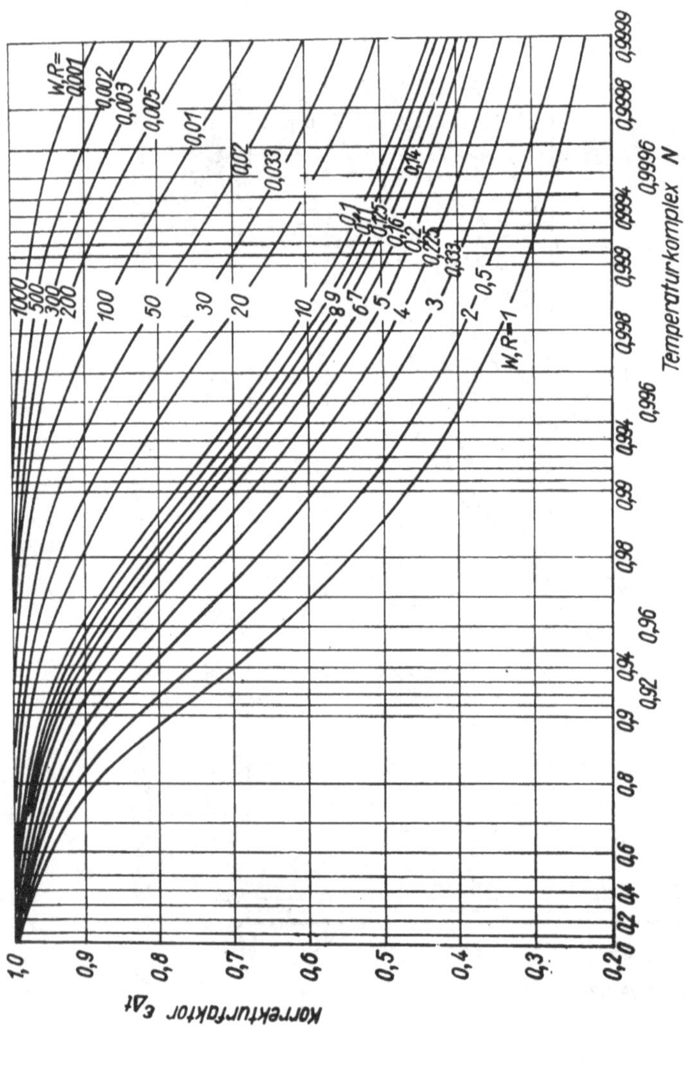

Abb. 6.42 Korrekturfaktor $\varepsilon_{\Delta t}$ für die mittlere logarithmische Triebkraft für $p = 0{,}8$

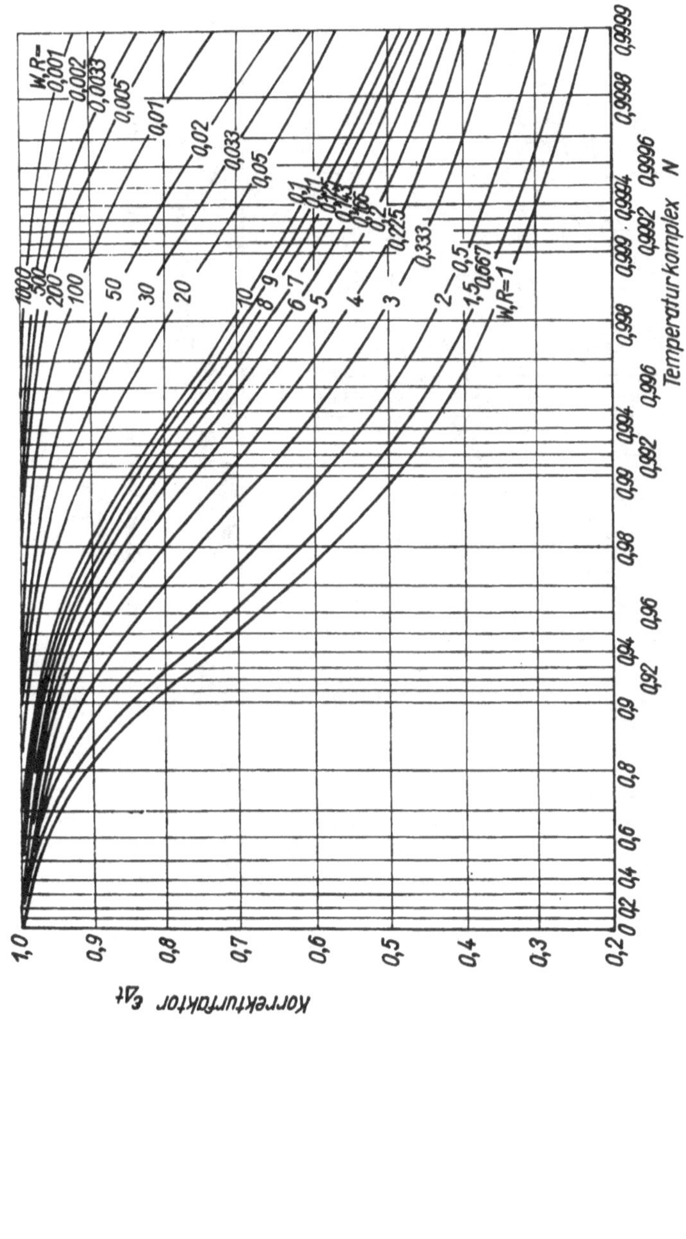

Abb. 6.43 Korrekturfaktor $\varepsilon_{\Delta t}$ für die mittlere logarithmische Triebkraft für $p = 0{,}9$

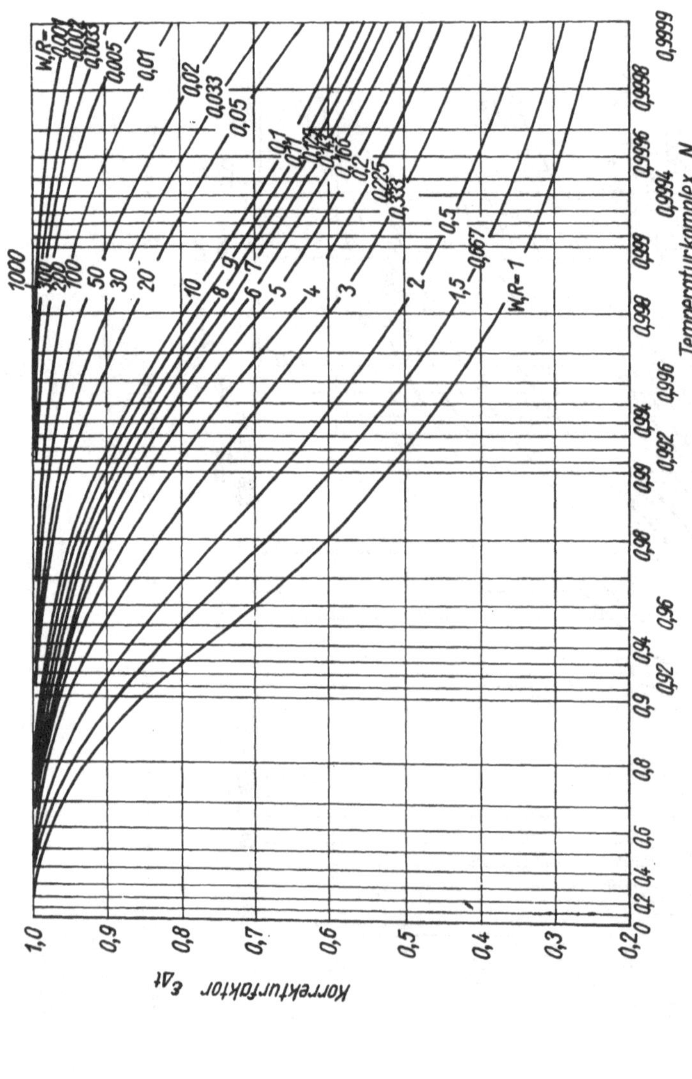

Abb. 6.44 Korrekturfaktor $\varepsilon_{\Delta t}$ für die mittlere logarithmische Triebkraft für $p = 0{,}95$

7. Wärmeübertragung in Reihen

7.1. *Mathematisches Modell des Wärmeübertragungsprozesses in Elementereihen und Elementenpaaren*

7.1.1. *Gleichung einer Reihe*

Das mathematische Modell des Wärmeübertragungsprozesses in einer Elementereihe ist das Gleichungssystem

$$W_r = \frac{\delta t_k}{\delta t_w} = \frac{t_{ke} - t_{ka}}{t_{wa} - t_{we}} = \frac{\dot{m}_{wE}\bar{c}_{pw}\bar{\eta}_{vw}}{m_{kE}\bar{c}_{pk}\bar{\eta}_{vk}} = \frac{1}{R_F}, \tag{7.1}$$

$$\varphi_{Er} = \frac{\delta t_w}{\Delta t_{\max}} = \frac{t_{wa} - t_{we}}{t_{wa} - t_{ka}} = \frac{P_r}{W_r}. \tag{7.2}$$

Die Gleichungen für eine Elementreihe sind somit denen für Elemente analog. Das Modell ist ein statisches. Seine Spezifik besteht darin, daß t_{wa}, t_{we}, t_{ka}, t_{ke} die Temperaturen an den Enden der Reihe sind, nicht aber des Elementes. Laut (7.1) und (7.2) ist der dimensionslose Komplex

$$P_r = \frac{t_{ke} - t_{ka}}{t_{wa} - t_{we}}. \tag{7.3}$$

Spezifisch ist hier auch die Schreibweise der Effektivitätsfunktion für eine Elementenreihe φ_{Er}. Sie hängt von zwei Faktoren ab:

1. von der Stromführung der Fluide in der Reihe (reiner Gleichstrom der Fluide $M_G = 0$, reiner Gegenstrom der Fluide $M_G = 1$),
2. von der Vereinheitlichung der Elemente in der Reihe (gleiche Elemente $M_V = 0$, verschiedene Elemente $M_V = 1$). Folglich sind 4 Arten von Elementereihen möglich. Außerdem sind noch 8 Arten von Reihen aus Elementepaaren möglich. Alle diese Fälle werden unten betrachtet. Des weiteren haben alle Größen, die sich auf das Element beziehen, den Index *el*.

7.1.2. *Effektivitätsfunktion für eine Reihe aus verschiedenen Elementen bei reinem Gleichstrom in der Reihe*

Betrachten wir die Reihe bei $M_G = 0$, $M_V = 1$. Das Schaltbild solch einer Reihe ist in Abb. 7.1 dargestellt.

Bekannt sind

$$\begin{aligned} &P_{el1} \neq P_{el2} \neq \ldots \neq P_{eln} \\ &W_{el1} \neq W_{el2} \neq \ldots \neq W_{eln} \\ &S_{el1} \neq S_{el2} \neq \ldots \neq S_{eln} \\ &\varphi_{Eel1} \neq \varphi_{Eel2} \neq \ldots \neq \varphi_{Eeln} \end{aligned} \tag{7.4}$$

wobei 1, 2, ..., n die Nummer des Elementes in der Reihe ist. Das Ziel besteht darin, eine Gleichung zu finden, die t_{wa}, t_{we}, t_{ka}, t_{ke} und im Endeffekt auch die Effektivitätsfunktion für eine Reihe φ_{Er} miteinander in Beziehung setzt.

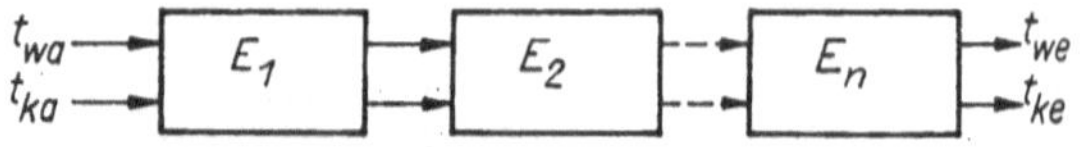

Abb. 7.1 Schaltbild einer Reihe aus verschiedenen Elementen mit reinem Gleichstrom in der Reihe ($M_G = 0$)

Dazu werden die Gleichungen für jedes beliebige i-te Element der j-ten Reihe verwendet.

$$\delta t_{wi} = \varphi_{Eeli} \Delta t_{\max i} \tag{7.5}$$

$$\Delta t_{\max i} = t_{wai} - t_{kai} \tag{7.6}$$

$$\delta t_{ki} = W_{Eli} \delta t_{wi} \tag{7.7}$$

$$t_{wa(i+1)} = t_{wei} = t_{wai} - \delta t_{wi} \tag{7.8}$$

$$t_{ka(i+1)} = t_{kei} = t_{kai} + \delta t_{ki} \tag{7.9}$$

Für das erste Element der Reihe ($i = 1$) ist

$$\Delta t_{\max i} = \Delta t_{\max 1} = t_{wa} - t_{ka}, \tag{7.10}$$

für das letzte Element ($i = n$)

$$t_{wei} = t_{we}, \quad t_{kei} = t_{ke}. \tag{7.11}$$

Schließlich ist in einem beliebigen i-ten Element

$$\delta t_{wi} = \Delta t_{\max 1} \varphi_{Eeli} \prod_{r=1}^{i-1} [1 - \varphi_{Eelr}(W_{elr} + 1)] \tag{7.12}$$

Die Veränderung der Temperatur des warmen Fluids in der betrachteten Reihe (in n Elementen)

$$\delta t_w = \sum_{i=1}^{n} \delta t_{wi} = \Delta t_{\max 1} \sum_{i=1}^{n} \varphi_{Eeli} \prod_{r=1}^{i-1} [1 - \varphi_{Eelr}(W_{elr} + 1)] \tag{7.13}$$

Die entsprechende Temperaturveränderung des wärmeaufnehmenden Fluids ist

$$\delta t_k = \sum_{i=1}^{n} W_{eli} \delta t_{wi} = \Delta t_{\max 1} \sum_{i=1}^{n} W_{eli} \varphi_{Eeli} \prod_{r=1}^{i-1} [1 - \varphi_{Eelr}(W_{elr} + 1)] \tag{7.14}$$

Nach dem Einsetzen von (7.13) in (7.2) erhält man die gesuchte Gleichung der Effektivitätsfunktion einer Reihe aus n verschiedenen Elementen bei reinem Gleichstrom

$$\varphi_{Er} = \sum_{i=1}^{n} \varphi_{Eeli} \prod_{r=1}^{i-1} [1 - \varphi_{Eelr}(W_{elr} + 1)] \tag{7.15}$$

Aus (7.1), (7.13), (7.14) ergibt sich folgende Funktion der Wasseräquivalente für eine Reihe

$$W_r = \frac{1}{R_r} \frac{\sum\limits_{i=1}^{n} W_{eli}\varphi_{Eeli} \prod\limits_{r=1}^{i-1} [1 - \varphi_{Eelr}(W_{elr} + 1)]}{\sum\limits_{i=1}^{n} \varphi_{Eeli} \prod\limits_{r=1}^{i-1} [1 - \varphi_{Eelr}(W_{elr} + 1)]} \tag{7.16}$$

und aus (7.3) und (7.14) der dimensionslose Komplex

$$P_r = \sum_{i=1}^{n} W_{eli}\varphi_{Eeli} \prod_{r=1}^{i-1} [1 - \varphi_{Eelr}(W_{elr} + 1)] \tag{7.17}$$

Die Gln. (7.15) bis (7.17) sind die den angesetzten Ausgangsbedingungen nach allgemeinsten, die möglich sind. Ihre Sonderfälle werden in Abschn. 7. 1.4. und 7.1.6. beschrieben.

7.1.3. Effektivitätsfunktion für eine Reihe aus verschiedenen Elementen bei reinem Gegenstrom in der Reihe

Das Schaltbild einer solchen Reihe ($M_G = 1$, $M_V = 1$) ist in Abb. 7.2 dargestellt. Die bekannten Größen sind dieselben wie in Gl. (7.4).

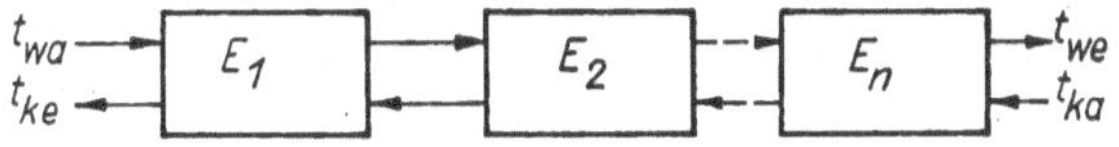

Abb. 7.2 Schaltbild einer Reihe aus verschiedenen Elementen mit reinem Gegenstrom in der Reihe ($M_G = 1$)

Zur Ableitung werden folgende Kopplungsgleichungen für ein beliebiges i-tes Element der j-ten Reihe benötigt

$$\delta t_{wi} = \Delta t_{ki} \frac{\varphi_{Eeli}}{1 - W_{eli}\varphi_{Eeli}} \tag{7.18}$$

$$\delta t_{ai} = t_{wai} - t_{kei} \tag{7.19}$$

$$\delta t_{ki} = A_{eli}\delta t_{wi} \tag{7.7}$$

$$t_{wa(i+1)} = t_{wei} = t_{wai} - \delta t_{wi} \tag{7.8}$$

$$t_{kel(i+1)} = t_{kai} = t_{kei} - \delta t_k \tag{7.20}$$

Im ersten Element der Reihe ($i = 1$) ist

$$\Delta t_{ai} = \Delta t_{a1} = t_{wa} - t_{ke} \tag{7.21}$$

und im letzten Element

$$t_{wei} = t_{we}, \quad t_{kai} = t_{ka}. \tag{7.22}$$

Für ein beliebiges i-tes Element erhält man

$$\delta t_{wi} = \Delta t_{ai} \frac{\varphi_{Eeli}}{1 - W_{eli}\varphi_{Eeli}} \prod_{r=1}^{i-1} \frac{1 - \varphi_{Eelr}}{1 - W_{elr}\varphi_{Eelr}} \tag{7.23}$$

Die Temperaturveränderung des wärmeabgebenden Fluids in der betrachteten Reihe (bei n Elementen) ist

$$\delta t_w = \sum_{i=1}^{n} \delta t_{wi} = \Delta t_{a1} \sum_{i=1}^{n} \frac{\varphi_{Eeli}}{1 - W_{eli}\varphi_{Eeli}} \prod_{r=1}^{i-1} \frac{1 - \varphi_{Eelr}}{1 - W_{elr}\varphi_{Eelr}} \tag{7.24}$$

Die entsprechende Temperaturveränderung des wärmeaufnehmenden Fluids ist

$$\delta t_k = \sum_{i=1}^{n} A_{eli}\delta t_{wi} = \Delta t_{ai} \sum_{i=1}^{n} \frac{W_{eli}\varphi_{Eeli}}{1 - W_{eli}\varphi_{Eeli}} \prod_{r=1}^{i-1} \frac{1 - \varphi_{Eelr}}{1 - W_{elr}\varphi_{Eelr}} \tag{7.25}$$

Aus (7.1), (7.23), (7.24) ergibt sich die Funktion der Äquivalente für eine Reihe als

$$W_r = \frac{1}{R_r} = \frac{\displaystyle\sum_{i=1}^{n} \frac{W_{eli}\varphi_{Eeli}}{1 - W_{eli}\varphi_{Eeli}} \prod_{r=1}^{i-1} \frac{1 - \varphi_{Eelr}}{1 - W_{elr}\varphi_{Eelr}}}{\displaystyle\sum_{i=1}^{n} \frac{\varphi_{Eeli}}{1 - W_{eli}\varphi_{Eeli}} \prod_{r=1}^{i-1} \frac{1 - \varphi_{Eelr}}{1 - W_{elr}\varphi_{Eelr}}} \tag{7.26}$$

Nach Einsetzen von (7.24) in (7.2) sowie unter Verwendung von W_r nach (7.26) ist

$$t_{wa} - t_{ka} = \frac{W_r}{P_r} \delta t_w, \tag{7.27}$$

$$t_{wa} - t_{ke} = \frac{W_r}{P_r} \delta t_w - \delta t_k. \tag{7.28}$$

Damit erhält man die gesuchte Gleichung der Effektivitätsfunktion einer Reihe an n verschiedenen Elementen bei reinem Gleichstrom

$$\varphi_{Er} = \frac{\displaystyle\sum_{i=1}^{n} \frac{\varphi_{Eeli}}{1 - W_{eli}\varphi_{Eeli}} \prod_{r=1}^{i-1} \frac{1 - \varphi_{Eelr}}{1 - W_{elr}\varphi_{Eelr}}}{\displaystyle 1 + \sum_{i=1}^{n} \frac{W_{eli}\varphi_{Eeli}}{1 - W_{eli}\varphi_{Eeli}} \prod_{r=1}^{i-1} \frac{1 - \varphi_{Eelr}}{1 - W_{elr}\varphi_{Eelr}}} \tag{7.29}$$

Aus (7.2), (7.26), (7.29) folgt der Ausdruck für den dimensionslosen Temperaturkomplex

$$P_r = \frac{\displaystyle\sum_{i=1}^{n} \frac{W_{eli}\,\varphi_{Eeli}}{1 - W_{eli}\varphi_{Eeli}} \prod_{r=1}^{i-1} \frac{1 - \varphi_{Eelr}}{1 - W_{elr}\varphi_{Eelr}}}{\displaystyle 1 + \sum_{i=1}^{n} \frac{W_{eli}\varphi_{Eeli}}{1 - W_{eli}\varphi_{Eeli}}} \tag{7.30}$$

Die Gln. (7.26), (7.29), (7.30) sind den angesetzten Ausgangsdaten nach die allgemeinsten, die möglich sind. Beispiele ihrer Vereinfachung für Sonderfälle sind in Abschn. 7.1.5. und 7.1.7. aufgeführt.

7.1.4. *Effektivitätsfunktion einer Reihe gleichartiger Elemente bei reinem Gleichstrom in der Reihe*

Die Reihe wird bei $M_G = 0$, $M_V = 0$ betachtet. Es sind bekannt:

$$\left.\begin{aligned} P_{el} &= P_{el1} = P_{el2} = \cdots = P_{eln} \\ W_{el} &= W_{el1} = W_{el2} = \cdots = W_{eln} \\ S_{el} &= S_{el1} = S_{el2} = \cdots = S_{eln} \\ \varphi_{Eel} &= \varphi_{Eel1} = \varphi_{Eel2} = \cdots = \varphi_{Eeln} \end{aligned}\right\} \tag{7.31}$$

Bei diesen Bedingungen erfolgt die Umwandlung von (7.12) bis (7.17):

- Temperaturveränderung des wärmeabgebenden Fluids in einem beliebigen i-ten Element

$$\delta t_{wi} = (t_{wa} - t_{ka})\,\varphi_{Eel}[1 - \varphi_{Eel}(W_{el} + 1)]^{i-1} \tag{7.32}$$

- Temperaturveränderung desselben Fluids in der ganzen Reihe (in n Elementen)

$$\delta t_w \sum_{i=1}^{n} \delta t_{wi} = (t_{wa} - t_{ka})\,\frac{1 - [1 - \varphi_{Eel}(W_{el} + 1)]^n}{W_{el} + 1} \tag{7.33}$$

- Effektivitätsfunktion einer Reihe aus gleichen Elementen bei reinem Gleichstrom in der Reihe

$$\varphi_{Er} = \frac{1 - [1 - \varphi_{Eel}(W_{el} + 1)]^n}{W_{el} + 1} \tag{7.34}$$

Weiterhin ist $W_r = W_{el}$ bei W_r nach (7.16), δt_{ki} gegeben nach (7.7), δt_k gegeben nach (7.1), P_r nach (7.2).

Falls in (7.32) bis (7.34) $i = n = 1$ gesetzt wird (Bedingung zur Reduzierung einer Reihe auf ein einzelnes Element), erhält man

$$\varphi_{Er} = \varphi_{Eel}$$

und

$$\delta t_{wi} = \delta t_w = (t_{wa} - t_{ke})\,\varphi_{Eel} \tag{7.35}$$

7.1.5. *Effektivitätsfunktion einer Reihe an gleichen Elementen bei reinem Gegenstrom in der Reihe*

Die Reihe wird bei $M_G = 1$, $M_V = 0$ betrachtet.

Die Ausgangsdaten sind die gleichen wie in (7.31). Bei diesen Bedingungen werden (7.23) bis (7.30) vereinfacht.

- Temperaturveränderung des wärmeabgebenden Fluids in einem beliebigen i-ten Element

$$\delta t_{wi} = (t_{wa} - t_{ke})\,\frac{\varphi_{Eel}}{1 - W_{el}\varphi_{Eel}}\left(\frac{1 - \varphi_{Eel}}{1 - W_{el}\varphi_{Eel}}\right)^{i-1} \tag{7.36}$$

— Temperaturänderung des wärmeabgebenden Fluids in der ganzen Reihe (in n Elementen)

$$\delta t_w = \sum_{i=1}^{n} \delta t_{wi} = (t_{wa} - t_{ke}) \frac{\left(\frac{1 - \varphi_{Eel}}{1 - W_{el}\varphi_{Eel}}\right)^n - 1}{W_{el} - 1} \tag{7.37}$$

— Effektivitätsfunktion einer Reihe aus gleichen Elementen bei reinem Gegenstrom

$$\varphi_{Er} = \frac{\left(\frac{1 - \varphi_{Eel}}{1 - W_{el}\varphi_{Eel}}\right)^n - 1}{W_{el}\left(\frac{1 - \varphi_{Eel}}{1 - W_{el}\varphi_{Eel}}\right)^n - 1} \tag{7.38}$$

Weiterhin ist $W = W_{el}$ (mit W nach (7.26)), δt_{ki} gegeben nach (7.7), δt_k gegeben nach (7.1), P_r gegeben nach (7.2). Ein (7.38) analoger Ausdruck für die Effektivität wird in [76] angeführt.

Bei $i = n = 1$ (Bedingungen zur Reduzierung der Reihe auf ein einziges Element), erhält man $\varphi_{Er} = \varphi_{Eel}$,

$$\delta t_{wi} = \delta t_w = (t_{wa} - t_{ke}) \frac{\varphi_{Eel}}{1 - W_{el}\varphi_{Eel}} \tag{7.39}$$

Bei $W_{el} = 1$ sollten anstelle von (7.37) und (7.38)

$$\delta t_w = (t_{wa} - t_{ke}) \frac{n\varphi_{Eel}}{1 - \varphi_{Eel}} \tag{7.40}$$

$$\varphi_{Er} = \frac{n\varphi_{Eel}}{1 - \varphi_{Eel} + n\varphi_{Eel}} \tag{7.41}$$

benutzt werden.

7.1.6. Effektivitätsfunktion eines Elementepaares bei reinem Gleichstrom im Paar

Das Elementepaar wird bei $M_{Gep} = 0$ betrachtet.

Ein Elementepaar besteht aus zwei in Reihe geschalteten Elementen mit unterschiedlichen Stromführungen in jedem.

Im einfachsten (und verbreitetsten) Fall sind das spiegelverkehrt gelegene Elemente, deren Gegenstromkoeffizienten sich unterscheiden, also

$$p_{el1} \neq p_{el2}$$

$$\varphi_{Eel1} \neq \varphi_{Eel2}$$

Im allgemeineren Falle können sich auch die Wärmeübertragungsflächen ($A_{el1} \neq A_{el2}$), die Wärmedurchgangskoeffizienten ($k_{el1} \neq k_{el2}$) unterscheiden sowie die Größen ($c_{pw}\eta_{vw}$ und $c_{pk}\eta_{vk}$), was gleichwertig ist, mit

$W_{el2} \neq W_{el2}$

$S_{el1} \neq S_{el2}$

der Elemente im Paar voneinander unterscheiden.

Bei diesen Bedingungen werden die Gln. von (7.12) bis (7.17) umgewandelt:

— Temperaturänderung der Fluide im 1. Element des Paares

$$\delta t_{w1} = (t_{wa} - t_{ke})\, \varphi_{Eel1} \tag{7.42}$$

$$\delta t_{k1} = W_{el\,1} \delta t_{w1} \tag{7.43}$$

— Temperaturänderung der Fluide im 2. Element

$$\delta t_{w2} = (t_{wa} - t_{ke})\, \varphi_{Eel2}[1 - \varphi_{Eel1}(W_{el1} + 1)] \tag{7.44}$$

$$\delta t_{k2} = W_{el2} \delta t_{w2} \tag{7.45}$$

— Temperaturänderung der Fluide im Elementepaar

$$\delta t_{wep} = \delta t_{w1} + \delta t_{w2} = (t_{wa} - t_{ke})\, [\varphi_{Eel1} + \varphi_{Eel2} - \varphi_{Eel1}\varphi_{Eel2}(W_{el1} + 1)] \tag{7.46}$$

$$\delta t_{kep} = \delta t_{k1} + \delta t_{k2} = (t_{wa} - t_{ke})\, [W_{el1}\varphi_{Eel1} + W_{el2}\varphi_{Eel2} - A_{el2}\varphi_{Eel1}\varphi_{Eel2} \times (W_{el1} + 1)] \tag{7.47}$$

— die Effektivitätsfunktion eines Elementepaares bei reinem Gleichstrom im Paar

$$\varphi_{Eep} = \frac{\delta t_{wep}}{\Delta t_{\max 1}} = \varphi_{Eel1} + \varphi_{Eel2} - \varphi_{Eel1}\varphi_{Eel2}(W_{el1} + 1) \tag{7.48}$$

— die Funktion der Wasseräquivalente des Elementepaares

$$W_{ep} = \frac{1}{R_{ep}} = W_{el1} \frac{\varphi_{Eel1}}{\varphi_{Eep}} + W_{el2} \left(1 - \frac{\varphi_{Eel1}}{\varphi_{Eep}}\right) \tag{7.49}$$

— dimensionsloser Temperaturkomplex

$$P_{ep} = W_{el1}\varphi_{Eel1} + W_{el2}\varphi_{Eel2}(1 - \varphi_{Eel1}(W_{el1} + 1)] \tag{7.50}$$

Bei $W_{el1} = W_{el2} = W_{el}$ (der verbreitetste Fall) kann in (7.43) bis (7.50) anstelle von W_{el1} und W_{el2} nur W_{el} geschrieben werden. In diesem Fall ist auch $W_{ep} = W_{el}$.

7.1.7. Effektivitätsfunktion eines Elementepaares bei reinem Gegenstrom im Paar

Das Elementepaar wird bei $M_{Gep} = 1$ betrachtet. Die Ausgangsdaten entsprechen Abschn. 7.1.6.

Bei diesen Bedingungen werden (7.23) bis (7.30) zu folgenden einfacheren Gleichungen:

— Temperaturänderung der Fluide im 1. Element des Paares

$$\delta t_{w1} = (t_{wa} - t_{ke}) \frac{\varphi_{Eel1}}{1 - A_{el1}\varphi_{Eel1}} \tag{7.51}$$

δt_{ki} — siehe Gl. (7.43)

— Temperaturänderung der Fluide im 2. Element

$$\delta t_{w2} = (t_{wa} - t_{ke}) \frac{\varphi_{Eel2}}{1 - A_{el2}\varphi_{Eel2}} \frac{1 - \varphi_{Eel1}}{1 - A_{el1}\varphi_{Eel1}} \tag{7.52}$$

δt_{k2} gemäß Gl. (7.45)

— Temperaturänderung der Fluide im Elementepaar

$$\delta t_{wep} = \delta t_{w1} + \delta t_{w2} = (t_{wa} - t_{ke}) \left(\frac{\varphi_{Eel1}}{1 - W_{el1}\varphi_{Eel1}} + \frac{\varphi_{Eel2}}{1 - W_{el2}\varphi_{Eel2}} \frac{1 - \varphi_{Eel1}}{1 - W_{el1}\varphi_{Eel1}} \right) \tag{7.53}$$

$$\delta t_{kep} = \delta t_{k1} + \delta t_{k2} = (t_{wa} - t_{ke}) \left(\frac{W_{el}\varphi_{Eel1l1}}{1 - W_{el1}\varphi_{Eel1}} + \frac{W_{el2}\varphi_{Eel2}}{1 - W_{el2}\varphi_{Eel2}} \frac{1 - \varphi_{Eel1}}{1 - W_{el1}\varphi_{Eel1}} \right) \tag{7.54}$$

— die Effektivitätsfunktion eines Elementepaares bei reinem Gegenstrom

$$\varphi_{Eep} = \frac{\varphi_{Eel1} + \varphi_{Eel2} - \varphi_{Eel1}\varphi_{Eel2}(W_{Eel2} + 1)}{1 - \varphi_{Eel1}\varphi_{Eel2}W_{el2}} \tag{7.55}$$

— Funktion der Wasseräquivalente des Elementepaares

$$W_{ep} = \frac{1}{R_{ep}} = \frac{\delta t_{kep}}{\delta t_{wep}} \tag{7.56}$$

mit δt_{kep} nach (7.54) und δt_{wep} nach (7.53)
— dimensionsloser Temperaturkomplex

$$P_{ep} = \varphi_{Eep} W_{ep} \tag{7.57}$$

mit φ_{Eep} nach (7.55) und W_{ep} nach (7.56)

Bei $W_{el1} = W_{el2} = W_{el}$ wird in (7.52) bis (7.55) anstelle von W_{el1} und W_{el2} nur W_{el} eingesetzt.

In diesem Falle ist $W_{ep} = W_{el}$.

7.1.8. *Effektivitätsfunktion einer Reihe aus Elementepaaren*

Reihen aus Elementepaaren werden nach 3 Merkmalen klassifiziert (s. die Klassifikation von Reihen aus Elementepaaren)

1. M_G — Gegenstrommerkmal der Reihe
(0 — reiner Gleichstrom, 1 — reiner Gegenstrom),

2. M_{Gep} — Gegenstrommerkmal des Elementepaares
(0 — reiner Gleichstrom, 1 — reiner Gegenstrom),
3. M_V — Vereinheitlichungsmerkmal der Elementepaar ein der Reihe
(0 — gleichartige Paare, 1 — verschiedenartige Paare).

Folglich sind 8 Arten von Reihen aus Elementepaaren möglich. Zur Berechnung der Wärmeübertragung in diesen Reihen können alle in Abschn. 7.1.1. bis 7.1.5. aufgeführten Gleichungen für Reihen aus gleich- und verschiedenartigen Elementen bei reinem Gegen- und Gleichstrom in den Reihen verwendet werden, wenn in ihnen überall die Größen, die sich auf ein Element beziehen, durch die entsprechenden Größen für ein Elementepaar aus Abschn. 7.1.6. und 7.1.7. ersetzt werden, d. h. wenn anstelle von W_{eli} oder W_{el} dann W_{ep}, anstelle von φ_{Eeli} oder φ_{Eel} dann φ_{Eep} eingesetzt werden. In Tab. 7.1 werden für jede der 8 Reihenarten die Bedingungen für das Umstellen (mit Hinweis auf die Gleichung) aufgeführt.

Tabelle 7.1: Bildung der Gleichungen zur Wärmeübertragungsberechnung für verschiedene Elementepaarreihen

Art der Reihe	1	2	3	4	5	6	7	8
M_G	0	0	0	0	1	1	1	1
M_{Gep}	0	0	1	1	0	0	1	1
M_v	0	1	0	1	0	1	0	1
$W_{eli} = W_{ep}$	—	(7.49)	—	(7.56)	—	(7.49)	—	(7.56)
$\varphi_{Eeli} = \varphi_{Eep}$	—	(7.48)	—	(7.55)	—	(7.48)	—	(7.55)
$W_{el} = W_{ep}$	(7.49)	—	(7.56)	—	(7.49)	—	(7.56)	—
$\varphi_{Eel} = \varphi_{Eep}$	(7.48)	—	(7.55)	—	(7.48)	—	(7.55)	—
δt_{wi}	(7.32)	(7.12)	(7.32)	(7.12)	(7.36)	(7.23)	(7.36)	(7.23)
δt_{ki}	(7.7)	(7.7)	(7.7)	(7.7)	(7.7)	(7.7)	(7.7)	(7.7)
δt_w	(7.33)	(7.13)	(7.33)	(7.13)	(7.37)	(7.24)	(7.37)	(7.24)
δt_k	(7.1)	(7.14)	(7.1)	(7.14)	(7.1)	(7.25)	(7.1)	(7.25)
φ_{Er}	(7.34)	(7.15)	(7.34)	(7.15)	(7.38)	(7.29)	(7.38)	(7.29)
W_r	$= A_{el}$	(7.16)	$= A_{el}$	(7.16)	$= A_{el}$	(7.26)	$= A_{el}$	(7.26)
P_r	(7.2)	(7.17)	(7.2)	(7.17)	(7.2)	(7.30)	(7.2)	(7.30)

7.2. *Wärmeübertragungsfläche einer Reihe*

7.2.1. *Fläche einer Reihe aus gleichen Elementen oder aus gleichen Elementepaaren*

Die Wärmeübertragungsfläche einer Reihe aus gleichen Elementen ($M_V = 0$) ist

$$A_r = A_{el} n_{elr} \tag{7.58}$$

die einer Reihe aus Elementepaaren ist

$$A_r = (A_{el1} + A_{el2})\, n_{epr} \tag{7.59}$$

A_{el}, A_{el1}, A_{el2} – Wärmeübertragungsflächen eines beliebigen Elementes der Reihe bzw. des ersten und zweiten Elementes des Paares
n_{elr} – Anzahl gleicher Elemente in der Reihe
n_{epr} – Anzahl gleicher Elementepaare in der Reihe $\left(= \frac{n_{el}}{2}\right)$

Die Zahl der Elemente (Elementepaare) in der Reihe ist von dem Gegenstrommerkmal der Reihe M_G abhängig.

Zur Vereinheitlichung der Darstellung wird in den unten aufgeführten Gleichungen die Nomenklatur φ_E, W, n, A verwendet. Bei einer Reihe aus Elementen entsprechen $\varphi_E = \varphi_{Eel}$, $W = W_{el}$, $n_r = n_{elr}$, $A = A_{el}$; bei einer Reihe aus Elementepaaren $\varphi_E = \varphi_{Eep}$, $W = W_{ep}$, $n_r = n_{epr}$, $A = A_{el1} + A_{el2}$.
Reiner Gegenstrom in einer Reihe aus gleichen Elementen oder Paaren:

$M_G = 1, \quad M_V = 0.$

Aus (7.37) folgt:

$$n_r = \frac{\ln \dfrac{t_{we} - t_{ka}}{t_{wa} - t_{ke}}}{\ln \dfrac{1 - \varphi_E}{1 - W\varphi_E}} \tag{7.60}$$

Reiner Gegenstrom in einer Reihe aus gleichen Elementen oder Paaren:

$M_G = 0, \quad M_V = 0.$

Aus (7.33) folgt:

$$n_r = \frac{\ln \dfrac{t_{we} - t_{ke}}{t_{wa} - t_{ka}}}{\ln [1 - \varphi_E(W + 1)]} \tag{7.61}$$

7.2.2. Fläche einer Reihe aus verschiedenen Elementen oder verschiedenen Elementepaaren

Die Wärmeübertragungsfläche einer Reihe aus verschiedenen Elementen ist

$$A_r = \sum_{i=1}^{n_{elr}} A_i \tag{7.62}$$

und für eine Reihe aus verschiedenen Elementepaaren

$$A_r = \sum_{i=1}^{n_{epr}} (A_{el1i} + A_{el2i}) \tag{7.63}$$

Die Anzahl der Elemente n_{elr} (oder der Elementepaare n_{epr}) wird bei vorgegebenen Elementetypen A_{el1}, A_{el2}, A_{el3}, ... (oder Elementepaartypen A_{el11}, A_{el121}, A_{el122}, A_{el123}, ...) und

$$\delta t_{wr} = t_{wa} - t_{we} \tag{7.64}$$

aus der Bedingung

$$t_{wr} \geqq \delta t_w \tag{7.65}$$

ermittelt, dabei ist δt_w durch (7.13) bei $M_G = 0$ und t_w durch (7.24) bei $M_G = 1$ gegeben.

7.3. Lokale Fluidtemperaturen in der Reihe

Nachfolgend werden die Gleichungen der lokalen Fluidtemperatur für alle Arten von Reihen aus Elementen oder Elementepaaren aufgeführt. Zur Vereinheitlichung der Darstellungsweise wird anstatt von φ_{Eel} und φ_{Eep} nur φ_E und anstelle von W_{el} und W_{ep} nur W geschrieben.

7.3.1. Reiner Gleichstrom, unterschiedliche Elemente oder Paare

Die Reihe wird bei $M_G = 0$, $M_V = 1$ betrachtet.

Die Fluidtemperaturen am Ende eines beliebigen i-ten Elements (Paares) sind:

$$t_{wai} = t_{wa} - (t_{wa} - t_{ka}) \sum_{m=1}^{i} \varphi_{Em} \prod_{p=1}^{m-1} [1 - \varphi_{Er}(W_r + 1)] \tag{7.66}$$

$$t_{kei} = t_{ka} + (t_{wa} - t_{ka}) \sum_{m=1}^{i} W_m \varphi_{Em} \prod_{p=1}^{m-1} [1 - \varphi_{Er}(W_r + 1)] \tag{7.67}$$

und die Fluidtemperaturen am Anfang eines beliebigen m-ten Elementes (Paares)

$$t_{wai} = t_{we(i-1)} \tag{7.68}$$

$$t_{kai} = t_{ke(i-1)} \tag{7.69}$$

7.3.2. Reiner Gegenstrom, unterschiedliche Elemente oder Paare

Die Reihe wird bei $M_G = 1$, $M_V = 1$ betrachtet.

Analog zum Vorhergehenden sind

$$t_{wei} = t_{wa} - (t_{wa} - t_{ke}) \sum_{m=1}^{i} \frac{\varphi_{Em}}{1 - W_m \varphi_{Em}} \prod_{p=1}^{m-1} \frac{1 - \varphi_{Er}}{1 - W_r \varphi_{Er}} \tag{7.70}$$

$$t_{kai} = t_{ke} - (t_{wa} - t_{ke}) \sum_{m=1}^{i} \frac{W_i \varphi_{Em}}{1 - W_m \varphi_{Em}} \prod_{p=1}^{m-1} \frac{1 - \varphi_{Er}}{1 - W_r \varphi_{Er}} \tag{7.71}$$

mit t_{wai} nach (7.68) und

$$t_{kei} = t_{ka(i-1)j}. \tag{7.72}$$

7.3.3. Reiner Gleichstrom, gleiche Elemente oder Paare

Die Reihe wird bei $M_G = 0$, $M_V = 0$ betrachtet.

Die lokalen Temperaturen im i-ten Element (Paar) sind

$$t_{wei} = t_{wa} - (t_{wa} - t_{ka}) \frac{1 - [1 - \varphi_E(W + 1)]^i}{W + 1} \tag{7.73}$$

$$t_{kei} = t_{ka} + (t_{wa} - t_{ka}) \frac{W}{W + 1} \{1 - [1 - \varphi_E(W + 1)]^i\} \tag{7.74}$$

mit t_{wai} nach (7.68) t_{kai} nach (7.69).

$$t_{wai} = t_{we(i-1)} \tag{7.75}$$

$$t_{kai} = t_{ke(i-1)} \tag{7.76}$$

7.3.4. Reiner Gegenstrom, gleiche Elemente oder Paare

Die Reihe wird bei $M_G = 1$, $M_V = 0$ betrachtet.

Die lokalen Temperaturen im i-ten Element (Paar) sind

$$t_{wei} = t_{wa} - (t_{wa} - t_{ke}) \frac{1}{W - 1} \left[\left(\frac{1 - \varphi_E}{1 - W\varphi_E}\right)^i - 1\right] \tag{7.77}$$

$$t_{kei} = t_{ke} - (t_{wa} - t_{ke}) \frac{W}{W - 1} \left[\left(\frac{1 - \varphi_E}{1 - W\varphi_E}\right)^{i-1} - 1\right] \tag{7.78}$$

mit t_{wai} nach (7.68).

7.4. Die Endtemperaturen der Fluide in der Reihe

Bei $i = n_{elr}$ (oder n_{epr}) werden (7.66), (7.67), (7.70), (7.71), (7.73), (7.74), (7.77), (7.78) zu Gleichungen zur Ermittlung der Endtemperaturen der Fluide in der Reihe. Anstelle dieser acht Gleichungen können zur Berechnung zweier beliebiger Temperaturen aus (t_{wa}, t_{we}, t_{ka}, t_{ke}) die Gleichungen verwendet werden, die aus (7.1) und (7.2) erhalten wurden.

$$_{we} = t_{wa} - (t_{wa} - t_{ka})\, \varphi_{Er} \tag{7.79}$$

$$_{ke} = t_{ka} + (t_{wa} - t_{ka})\, W_r \varphi_{Er} \tag{7.80}$$

7.5. Existenzbedingungen des Wärmeübertragungsprozesses in der Reihe

Diese Bedingungen werden auf den Anwendungsbereich des Modells bezogen betrachtet.

Bei der Flächenermittlung für eine Reihe aus gleichen Elementen oder Paaren ($M_V = 0$) werden die Grenzwerte der Bedingung

$$A_r \in (0, \infty) \tag{7.81}$$

nach (7.58), (7.59), (7.64), (7.65)

bei $A \in (0, \infty)$ (7.82)

nach (6.115), (7.49), (7.56)

entnommen, wenn bei reinem Gleichstrom in der Reihe ($M_G = 0$)

$$t_{wa} > t_{ka}, \quad t_{we} > t_{ke} \tag{7.83}$$

und bei reinem Gegenstrom in der Reihe ($M_G = 1$)

$$t_{wa} > t_{ke}, \quad t_{we} > t_{ka} \tag{7.84}$$

sind.

Bei der Flächenermittlung für eine Reihe aus verschiedenen Elementen oder Paaren ($M_V = 1$) ist der Prozeß dann real durchführbar, wenn die Bedingung

$$M_G = 0 \quad t_{wei} - t_{kei} > 0 \tag{7.85}$$

Tabelle 7.2: Existenzbedingungen des Wärmeübertragungsprozesses in einer Reihe

N	Art der Berechnung	M_V	M_G	Zusätzliche Bedingungen	Realitätsbedingungen
1.	Berechnung der Wärmeübertragungsfläche einer Reihe	0	0	n, W-beliebig	$\varphi_E \in \left(0, \frac{1}{W+1}\right)$ (7.93)
2.	Berechnung der lokalen Fluidtemperaturen in der Reihe			n-beliebig $W \leqq 1$	$\varphi_E \in (0,1)$ (7.94)
				n-beliebig $A > 1$	$\varphi_E \in \left(0, \frac{1}{W}\right)$ (7.95)
		1	0	n, W-beliebig	direkte Probe (7.85)
			1	n, W-beliebig	direkte Probe (7.86)
3.	Berechnung der Fluidendtemperaturen in der Reihe	0	0	n-beliebig $W \leqq 1$	(7.94)
				n-ungerade $W > 1$	$\varphi_E \in \left(0, \frac{A^{\frac{1}{n}}+1}{A+1}\right)$ (7.96)
				n-gerade $W > 1$	(7.93)
		1	1	n, W-beliebig	(7.94)
			0	n, W-beliebig	direkte Probe (7.91)
			1	n, W-beliebig	direkte Probe (7.92)

mit t_{wei} nach (7.66) und t_{kei} nach (7.67)

$$M_G = 1 \quad t_{wei} - t_{kai} > 0 \tag{7.86}$$

mit t_{wei} nach (7.70) und t_{kei} nach (7.71) erfüllt ist.

Bei der Berechnung der lokalen Fluidtemperaturen werden die Grenzwerte des Prozesses
bei $M_G = 0$, $M_V = 0$ der Bedingung

$$t_{wei} - t_{kai} > 0 \tag{7.87}$$

mit t_{wei} nach (7.73) und t_{kei} nach (7.74)
und bei $M_G = 1$, $M_V = 0$ der Bedingung

$$t_{wei} - t_{kai} > 0 \tag{7.88}$$

mit t_{wei} nach (7.77) und t_{kei} nach (7.78)
und bei $M_G = 0$; 1, $M_V = 1$ den Bedingungen (7.85) und (7.86) entnommen.

Bei der Berechnung der Fluidtemperaturen ergeben sich die Grenzwerte des Prozesses aus den Bedingungen

$$M_G = 0 \;\; M_V = 0 \;\; \varphi_{Er} \in (0, 1) \text{ mit } \varphi_{Er} \text{ nach (7.84)} \tag{7.89}$$

$$M_G = 1 \;\; M_V = 0 \;\; \varphi_{Er} \in (0, 1) \text{ mit } \varphi_{Er} \text{ nach (7.38)} \tag{7.90}$$

$$M_G = 0 \;\; M_V = 1 \;\; \varphi_{Er} \in (0, 1) \text{ mit } \varphi_{Er} \text{ nach (7.15)} \tag{7.91}$$

$$M_G = 1 \;\; M_V = 1 \;\; \varphi_{Er} \in (0, 1) \text{ mit } \varphi_{Er} \text{ nach (7.29)} \tag{7.92}$$

Die Realitätsbedingungen des Prozesses sind für alle betrachteten Fälle in Tab. 7.2 zusammengefaßt.

Es muß festgestellt werden, daß die Bedingungen (7.93) bis (7.95) den (6.132), (6.133) äquivalent sind. Folglich kann zur Ermittlung des zulässigen Bereiches des Prozesses in der Reihe die in Abb. 6.5. S. 13, angeführte Grafik verwendet werden.

7.6. Korrekturfaktor für die mittlere logarithmische Triebkraft bei Gegenstrom in der Reihe

Die Berechnungsgleichung und das Rechenschema für den Korrekturfaktor eines einzelnen Elements $\varepsilon_{\Delta t}$ wurden in Abschn. 6.5. und 6.10. beschrieben.

Gegeben sind n_r, t_{wa}, t_{we}, t_{ka}, t_{ke}.

Bei gleichen Elementen (Paaren) in der Reihe ist $W_r = W$, und W_r durch (7.1), P_r durch (7.3) gegeben und

$$\Delta t_{mge} = \delta t_w \frac{W - 1}{\ln \dfrac{1 - \dfrac{P_w}{W}}{1 - P_r}} \tag{7.97}$$

$$\Delta t_m = \frac{\dot{Q}}{kA_r} = \frac{\dot{Q}}{kAn_r} = \frac{\dot{m}_w c_{pw} \eta_{vw}}{kA} \frac{\delta t_w}{n_r} \tag{7.98}$$

Somit ist der Korrekturfaktor für eine Reihe aus Elementen

$$\varepsilon_{\Delta tr} = \frac{1}{n_r S(W-1)} \ln \frac{1 - \dfrac{P_r}{W}}{1 - P_r} \tag{7.99}$$

Das in (7.99) enthaltene S kann aus (6.117) ermittelt werden:

$$S = \frac{1}{Z} \ln \frac{2 + \varphi_E[Z - (W+1)]}{2 - \varphi_E[Z + (W+1)]} \tag{7.100}$$

mit

$$Z = \sqrt{(W+1)^2 - 4pW} \tag{7.101}$$

φ_E ist in (7.100) von der Stromführung der Fluide in der Reihe abhängig.

Bei reinem Gleichstrom in der Reihe ($M_G = 0$) ergibt sich auch (7.60)

$$\varphi_E = \frac{1 - \sqrt[n_r]{1 - P_r \dfrac{W+1}{W}}}{W+1} \tag{7.102}$$

Bei reinem Gegenstrom in der Reihe ($M_G = 1$) folgt aus (7.61)

$$\varphi_E = \frac{\sqrt[n_r]{\dfrac{1 - \dfrac{P_r}{W}}{1 - P_r}} - 1}{W \sqrt[n_r]{\dfrac{1 - \dfrac{P_r}{W}}{1 - P_r}} - 1} \tag{7.103}$$

und für $W = 1$

$$\varphi_E = \frac{1}{1 + n_r \left(\dfrac{1}{P_r} - 1\right)} \tag{7.104}$$

Da $\varphi_E = \varphi_E(n_r)$ ist, ist auch $S = S(n_r)$.

Bei $n_r = 1$ erhält man

$$\varphi_E = \frac{P_r}{W}$$

und $\varepsilon_{\Delta tr}$ nach (7.99) für eine Reihe reduziert sich auf $\varepsilon_{\Delta t}$ nach (6.141) für ein Element. Bei $n_r \neq 1$, $M_G = 1$, $p = 1$ (Gegenstrom in der Reihe und in jedem Element) ist $\varepsilon_{\Delta tr} = 1$. Bei $n_r \neq 1$, $M_G = 0$, $p = 0$ (Gegenstrom in der Reihe und in jedem Element) wird $\varepsilon_{\Delta tr}$ nach (7.99) zu $\varepsilon_{\Delta t}$ nach (2.3.4.8.), wenn in letzteren $W_{el} = W$, $P_{el} = P_r$ gesetzt wird.
Bei $P_r = 0$ ist $\varepsilon_{\Delta t} = 1$ (s. (7.99)).

Der Anwendungsbreite (nicht der Form) nach analoge Gleichungen zur Berechnung von $\varepsilon_{\Delta tr}$ sind in [18] mit Hinweis auf die Arbeit BAUMANNS [59] und GARDNERS [60] enthalten. Wenn in (7.99) bis (7.103) $n_r = 1$ gesetzt wird, entartet die Reihe zum Element und

$$\varepsilon_{\Delta tel} = \frac{1}{S_{el}(W-1)} \ln \frac{1 - \frac{P_r}{W}}{1 - P_r} \tag{7.105}$$

$$S_{el} = Sn_{r=1} = \frac{1}{Z} \ln \frac{2 + \frac{P_r}{W}[Z - (W+1)]}{2 - \frac{P_r}{W}[Z + (W+1)]} \tag{7.106}$$

Die Gleichung für $\varepsilon_{\Delta tel}$ nach (7.105) bei Berücksichtigung von S_{el} nach (7.106) entspricht der früher erhaltenen Korrekturfaktorgleichung für ein Element $\varepsilon_{\Delta t}$ nach (6.141).

Wenn $\varepsilon_{\Delta tr}$ nach (7.99) und $\varepsilon_{\Delta tel}$ nach (7.105) bekannt sind, kann der Korrekturfaktor zum Korrekturfaktor ermittelt werden,

$$\varepsilon_{\varepsilon} = \frac{\varepsilon_{\Delta tr}}{\varepsilon_{\Delta tel}} = \frac{S_{el}}{Sn_r} \tag{7.107}$$

Dieser neue Korrekturfaktor ist vorteilhaft, da er bei Vorliegen von Tabellen bzw. Nomogrammen für Elemente $\varepsilon_{\Delta tel}$ (s. Abschn. 6.10.) erlaubt, den Einfluß nur eines Faktors der Elementeanzahl in der Reihe n_r hervorzuheben und zu berücksichtigen. Somit ergibt sich die Möglichkeit, die Anzahl Daten über $\varepsilon_{\Delta tr}$ für die Reihe bedeutend zu verringern und doch eine vollständige Information zu gewährleisten.

Mit (7.99) bis (7.107) wurden die Tabellen für $\varepsilon_{\varepsilon}$ und $\varepsilon_{\Delta tr}$ bei $M_G = 0$ und 1; $n_r \in [2, 5]$; $n_r = 1$; $p \in [0, 1]$; $\Delta P = 0, 1$; $P_r \in [0, 1;\ 1]$; $\Delta P_r = 0, 1$; $R = \frac{1}{A} \in [0{,}001;\ 1000]$, für 40 Werte von R berechnet. Insgesamt wurden 88 Tabellen $\varepsilon_{\varepsilon} = f(M_G, n_r, p, P_r, R)$ berechnet, jede der Tabellen enthält bis zu 400 Werte von ε. Somit enthalten die Tabellen 35200 Daten über $\varepsilon_{\Delta tr}$ und 35200 Daten über $\varepsilon_{\varepsilon}$.

Es sind die genauesten und ausführlichsten unter den bekannten Tabellen. Sie können zur schnellen und genauen Ermittlung von $\varepsilon_{\Delta tr}$ für Reihen mit beliebiger Elemente(Paar)anzahl und mit beliebigen Fluidstromführungen im Element verwendet werden. Seinerseits wird $\varepsilon_{\Delta tr}$ zur Ermittlung der benötigten Übertragungsfläche des Elementes (Paares) A bei vorgegebener Elementeanzahl n_r in der Reihe benötigt.

Die Ermittlung geht nach folgendem Schema vor sich:

$$\varepsilon_{\Delta tr} \rightarrow \Delta t_m \rightarrow A_r = \frac{\dot{Q}}{k \Delta t_m} \rightarrow A = \frac{A_r}{n_r}$$

Mit den Tabellen können außerdem für ε_ε, $\varepsilon_{\Delta tr}$ ungefährt 180 Nomogramme für die Korrekturfaktoren erstellt (bzw. überprüft und präzisiert) werden, d. h. die Projektierungsrichtlinien für Wärmeübertrager beträchtlich erweitert werden.

Wenn die Übertragungsfläche des Elementes (Paares) A vorgegeben, aber ihre Anzahl in der Reihe n_r unbekannt ist, kann der Korrekturfaktor in der Form $\varepsilon_{\Delta tr} = f(M_G, S, p, P_r, R)$ dargestellt werden.

Bei reinem Gleichstrom in der Reihe ($M_G = 0$) ist

$$\varepsilon_{\Delta tr} = \frac{\ln\left[1 - \varphi_E(W + 1)\right]}{S(W - 1)} \; \frac{\ln \dfrac{1 - \dfrac{P_r}{W}}{1 - P_r}}{\ln\left(1 - P_r \dfrac{W + 1}{W}\right)} \tag{7.108}$$

und für $W = 1$, $P \neq 1$

$$\varepsilon_{\Delta tr} = \frac{P_r}{S(1 - P_r)} \ln \frac{1 - 2\varphi_E}{1 - 2P_r} \tag{7.109}$$

Bei reinem Gegenstrom in der Reihe ($M_G = 1$) ist

$$\varepsilon_{\Delta tr} = \frac{\ln \dfrac{1 - \varphi_E}{1 - W\varphi_E}}{S(W - 1)} \tag{7.110}$$

und für $W = 1$, $P \neq 1$

$$\varepsilon_{\Delta tr} = \frac{2}{SZ} \, \frac{e^{SZ} - 1}{e^{SZ} + 1} \tag{7.111}$$

Bei $P = 1$ und beliebigem W ist $\varepsilon_{\Delta t} = 1$. Die in (7.105) bis (7.107) enthaltenen φ_E werden mit (BB — φ_E) ermittelt (s. Abb. 6.7). Diese $\varepsilon_{\Delta t}$ werden zur Anfertigung von Tabellen und Nomogrammen für Korrekturfaktoren sowie zur Ermittlung von n_r nach folgendem Schema verwendet:

$$\varepsilon_{\Delta tr} \to \Delta t_m \to W_r \to n_r = \frac{W_r}{W}$$

7.7. Rechenschema zur Wärmeübertragungsflächenberechnung für eine Reihe

In Abb. 7.3 ist ein Universalrechenschema für eine Reihe aus gleichen Elementen und Elementepaaren dargestellt. In ihm ist M_{ep} das Merkmal des Vorhandenseins von Elementepaaren (0 — Reihe aus einfachen Elementen, ohne Paare, 1 — Reihe aus Elementepaaren). Das Rechenschema zur Berechnung der Effektivitätsfunktion für Elementepaare (BB — φ_{Eep}) ist in Abb. 7.4 angegeben. In den beiden angeführten Schemata ist (BB — φ_{Eel}) der Rechenblock zur Berechnung der Effektivitätsfunktion für ein Element (s. Abb. 6.18).

Eine Modifikation des Universalrechenschemas in Form eines Rechenschemas zur Berechnung der Übertragungsfläche einer Reihe aus Elementepaaren wurde

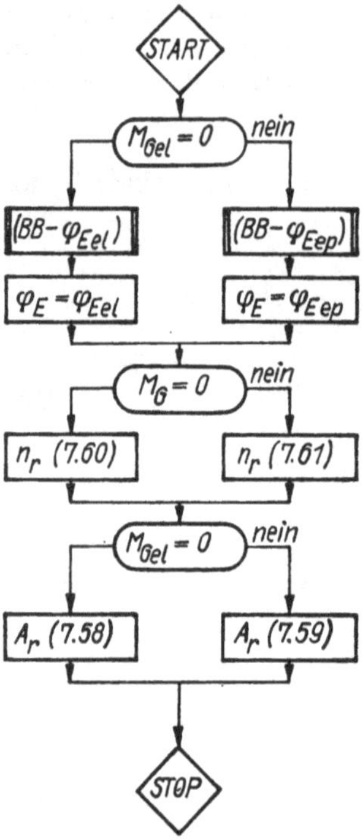

Abb. 7.3 Universalrechenschema zur Bestimmung der Wärmeübertragungsfläche einer Reihe aus Elementen oder Elementepaaren (Symbol: BB – A_r)

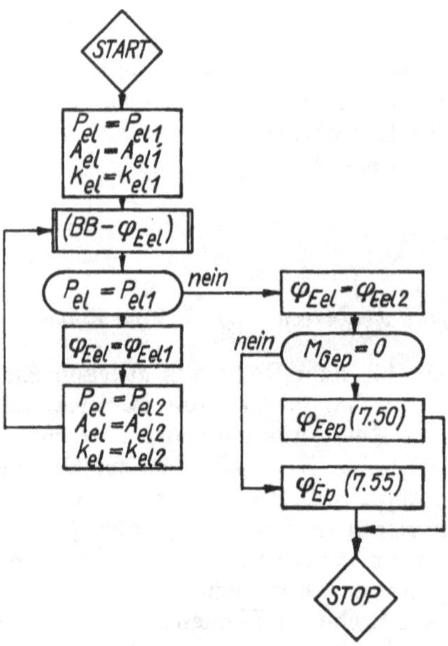

Abb. 7.4 Schema zur Berechnung der Effektivitätsfunktion für ein Elementepaar bei reinem Gegenstrom ($M_{Gep} = 1$) und reinem Gleichstrom ($M_{Gep} = 0$) im Paar (Symbol: BB – φ_{Eep})

in [148, 151, 152] veröffentlicht. Eine Modifikation des Universalrechenschemas zur Berechnung der Anzahl gleicher Elemente in einer Reihe wurde in verschiedenen Algorithmen zur Wärmeübertrageroptimierung verwendet und vom Autor in [148, 151, 152] in der Form (BB $- f_n$) veröffentlicht. Dieses Schema ist in Abb. 7.5 dargestellt. Aus ihm wurde die Berechnung von φ_{Eel} ausgeschlossen und die beiden Gleichungen für n_r wurden auf eine gemeinsame für $M_G = 0$ und $M_G = 1$ reduziert

$$n_r = \frac{\ln n_{\Delta t}}{\ln \dfrac{(Z - bW + 1) + (Z + bW - 1)\exp(SZ)}{(Z + bW - 1) + (Z - bW + 1)\exp(SZ)}} \tag{7.112}$$

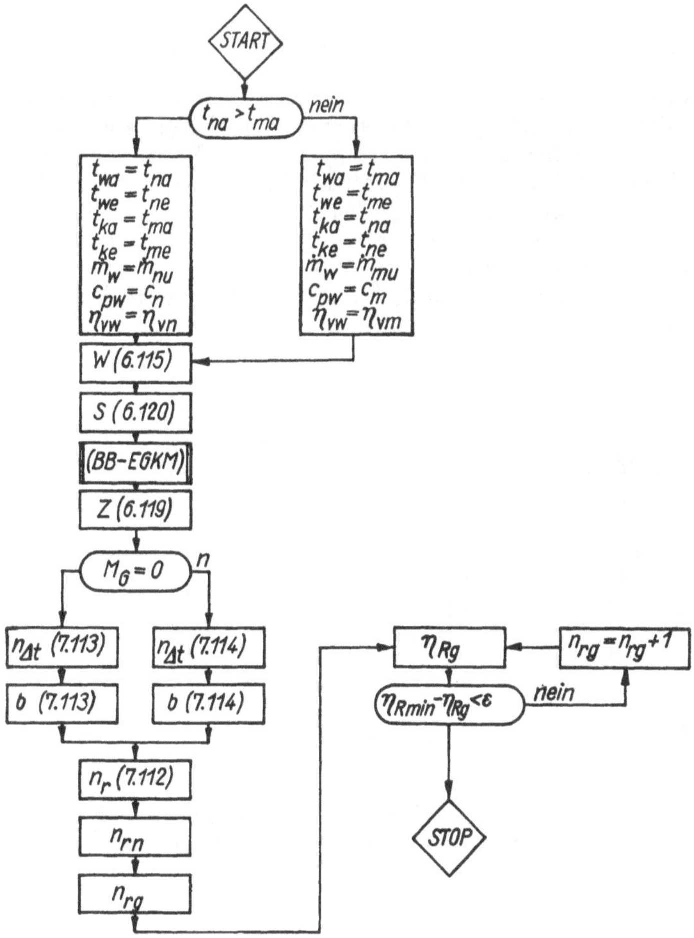

Abb. 7.5 Schema zur Berechnung der Elementeanzahl in einer Reihe (Symbol: BB $- n_r$)

dabei ist bei reinem Gleichstrom in der Reihe ($M_G = 0$)

$$b = -1, \; n_{\Delta t} = \frac{t_{wej} - t_{kej}}{t_{waj} - t_{kaj}} \tag{7.113}$$

und bei reinem Gegenstrom ($M_G = 1$)

$$b = 1, \; n_{\Delta t} = \frac{t_{wej} - t_{kaj}}{t_{waj} - t_{kej}} \tag{7.114}$$

Das Schema vermittelt außerdem noch die Aufrundung der Fläche auf eine ganzzahlige Apparateelementeanzahl mit Gewährleistung der notwendigen Reserve.

7.8. *Berechnung der lokalen und Endtemperaturen der Fluide in der Reihe*

Die Gleichungen für die Fluidtemperaturen an den Enden einer Reihe (7.79), (7.80) und eines Elementes (6.147), (6.148) stimmen der Form nach überein. Deshalb sind die Rechenschemata (BB — t_e) (s. Abschn. 6.6.4.) zur Berechnung zweier beliebiger unbekannter Endtemperaturen der Reihe bei Austausch von φ_{Eel} durch φ_{Er} vollständig anwendbar. Nach der Ermittlung der Endtemperaturen können die lokalen Temperaturen (an den Enden jedes i-ten Elementes der Reihe) berechnet werden.

Das Blockbild einer solchen Berechnung ist in Abb. 7.6 dargestellt.

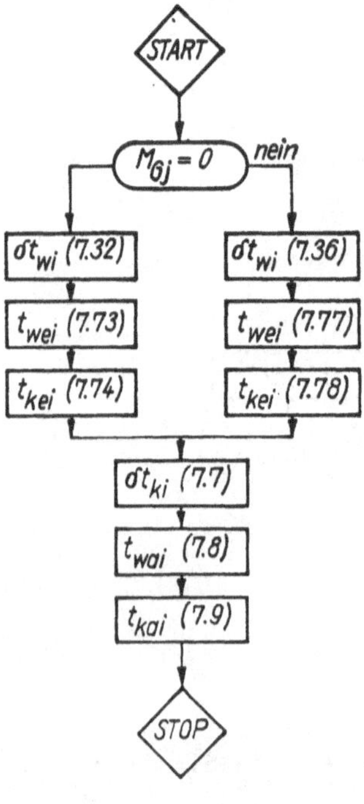

Abb. 7.6 Schema zur Berechnung der Fluidtemperaturen an den Enden des i-ten Elements der Reihe (Symbol: BB — t_i)

8. Wärmeübertragung in Komplexen

8.1. *Ein mathematisches Modell des Wärmeübertragungsprozesses in regelmäßigen Komplexen*

8.1.1. *Kopplungsgleichungen für einen Komplex*

Das mathematische Modell des Wärmeübertragungsprozesses im Komplex besteht in dem Gleichungssystem

$$W_{ko} = \frac{\delta t_k}{\delta t_w} = \frac{t_{ke} - t_{ka}}{t_{wa} - t_{we}} = \frac{\dot{m}_{wko}\bar{c}_{pw}\eta_{vw}}{\dot{m}_{kko}\bar{c}_{pk}\eta_{vk}} = \frac{1}{R_{ko}} \tag{8.1}$$

$$\varphi_{Eko} = \frac{\delta t_w}{\Delta t_{\max}} = \frac{t_{wa} - t_{we}}{t_{wa} - t_{ka}} = \frac{R_{ko}}{W_{ko}} \tag{8.2}$$

Nach (8.1) und (8.2) ist der dimensionslose Temperaturkomplex

$$P_{ko} = \frac{t_{ke} - t_{ka}}{t_{wa} - t_{ke}} \tag{8.3}$$

Die Kopplungsgleichungen (8.1), (8.2) für einen Komplex stimmen nach der Form mit den Kopplungsgleichungen (7.1.), (7.2) für eine Reihe und für ein Element (6.115), (6.116) überein. Die Spezifik der Gln. (8.1) und (8.2) besteht darin, daß t_{wa}, t_{we}, t_{ka}, t_{ke} die Temperaturen an den Enden des Komplexes sind (und nicht der Reihe oder des Elements). Die Darstellungsart der Effektivitätsfunktion für einen Komplex φ_{Eko} ist ebenfalls spezifisch. In den erwähnten Klassifikationen wurden 47 Typen einfacher (nicht zusammengesetzter) regelmäßiger Komplexe beschrieben, für die verbreitetsten sind die Effektivitätsfunktionen angegeben.

8.1.2. *Effektivitätsfunktion von Komplexen mit reinem Parallelstrom und gleichsinnig ausgerichteten Stromumkehrungen des wärmeaufnehmenden Fluids mit reinem Gegenstrom (Typ 00110) bzw. reinem Gleichstrom (Typ 00100) in den Reihen*

Die Schaltbilder der Komplexe 00110 und 00100 sowie die Temperaturverteilung der Fluide sind in Abb. 8.1 und 8.2 dargestellt. Die Komplexe bestehen aus U_w Parallelreihen mit n_r Elementen (Paaren) in jeder Reihe. Bekannt sind:

$$M_{WW} = 0,\ M_{wk} = 1,\ U_w \neq 1,\ U_k = 1,\ n_r \neq 1$$

$$\varphi_{Erj} \in (0, 1) = \varphi_{Er} = \text{const},\ W_{rj} = W = \frac{W_{k0}}{U_w} = \text{const}, \tag{8.4}$$

$$j \in [1, U_w]$$

Für Komplex 00110 ist $M_G = 1$, für Komplex 00100 ist $M_G = 0$. Entsprechend (7.1) und (7.2) ist die Temperaturänderung des wärmeabgebenden

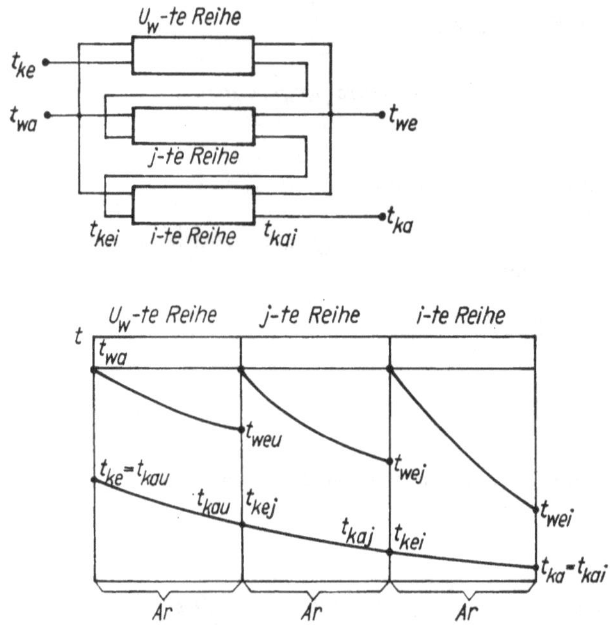

Abb. 8.1 Schaltbild und Temperaturschema des Komplexes 00110

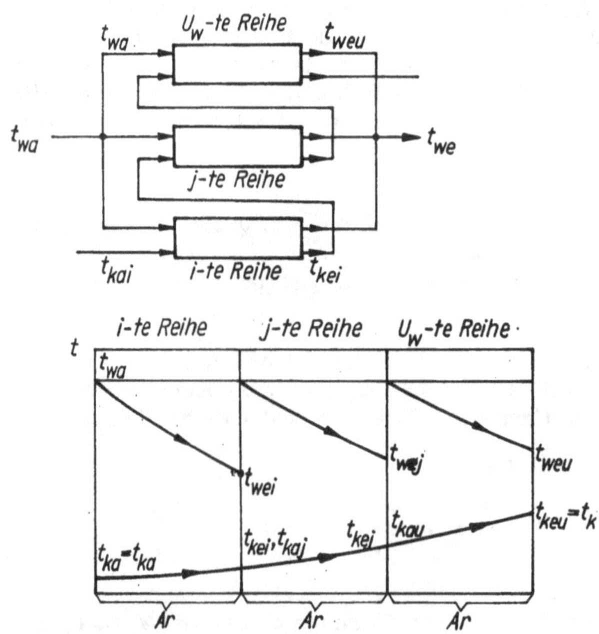

Abb. 8.2 Schaltbild und Temperaturschema des Komplexes 00100

Fluids in der j-ten Reihe

$$\delta t_{wj} = (t_{waj} - t_{kaj})\, \varphi_{Er} \tag{8.5}$$

und die entsprechende Temperaturveränderung des anderen Stromes

$$\delta t_{kj} = W \delta t_{wj} \tag{8.6}$$

Außerdem ist bekannt, daß

$$t_{wej} = t_{waj} - \delta t_{wj} \tag{8.7}$$

$$t_{waj} = t_{wa} \text{ für beliebige } j \tag{8.8}$$

$$t_{ka(j+1)} = t_{kej} = t_{kaj} + \delta k_j \tag{8.9}$$

$$t_{ka1} = t_{ka} \tag{8.10}$$

$$\delta t_w = t_{wa} - t_{we} = \frac{\sum_{j=1}^{U_w} \delta t_{wj}}{U_w} \tag{8.11}$$

$$\delta t_k = t_{ke} - t_{ka} = \sum_{j=1}^{U_w} \delta t_{kj} \tag{8.12}$$

sind.

Aus (8.5) bis (8.12) wird

$$\delta t_{wj} = (t_{wa} - t_{ka})\,(1 - W\varphi_{Er})^{j-1} \varphi_{Er}, \tag{8.13}$$

$$t_{kej} = t_{ka} + (t_{wa} - t_{ka})\,[1 - (1 - W\varphi_{Er})] \tag{8.14}$$

Mit Hilfe von (8.13), (8.14) und (8.6) bis (8.9) können die Fluidtemperaturen an den Enden jeder beliebigen j-ten Reihe ermittelt werden.

Bei $j = U_w$ folgt aus

$$\delta t_w = (t_{wa} - t_{ka})\, \frac{1 - (1 - W\varphi_{Er})^{U_w}}{W U_w} \tag{8.15}$$

$$\delta t_k = (t_{wa} - t_{ka})\,[1 - (1 - W\varphi_{Er})^{U_w}] \tag{8.16}$$

Die gesuchte Gleichung ist dann für die Effektivitätsfunktion der Komplexe 00110 und 00100

$$\varphi_{Ek0} = \frac{1 - (1 - W\varphi_{Er})^{U_w}}{W U_w} \tag{8.17}$$

In den Gln. (8.5) bis (8.17) ist

$$W = \frac{W_{k0}}{U_w} \tag{8.18}$$

die Funktion der Wasseräquivalente der Fluidströme in der Reihe (aber nicht im Komplex).

Bei $U_w = 1$ wird φ_{Ek0} nach (8.17) zu φ_{Er}, d. h. der Komplex reduziert sich auf eine Reihe.

Das in (8.17) enthaltene φ_{Er} wird bei $M_G = 1$ (Komplex 00110) nach (7.38) und bei $M_G = 0$ (Komplex 00100) nach (7.39) berechnet.

8.1.3. Effektivitätsfunktion von Komplexen mit reinem Parallelstrom und gleichsinnig ausgerichteten Stromumkehrungen des wärmeabgebenden Fluids bei reinem Gegenstrom (Typ 01010) bzw. bei reinem Gleichstrom (Typ 01000) in den Reihen

Die Schaltbilder der Komplexe 01010, 01000 und die Temperaturverteilung der Fluide in ihnen sind in Abb. 8.3 und 8.4 dargestellt. Die Komplexe bestehen aus U_w Parallelreihen mit n_r Elementen (Paaren) in jeder Reihe.

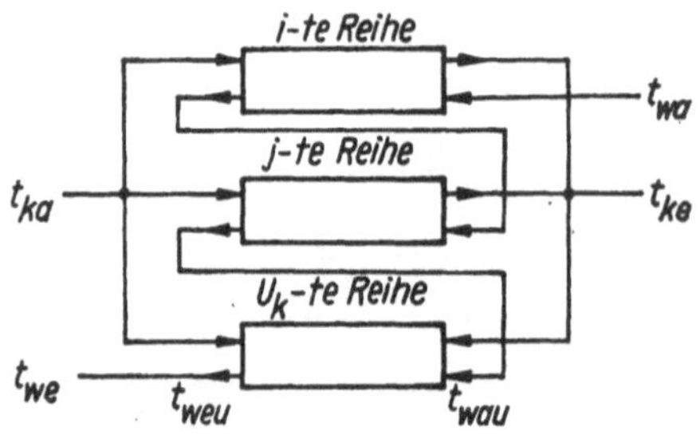

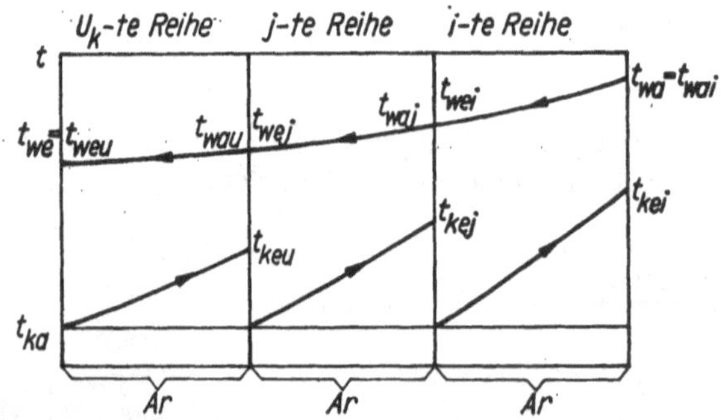

Abb. 8.3 Schaltbild und Temperaturschema des Komplexes 01010

Bekannt sind

$$M_{Ww} = 1,\ M_{Wk} = 0,\ U_w = 1,\ U_k \neq 1,\ n_r \neq 1$$

$$\varphi_{Erj} \in (0, 1) = \varphi_{Er} = \text{const},\ W_{rj} = W = W_{k0},\ U_w = \text{const}, \qquad (8.19)$$

$$j \in [1, U_w]$$

Für den Komplex 01010 ist $M_G = 1$, für den Komplex 0100 ist $M_G = 0$. Die Kopplungsgleichungen der Komplexe 01010 und 01000 sind

δt_{wj} gemäß (8.5)

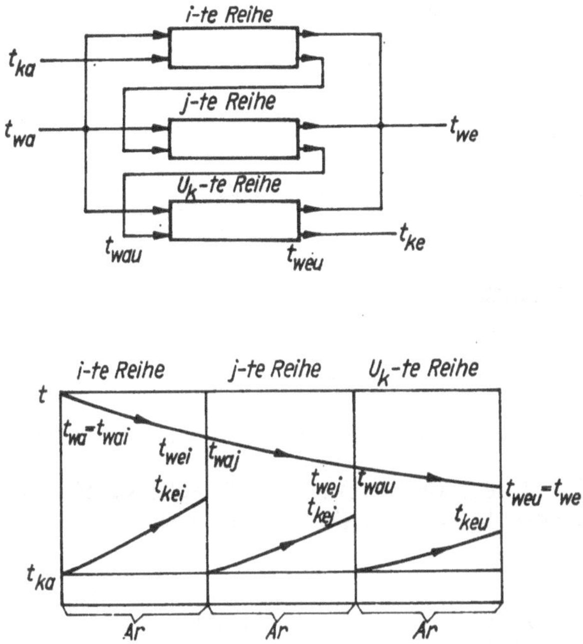

Abb. 8.4 Schaltbild und Temperaturschema des Komplexes 01000

δt_{kj} gemäß (8.6)

$$t_{wa(j+1)} = t_{wej} = t_{waj} - \delta t_{wj} \tag{8.20}$$

$$t_{wa1} = t_{wa} \tag{8.21}$$

$$t_{kaj} = t_{ka} \text{ bei beliebigen } j \tag{8.22}$$

$$t_{kej} = t_{kae} + \delta t_{kj} \tag{8.23}$$

$$\delta t_w = t_{wa} - t_{we} = \sum_{j=1}^{U_w} \delta t_{wj} \tag{8.24}$$

$$\delta t_k = t_{ke} - t_{ka} = \frac{\sum\limits_{j=1}^{U_w} \delta t_{kj}}{U_w} \tag{8.25}$$

Aus diesen Gleichungen wird

$$\delta t_{wj} = (t_{wa} - t_{ka})\,(1 - \varphi_{Er})^{j-1} \varphi_{Er} \tag{8.26}$$

$$t_{wej} = t_{ka} + (t_{wa} - t_{ka})\,(1 - \varphi_{Er})^{j} \tag{8.27}$$

Mit Hilfe von (8.26), (8.27), (8.6) und (8.23) bis (8.29) können die Fluidtemperaturen an den Enden jeder j-ten Reihe berechnet werden.

Bei $j = U_w$ ergibt sich (8.24) bis (8.27):

$$\delta t_w = (t_{wa} - t_{ka}) [1 - (1 - \varphi_{Er})^{U_w}] \tag{8.28}$$

$$\delta t_k = (t_{wa} - t_{ka}) W \frac{[1 - (1 - \varphi_{Er})^{U_w}]}{U_w} \tag{8.29}$$

Die gesuchte Gleichung für die Effektivitätsfunktion der Komplexe 01010 und 01000 ist dann

$$\varphi_{Ek} = 1 - (1 - \varphi_{Er})^{U_w} \tag{8.30}$$

In (8.5), (8.6) und (8.20) bis (8.30) ist

$$W = W_k U_w$$

die Effektivitätsfunktion der Wasseräquivalente in der Reihe (aber nicht im Komplex).

Bei $U_w = 1$ wird φ_{Ek} nach (8.30) zu φ_{Er}, d. h. der Komplex wird zu einer Reihe.

Die in (8.30) enthaltene Größe φ_{Er} wird bei $M_G = 1$ (Komplex 01010) nach (7.38) und bei $M_G = 0$ (Komplex 01000) nach (7.39) berechnet.

8.1.4. Effektivitätsfunktion von Komplexen mit reinem Parallelstrom und gegensinnig ausgerichteten Stromumkehrungen des wärmeaufnehmenden Fluids, mit reinem Gegenstrom (Typ 00210) bzw. mit reinem Gleichstrom (Typ 00200) in der ersten Reihe der Stromführung

Die Schaltbilder der Komplexe 00210 und 00200 sowie die Temperaturverteilung der Fluide sind in Abb. 8.5 und 8.6 dargestellt. Die Komplexe bestehen aus U_w Parallelreihen mit n_r Elementen in jeder Reihe.
Bekannt sind:

$$M_{Ww} = 0,\ M_W = 2,\ U_w \neq 1,\ U_k = 1,\ n_r \neq 1$$

$$\varphi_{Erj} \neq \varphi_{Er(j+1)},\ W_{rj} = W = \frac{W_k}{U_w} = \text{const},\ j \in [1, U_w] \tag{8.32}$$

Für Komplex 00210 ist $M_G = 1$, für Komplexe 00200 ist $M_G = 0$. Die Kopplungsgleichungen sind dieselben wie für die Komplexe 01010, 00100: δt_{wj} gemäß (8.5), δt_{wj} gemäß (8.6), t_{wej} gemäß (8.7), t_{waj} gemäß (8.8), $t_{ka(j+1)}$ gemäß (8.9), t_{ka1} gemäß (8.10), δt_w gemäß (8.11), δt_k gemäß (8.12).

Die Spezifik der Komplexe 00210, 00200 besteht darin, daß bei ihnen

$$\varphi_{Erju} = \varphi_{Er1} \tag{8.33}$$

und

$$\varphi_{Erjg} = \varphi_{Er2} \tag{8.34}$$

sind, wobei ju, jg ungerade und gerade j sind.

Aus den Gln. (8.5) bis (8.12), (8.33), (8.34) ergeben sich die Ausdrücke für eine beliebige j-te Reihe:

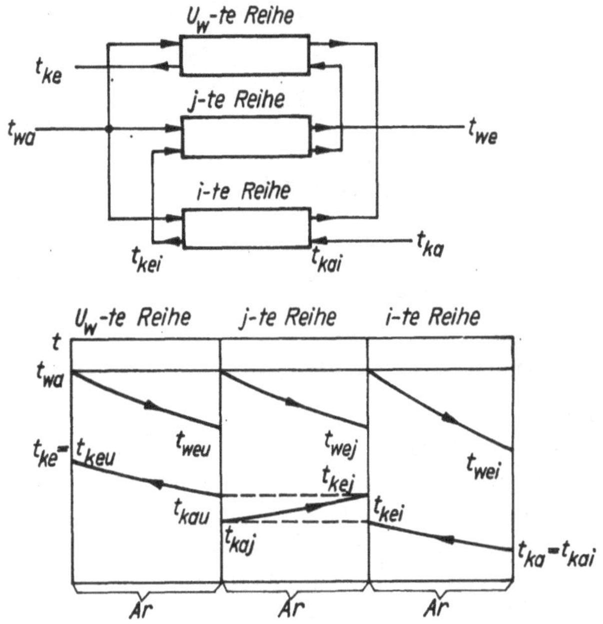

Abb. 8.5 Schaltbild und Temperaturschema des Komplexes 00210

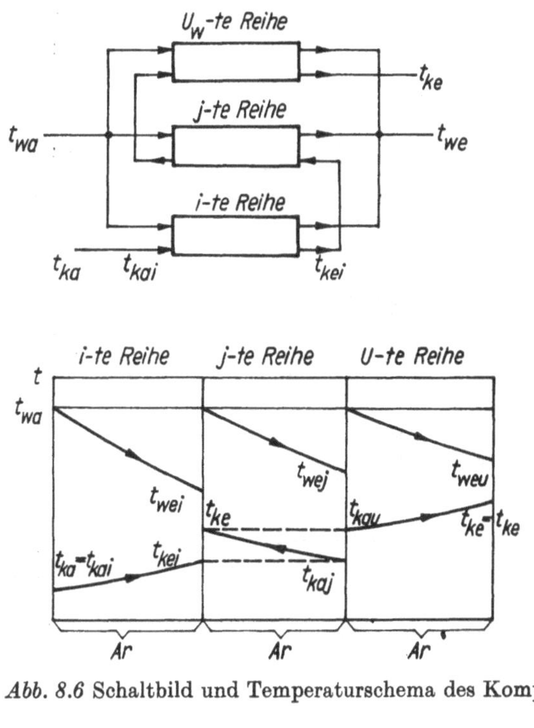

Abb. 8.6 Schaltbild und Temperaturschema des Komplexes 00200

1. bei ungeradem j:

$$\delta t_{wj} = (t_{wa} - t_{ka})\, \varphi_{Er1} \left[(1 - W\varphi_{Er1})\,(1 - W\varphi_{Er2})\right]^{\frac{j-1}{2}} \tag{8.35}$$

$$t_{kej} = t_{ka} + (t_{wa} - t_{ka}) \left[1 - (1 - W\varphi_{Er1})^{\frac{j-1}{2}} (1 - W\varphi_{Er2})^{\frac{j-1}{2}}\right] \tag{8.36}$$

2. bei geradem j:

$$\delta t_{wj} = (t_{wa} - t_{ke}) \frac{\varphi_{Er2}}{1 - W\varphi_{Er2}} \left[(1 - W\varphi_{Er1})\,(1 - W\varphi_{Er2})^{\frac{j}{2}}\right] \tag{8.37}$$

$$t_{kej} = t_{ka} + (t_{wa} - t_{ka}) \left[1 - (1 - \varphi_{Er1})^{\frac{j}{2}} (1 - W\varphi_{Er2})^{\frac{j}{2}}\right] \tag{8.38}$$

Wenn man annimmt, daß $\varphi_{Er1} = {}_E\varphi_{r2} = \varphi_{Er}$ ist, dann wird δt_{wj} nach (8.35), (8.37) zu δt_{wj} nach (8.13) und t_{kej} nach (8.36), (8.38) zu t_{kej} nach (8.14).

Gemäß (8.11) ist die Temperaturveränderung des wärmeabgebenden Fluids im ganzen Komplex bei $j = U_w$

1. bei ungeradem U_w

$$\delta t_w = (t_{wa} - t_{ka}) \frac{1 - (1 - W\varphi_{Er1})^{\frac{U_w+1}{2}} (1 - W\varphi_{Er2})^{\frac{U_w-1}{2}}}{WU_w} \tag{8.39}$$

2. bei geradem U_w

$$\delta t_w = (t_{wa} - t_{ka}) \frac{1 - (1 - W\varphi_{Er1})^{\frac{U_w}{2}} (1 - W\varphi_{Er2})^{\frac{U_w}{2}}}{WU_w} \tag{8.40}$$

Entsprechend Gl. (8.1) und (8.18)

$$\delta t_w = wU\delta t_a \tag{8.41}$$

Schließlich sind die gesuchten Gleichungen der Effektivitätsfunktion der Komplexe 00210 und 00200 wie folgt anzugeben:

1. bei ungeradem U_w

$$\varphi_{Ek} = \frac{1 - (1 - W\varphi_{Er1})^{\frac{U_w+1}{2}} (1 - W\varphi_{Er2})^{\frac{U_w-1}{2}}}{WU_w} \tag{8.42}$$

2. bei geradem U_w

$$\varphi_{Ek} = \frac{1 - (1 - W\varphi_{Er1})^{\frac{U_w}{2}} (1 - W\varphi_{Er2})^{\frac{U_w}{2}}}{WU_w} \tag{8.43}$$

In diesen Gleichungen gilt für W die Beziehung (8.18). Bei $\varphi_{Er1} = \varphi_{Er2} = \varphi_{Er}$ wird φ_{Ek} nach (8.42), (8.43) zu φ_{Ek} nach (8.17). Wenn $U_w = 1$ ist, wird φ_{Ek} zu φ_{Er}, d. h. der Komplex wird zur Reihe.

Bei $M_G = 1$ (Komplex 00210) ist $\varphi_{Er1} = \varphi_{Er}$, $\varphi_{Er2} = \varphi_{Er}$ nach (7.34) und bei $M_G = 0$ (Komplex 00200) ist $\varphi_{Er1} = \varphi_{Er}$ nach (7.34), $\varphi_{Er2} = \varphi_{Er}$ nach (7.38).

8.1.5. Effektivitätsfunktion von Komplexen mit reinem Parallelstrom und gegensinnig ausgerichteten Stromumkehrungen des wärmeabgebenden Fluids mit reinem Gegenstrom (Typ 02010) bzw. mit reinem Gleichstrom (Typ 02000) in der ersten Reihe der Stromführung

Die Schaltbilder Komplexe 02010 und 02000 sowie die Temperaturverteilung der Fluide sind in Abb. 8.7 und 8.8 dargestellt. Die Komplexe bestehen aus U_w Parallelreihen mit n_r Elementen in jeder Reihe.

Bekannt sind:

$$M_{Ww} = 2, \; M_{Wk} = 0, \; U_w = 1, \; U_k \neq 1, \; n_r \neq 1,$$

$$\varphi_{Erju} = \varphi_{Er1} \neq \varphi_{Erjg} = \varphi_{Er2}, \text{ (wobei } ju \text{ ungerade und } jg \text{ gerade } j \text{ sind)}$$

$$j \in [1, U_k], \tag{8.44}$$

für Komplex 02010 ist $M_G = 1$, für Komplex 02000 ist $M_G = 0$.

Die Kopplungsgleichungen sind dieselben wie für die Komplexe 01010, 01000: δt_{wj} nach (8.5), δt_{kj} nach (8.6), $t_{wa(j+1)}$ nach (8.20), δ_{wa1} nach (8.21), t_{kaj} nach (8.22), t_{kej} nach (8.23), δt_w nach (8.24), δt_k nach (8.25).

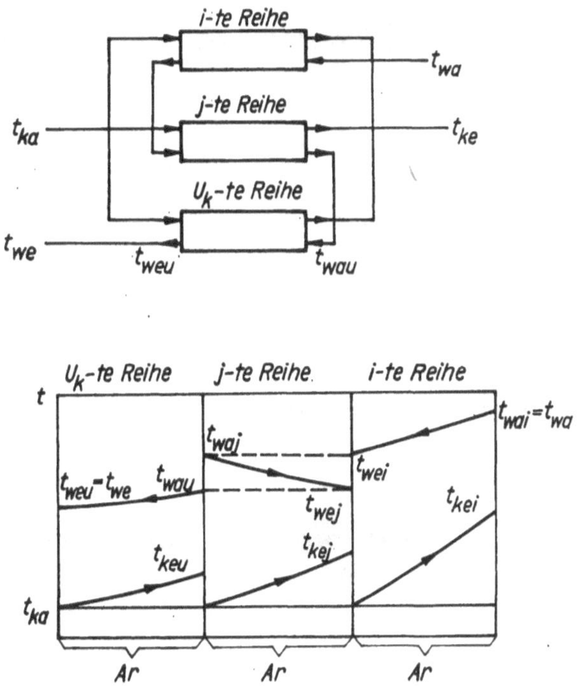

Abb. 8.7 Schaltbild und Temperaturschema des Komplexes 02010

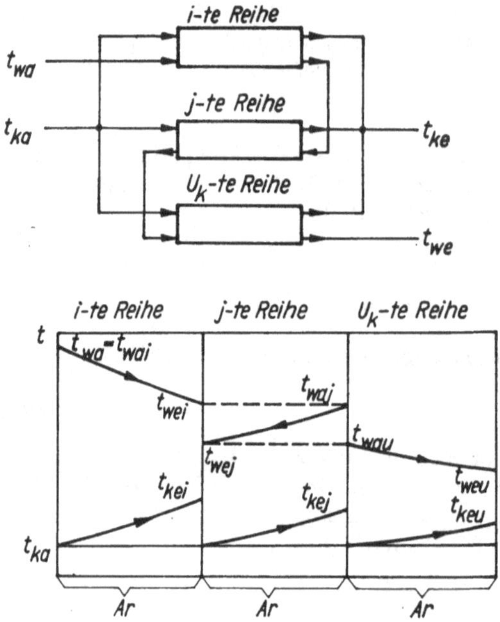

Abb. 8.8 Schaltbild und Temperaturschema des Komplexes 02000

Analog zu oben erhalten wir für eine beliebige j-te Reihe:

1. bei ungeradem j

$$\delta t_{wj} = (t_{wa} - t_{ka})\, \varphi_{Er1} \left[(1 - \varphi_{Er1})(1 - \varphi_{Er2})\right]^{\frac{j-1}{2}} \tag{8.45}$$

$$t_{wej} = t_{ka} + (t_{wa} - t_{ka})(1 - \varphi_{Er1})^{\frac{j+1}{2}} (1 - \varphi_{Er2})^{\frac{j-1}{2}} \tag{8.46}$$

2. bei geradem j

$$\delta t_{wj} = (t_{wa} - t_{ka}) \frac{\varphi_{Er2}}{1 - \varphi_{Er2}} \left[(1 - \varphi_{Er1})(1 - \varphi_{Er2})\right]^{\frac{j}{2}} \tag{8.47}$$

$$t_{wej} = t_{ka} + (t_{wa} - t_{ka})(1 - \varphi_{Er1})^{\frac{j}{2}} (1 - \varphi_{Er2})^{\frac{j}{2}} \tag{8.48}$$

Bei $\varphi_{Er1} = \varphi_{Er2} = \varphi_{Er}$ wird δt_{wj} nach (8.45), (8.46) zu δt_{wj} nach (8.26) sowie t_{wej} nach (8.46), (8.48) zu t_{wej} nach (8.27). Gemäß (8.24) ist bei $j = U_w$ für den ganzen Komplex:

1. bei ungeradem U_w

$$\delta t_w = (t_{wa} - t_{ka}) \left[1 - (1 - \varphi_{Er1})^{\frac{U_w-1}{2}} (1 - \varphi_{Er2})^{\frac{U_w-1}{2}}\right] \tag{8.49}$$

2. bei geradem U_w

$$\delta t_w = (t_{wa} - t_{ka}) \left[1 - (1 - \varphi_{Er1})^{\frac{U_w}{2}} (1 - \varphi_{Er2})^{\frac{U_w}{2}}\right] \tag{8.50}$$

Entsprechend (8.1) und (8.31) ist

$$\delta t_k = \frac{W}{U_w} \delta t_w \tag{8.51}$$

mit A nach (8.31)

Die gesuchten Gleichungen der Effektivitätsfunktion der Komplexe 02010, 02000 sind:

1. bei ungeradem U_w

$$\varphi_{Ek} = 1 - (1 - \varphi_{Er1})^{\frac{U_w+1}{2}} (1 - \varphi_{Er2})^{\frac{U_w-1}{2}} \tag{8.52}$$

2. bei geradem U_w

$$\varphi_{Ek} = 1 - (1 - \varphi_{Er1})^{\frac{U_w}{2}} (1 - \varphi_{Er2})^{\frac{U_w}{2}} \tag{8.53}$$

Bei $\varphi_{Er1} = \varphi_{Er2} = \varphi_{Er}$ wird φ_{Ek} nach (8.52), (8.53) zu φ_{Ek} nach (8.30). Wenn außerdem $U_w = 1$ ist, dann wird φ_{Ek} zu φ_{Er}, d. h. der Komplex reduziert sich auf eine Reihe. Bei $M_G = 1$ (Komplex 0210) ist $\varphi_{Er1} = \varphi_{Er}$ nach (7.38), $\varphi_{Er2} = \varphi_{Er}$ nach (7.34), bei $M_G = 0$ (Komplex 02000) ist $\varphi_{Er1} = \varphi_{Er}$ nach (7.34), $\varphi_{Er2} = \varphi_{Er}$ nach (7.38).

8.2. *Wärmeübertragungsfläche von Komplexen*

Die Wärmeübertragungsfläche für die Komplexe 00100, 00110, 01000, 01010, 00200, 02000, 02010 ist

$$A_k = A_{el} n_r U \tag{8.54}$$

dabei ist $U = U_w$ bei $M_{Ww} = 0$ (Komplexe 00100, 00110, 00200, 00210) und $U = U_k$ bei $M_{Wk} = 0$ (Komplexe 0100, 01010, 02000, 02010). Die Größen A_{el} und U sind gewöhnlich vorgegeben, deshalb besteht die Berechnung in der Ermittlung der Elementeanzahl in der Reihe n_r.

8.2.1. *Elementeanzahl in einer Reihe der Komplexe 00100, 00110, 01000, 01010*

Bekannt sind φ_{Ek} nach (8.2), W_k nach (8.1), φ_{Eel}, U_w, U_K. Das gesuchte n_r wird nach dem Schema: $A \to \varphi_{Er} \to n_r$ ermittelt. Bei $M_{Ww} = 0$ (Komplexe 00100, 00110) folgt aus (8.17)

$$\varphi_{Er} = \frac{1 - (1 - U_w W \varphi_{Ek})^{\frac{1}{U_w}}}{W} \tag{8.55}$$

bei $M_{Wk} = 0$ (Komplexe 01000, 01010) ist nach (8.30)

$$\varphi_{Er} = 1 - (1 - \varphi_{Ek})^{\frac{1}{U_k}} \tag{8.56}$$

bei $M_G = 0$ (Komplexe 00100, 01000) werden aus (7.39) das gesuchte

$$n_r = \frac{\ln\,[1 - \varphi_{Er}(W + 1)]}{\ln\,[1 - \varphi_{Eel}(W + 1)]} \tag{8.57}$$

und bei $M_G = 1$ (Komplex 00110, 01010)

$$n_r = \frac{\ln \dfrac{1 - \varphi_{Er}}{1 - W\varphi_{Er}}}{\ln \dfrac{1 - \varphi_{Eel}}{1 - W\varphi_E}} \tag{8.58}$$

ermittelt.

Die Nebenbedingungen sind für n_r analog zu (7.93) bis (7.95).

8.2.2. Elementeanzahl in einer Reihe der Komplexe 00200, 00210, 02000, 02010

Bekannt sind φ_{Ek} nach (8.2), A_k nach (8.1), φ_{Er1}, φ_{Er2}, U_w, U_k. Das gesuchte n_r wird mit Hilfe der Gln. (8.42), (8.43), (8.52), (8.93), (7.34), (7.38) iterativ ermittelt. Das Rechenschema für eine solche Berechnung ist nachfolgend angegeben.

8.3. Rechenschema zur Berechnung der Wärmeübertragungsfläche von Komplexen

Das Rechenschema zur Berechnung von A_k enthält die vom Typ des Komplexes abhängigen Rechenschemata für n_r.

8.3.1. Rechenschema zur Berechnung der Elementeanzahl in einer Reihe der Komplexe 00100, 00110, 01000, 01010

Das Rechenschema ist in Abb. 8.9 dargestellt. Es basiert auf den Gln. (8.55) bis (8.58). Es ist angebracht, festzustellen, daß, wenn φ_{Er} nach (8.55), (8.56) in der Form

$$\varphi_{Er} = \frac{1 - \left(1 - \dfrac{U_w}{U_k} W\varphi_{Ek}\right)^{\frac{U_k}{U_w}}}{A} \tag{8.59}$$

$$\varphi_{Er} = 1 - (1 - \varphi_{Ek})^{\frac{U_w}{U_k}} \tag{8.60}$$

dargestellt wird, das Rechenschema (BB — n_r — 1) sogar zur Berechnung von n_r in einer Reihe der Komplexe vom Typ 00000, 0010 anwendbar ist.

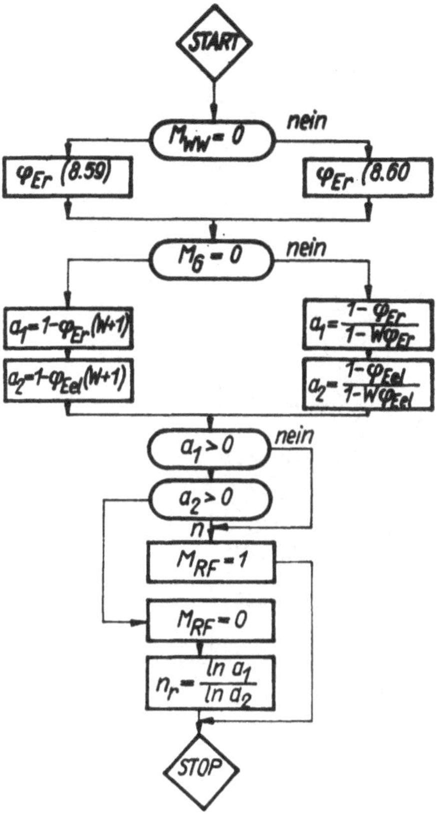

Abb. 8.9 Schema zur Berechnung der Elementenanzahl in einer Reihe der Komplexe 00100, 00110, 01000, 01010 (Symbol: BB — n_r — 1)

So ist bei $M_{Ww} = 0$, $M_{Wk} = 1$ (Komplexe 00100, 00110) $U_w \neq 1$, $U_k \neq 1$; und (8.59) wird zu (8.55); bei $M_{Ww} = 1$, $M_{Wk} = 0$ (Komplexe 01000, 01010) ist $U_w = 1$, $U_k \neq 1$ und (8.60) wird zu (8.56); bei $M_{Ww} = 0$, $M_{Wk} = 0$ (Komplexe 00000, 00010) ist $U_w = U_k = U$ und φ_{Er} nach (8.59), (8.60) gleich φ_{Ek} nach (8.2), d. h. der Komplex besteht aus U gleichen Parallelreihen. In (BB — n_r — 1) und in den nachstehenden beschriebenen Rechenschemata wird ein Merkmal für die Realität ($M_{RF} = 0$) bzw. Irrealität ($M_{RF} = 1$) des Prozesses bestimmt.

8.3.2. Rechenschema zur Berechnung der Elementeanzahl in einer Reihe der Komplexe 00200, 00210, 00200, 02010

Dieses Rechenschema (BB — n_r — 2) ist in Abb. 8.10 enthalten.

In (BB — n_r — 2) wird das Rechenschema (BB — ε_φ) zur Berechnung der Effektionität von Komplexen φ_{Ek} bei vorgegebenen n_r, U_w, U_k mehrmals

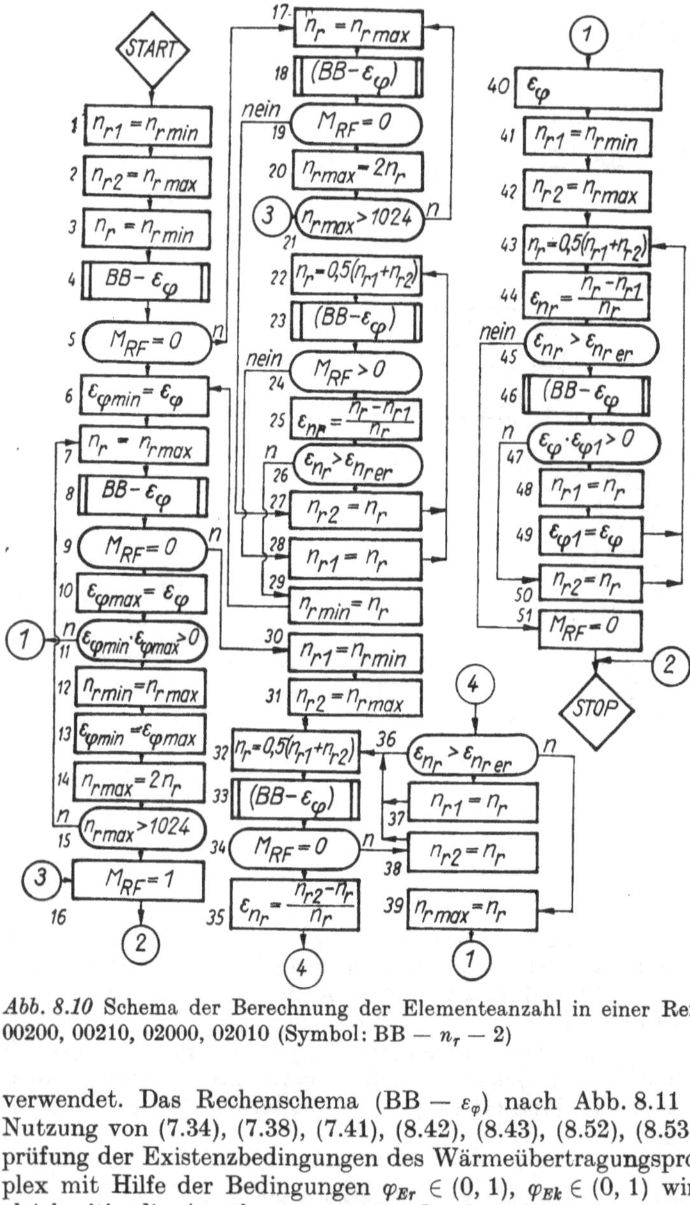

Abb. 8.10 Schema der Berechnung der Elementeanzahl in einer Reihe der Komplexe 00200, 00210, 02000, 02010 (Symbol: BB — n_r — 2)

verwendet. Das Rechenschema (BB — ε_φ) nach Abb. 8.11 beruht auf der Nutzung von (7.34), (7.38), (7.41), (8.42), (8.43), (8.52), (8.53). Bei der Überprüfung der Existenzbedingungen des Wärmeübertragungsprozesses im Komplex mit Hilfe der Bedingungen $\varphi_{Er} \in (0, 1)$, $\varphi_{Ek} \in (0, 1)$ wird in (BB — ε_φ) gleichzeitig die Annäherung von ε_φ der berechneten φ_{Ek} an die notwendige (durch die Berechnungsbedingungen vorgegebenen) φ_{Ek} bewertet. Die Größe wird zur iterativen Berechnung von n_r in (BB — n_r — 2) verwendet.

Das Rechenschema dieser Berechnung (s. (8.16)) beinhaltet 4 Funktionalgruppen der Blöcke:

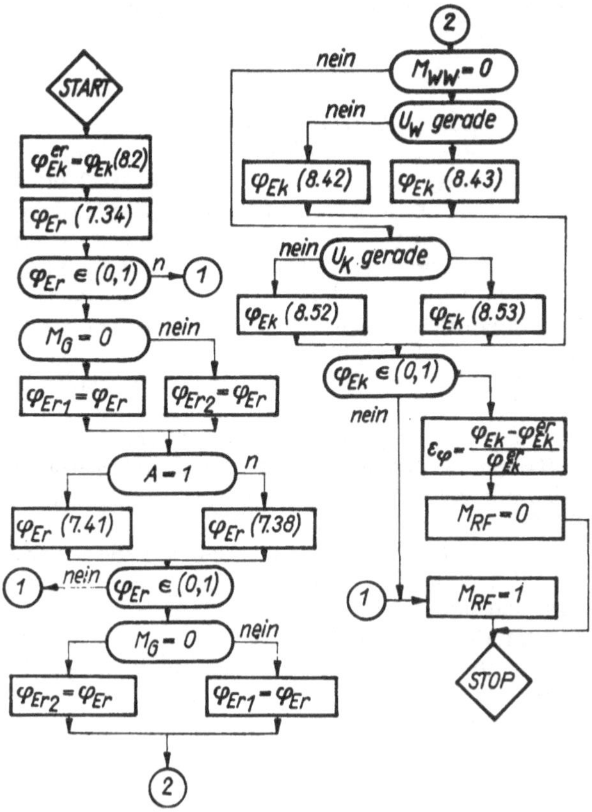

Abb. 8.11 Schema zur Berechnung des Annäherungsgrades der tatsächlichen φ_{Ek} und der geforderten φ_{Ek} Effektivitätsfunktionen für die Komplexe 00200, 00210, 02000, 02010 (Symbol: BB — ε_φ)

1. Vorgabe der Ausgangsgrenzwerte von n_r (Blöcke 1, 2).

   Da die Grenzwerte von n_r unbekannt sind, wird als erste Annäherung $n_{r\min} = 10^{-9}$ (≈ 0) und $n_{r\max} = 1$ angenommen. Im weiteren werden diese Grenzwerte korrigiert.
2. Überprüfung der Zuverlässigkeit der Grenzwerte von n_r und der Nebenbedingungen der Lösungen im Rahmen der reellen Grenzwerte (Blöcke 3—16).

   Die Zuverlässigkeit der Grenzwerte von n_r wird durch die Überprüfung der Zuverlässigkeit des Wärmeübertragungsprozesses bei $n_{r\min}$ (Block 5) und $n_{r\max}$ (Block 9) bewertet. Bei reellen Grenzwerten wird die Nebenbedingung der Lösung für n_r (Block 11) überprüft. Wenn keine Lösung vorhanden ist ($\varepsilon_{\varphi\min}, \varepsilon_{\varphi\max} > 0$) werden beide Grenzwerte gleichzeitig durch Verdopplung von $n_{r\min}$ und $n_{r\max}$ (Blöcke 12 bis 14) nach oben verschoben, bis die Nebenbedingung der Lösung ($\varepsilon_{\varphi\min}, \varepsilon_{\varphi\max} < 0$) erfüllt ist, bzw. $n_{r\max} = 1024$ (bzw. jede beliebige Zahl $\to \infty$) überschritten wird. Im letzteren Falle sind n_r, $A_k \to \infty$, $\Delta t_m \to 0$ und das Irrealitätsmerkmal des Prozesses $M_{RF} = 1$ (Block 16).

3. Festlegung realer Grenzwerte von n_r (Blöcke 17 bis 39).

   Falls der untere Grenzwert von $n_{r\min} = 10^{-9}$ irreal ist (bei „nein" in Block 5), wird der untere Grenzwert $n_{r\min}$ mit Hilfe der Blöcke 17 bis 29 festgelegt. In den Blöcken 17 bis 21 wird in erster Linie die Zuverlässigkeit der oberen Grenze $n_{r\max} = 1$ überprüft; bei Notwendigkeit erfolgt ihre Verschiebung nach oben durch Verdoppelung. Sobald ein realer $n_{r\max}$ (bei „ja" in Block 19) erreicht wird, wird der kleinste zuverlässige Wert von $n_{r\min} = n_r$ mit der Methode der Halbwertsteilung des Intervalls bei einer Genauigkeit bis zu εn_{rer} (bei „nein" in Block 26) ermittelt. Hierbei, wie auch weiterhin, wird empfohlen, $\varepsilon n_{rer} = 0{,}01$ anzunehmen (Fehler bei der Berechnung von n_r bis 1%).

   Falls der obere Grenzwert $n_{r\max}$ (bei „nein" in Block 9) irreal ist, wird er in den Blöcken 30 bis 39 ebenfalls mit der Methode der Halbwertsteilung des Intervalls mit einer Genauigkeit bis zu εn_{rer} bestimmt.

4. Suche von n_r (Blöcke 40—51)

   Mit allen vorangegangenen Berechnungsprozeduren können reale Grenzen für die Suche von n_r gesichert und die Existenzbedingungen der Lösung im Rahmen dieser Grenzen überprüft werden.

   Der Wert von n_r kann außerdem mit der Methode der Halbwertsteilung des Intervalls mit einer Genauigkeit von εn_{rer} (bei „nein" in Block 45) ermittelt werden. Bei Erreichen der geforderten Genauigkeit der Berechnung von n_r ist das Realitätsmerkmal des Wärmeübertragungsprozesses im Komplex $M_{RF} = 0$.

8.3.3. Universalrechenschema zur Berechnung der Wärmeübertragungsfläche von Komplexen

Das Rechenschema ist in Abb. 8.12 dargestellt. Mit Hilfe dieses Schemas kann die Oberfläche der 10 Komplextypen 00000, 00010, 00100, 00110, 01000, 01010, 00200, 00210, 02000, 02010 ermittelt werden.

In dem Schema werden die bereits beschriebenen (BB — n_r — 1), (BB — n_r — 2) wie auch das Schema zur Berechnung der Effektivitätsfunktion eines Elements (BB — φ_{Eel}) (s. Abb. 6.18) und das zur Berechnung des Gegenstromkoeffizienten bzw. Gegenstromkoeffiziententabellen verwendet.

In (BB — *Ak*) wird eine Elementeanzahlreserve $n_{rre} = n_m \eta_{ren}$ durch die Verwendung des notwendigen (minimalen Reservekoeffizienten η_{ren} und die Rundung von n_{rre} auf ganze Zahlen gewährleistet. Dabei ist eine Abrundung zulässig, wenn der Verkleinerungsfaktor von n_{rre} (und der notwendigen theoretischen Oberfläche des Komplexes A_{kn})

$$\varepsilon_F = \eta_{ren} - \frac{> n_{rre} <}{n_{rn}} < \varepsilon_{Fer} = (\eta_{ren} - 1)\, C_1$$

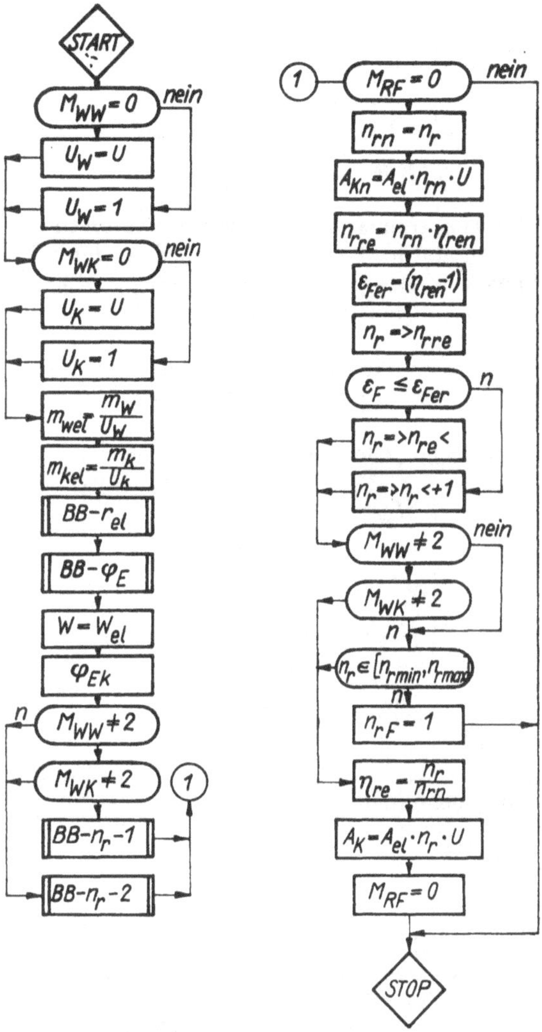

Abb. 8.12 Schema zur Berechnung der Wärmeaustauschfläche der Komplexe 00000, 00010, 00100, 00110, 01000, 01010, 00200, 00210, 02000 02010 (Symbol: BB $-$ A_k)

ist, wobei C_1 eine Konstante darstellt, die die zulässige Verringerung von η_{ren} definiert. ($C_1 \in [0, 1]$, es wird empfohlen $C_1 \approx 0{,}2$ zu setzen). Anderenfalls wird n_{rre} aufgerundet. Nach dem Runden von n_{rre} werden der tatsächliche Flächenreservekoeffizient und die tatsächliche Oberfläche des Komplexes ermittelt.

Das Rechenschema (BB $-$ A_k) kann noch stärker verallgemeinert werden, wenn zu ihm noch neue (BB — n_r) für andere Komplextypen mit Hilfe der Kontrollmerkmale M_{Ww}, M_{Wk} hinzugeführt werden (analog zu den unteren Blöcken der linken Reihe in Abb. 8.12).

8.4. Lokale Fluidtemperaturen in Komplexen

Mit Hilfe der genannten Gleichungen können die Fluidtemperaturen an den Enden eines beliebigen i-ten Elements der j-ten Reihe in jedem der schon betrachteten Komplexe berechnet werden. Dabei müssen i, j, M_{Ww}, M_{Wk}, M_G bekannt und W, φ_{Eel}, φ_{Er}, (φ_{Er1}, φ_{Er2}) schon vorher berechnet sein, z. B. in (BB — A_K) (s. Abb. 8.12).

Die gesuchten Temperaturen werden nach dem Schema $t_{wj} \to t_j - t_i$ ermittelt, wobei $t_j = (t_{waj}, t_{wej}, t_{kaj}, t_{kej})$ die Fluidtemperaturen an den Enden der j-ten Reihe sind.

Zur Berechnung von t_j können folgende Gleichungen benutzt werden:

$M_{Ww} = 0$	$M_{Ww} \neq 0$
Komplexe 00100, 00110, 00200, 00210)	(Komplexe 01000, 01010, 02000, 02010)
δt_{wj} siehe (8.13), (8.35), (8.37)	δt_{wj} siehe (8.26), (8.45), (8.47)
$t_{waj} = t_{wa}$	$t_{waj} = t_{ka} + \dfrac{\delta t_{wj}}{\varphi_{Er}}$ (8.62)
$t_{kaj} = t_{wa} - \dfrac{\delta t_{wj}}{\varphi_{Er}}$ (8.61)	$t_{kaj} = t_{ka}$

δt_{kj} siehe (8.6)

t_{wej} siehe (8.7)

t_{kej} siehe (8.23)

Die Gln. (8.61), (8.62) wurden aus (7.2) erhalten. Bei den Komplexen 00200, 00210 wird in (8.61), (8.62) $\varphi_{Er} = \varphi_{Er1}$ eingesetzt, wenn j eine ungerade Reihe, und $\varphi_{Er} = \varphi_{Er2}$, wenn j eine gerade Reihe ist. Bei bekannten t_j kann der Wert für t_i mit den in Abschn. 7. beschriebenen Gleichungen ermittelt werden.

8.5. Rechenschemata zur Berechnung der lokalen Fluidtemperaturen in Komplexen

Das Schema (BB — t_{ij}) zur Berechnung der lokalen Fluidtemperaturen in den Komplexen 00100, 00110 ($M_{Ww} = 0$), ($M_{Wk} = 1$) und 001000, 01010 ($M_{Ww} = 1$, $M_{Wk} = 0$) ist in Abb. 8.13 dargestellt.

Das analoge Schema für die Komplexe 00200, 00210 ($M_{Ww} = 0$, $M_{Wk} = 2$) und 02000, 02010 ($M_{Ww} = 0$, $M_{Wk} = 0$) ist in Abb. 8.14 angeführt. In Abb. 8.15

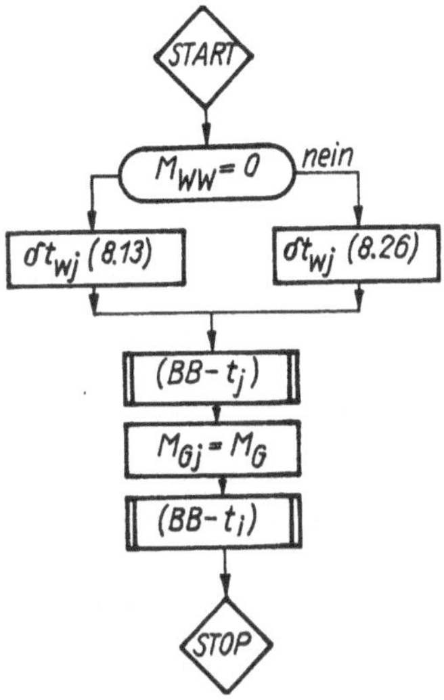

Abb. 8.13 Rechenschema zur Berechnung der lokalen Fluidtemperaturen in den Komplexen 00100, 00110, 01000, 01010 (Symbol BB — t_{ij})

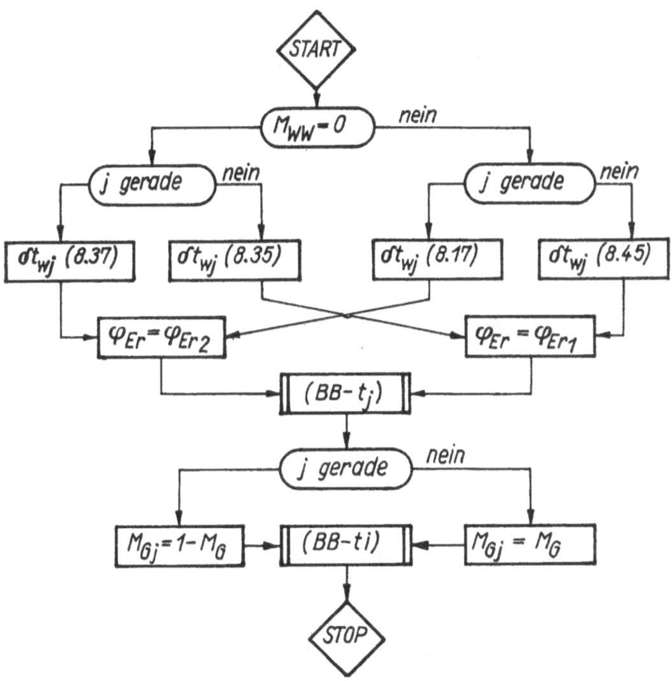

Abb. 8.14 Rechenschema zur Berechnung der lokalen Fluidtemperaturen in den Komplexen 00200, 00210, 02000, 02010. (Symbol: BB — t_{ij})

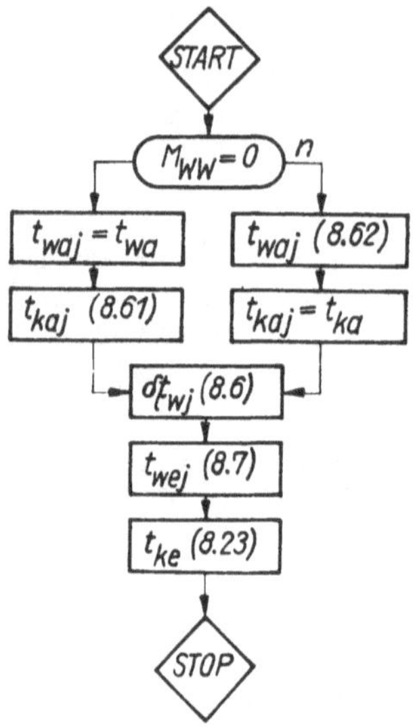

Abb. 8.15 Rechenschema zur Berechnung der Fluidtemperaturen an den Enden der j-ten Reihe des Komplexes (Symbol: BB — t_j)

ist das Hilfsschema (BB — t_j) angegeben, das in den beiden vorhergehenden enthalten ist. Dieses Hilfsschema ist universell, es ist nicht vom Komplextyp abhängig. Das Schema zur Berechnung der Fluidtemperaturen an den Enden des i-ten Elements wurde bereits beschrieben (s. Abb. 7.6), es ist ebenfalls nicht vom Komplextyp abhängig. In dieses Rechenschema müssen anstelle von t_{wa}, t_{we}, t_{ka}, t_{ke}, W_E die Größen t_{waj}, t_{wej}, t_{kaj}, t_{kej}, W eingesetzt werden.

8.6. *Fluidendtemperaturen in Komplexen*

Zur Berechnung zweier beliebiger Endtemperaturen aus der Gesamtheit (t_{wa}, t_{we}, t_{ka}, t_{ke}) werden die Gleichungen

$$t_{we} = t_{wa} - (t_{wa} - t_{ka})\,\varphi_{Ek} \tag{8.63}$$

$$t_{ke} = t_{ka} + (t_{wa} - t_{ke})\,W_k\varphi_{Ek} \tag{8.64}$$

die aus (8.1), (8.2) erhalten wurden, verwendet.

8.7. *Rechenschema zur Berechnung der Fluidtemperaturen in Komplexen*

Die Gleichungen für die Fluidtemperaturen an den Enden von Komplexen (8.63), (8.64) und Elementen (6.147), (6.148), stimmen der Form nach überein. Deshalb werden zur Berechnung zweier beliebiger unbekannter Endtemperaturen im Komplex die in Abschn. 6.6.9. beschriebenen Rechenschemata (BB — t_k) verwendet, wobei φ_E durch φ_{Ek} ersetzt wird.

8.8. Korrekturfaktor für die mittleren logarithmischen Triebkräfte bei Gegenstrom in Komplexen

Analog zu (6.67) ist

$$\Delta t_{mge} = \delta t_w \frac{W_k - 1}{\ln \dfrac{1 - \dfrac{P_k}{W_k}}{1 - P_k}} \tag{8.65}$$

Weiterhin ist für Komplexe

$$\Delta t_m = \frac{\dot{Q}}{kA_k} = \frac{\dot{Q}}{kAn_rU} = \frac{\dot{m}_w c_{pw} \eta_{vw}}{kA} \frac{\delta t_w}{n_r U} = \frac{\delta t_w}{Sn_r U} \tag{8.66}$$

dabei beziehen sich A, S auf ein Element.

Bei $M_{Ww} = 0$ ist $U = U_w$

bei $M_{Wk} = 0$ ist $U = U_k$ (8.67)

Der gesuchte Korrekturfaktor für einen Komplex ist

$$\varepsilon_{\Delta t_k} = \frac{\Delta t_m}{\Delta t_{mge}} = \frac{1}{Sn_r U(W_k - 1)} \ln \frac{1 - \dfrac{P_k}{W_k}}{1 - P_k} \tag{8.68}$$

dabei siehe für P_k in (8.3), S in (7.100), Z in (7.101), W_k in (8.1), φ_E in (7.102) für die Komplexe 00100, 01000 ($M_G = 0$), φ_E (7.103), (7.105) für die Komplexe 00110, 01010 ($M_G = 1$).

In den Gleichungen umfaßt φ_E den Ausdruck P_r.
Für die Komplexe 00100, 00110 ($M_{Ww} = 0$, $M_{Wk} = 1$) ergibt sich aus (8.52), (7.2.) (8.2)

$$P_r = 1 - \sqrt[U_w]{1 - P_k} \tag{8.69}$$

für die Komplexe 01000, 01010 ($M_{Ww} = 1$, $M_{Wk} = 0$) folgt aus (8.53), (7.2), (8.2)

$$P_r = W_k U_k \left[1 - \sqrt[U_k]{1 - \frac{P_k}{W_k}}\right] \tag{8.70}$$

Bei $U = U_w$ (oder U_k) $= 1$ ist P_r nach (8.69) (8.70) gleich P_k nach (8.3), d. h. der Komplex wird zur Reihe. Wenn außerdem $n_r = 1$ angenommen wird, entartet die Reihe in ein Element und $\varepsilon_{\Delta t_k}$ (8.68) in

$$\varepsilon_{\Delta tel} = \frac{1}{S_{el}(W_k - 1)} \ln \frac{1 - \dfrac{P_k}{W_k}}{1 - P_k} \tag{8.71}$$

wobei

$$S_{el} = S_{n_r=1} = \frac{1}{Z} \ln \frac{2 + \frac{P_k}{W_k}[Z - (W_k + 1)]}{2 - \frac{P_k}{W_k}[Z + (W_k + 1)]} \tag{8.72}$$

ist. Weiterhin ist in diesem Fall $P_k = P_r = P$ und $A_k = A_r = A$. Die Gleichungen (8.77), (8.72) sind (7.105), (7.106), (7.141) adäquat. Falls $\varepsilon_{\Delta t_k}$ bekannt ist, kann der Korrekturfaktor zum Korrekturfaktor für einen Komplex gefunden werden.

$$\varepsilon_\varepsilon = \frac{\varepsilon_{\Delta t_k}}{\varepsilon_{\Delta tel}} = \frac{S_{el}}{S n_r U}, \tag{8.73}$$

d. h., es kann ermittelt werden, um wieviel sich die mittlere Temperaturdifferenz in einem Elementekomplex von der mittleren Temperaturdifferenz in einem Element bei gleichen t_{wa}, t_{we}, t_{ka}, t_{ke} unterscheidet. Bei vorgegebenen n_r, U_w, U_k ist die Berechnung von S für die Komplexe 00200, 00210, 02000, 02010 iterativ.

Das Schema zur Berechnung von S ist analog zum Schema (BB — n_r — 2) (Abb. 8.10) mit nur dem Unterschied, daß n_r bekannt ist und Iterationen von n_r durch die Iterationen von S (oder φ_{Eel}) ersetzt werden. Deshalb wird dieses Schema hier nicht aufgeführt. Wenn die Oberfläche A, der Gegenstromkoeffizient für ein Element (Paar) und entsprechend S, φ_E, wie auch U_w, U_k, P_k, R_k, M_G bekannt sind, aber n_r unbekannt ist, kann der Korrekturfaktor in der Form $\varepsilon_{\Delta tk} = f(M_G, U_w, U_k, P_k, p)$ dargestellt werden. Für den Komplex 00100 ($M_{Ww} = 0$, $M_{Wk} = 1$, $M_G = 0$) ist:

$$\varepsilon_{\Delta t_k} = \frac{C_1 C_2}{\frac{(W+1)\sqrt[U_w]{1 - R_k} - 1}{W}} \tag{8.74}$$

für den Komplex 01000 ($M_{Ww} = 1$, $M_{Wk} = 0$, $M_G = 0$):

$$\varepsilon_{\Delta t_k} = \frac{C_1 C_2}{\ln\left[1 - \left(1 - \sqrt[U_k]{1 - \frac{P_k}{A}}\,(W+1)\right]\right.} \tag{8.75}$$

für den Komplex 00110 ($M_{Ww} = 1$, $M_{Wk} = 1$, $M_G = 1$):

$$\varepsilon_{\Delta t_k} = \frac{C_1 C_3}{\ln \frac{1}{A}\left(\frac{W - 1}{\sqrt[U_w]{1 - R_k}} - 1\right)} \tag{8.76}$$

für den Komplex 01010 ($M_{Ww} = 1$, $M_{Wk} = 0$, $M_G = 1$)

$$\varepsilon_{\Delta t_k} = \frac{C_1 C_3}{\ln \dfrac{\sqrt[U_w]{1 - \dfrac{P_k}{A_k}}}{1 - A\left(1 - \sqrt[U_k]{1 - \dfrac{P_k}{W_k}}\right)}} \tag{8.77}$$

In diesen Gleichungen sind

$$\left.\begin{aligned} C_1 &= \frac{\ln \dfrac{W_k - P_k}{W_k(1 - P_k)}}{SU(W_k - 1)} \\ C_2 &= \ln 1 - \varphi_E(W + 1) \\ C_3 &= \ln \frac{1 - \varphi_E}{1 - W\varphi_E}. \end{aligned}\right\} \tag{8.78}$$

Die in C_2 und C_3 enthaltene Funktion φ_E wird mit (BB — φ_E) (Abb. 6.18) ermittelt.

Bei $U = U_w = U_k = 1$ ist $P_k = P_r$, $W_k = W$ und (8.74) bis (8.80) werden zu den Gleichungen von $\varepsilon_{\Delta t_r}$ (7.108), (7.109) für eine Reihe.

Die Gln. (8.74) bis (8.78) können zur Erarbeitung von Tabellen und Diagrammen für Korrekturfaktoren, wie auch zur Ermittlung von n_r nach folgendem Schema

$$\varepsilon_{\Delta t_k} \to \Delta t_{mk} \to A_k = \frac{\dot{Q}}{k \cdot \Delta t_{mk}} \to F_r = \frac{A_k}{U} \to n_r = \frac{A_r}{F}$$

verwendet werden.

8.9. *Verallgemeinertes Schema zur Berechnung des Korrekturfaktors für die mittlere logarithmische Triebkraft bei Gegenstrom im Komplexen, Reihen und Elementen*

Dieses Rechenschema ist in Abb. 8.16 dargestellt.

Es müssen U_w, U_k, n_r, M_{Ww}, M_{Wk}, M_G, P_k, R_k, vorgegeben sein. Wenn $U_w = U_k = 1$, $M_{Ww} = 0$, $M_{Wk} = 0$ angenommen wird, dann wird $\varepsilon_{\Delta t}$ für eine Reihe berechnet. Wenn außerdem $n_r = 1$, $M_G = 0$ angenommen wird, wird $\varepsilon_{\Delta t}$ für ein Element berechnet. In den übrigen Fällen wird $\varepsilon_{\Delta t}$ für einen der Komplexe (00100, 00110, 01000, 01010) berechnet.

Mit Hilfe des Universalrechenschemas BB — $\varepsilon_{\Delta t}$, der Gl. (8.69) und den angeführten Bedingungen zur Entartung „Komplex — Reihe — Element“ wurden Tabellen für ε_ε und $\varepsilon_{\Delta t}$ bei (M_{Ww}, M_{Wk}) = (0; 1), (1; 0); $U(U_w$ oder $U_k) \in [1;\ 5]$, $\Delta U = 1$; $M_G = 0$ und 1; $n_r \in [1;\ 5]$, $\Delta n_r = 1$; $P_{el} \in [0;\ 1]$, $\Delta P_{el} = 0{,}1;\ 0{,}5$, $P_k \in [0{,}1;\ 1]$, $\Delta P_k = 0{,}1$; $R_k \in [0{,}001;\ 1000]$ für 40 Werte von R_k berechnet.

Insgesamt wurden 368 Tabellen für ε_ε und 412 Tabellen für $\varepsilon_{\Delta t}$, insgesamt also 780 Tabellen, berechnet. Jede der Tabellen enthält bis zu 400 Werte von ε. Folglich enthalten die Tabellen 112000 Daten über ε_ε von Komplexen (ausschließlich der 35200 Daten über ε_ε von Reihen) und 112200 Daten über $\varepsilon_{\Delta t}$ (ausschließlich der 52800 Daten über $\varepsilon_{\Delta t}$ von Reihen und Elementen). Es sind die ausführlichsten und genauesten bekannten Tabellen über ε_ε und außerdem enthalten die meisten neue Informationen über $\varepsilon_{\Delta tk}$ (für Stromführungen, die früher noch nicht untersucht wurden).

Die Tabellen können zur genauen und schnellen Ermittlung von $\varepsilon_{\Delta t_k}$ für beliebige Komplexe (00100, 00110, 01000, 01010) bei beliebigen $U(U_W, U_k)$ und n_r und weiterhin zur Berechnung der Fläche einer Reihe und eines Elements nach dem Schema verwendet werden.

Anhand der Tabellen können für ε_ε, $\varepsilon_{\Delta t_k}$ rund 560 Korrekturfaktorendiagramme erarbeitet (bzw. präzisiert oder überprüft) werden, d. h. die Projektierungsmöglichkeiten werden bedeutend erweitert.

8.10. Verallgemeinertes mathematisches Modell des Wärmeübertragungsprozesses in beliebigen Komplexen

Gegenwärtig ist schon eine erhebliche Anzahl von Problemen zur Berechnung von Wärmeübertragern praktisch realisiert worden, hauptsächlich für regelmäßige Schaltschemata wärmeübertragender Apparateteile. Für verschie-

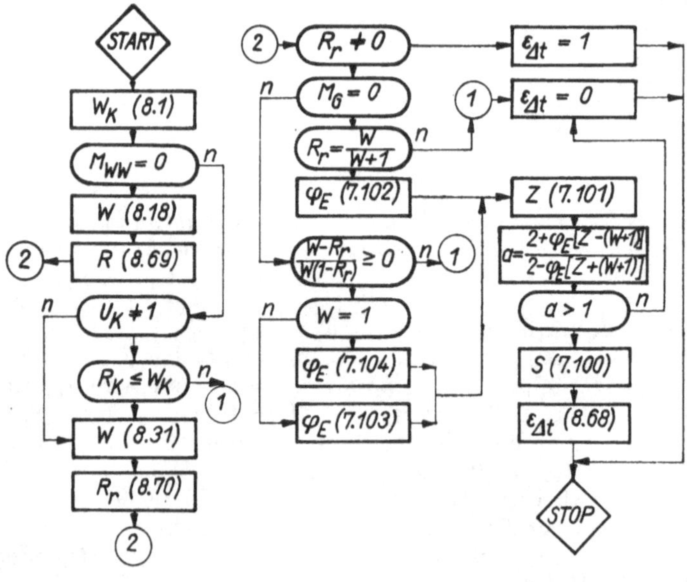

Abb. 8.16 Universalrechenschema zur Berechnung des Korrekturfaktors zur mittleren logarithmischen Triebkraft bei Gegenstrom für Komplexe, Reihen und Elemente Symbol: (BB — $\varepsilon_{\Delta t}$)

dene Reihen und regelmäßige gebildete Komplexe aus Reihen wurden etliche dieser Fragen in den Abschn. 7. und 8. beschrieben, wie auch in [78, 99, 101, 103–105, 146, 148, 150, 152 und am ausführlichsten in [1].

Betrachten wir die Lösungswege für die allgemeinste Aufgabe, der Modellierung des Wärmeübertragungsprozesses in beliebigen Komplexen:

Es wird davon ausgegangen, daß sich in solchen Komplexen das wärmeabgebende Medium W in m Zweige verzweigt W_1, W_2, ... W_m und das wärmeabgebende Fluid K in n Zweige K_1, K_2, ... K_n. Der Massendurchsatz von $W_j (j = 1, \ldots, m)$ wird mit $\dot{m}_{wj}$ bezeichnet, der von $K_i (i = 1, \ldots, n)$ mit $\dot{m}_{ki}$. Die entsprechenden Massenanteile sind dann:

$$\mu_j = \frac{\dot{m}_{wj}}{\dot{m}_{wi}}, \quad j = 1, \ldots, m \tag{8.79}$$

$$\lambda_i = \frac{\dot{m}_{ki}}{\dot{m}_k}, \quad i = 1, \ldots, n \tag{8.80}$$

wobei

$$\dot{m}_w = \sum_{j=1}^{m} \dot{m}_{wj} \tag{8.81}$$

$$\dot{m}_k = \sum_{i=1}^{n} \dot{m}_{ki} \tag{8.82}$$

sind.

Folglich gilt:

$$\sum_{j=1}^{m} \mu_j = 1, \tag{8.83}$$

$$\sum_{i=1}^{n} \lambda_i = 1 \tag{8.84}$$

Das Ziel besteht darin, für jede fixierte Verteilung der Massenanteile $\{\mu_j, \lambda_i\}$ den entsprechenden Ausdruck der Effektivitätsfunktion des Komplexes φ_{Ek} (8.2) zu finden. Dabei können die Größen (μ_j, λ_i) nicht beliebig gewählt werden. Sie müssen die Nebenbedingungen für die hydrodynamischen Prozesse erfüllen. Ausgehend vom hydrodynamischen Modell mit zusammengefaßten Parametern sind diese Bedingungen z. B. für Fluid w

$$\mu_j^2 N_{wj} b_{wj} = \text{const}, \quad j = 1, \ldots, m,$$

dabei ist

$$b_{wj} = \left(\xi wj \frac{l_w}{d_w} + \sum \xi wj\right) \frac{\dot{m}_w^2}{2A_w^2 p_w} = f(\dot{m}_{wj})$$

A_w – der effektive Querschnitt im Verlauf des Fluids w

Als Näherungswert kann $b_{wj} = \text{const}$ angenommen werden. Dann ist

$$N_{w1} : N_{wj} : N_{wj} = \frac{1}{\mu_1^2} : \frac{1}{\mu_j^2} : \frac{1}{\mu_m^2}.$$

Im einfachsten Fall, bei $\mu_j = \frac{1}{m} = \text{const}$ ist $N_{wj} = \text{const}$, ist die Zahl der Apparateteile in allen Zweigen gleich. Falls für jede Abzweigung eine autonome Druckerzeugung vorhanden ist, gibt es keine Einschränkungen für N_{wj}.

Die Nebenbedingungen der hydrodynamischen Prozesse sind für Fluid K analog.

Somit ist ein Komplex aus N Apparateteilen vorhanden. Die Apparateile werden mit $A_1, A_2, \dots A_N$ bezeichnet. Weiterhin wird die ganzzahlige Veränderliche ($r = 1, 2, \dots, N, N + 1$) eingeführt.

Der Wert $r = 1$ entspricht dem Eintritt in A_1; $r = N + 1$ dem Austritt aus A_N. Den Werten $1 < r < N + 1$ entsprechen der Austritt aus A_{r-1} und der Eintritt in A_r. Die Termini „Eingang" und „Ausgang" werden im vorliegenden Fall im Sinne der Systemtheorie verstanden und ausschließlich zur Vereinfachung der Schaffung eines mathematischen Modells eingeführt. Für jedes r wird eine Temperaturzustandskennziffer eingeführt

$$t_r = (t_1^r, \dots, t_i^r, \dots, t_n^r, t_{n+1}^r, \dots, t_{n+j}^r, \dots, t_{n+m}^r) \tag{8.85}$$

die $n + m$ Komponenten enthält. Die ersten n Komponenten charakterisieren die Temperaturen der Fluide $K_1, \dots, K_i, \dots, K_n$, die übrigen die Temperaturen der Fluide $W_1, \dots, W_{n+j}, \dots, W_m$ bei beliebigem r.

Das vorgeschlagene Modell wird auf die zwei Hauptklassen der Schaltschemata bei Apparateteilverbindungen angewandt: auf reinen Gleichstrom und reinen Gegenstrom.

— Bedingungen für den reinen Gleichstrom

$$\begin{aligned} t_i^r &\geqq t_i^{r+l} \\ t_{n+j}^r &\leqq t_{n+j}^{r+l} \end{aligned} \tag{8.86}$$

oder

$$\begin{aligned} t_i^r &\leqq t_i^{r+l} \\ t_{n+j}^r &\geqq t_{n+j}^{r+l} \end{aligned} \tag{8.87}$$

— Bedingungen für den reinen Gegenstrom

$$\begin{aligned} t_i^r &\geqq t_i^{r+l} \\ t_{n+j}^r &\geqq t_{n+j}^{r+l} \end{aligned} \tag{8.88}$$

oder

$$\begin{aligned} t_i^r &\leqq t_i^{r+l} \\ t_{n+j}^r &\leqq t_{n+j}^{r+l} \end{aligned} \tag{8.89}$$

Betrachten wir beide Stromführungsklassen:

Reiner Gleichstrom

In diesem Fall ist

$$t^1 = (t_{ka}, \ldots, t_{ka}, t_{wa}, \ldots, t_{wa}) \tag{8.90}$$

Es werden die BOOLEschen Variablen eingeführt:

$$U^r_{ij} = \begin{cases} 1, \text{ wenn in } A_r \text{ Fluid } K_i \text{ von Fluid } W_j \text{ Wärme erhält,} \\ 0, \text{ im entgegengesetzten Fall,} \end{cases} \tag{8.91}$$

wobei $i = 1, \ldots, n$, $j = 1, \ldots, m$, $r = 1, \ldots, N$ ist.

Diese Variablen müssen für jedes r die Einschränkung erfüllen:

$$\sum_{i=1}^{n} \sum_{j=1}^{m} U^r_{ij} = 1 \tag{8.92}$$

deren physikalischer Sinn darin besteht, daß in jedem Apparateteil A_r nur zwei ganz bestimmte Fluide (K_i und W_j) eintreten.

Gemäß (6.147) und (6.148) kann für jeden A_r ein Gleichungssystem aufgestellt werden

$$\left.\begin{aligned} t_i^{r+1} &= t_i^r + \sum_{j=1}^{m} (t^r_{n+j} - t_i^r) \frac{\varphi^r_{Eij}}{R_{ij}} U^r_{ij} \\ t^{r+1}_{n+j} &= t^r_{n+j} - \sum_{i=1}^{n} (t^r_{n+j} - t_i^r) \varphi^r_{Eij} U^r_{ij} \end{aligned}\right\} \tag{8.93}$$

$i = 1, \ldots, n$, $j = 1, \ldots, m$, $r = 1, \ldots N$,

entsprechend (6.115) bis (6.120)

$$R_{ij} = \frac{\dot{m}_{ki}}{\dot{m}_{wj}} \frac{c^r_{pk}\eta^r_{vk}}{c^r_{pw}\eta^r_{vw}} \approx \frac{\lambda_i}{\mu_j} R,$$

$$R = \frac{\dot{m}_k c_{pk} \eta_{vk}}{\dot{m}_w c_{pw} \eta_{vw}} = \frac{t_{wa} - t_{we}}{t_{ke} - t_{ka}}$$

$$\varphi^r_{Eij} = 2R_{ij} \frac{\exp\left(\dfrac{S_j^r Z^r_{ij}}{R_{ij}}\right) - 1}{(R_{ij} + 1 + Z^r_{ij}) \exp\left(\dfrac{S_j^r Z^r_{ij}}{R_{ij}}\right) - (R_{ij} + 1 - Z^r_{ij})}$$

$$Z^r_{ij} = \sqrt{(R_{ij} + 1)^2 - 4p^r R_{ij}}$$

$$S^r_{ij} = \frac{k^r A^r}{\dot{m}^r_{wj} c^r_{pw} \eta^r_{vw}}$$

sind.

Aus dem Gleichungssystem folgt, daß Konstruktion, Abmessungen, Schaltschema und Fluidparameter für jeden Apparateteil beliebig abweichend von den anderen sein können. Konkret kann bei reinem Gleichstrom der Fluide zwischen den Apparateteilen in jedem Apparateteil selbst die Stromführung beliebig sein, einschließlich Gegenstrom.

Das System (8.93) wird auch anders dargestellt:

$$\left.\begin{aligned} t_i^{r+1} &= t_i^r - \delta t_i^r \\ t_{n+j}^{r+1} &= t_{n+j}^r - \delta t_{n+j}^r \end{aligned}\right\} \tag{8.94}$$

Dabei sind

$$\delta t_i^r = \sum_{j=1}^{m} \Delta t_{\max}^r \frac{\varphi_{Eij}^r}{R_{ij}} U_{ij}^r, \tag{8.95}$$

$$\delta t_{n+j}^r = \sum_{i=1}^{n} \Delta t_{\max}^r \varphi_{Eij}^r U_{ij}^r \tag{8.96}$$

$$\Delta t^r = t_{n+j}^r - t_i^r \tag{8.97}$$

Nach den Bildungsbedingungen für das Modell ist die Austrittstemperatur jedes Fluids aus A_r gleich der Eintrittstemperatur jedes Fluids in A_{r+1}. Bei Nutzung der Rekurrenzrelationen (die Ableitungen wurden weggelassen) enthält man durch mathematische Induktion

$$\Delta t^r = \Delta t^1 \varepsilon_{\Delta tij}^{r-1} = (t_{wa} - t_{ke})\, \varepsilon_{\Delta tij}^{r-1} \tag{8.98}$$

wobei $\varepsilon_{\Delta tij}^{r-1}$ eine Kennziffer für die Veränderung der anfänglichen Triebkraft im Wärmeübertrager $\Delta t^1 = t_{wa} - t_{ke}$ nach Durchfluß der Fluide w_j und k_i durch $r - 1$ Apparateteile ist.

$$\varepsilon_{\Delta tij}^{r-1} = \varepsilon_{\Delta tij}^{r-2} - \sum_{i=1}^{n} \varepsilon_{\Delta tij}^{r-2} \varphi_{Eij}^{r-1} U_{ij}^{r-1} - \sum_{j=1}^{m} \varepsilon_{\Delta tij}^{r-2} \frac{\varphi_{Eij}^{r-1}}{R_{ij}} U_{ij}^{r-1} \tag{8.99}$$

Dieser Ausdruck wird folgendermaßen aufgeschlüsselt

$$\varepsilon_{\Delta tij}^{0} = 1, \quad \varepsilon_{\Delta tij}^{<0} = 0,$$

$$\varepsilon_{\Delta tij}^{1} = \varepsilon_{\Delta tij}^{0} - \sum_{i=1}^{n} \varepsilon_{\Delta tij}^{0} \varphi_{Eij}^{1} U_{ij}^{1} - \sum_{j=1}^{m} \varepsilon_{\Delta tij}^{0} \frac{\varphi_{Eij}^{r}}{R_{ij}} U_{ij}^{1}$$

$$= 1 - \sum_{i=1}^{n} \varphi_{Eij}^{1} U_{ij}^{1} - \sum_{j=1}^{m} \frac{\varphi_{Eij}^{1}}{R_{ij}} U_{ij}^{1},$$

$$\varepsilon_{\Delta tij}^{2} = \varepsilon_{\Delta tij}^{1} - \sum_{i=1}^{n} \varepsilon_{\Delta tij}^{1} \varphi_{Eij}^{2} U_{ij}^{2} - \sum_{j=1}^{m} \varepsilon_{\Delta tij}^{1} \frac{\varphi_{Eij}^{2}}{R_{ij}} U_{ij}^{2} \quad \text{usw.}$$

Nach (8.95) bis (8.98) ist die Temperaturverringerung des Fluids w_j im Apparateteil A_r gleich:

$$\delta t^r_{n+j} = (t_{wa} - t_{ka}) \sum_{i=1}^{n} \varepsilon^{r-1}_{\Delta tij} \varphi^r_{Eij} U^r_{ij} \tag{8.100}$$

und in N-Apparateteilen (im Wärmeübertrager)

$$\underset{(N)}{\delta t_{n+j}} = (t_{wa} - t_{ka}) \sum_{r=1}^{N} \sum_{i=1}^{n} \varepsilon^{r-1}_{\Delta tij} \varphi^{r-1}_{Eij} U^r_{ij} \tag{8.101}$$

während der Anstieg der Temperaturen des Fluids k_i im Apparateteil A_r

$$\delta t_i = (t_{wa} - t_{ka}) \sum_{j=1}^{m} \varepsilon^{r-1}_{\Delta tij} \frac{\varphi^r_{Eij}}{R_{ij}} U^r_{ij} \tag{8.102}$$

ist, und in N Apparateteilen

$$\underset{(N)}{\delta t_i} = (t_{wa} - t_{ka}) \sum_{r=1}^{N} \sum_{j=1}^{m} \varepsilon^{r-1}_{\Delta tij} \frac{\varphi^r_{Eij}}{R_{ij}} U^r_{ij} \tag{8.103}$$

Aus der Bilanzgleichung

$$\dot m_w c_{pw} \delta t_w \eta_{vw} = \sum_{j=1}^{m} \dot m_{wj} c_{pw} \underset{(N)}{\delta t_{n+j}} \eta_{vw} \tag{8.104}$$

folgt bei Berücksichtigung von (8.79)

$$\delta t_w = \sum_{j=1}^{m} \mu_j \underset{(N)}{\delta t_{n+j}} \tag{8.105}$$

Nach Einsetzen von (8.101) erhält man den Ausdruck zur Ermittlung der Temperaturabsenkung des Fluids w im Wärmeübertrager

$$\delta t_w = (t_{wa} - t_{ka}) \sum_{r=1}^{N} \sum_{i=1}^{n} \sum_{j=1}^{m} \mu_j \varepsilon^{r-1}_{\Delta tij} \varphi^r_{Eij} U^r_{ij} \tag{8.106}$$

Analog wird der Temperaturanstieg des Fluids k im Wärmeübertrager ermittelt

$$\delta t_k = (t_{wa} = t_{ka}) \sum_{r=1}^{N} \sum_{i=1}^{n} \sum_{j=1}^{m} \lambda_i \varepsilon^{r-1}_{\Delta tij} \frac{\varphi^r_{Eij}}{R_{ij}} U^r_{ij} \tag{8.107}$$

Die Effektivitätsfunktion eines willkürlichen Komplexes ist entsprechend (8.2)

$$\varphi_{Ek} = \frac{\delta t_w}{\Delta t_{\max}} = \sum_{r=1}^{N} \sum_{i=1}^{n} \sum_{j=1}^{m} \mu_j \varepsilon^{r-1}_{\Delta tij} \varphi^r_{Eij} U^r_{ij} \tag{8.108}$$

Die lokalen Fluidtemperaturen zwischen den Apparaten sind

$$t_{n+j}^r = t_{wa} - (t_{wa} - t_{ka}) \sum_{p=1}^{r-1} \sum_{i=1}^{n} \varepsilon_{\Delta tij}^{p-1} \varphi_{Eij}^p U_{ij}^p \tag{8.109}$$

$$t_i^r = t_{ka} - (t_{wa} - t_{ka}) \sum_{p=1}^{r-1} \sum_{j=1}^{m} \varepsilon_{\Delta tij}^{p-1} \frac{\varphi_{Eij}^p}{R_{ij}} U_{ij}^p \tag{8.110}$$

Zur Berechnung von jeweils zwei der Fluidtemperaturen an den Enden des Komplexes (t_{wa}, t_{we}, t_{ka}, t_{ke}) werden bei bekanntem φ_{Ek} die aus (8.1) und (8.2) erhaltenen Gln. (8.63) und (8.64) verwendet. Sie stimmen der Form nach mit den Gln. (6.147), (6.148) für die Fluidtemperaturen an den Enden eines Elements überein. Deshalb wird in dem in Abschn. 6.6.4. beschriebenen Rechenschema (BB — t_e) zur Berechnung zweier unbekannter Fluidtemperaturen an den Enden des Komplexes nur φ_E wird durch φ_{Ee} ersetzt.

Reiner Gegenstrom

In diesem Fall sind in Komponenten oder Temperaturkennziffern $\bar{t}^1$ fixiert, d. h.

$$t_{n+1}^1 = t_{wa}, \ldots, t_{n+j}^1 = t_{wa}, \ldots t_{n+m}^1 = t_{wa} \tag{8.111}$$

und n Komponenten der Temperaturkennziffer $\bar{t}^{N+1}$, d. h.

$$t_1^{N+1} = t_{ka}, \ldots, t_i^{N+1} = t_{ka}, \ldots, t_n^{N+1} = t_{ka} \tag{8.112}$$

Da die Richtung der Apparatenumerierung willkürlich gewählt wurde, können die Eintrittspunkte der Fluide in den Komplex ausgetauscht werden.

Die Arbeit jedes Apparateteiles A_r wird analog zu (8.9) durch die Gleichungen

$$\left.\begin{aligned} t_1^{r+1} &= t_i^r - \delta t_i^r \\ t_{n+j}^{r+1} &= t_{n+j}^r - \delta t_{n+j}^r \end{aligned}\right\} \tag{8.113}$$

beschrieben, dabei sind

$$\delta t_i^r = \sum_{j=1}^{m} \Delta t^r \frac{\varphi_{Eij}^r}{R_{ij} - \varphi_{Eij}^r} U_{ij}^r, \tag{8.114}$$

$$\delta t_{n+j} = \sum_{i=1}^{n} \Delta t^r \frac{\varphi_{Eij}^r}{R_{ij} - \varphi_{Eij}} R_{ij} U_{ij}^r \tag{8.115}$$

$$\Delta t^r = (t_{n+j}^r - t_i^r) \tag{8.116}$$

Die Gleichungen wurden aus (6.149) und (6.150) erhalten.

Analog zum reinen Gleichstrom erhält man bei Verwendung der Rekurrenzrelation (Ableitungen wurden weggelassen) durch mathematische Induktion

$$\Delta t^r = \Delta t^1 \varepsilon_{\Delta tij}^{r-1} = (t_{wa} - t_{ke})\, \varepsilon_{\Delta tij}^{r-1} \tag{8.117}$$

wobei

$$\varepsilon_{\Delta tij}^{r-1} = \varepsilon_{\Delta tij}^{r-2} - \sum_{i=1}^{n} \varepsilon_{\Delta tij}^{r-2} \frac{\varphi_{Eij}^{r-1}}{R_{ij} - \varphi_{Eij}^{r-1}} R_{ij} U_{ij}^{r-1} - \sum_{j=1}^{m} \varepsilon_{\Delta tij}^{r-2} \frac{\varphi_{Eij}^{r-1}}{R_{ij} - \varphi_{Eij}^{r-1}} U_{ij}^{r-1} \tag{8.118}$$

ist.

Wie auch beim reinen Gleichstrom ist $\varepsilon_{\Delta tij}^{0} = 1$, $\varepsilon_{\Delta tij}^{<0} = 0$. Die Ermittlung der übrigen $\varepsilon_{\Delta tij}^{>0}$ mit (8.118) bereitet keine Schwierigkeiten.

Nach (8.114) bis (8.117) ist der Temperaturabfall des Fluids W_j im Apparateteil A_r

$$\delta t_{n+j}^{r} = (t_{wa} - t_{ke}) \sum_{i=1}^{n} \varepsilon_{\Delta tij}^{r-1} \frac{\varphi_{Eij}^{r}}{R_{ij} - \varphi_{Eij}^{r}} R_{ij} U_{ij}^{r}, \tag{8.119}$$

und in N Apparateteilen (im Wärmeübertrager)

$$\underset{(N)}{\delta t_{n+j}} = (t_{wa} - t_{ke}) \sum_{r=1}^{N} \sum_{i=1}^{n} \varepsilon_{\Delta tij}^{r-1} \frac{\varphi_{Eij}^{r}}{R_{ij} - \varphi_{Eij}^{r}} R_{ij} U_{ij}^{r}, \tag{8.120}$$

der Temperaturanstieg des Fluids K_i im Apparateteil A_r ist

$$\delta t_i^{r} = (t_{wa} - t_{ke}) \sum_{j=1}^{m} \varepsilon_{\Delta tij}^{r-1} \frac{\varphi_{Fij}^{r}}{R_{ij} - \varphi_{Eij}^{r}} U_{ij}^{r} \tag{8.121}$$

und in N Apparateteilen

$$\underset{(N)}{\delta t_i} = (t_{wa} - t_{ke}) \sum_{r=1}^{N} \sum_{j=1}^{m} \varepsilon_{\Delta tij}^{r-1} \frac{\varphi_{Eij}^{r}}{R_{ij} - \varphi_{Eij}} U_{ij}^{r}. \tag{8.122}$$

Die lokalen Fluidtemperaturen zwischen den Apparateteilen sind:

$$t_{n+j}^{r} = t_{wa} - (t_{wa} - t_{ke}) \sum_{p=1}^{r-1} \sum_{i=1}^{n} \varepsilon_{\Delta tij}^{p-1} \frac{\varphi_{Eij}^{p}}{R_{ij} - \varphi_{Eij}^{p}} R_{ij} U_{ij}^{p}, \tag{8.123}$$

$$t_i^{r} = t_{ke} - (t_{wa} - t_{ke}) \sum_{p=1}^{r} \sum_{j=1}^{m} \varepsilon_{\Delta tij}^{p-1} \frac{\varphi_{Eij}^{p}}{R_{ij} - \varphi_{Eij}^{p}} U_{ij}^{p}. \tag{8.124}$$

Aus (8.105) und (8.120) ergibt sich die Gleichung zur Ermittlung des Temperaturabfalles von Fluid W im Wärmeübertrager:

$$\delta t_w = (t_{wa} - t_{ke}) \sum_{r=1}^{N} \sum_{i=1}^{n} \sum_{j=1}^{m} \mu_j \varepsilon_{\Delta tij}^{r-1} \frac{\varphi_{Eij}^{r}}{R_{ij} - \varphi_{Eij}^{r}} R_{ij} U_{ij}^{r}. \tag{8.125}$$

Analog ist der Temperaturanstieg des Fluids K im Wärmeübertrager

$$\delta t_k = (t_{wa} - t_{ke}) \sum_{r=1}^{N} \sum_{i=1}^{n} \sum_{j=1}^{m} \lambda_i \varepsilon_{\Delta tij}^{r-1} \frac{\varphi_{Eij}^{r}}{R_{ij} - \varphi_{Eij}^{r-1}} U_{ij}^{r}. \tag{8.126}$$

Aus (8.2) und (8.125) unter Berücksichtigung, daß $\varphi_{Ek} = \frac{\delta t_w}{t_{wa} - t_{ke}}$ und $\frac{t_{wa} - t_{ke}}{t_{wa} - t_{ka}} = 1 - \frac{\varphi_{Ek}}{R}$ sind, erhält man den gesuchten Ausdruck für die

Effektivitätsfunktion eines beliebigen Komplexes bei reiner Gegenstromführung in der Apparateschaltung.

$$\varphi_{Ek} = \frac{R \sum_{r=1}^{N} \sum_{i=1}^{n} \sum_{j=1}^{m} \mu_j \varepsilon_{\Delta tij}^{r-1} \frac{\varphi_{Eij}^r}{R_{ij} - \varphi_{Eij}^r} R_{ij} U_{ij}^r}{R + \sum_{r=1}^{N} \sum_{i=1}^{n} \sum_{j=1}^{m} \mu_i \varepsilon_{\Delta tij}^{r-1} \frac{\varphi_{Eij}^r}{R_{ij} - \varphi_{Eij}^r} R_{ij} U_{ij}^r} \tag{8.127}$$

wobei hier

$$R_{ij} \approx \frac{\lambda_i}{\mu_j} R \tag{8.128}$$

ist.

Aus den betrachteten beliebigen Komplexen der Gleichstrom- und Gegenstromklasse können noch kompliziertere zusammengesetzte beliebige Komplexe mit allgemeinem Gleichstrom- oder Gegenstromaufbau gebildet werden. Diese Prozedur kann beliebig wiederholt werden. Dementsprechend kann praktisch jeder Komplex mittels analoger Aufschlüsselung in einfachere Komplexe verschiedener Hierarchieebenen aufgeteilt werden, die es erlaubt, die hier aufgeführten Wechselbeziehungen zur Ermittlung von φ_{Ek}, t_i^r, t_{n+j}^r heranzuziehen.

8.11. *Synthese von Wärmeübertragersystemen*

8.11.1. *Klassifikation der Wärmeübertragersysteme*

Wärmeübertragersysteme sind im Vergleich zu einzelnen Wärmeübertragern kompliziertere Objekte. In Wärmeübertragersystemen findet die Wärmeübertragung zwischen mehreren warmen und kalten Strömen statt.

Die wärmeaufnehmenden Ströme des Systems werden mit $K_1, K_2, \ldots, K_n$, die wärmeabgebenden Ströme mit $W_1, W_2, \ldots, W_m$ bezeichnet. Wärmeübertragersysteme werden nach der Verbindung zwischen den einzelnen Wärmeübertragern, d. h. nach ihrer Struktur klassifiziert. Es können folgende grundsätzliche Wärmeübertragersysteme hervorgehoben werden:

- Systeme mit Kreuzstromführung,
- Systeme mit inverser Stromführung,
- Systeme mit Kreuzstromführung und Rückführung,
- Systeme mit Kreuzstromführung und Umgehung,
- Systeme mit inverser Stromführung und Rückführung,
- Systeme mit inverser Stromführung und Umgehung.

Bei Kreuzstromführung trifft der Strom K_i ($i = 1, \ldots, n$) nicht mehr als einmal auf den Strom W_j ($j = 1, \ldots, m$) und alle warmen Ströme W_j geben die Wärme in ein und derselben Reihenfolge an die kalten Ströme ab, z. B. in der Reihenfolge $K_1, K_2, \ldots, K_n$ (Abb. 8.17)

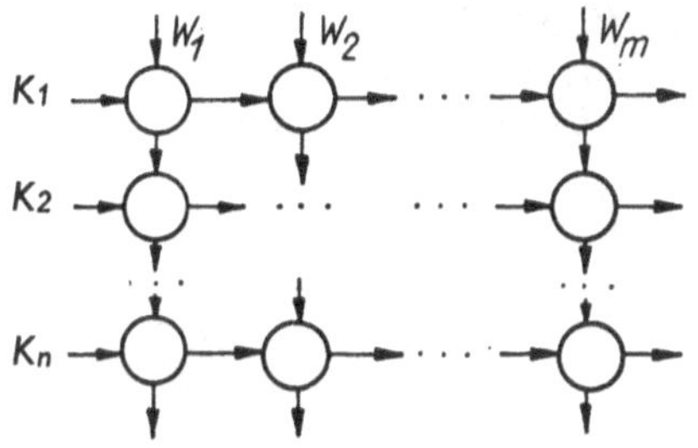

Abb. 8.17 Wärmeübertragersystem mit Kreuzstromführung

Das in Abb. 8.17 dargestellte System besteht aus $n \times m$ Wärmeübertragern. Falls ein Strom K_i keine Wärme vom Strom W_j erhält, ist der an der Kreuzung dieser Ströme gelegene Wärmeübertrager fiktiv.

Eine inverse Stromführung (Abb. 8.18) unterscheidet sich von der Kreuzstromführung dadurch, daß die Stromrichtung der warmen Ströme nicht einheitlich ist. Zum Beispiel gibt Strom W_1 in der Reihenfolge $K_1, K_2, \ldots, K_n$ Wärme an die kalten Ströme ab, der andere Strom W_2 jedoch in der Reihenfolge $K_n, K_{n-1}, \ldots, K_1$.

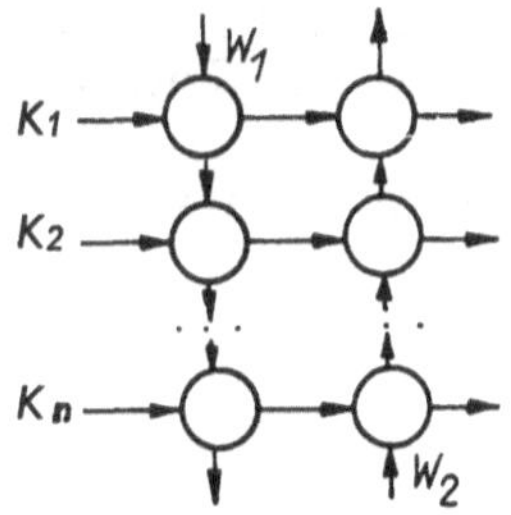

Abb. 8.18 Wärmeübertragersystem mit inverser Stromführung

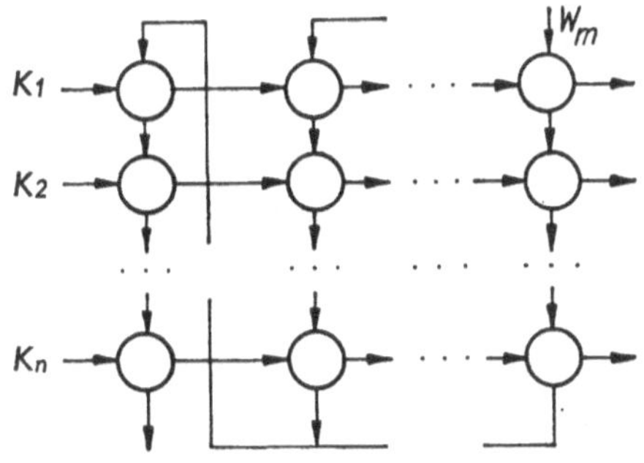

Abb. 8.19 Wärmeübertragersystem mit Kreuzstromführung und Rückführung

In Abb. 8.19 ist ein Wärmeübertragersystem mit Kreuzstromführung und Rückführung dargestellt. In einem System dieser Art gibt es Heizmittelströme, die ihre Wärme in mehr als einem Wärmeübertrager an die kalten Ströme abgeben.

Die Kreuzstromführung mit Umgehung ist in Abb. 8.20 angegeben. Sie unterscheidet sich von der Kreuzstromführung mit Rückführung dadurch, daß die Temperatur des Heizmittelstromes in Strömungsrichtung des kalten Stromes absinkt.

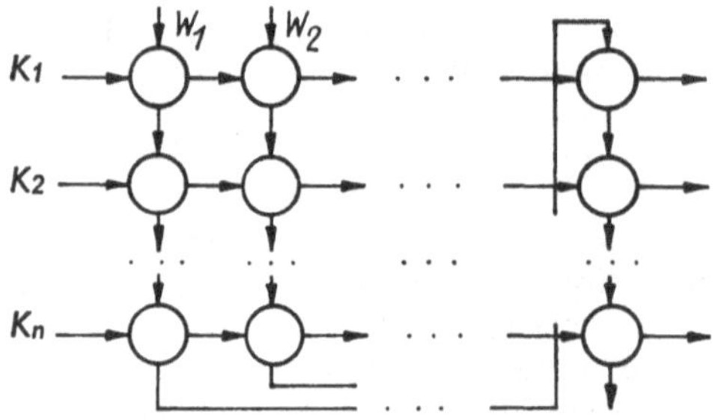

Abb. 8.20 Wärmeübertragersystem mit Kreuzstromführung und Umgehung

Analog zu den Systemen mit Kreuzstromführung sind auch die Systeme mit inverser Stromführung mit Rückführung (Abb. 8.21) und mit Umgehung (Abb. 8.22) aufgebaut.

Die Kombination der oben aufgeführten Stromführungen ergibt noch kompliziertere Systeme.

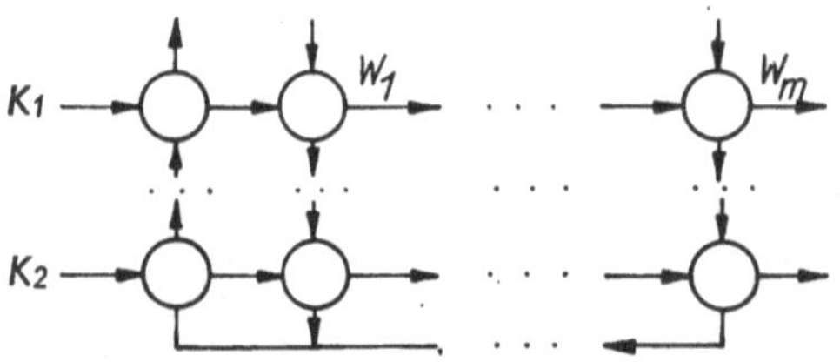

Abb. 8.21 Wärmeübertragersystem mit inverser Stromführung und Rückführung

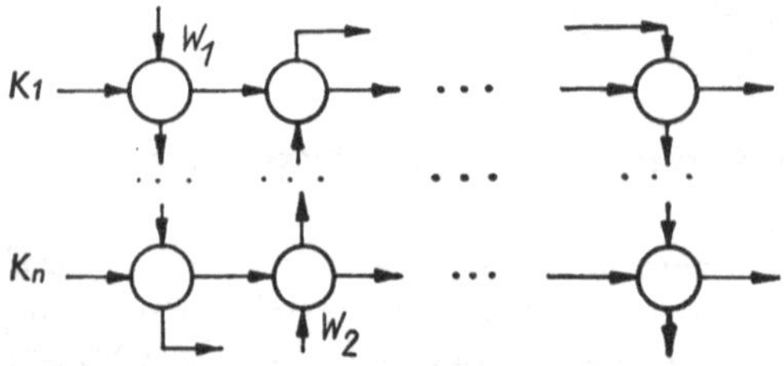

Abb. 8.22 Wärmeübertragersystem mit inverser Stromführung und Umgehung

8.11.2. Synthesemethoden für Wärmeübertragersysteme

Unter der Synthese von Wärmeübertragersystemen versteht man in erster Linie die Ermittlung einer solchen Struktur des Systems, bei der eine gewisse Zielfunktion ihr Extremum hat. Diese Problematik wurde schon in den Arbeiten [106—108] untersucht. Allerdings beruhen die in diesen Arbeiten beschriebenen Synthesemethoden auf vereinfachenden Annahmen. Damit zusammenhängend können sich die erhaltenen Stromführungen beträchtlich von den optimalen unterscheiden. Außerdem ist es praktisch unmöglich, die Abweichung der Lösungen vom Optimum zu bewerten.

In der vorliegenden Arbeit wird eine Verfahrensweise der Lösung dieses Problems beschrieben, bei der die Optimalität der Lösung auf dem diskreten Maximumprinzip [109] beruht. Zuerst wird ein mathematisches Modell für das Wärmeübertragersystem erarbeitet.

Es sei angenommen, das System besteht aus N Wärmeübertragern H_1, $H_2, \ldots, H_N$. In Abhängigkeit von der Aufgabenstellung kann N sowohl die gesuchte Variable, wie auch eine vorgegebene Konstante sein. Mit $t_H{}^1$, $t_H{}^2, \ldots$, $t_H{}^n$ werden die Temperaturen der Ströme $K_1, \ldots, K_n$ am Eingang des wärmeübertrager bezeichnet, mit $T_H{}^1, T_H{}^2, \ldots T_H{}^m$ die der Ströme $W_1, \ldots, W_m$. Mit m_i und c_i werden der Massendurchsatz und die spezifische Wärmekapazität des Stromes K_i $(i = 1, l, \ldots, n)$ bezeichnet, mit m_{n+j} und c_{n+j} der Massendurchsatz und die spezifische Wärmekapazität des Stromes W_j $(j = 1, \ldots, m)$.

Zur Berücksichtigung der Temperaturveränderung im System wird die Variable V eingeführt, die die ganzzahligen Werte 0, 1, 2, …, N annehmen kann. Für jedes V wird der Vektor $\bar{x}_V = (x_V{}^1, \ldots, x_V{}^n, x_V{}^{n+1}, \ldots, x_V{}^{n+m})$ ermittelt, wobei $x_V{}^i$ die Temperatur des Stromes K_i im Punkt V $(i = 1, \ldots, n)$ $x_V{}^{n+j}$ die Temperatur des Stromes W_j im Punkt V $(j = 1, \ldots, m)$ sind.

Jedem Wärmeübertrager H_V des Systems wird ein Übergang vom Punkt $(V - 1)$ zum Punkt V $(V = 1, \ldots, N)$ zugeordnet. Da in jedem Wärmeübertrager nur ein kalter und ein warmer Strom an der Wärmeübertragung beteiligt sind, sind alle $x_V{}^i = x^i_{V-1}$, außer den Temperaturen der beiden Ströme, die an der Wärmeübertragung in H_V beteiligt sind. Weiterhin werden zur Betrachtung des Systems die logischen Variablen U^V_{ij} $(i = 1, \ldots, n;\ j = 1, \ldots, m;\ V = 0, 1, \ldots, N - 1)$ herangezogen. U^V_{ij} können folgende Werte annehmen:

$$U^V_{ij} = \begin{cases} 1, \text{ wenn in } H_{N+1} \text{ der Strom } K_i \text{ die Wärme vom Strom } W_j \text{ erhält,} \\ 0 \text{ im entgegengesetzten Fall.} \end{cases}$$

Da in jedem Wärmeübertrager nur ein Paar Ströme eintreten kann, ist für jedes V

$$\sum_{i=1}^{n} \sum_{j=1}^{m} U^V_{ij} = 1 . \tag{8.129}$$

Betrachten wir die verschiedenen Aufgabenstellungen für die Wärmeübertragersysteme.

1. Reiner Gleichstrom

Zuerst wird der Fall betrachtet, daß im Wärmeübertragersystem nur Umgehungen vorhanden sind (reiner Gleichstrom). Dem Eingang in das System wird der Punkt $V = 0$ zugeordnet. Dann ist

$$x_0 = (t_{H1}, \ldots, t_H{}^n, T_H{}^1, \ldots, T_H{}^m) \tag{8.130}$$

Mit Anwachsen von V von 0 auf N stiegen die Temperaturen $x_V{}^i$ ($i = 1, \ldots, n$), während die Temperaturen $x_V{}^{n+j}$ ($j = 1, \ldots, m$) fallen. Wenn Strom K_i im Wärmeübertrager H_{V+1} Wärme aufnimmt, ist

$$x_{V+1} = x_V{}^i + \frac{\dot{Q}\eta}{\dot{m}_i\dot{c}_i(x_V{}^i)}, \tag{8.131}$$

wobei $\dot{Q}$ der übertragene Wärmestrom und η der Wärmeverlustkoeffizient sind.

Für den warmen Strom W_j ist die Gleichung analog der ersten:

$$x_{V+j}^{n+j} = x_V{}^{n+j} - \frac{\dot{Q}\eta}{\dot{m}_{n+j}\dot{c}_{n+j}(x_V{}^{n+j})}. \tag{8.132}$$

Die Gleichungen für die Temperaturen der nicht an der Wärmeübertragung im Wärmeübertrager H_{V+1} beteiligten Ströme sind offensichtlich

$$x_{V+1}^i = x_V{}^i \tag{8.133}$$

$$x_{V+1}^{n+j} = x_V{}^{n+j}. \tag{8.134}$$

Bei Verwendung der Variablen U_{ij}^V können (8.131) bis (8.134) folgendermaßen geschrieben werden:

$$\left.\begin{aligned}
&x_{V+1}^i = x_V{}^i + \frac{\dot{Q}\eta}{\dot{m}_i c_i(x_V{}^i)} \sum_{j=1}^{m} U_{ij}^V,\\
&x_V{}^{n+j} = x_V{}^{n+j} - \frac{\dot{Q}\eta}{\dot{m}_{n+j} c_{n+j}(x_V{}^{n+j})} \sum_{i=1}^{n} U_{ij}^V,\\
&i = 1, \ldots, n\\
&j = 1, \ldots, m\\
&V = 0, 1, \ldots, N-1
\end{aligned}\right\} \tag{8.135}$$

Falls für alle V die entsprechenden U_{ij}^V bekannt sind, können durch Anwendung von (8.135) nacheinander bei $V = 0, 1, \ldots, N-1$ alle $\bar{x}_N$, d. h. die Temperaturen aller Ströme am Ausgang des Wärmeübertragersystems berechnet werden. Allerdings besteht die Aufgabe gerade in der Ermittlung der Variablen U_{ij}^V. Natürlich interessieren nur solche Werte von U_{ij}^V, bei denen die vorgegebene Zielfunktion ihren Minimalwert erreicht.

Als Zielfunktion werden die Gesamtkosten gewählt (wie ersichtlich, kann die genannte Methode jedoch für beliebige Zielfunktionen verwendet werden). Mit $Z(\dot{Q}, \eta, i, t, j, T)$ werden die Minimalgesamtkosten eines Wärmeübertragers bezeichnet, in dem Strom W_j den Wärmestrom $\dot{Q}$ an den Strom K_i abgibt, wobei W_j mit der Temperatur T und K_i mit der Temperatur t in den Wärmeübertrager eintreten. Die Ermittlung der minimalen Gesamtkosten erfolgt mit den in den vorhergehenden Kapiteln beschriebenen Methoden.

Die faktischen Kosten des Wärmeübertragers werden wie folgt ermittelt:

$$K_V = \sum_{i=1}^{n} \sum_{j=1}^{m} Z(\dot{Q}, \eta, i, x_V{}^i, j, x_V{}^{n+j})\, U_{ij}^V \tag{8.136}$$

Folglich ist die Zielfunktion (Gesamtkosten für das ganze System):

$$K = \sum_{V=0}^{N-1} K_V \tag{8.137}$$

Somit kann die einfachste Aufgabenstellung für die Wärmeübertragersystem-Synthese folgendermaßen formuliert werden:

Es sind die $\left\{U_{ij}^V\right\}$ zu ermitteln, bei denen K minimal ist und sich die Temperaturen entsprechend (8.135) verändern. Es ist offensichtlich, daß eine solche Aufgabenstellung der Wärmeübertragersystem-Synthese eine Aufgabe der diskreten optimalen Steuerung darstellt. Dabei sind U_{ij}^V die Steuervariablen und $x_V{}^i$ die Zustandsvariablen.

Um das Maximumprinzip anwenden zu können, wird im weiteren angenommen, daß U_{ij}^V alle Werte im Intervall [0, 1] annehmen kann, nicht nur 0 und 1. Der zulässige Bereich für die aus (8.129) ermittelten Werte von U_{ij}^V ist in diesem Fall eine konvexe Menge.

Es läßt sich leicht überprüfen, daß für jeden Punkt $\bar{x} \in R^{n+m}$ die Menge $F(\bar{x}) \in R^{n+m+1}$, die aus allen Punkten der Art $(Z_V, f_V, \ldots, f_V{}^n, \ldots, f_V{}^{n+m})$ besteht, wobei $\bar{U}$ die ganze zulässige Menge durchläuft, konvex ist (mit $f_V{}^i$ werden die rechten Teile der Gl. (8.135) bezeichnet).

Für die Optimalität der Steuerung von $\left\{\bar{\bar{U}}_{ij}^V\right\}$ muß eine notwendige Bedingung — das Maximumprinzip — erfüllt werden

$$\max_{\bar{U}_V} H_V(\bar{\psi}_V, \bar{x}_V, \bar{u}_V) = H_V(\bar{\psi}_V, \bar{x}_V, \bar{\bar{U}}_V), \tag{8.138}$$

wobei

$$H_V = \sum_{i=1}^{n+m} \psi_V{}^i f_V{}^i - Z_V \tag{8.139}$$

die HAMILTON-PONTRJAGIN-Funktion ist und $\psi_V{}^i$ die Lösung des gekoppelten Systems

$$\psi^i_{V-1} = \psi_V{}^i \left[1 - \frac{\dot{Q}\eta}{\dot{m}_i c_i{}^2(x_V{}^i)} \frac{d}{dx} c(x_V{}^i) \sum_{j=1}^{m} U^V_{ij}\right]$$

$$- \sum_{j=1}^{m} \frac{\partial_i}{\partial x} Z(\dot{Q}, \eta, i, x_V, j, x_V{}^{n+j})\, U^V_{ij}, \tag{8.140}$$

$$\psi^{n+j}_{V-1} = \psi_V{}^{n+j} \left[1 + \frac{\dot{Q}\eta}{\dot{m}_{n+j} c^2_{n+j}(x_V{}^{n+j})} \frac{d}{dx^{n+j}} c(x_V{}^{n+j}) \sum_{i=1}^{n} U^V_{ij}\right]$$

$$- \sum_{i=1}^{n} \frac{\partial}{\partial x^{n+j}} Z(Q, \eta, i, x_V{}^i, j, x_V{}^{n+j})\, U^V_{ij}$$

$$i = 1, \ldots, n;\; j = 1, \ldots, m;\; V = 0, 1, \ldots, N-1$$

bei den Randbedingungen

$$\psi^i_{N-1} = 0,\; i = 1, \ldots, n \tag{8.141}$$

$$\psi^{n+j}_{N-1} = 0,\; j = 1, \ldots, m \tag{8.142}$$

Wird diese Aufgabe gelöst, erhält man den Wert für $\{\overline{U}^V_{ij}\}$.

2. Reiner Gegenstrom

Analog wird die Aufgabe gelöst, wenn im System reiner Gegenstrom vorhanden ist (die Warmströme haben Rückführungen). Vom praktischen Standpunkt aus gesehen ist ein Wärmeübertragersystem mit derartigem Aufbau meistens interessanter als ein System mit reinem Gleichstrom.

Nehmen wir an, daß die Ströme K_i im Punkt $V = 0$ und die Ströme W_j im Punkt $V = N$ in das System eintreten. Dementsprechend werden die Vektorenteile $\overline{x}_0$ und $\overline{x}_N$ ermittelt

$$\overline{x}_0 = (t_H{}^1, \ldots, t_H{}^n, x_0{}^{n+1}, \ldots, x_0{}^{n+m}), \tag{8.143}$$

$$\overline{x}_N = (x_N{}^1, \ldots, x_N{}^1, T_H{}^1, \ldots, T_H{}^m). \tag{8.144}$$

Diese Bedingungen ersetzten die Bedingung (8.130).

Bei reinem Gegenstrom wird das Differenzengleichungssystem (8.135) durch das System

$$\left.\begin{aligned} x^i_{V+1} &= x_V{}^i + \frac{\dot{Q}\eta}{\dot{m}_i c_i(x_V{}^i)} \sum_{i=j}^{m} U^V_{ij} \\ x^{n+j}_{V+1} &= x_V{}^{n+j} + \frac{\dot{Q}\eta}{\dot{m}_{n+j} c_{n+j}(x_V{}^{n+j})} \sum_{i=1}^{n} U^V_{ij} \\ i &= 1, \ldots, n;\; j = 1, \ldots, m;\; V = 0, 1, \ldots, N-1 \end{aligned}\right\} \tag{8.145}$$

ersetzt.

Die Zielfunktion verändert sich nicht, jedoch verändert sich der physikalische Sinn des Parameters x_V^{n+j} im Ausdruck (8.136). Unter x_V^{n+j} wird die Temperatur des Stromes W_j am Ausgang des Wärmeübertragers verstanden.

Die Funktion ψ_V^i wird aus dem folgenden System ermittelt:

$$\left.\begin{aligned}
\psi_{V-1}^i &= \psi_V^i \left[1 - \frac{\dot{Q}\eta}{\dot{m}_i c_i^2(x_V^i)} \frac{d}{dx} c(x_V^i) \sum_{j=1}^{m} U_{ij}^V\right] \\
&\quad - \sum_{j=1}^{m} \frac{\partial}{\partial x^i} Z(\dot{Q}, \eta, i, x_V^i, j, x_V^{n+j})\, U_{ij}^V, \\
\psi_{V-1}^{n+j} &= \psi_V^{n+j} \left[1 - \frac{\dot{Q}\eta}{\dot{m}_{n+j} c_{n+j}^2(x_V^{n+j})} \frac{d}{dx^{n+j}} c(x_V^{n+j}) \sum_{i=1}^{n} U_{ij}^V\right] \\
&\quad - \sum_{i=1}^{n} \frac{\partial}{\partial x^{n+j}} Z(\dot{Q}, \eta, i, x_V^i, j, x_V^{n+j})\, U_{ij}^V, \\
i &= 1, \ldots, n \\
j &= 1, \ldots, m \\
V &= 0, 1, \ldots, N-1
\end{aligned}\right\} \tag{8.146}$$

mit den Randbedingungen

$$\psi_{N-1}^i = 0, i = 1, \ldots, n, \tag{8.147}$$

$$\psi_{N-1}^{n+j} = 0, j = 1, \ldots, m. \tag{8.148}$$

Die Synthese von Wärmeübertragersystemen mit reinem Gegenstrom läuft somit auf die Lösung von (8.145), (8.146) bei Beachtung der Randbedingungen (8.143), (8.144), (8.147), (8.148) hinaus, die Optimalsteuerung wird nach dem Maximumprinzip ermittelt.

Im weiteren werden einige allgemeine Schlußfolgerungen aus dem aufgestellten mathematischen Modell für Wärmeübertragersysteme mit reinem Gegenstrom gezogen (für Wärmeübertragersysteme mit reinem Gleichstrom sind die Schlußfolgerungen analog).

3. Berücksichtigung der Temperaturgrenzwerte für die Ströme am Ausgang des Systems

Die oben aufgestellten Modelle setzten das Fehlen von Temperaturgrenzwerten für die Fluidströme am Ausgang des Wärmeübertragersystems voraus. Bei der Projektierung realer Systeme sind jedoch in der Regel Temperaturgrenzwerte für die Ströme am Ausgang des Wärmeübertragersystems vorhanden. Diese Einschränkungen werden im Modell durch die Methode der Straffunktion [110] berücksichtigt.

Bei einer solchen Verfahrensweise unterliegen nur die Zielfunktion und die Grenzbedingungen für die gekoppelten Variablen $\overline{\psi}$ einer Veränderung. Diese Grenzwerte werden in Form von Gleichungen oder Ungleichungen vorgegeben.

Angenommen, die Temperatur des Fluidstromes K_i sei am Ausgang des Wärmeübertragersystems gleich $t_V{}^i$. In dem Fall muß die Gleichung

$$x_N{}^i = t_V{}^i \tag{8.149}$$

erfüllt sein.

Diese Einschränkung wird durch Ersetzen der Zielfunktion I durch die Zielfunktion

$$\tilde{I} = I + \lambda(x_N{}^i - t_V{}^i)^2 \tag{8.150}$$

aufgehoben, wobei $\lambda > 0$ ist.

Bei der Minimierung von $\tilde{I}$ wird sowohl eine Minimierung von I, wie auch die Minimierung der Abweichung $x_N{}^i$ von $t_V{}^i$ erreicht. Das Vorhandensein einer Straffunktion in (8.150) führt zur Veränderung der entsprechenden Grenzbedingung (8.147) für die Funktion ψ^i:

$$\psi^i_{N-1} = -2\lambda(x_N{}^i - t_V{}^i)\,. \tag{8.151}$$

Wenn für die Ausgangstemperatur eine Einschränkung vom Typ der folgenden Ungleichung

$$t^i_{V\min} \leqq x_N{}^i - t^i_{V\max} \tag{8.152}$$

gilt, nimmt die Zielfunktion unter Berücksichtigung des Straffunktionsanteiles die Form

$$\tilde{I} = I + \varphi(x_N{}^i)$$

an, wobei

$$\varphi(x_N) = \begin{cases} (x_N{}^i - t^i_{V\max})^2, & \text{wenn } x_V{}^i > t^i_{V\max} \\ 0, & \text{wenn } t^i_{V\min} \leqq x_N{}^i - t^i_{V\max} \\ (x_N{}^i - t^i_{V\min})^2, & \text{wenn } x_N{}^i < t^i_{V\min} \end{cases} \tag{8.153}$$

und die Grenzbedingungen für ψ^i

$$\psi^i_{N-1} = -\frac{\partial\varphi(x_N{}^i)}{\partial x} \tag{8.154}$$

sind.

Es ist noch festzustellen, daß der Grenzwert (8.149) ein Sonderfall von (8.152) bei $t^i_{V\min} = t^i_{V\max}$ ist.

Verallgemeinern wir die Straffunktionen für den Fall einiger Grenzwerte an beiden Enden. Mit I_1 wird die Nummernmenge der Ströme K_i, in denen Grenzen vom Typ (8.152) vorhanden sind, bezeichnet, mit I_2 die Nummernmenge der Ströme W_j, für die Grenzwerte vom Typ

$$T^i_{V\min} \leqq x_0{}^{n+j} \leqq T^j_{V\max} \tag{8.155}$$

vorgegeben sind. Die Zielfunktion hat dann folgende Form

$$\tilde{I} = I + \sum_{i \in I_1} \varphi_i{}^{(1)} + \sum_{j \in I_2} \varphi_j{}^{(2)} \tag{8.156}$$

wobei

$$\varphi_i^{(1)} = \begin{cases} \lambda_i(x_N{}^i - t^i_{V\max})^2, & \text{wenn } x_N{}^i \geqq t^i_{V\max} \\ 0, & \text{wenn } t^i_{V\min} \leqq x_N{}^i \leqq t^i_{V\max} \\ \lambda_i(x_N{}^i - t^i_{V\min})^2, & \text{wenn } x_N{}^i \leqq t^i_{V\min} \\ i \in I_1 \end{cases} \tag{8.157}$$

$$\varphi_j^{(2)} = \begin{cases} \lambda_{n+j}(x_0{}^{n+j} - T^i_{V\max})^2, & \text{wenn } x_0{}^{n+j} > T^j_{V\max} \\ 0, & \text{wenn } T^j_{V\min} \leqq x_0{}^{n+j} \leqq T^j_{V\max} \\ \lambda_{n+j}(x_0{}^{n+j} - T^j_{V\min})^2, & \text{wenn } x_0{}^{n+j} < T^i_{V\min} \\ j \in I_2 \end{cases} \tag{8.158}$$

sind und die Randbedingungen (8.147), (8.148) folgendermaßen umgeformt werden

$$\psi^i_{N-1} = \begin{cases} 0, \text{ wenn } i \in I_1 \text{ ist,} \\ -\dfrac{\partial \varphi_i{}^{(1)}(x_N{}^i)}{\partial x_i}, \text{ wenn } i \in I_1 \text{ ist,} \end{cases} \tag{8.159}$$

$$\psi^{n+j}_{N-1} = \begin{cases} 0, \text{ wenn } j \in I_2 \text{ ist,} \\ -\dfrac{\partial \varphi_j{}^{(2)}(x_0{}^{n+j})}{\partial x^{n+j}}, \text{ wenn } j \in I_2 \text{ ist.} \end{cases} \tag{8.160}$$

4. Veränderliche Anzahl von Wärmeübertragern im System

In dem Fall, daß die Wärmeübertrageranzahl N nicht fixiert ist, erscheint eine weitere Optimierungsvariable. Damit zusammenhängend wird zusätzlich eine Transversalitätsbedingung eingeführt

$$H_{N-1}(\overline{\psi}_V, \overline{x}_V, \overline{\overline{U}}_V) = 0, \tag{8.161}$$

aus der das unbekannte N ermittelt wird.

5. Nicht addidative Abhängigkeit der Zielfunktion vom übertragenen Wärmestrom

Im allgemeinen ist die Zielfunktion nicht addidativ von $\dot{Q}$ abhängig, d. h.

$$Z(2\dot{Q}, \eta, i, x_V{}^i, j, x_V{}^{n+j}) \leqq Z(\dot{Q}, \eta, i, x_V{}^i, j, x_V{}^{n+j}) + Z(\dot{Q}, \eta, i, x^i_{V+1}, j, x^{n+j}_{V+1}) \tag{8.162}$$

Also muß Z_V nicht nur von U^V_{ij}, sondern auch von U^{V-1}_{ij} abhängig sein.

Wenn $U^{V-1}_{ij} = 0$ und $U^V_{ij} = 1$ sind, ist

$$Z_V = Z(\dot{Q}, \eta, i, x_V{}^i, j, x_V{}^{n+j}) \tag{8.163}$$

Wenn jedoch $U_{ij}^{V-1} = U_{ij}^{V} = 1$ ist, dann ist

$$Z_V = Z(2\dot{Q}, \eta, i, x_{V-1}^i, j, x_V^{n+j}) - Z(\dot{Q}, \eta, i, x_{V-1}^i, j, x_{V-1}^{n+j}) \tag{8.164}$$

Deshalb kann Z_V im allgemeinen Fall nach der Formel

$$\begin{aligned} Z_V = \sum_{i=1}^{n} \sum_{j=1}^{m} \Big[\big(Z(2Q, \eta, i, x_{V-1}^i, j, x_{V-1}^{n+j}) \\ - Z(Q, \eta, i, x_{V-1}^i, j, x_{V-1}^{n+j})\big)\, U_{ij}^V \\ + Z(Q, \eta, i, x_V^i, j, x_V^{n+j})\,(1 - U_{ij}^{V-1})\Big]\, U_{ij}^V \end{aligned} \tag{8.165}$$

berechnet werden.

Aufgaben mit Zielfunktionen vom Typ (8.165) sind Aufgaben zur optimalen Steuerung mit Verzögerung. Durch Einführen neuer Variablen können sie leicht auf Aufgaben ohne Verzögerung zurückgeführt werden.

6. Berücksichtigung des Druckes der Ströme

Bei der Projektierung von Wärmeübertragersystemen ist der zulässige Druckabfall begrenzt. Die Berücksichtigung dieser Grenzwerte ist einfach möglich. Es sei angenommen, daß der Fluidstrom K_i am Eingang in das Wärmeübertragersystem den Druck p_i hat und sein zulässiger Druckabfall im System gleich Δp_i $(i = 1, \ldots, n)$ ist. Mit $p_V{}^i$ wird der Druck des Stromes K_i im Punkt V bezeichnet. Weiterhin wird eine diskrete Menge von möglichen Druckabfallwerten für einen Fluidstrom in einem einzelnen Wärmeübertrager $h, 2h, \ldots, s_i h$ eingeführt, wobei h der Einzeldruckabfall ist, und $s_i h \leqq \Delta p_i$.

Analog zu U_{ij}^V werden die logischen Variablen $v_i{}^V$ eingeführt, die die Werte von $\{1, 2, \ldots, s_i\}$ annehmen können. Sodann kann ein Gleichungssystem aufgestellt werden, das die Druckveränderung der Ströme in den Wärmeübertragern des Systems beschreibt

$$p_{V+1}^i = p_V{}^i + h v_i{}^V \sum_{j=1}^{n} U_{ij}^V \tag{8.166}$$

$i = 1, \ldots, n;\ V = 0, 1, \ldots, N - 1$

bei den Grenzbedingungen

$$p_0{}^i = \bar{p}_i,\ i = 1, \ldots, n, \tag{8.167a}$$

$$p_N{}^i \geqq \bar{p}_i - \Delta p_i,\ i = 1, \ldots, n \tag{8.167b}$$

Die Bedingung (8.167b) wird durch die Einführung von Straffunktionen berücksichtigt.

Für die Wärmeströme W_j $(j = 1, \ldots, m)$ werden zu (8.166) analoge Gleichungen K_V aufgestellt. Außerdem wird in die Zielfunktion I ihre eindeutige Abhängigkeit vom Stromdruck aufgenommen. Die Maximierung der Hamilton-funktion H_V muß natürlich sowohl nach $\{U_{ij}^V\}$ wie auch nach $\{v_i{}^V\}$ vorgenommen werden.

7. Veränderliche Wärmebelastung

Mit $\dot{Q}_i$ wird der Wärmestrom bezeichnet, die der Strom K_i in einem beliebigen Wärmeübertrager aufnimmt. Gl. (8.135) nimmt somit folgende Form an

$$\left.\begin{aligned} x_{V+1}^{i} &= x_V{}^{i} + \frac{\dot{Q}_i\eta}{\dot{m}_i c_i(x_V{}^{i})} \sum_{j=1}^{m} U_{ij}^{V} \\ x_{V+1}^{n+j} &= x_V{}^{n+j} + \frac{\eta}{\dot{m}_{n+j} c_{n+j}(x_V{}^{n+j})} \sum_{i=1}^{n} \dot{Q}_i U_{ij}^{V} \end{aligned}\right\} \qquad (8.168)$$

und die Zielfunktion lautet

$$Z_V = \sum_{i=1}^{n} \sum_{j=}^{m} Z(\dot{Q}_i, \eta, i, x_V{}^{i}, j, x_V{}^{n+j})\, U_{ij}^{V} \qquad (8.169)$$

8. Optimierung mit Berücksichtigung der Wärmeverluste

Bis jetzt wurde η als fixierte Größe betrachtet. Bei allgemeinerer Aufgabenstellung kann die Wärmeübertrager-Synthese mit veränderlichen Werten der Koeffizienten der Wärmeverluste η_{ij}^{V} durchgeführt werden. In diesem Fall sind die η_{ij}^{V} wie auch U_{ij}^{V} Steuervariable.

Die zulässigen Werte dieser Variablen sind $0 < \eta_{ij}^{V} < 1$. Damit zusammenhängend lauten Gl. (8.135) folgendermaßen

$$\left.\begin{aligned} x_{V+1}^{i} &= x_V{}^{i} + \frac{\dot{Q}_i}{\dot{m}_i c_i(x_V{}^{i})} \sum_{j=1}^{m} \eta_{ij}^{V} U_{ij}^{V} \\ x_{V+1}^{n+j} &= x_V{}^{n+j} \frac{1}{\dot{m}_{n+j} c_{n+j}(x_V{}^{n+j})} \sum_{i=1}^{n} \dot{Q}_i \eta_{ij}^{V} U_{ij} \end{aligned}\right\} \qquad (8.170)$$

und die Zielfunktion

$$Z_V = \sum_{i=1}^{n} \sum_{j=1}^{m} Z(\dot{Q}_i, \eta, i, x_V{}^{i}, j, x_V{}^{n+j})\, U_{ij}^{V} \qquad (8.171)$$

Offensichtlich lassen sich auch andere Aufgaben der Synthese von Wärmeübertragersystemen auf die Aufgabe der diskreten Optimalsteuerung zurückführen. Die Methode zur Lösung dieser Klasse von Aufgaben wird am Beispiel des reinen Gegenstroms beschrieben. Zuerst wird eine gewisse „Dispatcher“-Steuerung $\{U_{ij}^{V}\}$ ausgewählt. Unter Berücksichtigung von (8.149) werden alle $x_V{}^{i}$ von links nach rechts nach (8.145) ermittelt. Nach (8.144) und (8.145) werden alle Werte für $x_V{}^{n+j}$ von rechts nach links ermittelt. Analog können $\psi_V{}^{i}$, $\psi_V{}^{n+j}$ nach (8.148) bestimmt werden. Für jedes V wird ein U_{ij}^{V} gefunden, das H_V maximiert. Da H_V von U_{ij}^{V} abhängig ist, muß eines gleich dem U_{ij}^{V} sein, bei dem der Koeffizient der größte ist. Somit wurde das nächste Iterationssystem $\{U_{ij}^{V}\}$ erhalten. Dieser Prozeß wird bis zur Übereinstimmung der Iterationen wiederholt. Falls sich dieser Iterationsprozeß verzweigt, wird die Methode mit stochastischen Ermittlungen kombiniert.

Ein wichtiges Problem bei der Lösung von Aufgaben dieser Klasse ist die Ermittlung der Werte der Zielfunktion und ihrer Ableitungen. Es ist klar, daß nur solch ein Wert der Zielfunktion befriedigt, der dem optimalenWärmeübertrager entspricht. Damit zusammenhängend sind einzelne Wärmeübertrager im Prozeß der Wärmeübertragersystem-Synthese mehrfach für verschiedene Betriebsbedingungen zu optimieren. Der Umfang an Rechenarbeit verringert sich beträchtlich, wenn die Optimierung nur für einige diskrete Parameterwerte (x^i, x^{n+j}) durchgeführt und dann die Zielfunktion für den ganzen Geltungsbereich der Parameter approximiert wird. Die Zielfunktion wurde von uns mit kubischen Splinen [111] approximiert. Diese Approximationsmethode erwies sich als sehr effektiv.

Die Synthese von Wärmeübertragersystemen stellt also eine zweischichtige Aufgabe dar, auf der oberen Ebene wird die optimale Struktur des Systems ermittelt, auf der unteren werden die einzelnen Wärmeübertrager des synthetisierten Systems optimiert.

8.12. Wärmeübertragung in Wärmeübertragersystemen

8.12.1. Lösungsmethoden für die Wärmeübertragungsberechnung in Wärmeübertragersystemen

Einer der Synthese inverse Aufgabe ist die Analyse von Wärmeübertragersystemen. Bei der Analyse ist es erforderlich, die Stromtemperaturen am Systemausgang bei vorgegebener Struktur des Systems und vorgegebenen Parametern der einzelnen Wärmeübertrager zu ermitteln. Eine Aufgabe dieser Art ergibt sich bei der Vervollkommnung von Wärmeübertragersystemen, bei der Analyse von Systemen, die im Resultat einer Synthese erhalten wurden, sowie beim Vergleich verschiedener Schemata im Verlaufe ihrer Projektierung.

Analyse von Wärmeübertragersystemen

Bekanntlich ist die Analyse von Wärmeübertragersystemen äußerst aufwendig, deshalb erfolgt ihre Lösung in der Regel über EDV.

Die Effektivität der Bearbeitung hängt in bedeutendem Maße von der Universalität der Programme (Algorithmen) ab, die über EDV realisiert werden. Wenn man von diesem Standpunkt aus die Aufgabe der Wärmeübertragersystem-Analyse betrachtet, kann man sich zwei Grenzfälle vorstellen:

1. Für die Analyse jedes konkreten Wärmeübertragersystems ist die Aufstellung eines einzelnen Analysealgorithmus erforderlich.
2. Es existiert ein Universalalgorithmus, mit dem die Analysenaufgabe für Wärmeübertragersysteme beliebiger Struktur gelöst werden kann.

Zur Analyse der in Abb. 8.23 und 8.24 dargestellten Systeme ist im ersten Fall die Erarbeitung zweier verschiedener Algorithmen erforderlich, während im zweiten Fall nur die Vorbereitung der entsprechenden Eingabedaten und die Anwendung des Universalalgorithmus erforderlich sind.

Demzufolge ist die Erarbeitung eines ausreichend allgemeinen Universalalgorithmus zur Analyse von Wärmeübertragersystemen ein überaus aktuelles Problem, das eine große Bedeutung für die effektive Anwendung der EDV und die Beschleunigung der Lösung von Analyseaufgaben hat.

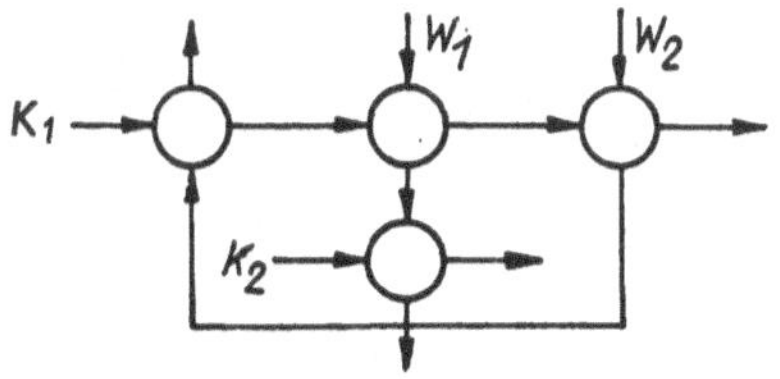

Abb. 8.23 Wärmeübertragersystem

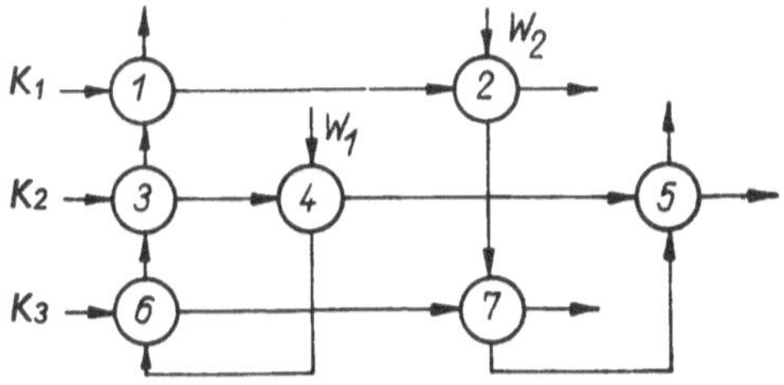

Abb. 8.24 Wärmeübertragersystem

In der vorliegenden Arbeit wird einer der möglichen Wege zur Erstellung eines Universalalgorithmus für die Wärmeübertragersystem-Analyse beschrieben. Der vorgeschlagene Algorithmus besteht aus zwei großen Etappen:

1. Rückführung eines beliebigen Wärmeübertragersystems auf ein äquivalentes Standardsystem.
2. Ermittlung der Stromtemperaturen am Ausgang des Standardsystems.

Umwandlung der Wärmeübertragersysteme in die kanonische Form

Die Auswahl eines Standard-Wärmeübertragersystems kann auf verschiedenen Verfahrensweisen basieren. Die hier vorgeschlagene Verfahrensweise läßt sich gut geometrisch erläutern.

Ein Standard-Wärmeübertragersystem ist ein System, in dem alle wärmeaufnehmenden Ströme von links nach rechts von einem Wärmeübertrager zum anderen fließen, und alle wärmeabgebenden Ströme von oben nach unten (Abb. 8.25).

Alle Umgehungen und Rückführungen können nur von wärmeabgebenden Strömen gebildet werden (Abb. 8.26).

Im allgemeinen Fall kann im Wärmeübertragersystem eine beliebige Zahl von Rückführungen oder Umgehungen vorhanden sein. Somit wird unter einem Standard-Wärmeübertragersystem ein solches System verstanden, in dem alle „Warmströme" ein oder mehrere Male aufeinanderfolgend ihre Wärme an eine geordnete Vielzahl von „Kaltströmen" abgeben.

Solche Wärmeübertragersysteme werden als Systeme kanonischer Art bezeichnet. Sie können gut in Matrizenform dargestellt werden. Jedem Sy-

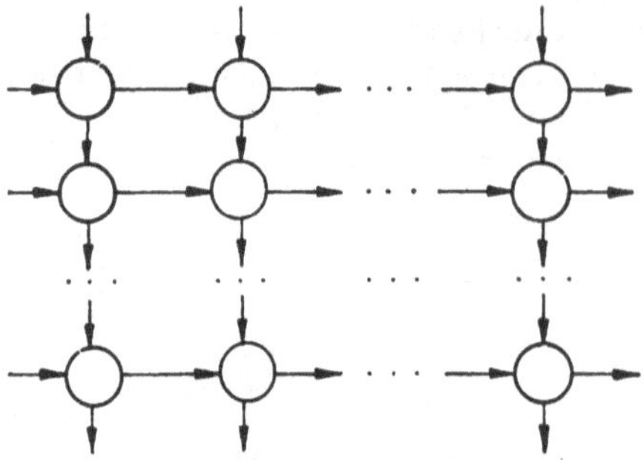

Abb. 8.25 Standard-Wärmeübertragersystem

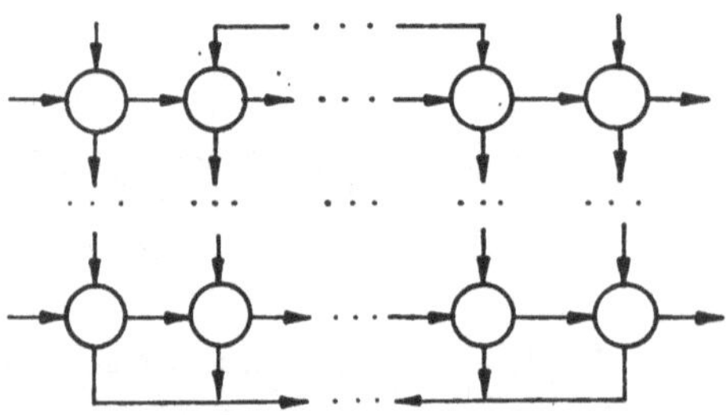

Abb. 8.26 Standard-Wärmeübertragersystem mit Umgehungen und Rückführungen

stem wird eine Matrix $n \times M$ zugeordnet. Die Zeilenzahl n der Matrix ist gleich der Anzahl der wärmeaufnehmenden Ströme $K_1, K_2, \ldots, K_n$, die Anzahl der Spalten M ist gleich der Anzahl in den Strömen $W_1, W_2, \ldots, W_m$, plus der Gesamtzahl der Umgehungen und Rückführungen.

Zur vollständigen Beschreibung der Struktur eines kanonischen Systems reicht es, die in das System eintretenden Ströme (für „Kaltströme" werden die entsprechenden Zeilen, für „Warmströme" die entsprechenden Spalten verwendet) sowie die Rückführungen und Umgehungen der „Warmströme" anzugeben. Eine Methode zur Berechnung kanonischer Systeme mit beliebigen n und M wird nachfolgend beschrieben.

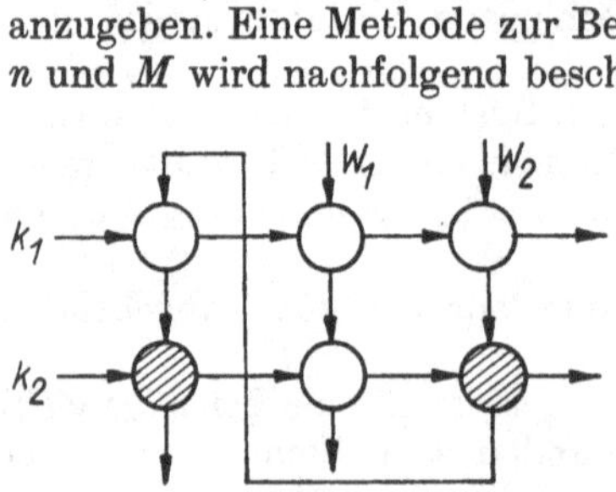

Abb. 8.27 Erweitertes Wärmeübertragersystem zu Bild 8.23

Zuerst wird die Umformung beliebiger Wärmeübertragersysteme in die kanonische Form beschrieben. Das in Abb. 8.23 dargestellte System kann in das System gemäß Abb. 8.27 umgewandelt werden.

Fiktive Wärmeübertrager mit Nullwärmeaustauschfläche werden durch schraffierte Kreise dargestellt. Die Einführung fiktiver Wärmeübertrager erleichtert die Standardisierung der Systemberechnungsalgorithmen. Das in Abb. 8.24 dargestellte Wärmeübertragersystem kann in die kanonischen Systeme gemäß Abb. 8.28 und 8.29 umgewandelt werden.

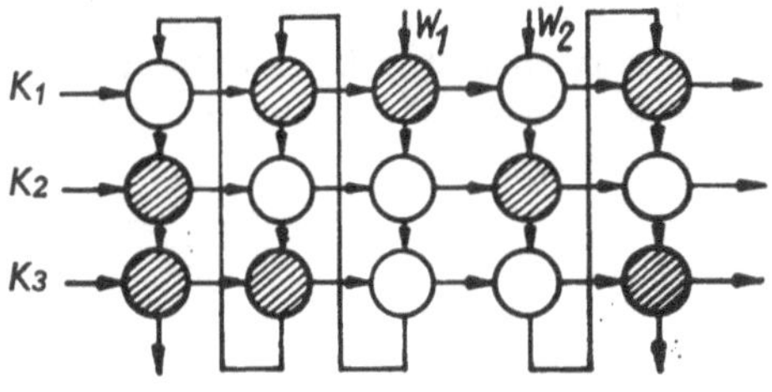

Abb. 8.28 Kanonisches Wärmeübertragersystem zu dem System gemäß Bild 8.24 (Variante 1)

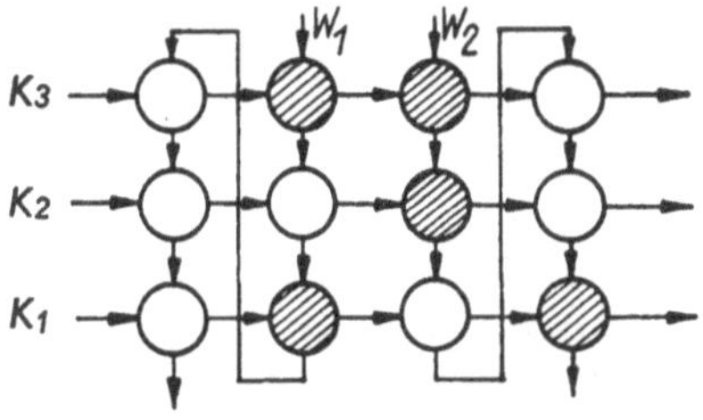

Abb. 8.29 Kanonisches Wärmeübertragersystem zu dem System gemäß Bild 8.24 (Variante 2)

Für jedes Wärmeübertragersystem können mehrere äquivalente kanonische Systeme aufgestellt werden. In diesem Zusammenhang entsteht die Frage nach dem besten kanonischen System. Aus den dem Ausgangssystem äquivalenten kanonischen Systemen wird das mit minimalen M (der Spaltenanzahl der Matrize) gewählt. Das minimale kanonische Wärmeübertragersystem benötigt im Vergleich zu anderen kanonischen Systemen eine geringere Speicherkapazität des Rechners, seine Analyse wird schneller durchgeführt. Das kanonische System gemäß Abb. 8.29 enthält z. B. 4 Spalten, das andere kanonische System gemäß Abb. 8.28 5 Spalten. Die Untersuchung äquivalenter kanonischer Systeme zeigt, daß die Spaltenzahl M der Matrizen eindeutig durch die Verteilung der Kaltströme K_i auf die Zeilen der Matrize bestimmt wird. Gemäß Abb. 8.28 ist die Verteilung der kalten Ströme wie folgt: (K_1, K_2, K_3), jedoch in Abb. 8.29 (K_3, K_2, K_1). Deshalb ist die Ermittlung der Reihenfolge der kalten Ströme, bei der das kanonische System minimiert ist, der wichtigste Teil des Algorithmus.

Der Algorithmus zur Umformung eines Wärmeübertragersystems in die kanonische Form sieht im allgemeinen Fall folgendermaßen aus: Es wird angenommen, daß in das Wärmeübertragersystem n wärmeaufnehmende Ströme $K_1, K_2, \ldots, K_n$ und m wärmeabgebende Ströme $W_1, W_2, \ldots, W_m$ eintreten. Jedem Wärmeübertrager wird eine Nummer aus der Reihe der natürlichen Zahlen zugeordnet.

Gegeben ist ein gewisser Strom, der die Wärmeübertrager $S_1, S_2, \ldots, S_V$ der Reihe nach durchströmt. Der Vektor $\boldsymbol{I} = (S_1, S_2, \ldots, S_V)$ wird als Reihenfolgevektor des genannten Stromes bezeichnet. Somit wird das System durch die Gesamtheit der Reihenfolgevektoren aller warmen und kalten Ströme vollständig beschrieben. Die Reihenfolgevektoren für die Ströme K_i ($i = 1, \ldots, n$) werden mit $\boldsymbol{I}_i^K$ und die der Ströme W_j ($j = 1, \ldots, m$) mit $\boldsymbol{I}_j^W$ bezeichnet. Die Elementeanzahl des Vektors $\boldsymbol{I}_i^K$ wird mit p_i und die des Vektors $\boldsymbol{I}_j^W$ mit q_i bezeichnet. Für die Arbeit mit dem Algorithmus zur Umwandlung eines Wärmeübertragersystems in die kanonische Form ist es ausreichend, die Vektoren

$$\boldsymbol{I}_1^K = (S_1^1, \ldots, S_{p_1}^1)$$

$$\boldsymbol{I}_2^K = (S_1^2, \ldots, S_{p_2}^2)$$

$$\boldsymbol{I}_n^K = (S_1^n, \ldots, S_{p_n}^n)$$

$$\boldsymbol{I}_1^W = (r_1^1, \ldots, r_{q_1}^1)$$

$$\boldsymbol{I}_2^W = (r_1^2, \ldots, r_{q_2}^2)$$

$$\boldsymbol{I}_m^W = (r_1^m, \ldots, r_{p_m}^m)$$

sowie die entsprechenden p_i und q_i vorzugeben, die bequem in der Form $p = (p_1, \ldots, p_n)$ und $q = (q_1, \ldots, q_m)$ dargestellt werden können. Die Aufbereitung dieser Eingabedaten zur Verwendung im Algorithmus bereitet keine Schwierigkeiten. So ist z. B. für das in Abb. 8.28 aufgeführte Wärmeübertragersystem

$$\boldsymbol{I}_1^K = (1, 2)$$

$$\boldsymbol{I}_2^K = (3, 4, 5)$$

$$\boldsymbol{I}_3^K = (6, 7)$$

$$\boldsymbol{I}_1^W = (4, 6, 3, 1)$$

$$\boldsymbol{I}_2^W = (2, 7, 5)$$

$$p_1 = 2,\ p_2 = 3,\ p_3 = 2,\ q_1 = 4,\ q_2 = 3$$

Da nur bei richtiger Aufbereitung der Eingabedaten eine Wärmeübertragersystem-Analyse mit EDV möglich ist, ist es ratsam, zuerst einen Algorithmus zur Überprüfung Kompatibilität der $\boldsymbol{I}$-Vektoren aufzustellen.

Falls die Eingabedaten keine Fehler enthalten, wird die nächste Arbeitsetappe des Algorithmus realisiert, anderenfalls wird die Aufgabe aus der EDV-Bearbeitung herausgenommen und die Fehler werden fixiert.

Analyse der Kompatibilität der Vektoren:

Dieser Analyse liegt der Fakt zugrunde, daß in jedem Wärmeübertrager ein kalter und ein warmer Strom auftreten. Deshalb darf kein einem beliebigen S_j^i ($i = 1, \ldots, n;\ j = 1, \ldots, p_i$) gleiches Element S_j^i existieren und unter den Elementen r_l^V ($V = 1, \ldots, m$, $l = 1, \ldots, q_V$) darf nur ein einziges Element sein, das gleich S_j^i ist. Der ausführliche Algorithmus für die Kompatibilitätsanalyse der $\boldsymbol{I}$-Vektoren ist als Blockbild (Abb. 8.30) dargestellt. Im Ergebnis der Anwendung des Algorithmus erhöht man die Variable L. Wenn sie gleich Null ist, enthalten die Eingabedaten keine Fehler, anderenfalls sind sie fehlerhaft.

Nach der Eingabedatenanalyse für die Algorithmen des kalten und des warmen Stroms wird der Vektor der gegenläufigen Ströme aufgestellt. Seine Elemente sind die Nummern der warmen (kalten) Ströme, auf die der genannte Strom in den Wärmeübertragern der Reihe nach trifft.

Die Vektoren werden als $\boldsymbol{C}_i = (c_{i1}, c_{i2}, \ldots, c_{ip_i})$ für einen i-ten „Kaltstrom“ ($i = 1, \ldots, n$) und als $\boldsymbol{H}_j = (h_{j1}, h_{j2}, \ldots, h_{jq_j})$ für einen j-ten „Warmstrom“ ($j = 1, \ldots, m$) bezeichnet.

Zur Konstruktion der Vektoren $\boldsymbol{C}_i$, $\boldsymbol{H}_j$ werden die Vektoren $\boldsymbol{I}_1^K, \ldots, \boldsymbol{I}_n^K$, $\boldsymbol{I}_1^W$, $\boldsymbol{I}_m^W$ verwendet.

Für das oben beschriebene Beispiel erhält man

$$\boldsymbol{C}_1 = (1, 2)$$

$$\boldsymbol{C}_2 = (1, 1, 2)$$

$$\boldsymbol{C}_3 = (1, 2)$$

$$\boldsymbol{H}_1 = (2, 3, 2, 1)$$

$$\boldsymbol{H}_2 = (1, 3, 2)$$

Der Formierungsalgorithmus für die Vektoren der gegenläufigen Ströme ist im Blockbild FORVGS (Abb. 8.31) dargestellt. Ihm liegt folgendes Schema zugrunde:

Wenn der „Kaltstrom“ den Wärmeübertrager S durchläuft, wird unter den Elementen des Vektors $\boldsymbol{I}_j^W$ ein S ermittelt, aus dem die Nummer des entsprechenden „Warmstromes“ ermittelt wird. Analog wird die Analyse für „Warmströme“ durchgeführt.

Bei der Formierung von $\boldsymbol{C}_i$, $\boldsymbol{H}_j$ wird gleichzeitig die Verteilung der „Kaltströme“ auf die Zeilen der Matrix gefunden, die dem minimalen kanonischen System entspricht. Dafür wird eine Kopplungsmatrix aufgestellt

$$W = \begin{vmatrix} 0 \; W_{12} \ldots W_{1n} \\ W_{21} \; 0 \ldots \\ W_{n1} \ldots W_{n,n-1} \; 0 \end{vmatrix}$$

Dabei ist W_{ij} die Gesamtzahl der Situationen, die sich ergeben, wenn die „Warmströme“ ihre Wärme zuerst an den i-ten und dann an den j-ten „Kaltstrom“ abgeben. Der Wert von W_{ij} wird durch die entsprechende Analyse der Vektoren $\boldsymbol{H}_1, \ldots, \boldsymbol{H}_m$ ermittelt. An dem Vergleich sind nur die Elemente der Vektoren $\boldsymbol{H}_j$ ($j = 1, \ldots, m$) beteiligt, die potentiell in einer Spalte der Matrix

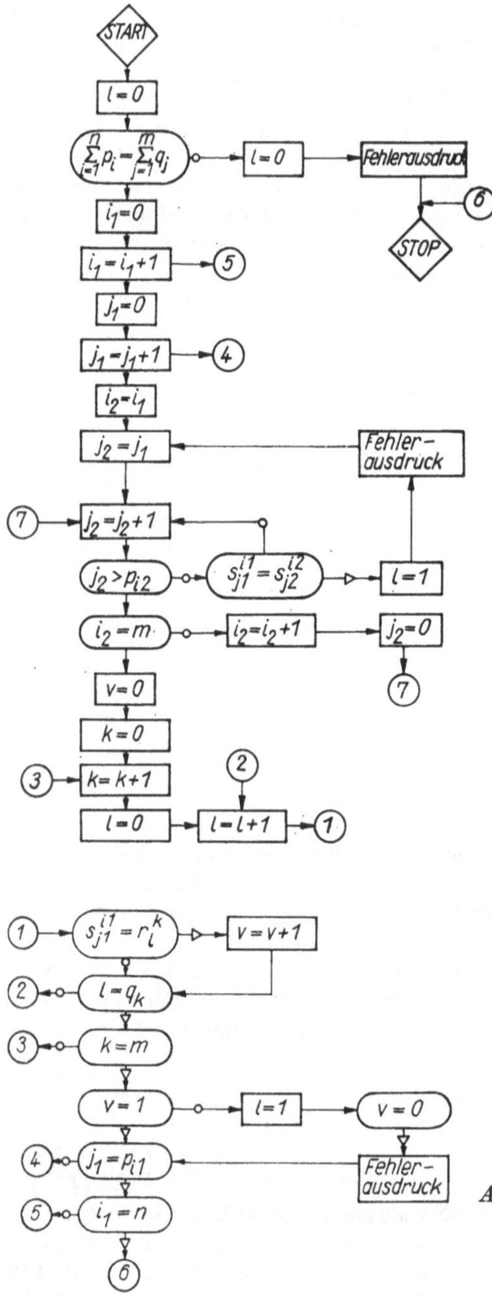

Abb. 8.30 Blockbild KAVI

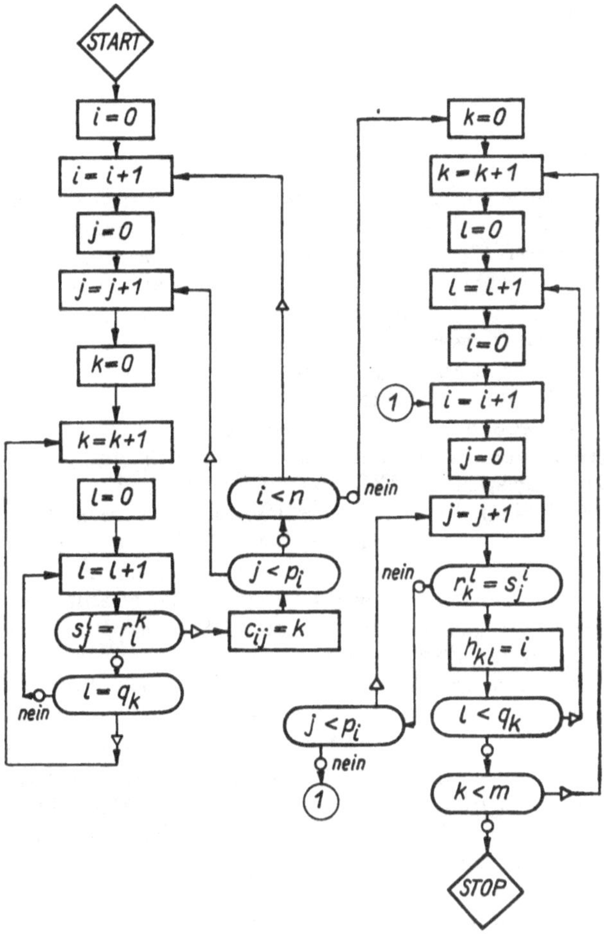

Abb. 8.31 Blockbild FORVGS

des kanonischen Wärmeübertragersystems erscheinen können. Daraus folgt, daß sich unter den verglichenen Elementen keine zwei gleichen befinden können (sie selbst eingeschlossen).

Beispiel: Wenn der Vektor $\boldsymbol{H}_1 = (h_{11}, h_{12}, h_{13})$ derart beschaffen ist, daß $h_{11} = 1$, $h_{12} = 1$, $h_{13} = 2$ ist, so ergibt sich aus der Analyse von $\boldsymbol{H}_1$, daß $W_{12} = 1$ und $W_{21} = 0$ ist. Das Verhältnis von h_{11} und h_{13} wird nicht berücksichtigt, da der Strom K_1, der h_{11} entspricht, und der Strom K_2, der h_{13} entspricht, nicht in eine Spalte der Matrix des kanonischen Wärmeübertragersystems gelangen können (zwischen ihnen liegt das Element h_{12}) das gleich $h_{11} = h_{12} = 1$ ist).

Für das betrachtete Beispiel (Abb. 8.28) lautet die Kopplungsmatrix

$$W = \begin{vmatrix} 0 & 1 & 1 \\ 1 & 0 & 1 \\ 1 & 2 & 0 \end{vmatrix}.$$

Durch den Vergleich der Matrizen W_{ij} und W_{ji} kann ermittelt werden, welcher der beiden Ströme (ij) vor dem anderen liegt. Im genannten Beispiel ist $W_{12} = W_{21}$ und $W_{13} = W_{31}$. Deshalb ist die Anordnung der gegenseitigen Lage der entsprechenden Ströme (des ersten und des zweiten bzw. der ersten und des dritten) unwesentlich. Gleichzeitig muß aber der dritte Strom vor dem zweiten liegen, da $W_{32} > W_{23}$ ist. Folglich können die „Kaltströme" in der Reihenfolge (3, 2, 1) angeordnet werden, um ein minimiertes kanonisches System zu erhalten, d. h. in der ersten Zeile befindet sich der dritte Strom, in der zweiten der zweite und in der dritten der erste.

Im allgemeinen Fall wird jedoch mit dem paarweisen Vergleich der Elemente der Matrix W wegen einer möglichen Zyklisierung nicht immer das Ziel erreicht. So muß zum Beispiel im Fall, daß $W_{13} > W_{21}$, $W_{23} > W_{32}$, $W_{31} > W_{13}$ ist, im Algorithmus ein Vergleich aller n Varianten durchgeführt werden, um die Ermittlung der besten Anordnung der Ströme in allen Fällen zu garantieren. Für jede Variante wird die Summe der entsprechenden W_{ij} ermittelt und danach die Variante mit der größten Summe ausgewählt. Eine solche Verfahrensweise ist allerdings bei großen n unmöglich. In der Praxis übersteigt n jedoch gewöhnlich den Wert 5 nicht.

In Abb. 8.32 ist das Blockbild des Algorithmus der Stromverteilung auf die Zeilen VERSZ aufgeführt. Es besteht aus zwei Teilen, zuerst wird die Matrix gebildet und dann der Vektor zur Verteilung der Ströme auf die Zeilen $\hat{i} = (i_1, i_2, \ldots, i_n)$, wobei i_K die Nummer des „Kaltstroms" ist, der auf der k-ten Zeile der Matrix liegt. Bei diesem Algorithmus wird der Algorithmus „Umstellen (K)" zur Bildung von Umstellungen aus K-Zahlen verwendet. Die folgende Etappe ist der Aufbau des kanonischen Systems.

Zuerst wird die Umformung der Vektoren $\boldsymbol{I}_j^W$ in $\hat{\boldsymbol{I}}_j^W$ $(j = 1, \ldots, m)$ vorgenommen, wobei zu $\boldsymbol{I}_j^W$ Nullen hinzugefügt werden, die den fiktiven Wärmeübertragern entsprechen. Dazu wird die Reihenfolge der Elemente in solche Reihe unterteilt, deren Elemente dem Vektor $\hat{i}$ entsprechend angeordnet sind.

Im betrachteten Beispiel ist $\hat{i} = (3, 2, 1)$. Sodann werden in H_1 zwei Reihen (2) und (3, 2, 1) unterschieden. In H_2 werden auch zwei Reihen (1) und (3, 2) unterschieden. Danach werden die Vektoren $\hat{\boldsymbol{I}}_1^W = (0, 4, 0, 6, 3, 1)$ und $\hat{\boldsymbol{I}}_2^W$ (0, 0, 2, 7, 5, 0) aufgestellt.

Der physikalische Sinn der Elemente von $\hat{\boldsymbol{I}}_1^W$ ist offensichtlich: der Strom W_1 gibt keine Wärme an Strom K_3 ab (erstes Element gleich Null), im Wärmeübertrager 4 gibt er dann Wärme an Strom K_2 ab, an Strom K_1 gibt er keine Wärme ab usw. Die Elementeanzahl im Vektor $\hat{\boldsymbol{I}}_j^W$ ist immer ein Vielfaches von n. Auf der Grundlage von $\hat{\boldsymbol{I}}_j^W$ kann die Matrix T für das kanonische Wärmeübertragersystem aufgestellt werden. Die Zahl der Spalten, die den Strom W_j durchläuft, ist $\nu_j = K_j/n$, wobei K_j die Elementeanzahl in $\hat{\boldsymbol{I}}_j^W$ ist.

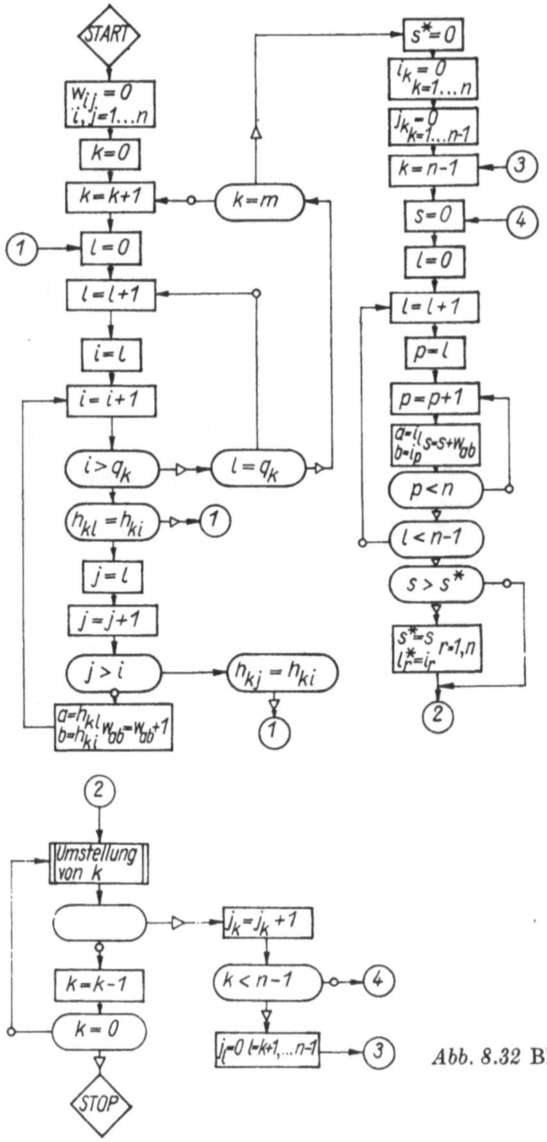

Abb. 8.32 Blockbild VERSZ

Die Gesamtanzahl der Spalten in der Matrize T ist also

$$M = \sum_{j=1}^{m} \nu_j .$$

Um ein kanonisches Wärmeübertragersystem vollständig zu ermitteln ist es notwendig, außer der Matrix T auch die Durchflußstrecke aller Ströme

W_j durch das Wärmeübertragersystem festzulegen. Dafür ist es ausreichend, die Vektoren

$$\mathbf{Q}_j = (Q_{j1}, Q_{j2}, \ldots, Q_j, j), \quad j = 1, \ldots, m$$

aufzustellen.

Der physikalische Sinn des Vektors $\mathbf{Q}_j$ ist folgender: der Strom W_j durchläuft zuerst die Spalte der Matrix Q_{j1}, dann Q_{j2} usw. und verläßt das System durch die Spalte $Q_{j\nu_j}$. Das Aufstellen der Matrix T, wie auch der Vektoren $\mathbf{Q}_1, \ldots, \bar{\mathbf{Q}}_m$ geschieht folgendermaßen: Zuerst werden die ersten ν_1 der Matrixspalten aus der Elementenreihenfolge der Vektoren $\hat{\mathbf{I}}_1{}^W$ gebildet, dabei wird $\bar{Q}_1$ gleich

$$\bar{\mathbf{Q}}_1 = (1, 2, \ldots \nu_1)$$

Dann werden analog aus den Elementen des Vektors $\hat{\mathbf{I}}_2{}^W$ die Spalten mit den Nummern $\nu_1 + 1, \ldots, \nu_1 + \nu_2$ und $Q_2 = (\nu_1 + 1, \ldots, \nu_1 + \nu_2)$ aufgebaut. Auf diese Art und Weise werden alle Spalten der Matrix T und der Vektoren $\bar{\mathbf{Q}}_i$ gefüllt. Die erhaltene Matrix T entspricht in der Regel nicht dem Ausgangs-Wärmeübertragersystem. Deshalb müssen noch Umstellungen der Matrixspalten in T und die entsprechenden Veränderungen der Vektorenelemente in $\bar{Q}_i$ vorgenommen werden.

Die Umstellung der Spalten wird so lange durchgeführt, bis jeder Strom K_i die Wärmeübertrager in der Reihenfolge durchfließt, die mit den Vektoren $\mathbf{I}_i{}^K$ bestimmt wurde.

Bestimmen wir jetzt die Matrix T für das betrachtete Beispiel: Die Elementeanzahl in $\hat{\mathbf{I}}_1{}^W$ und $\hat{\mathbf{I}}_2{}^W$ ist gleich 6. Deshalb ist $\nu_1 = \nu_2 = 6/3 = 2$ und $M = \nu_1 + \nu_2 = 4$. Die ursprüngliche Matrix T ist

$$T = \begin{vmatrix} 0 & 6 & 0 & 7 \\ 4 & 3 & 0 & 5 \\ 0 & 1 & 2 & 0 \end{vmatrix}$$

und die Vektoren

$$\bar{\mathbf{Q}}_1 = (1, 2)$$

$$\bar{\mathbf{Q}}_2 = (3, 4)$$

Entsprechend T durchfließen die „Kaltströme" die Wärmeübertrager wie folgt:

Strom K_3 – Nr. 6, 7

K_2 – Nr. 4, 3, 5

K_1 – Nr. 1, 2

Die Ströme K_1 und K_3 durchfließen die Wärmeübertrager entsprechend den Vektoren $\mathbf{I}_i{}^K$ ($i = 1, 2, 3$) in der richtigen Reihenfolge, der Strom K_2 jedoch nicht. Deshalb ist es notwendig, die erste und zweite Spalte auszutauschen und einen neuen Vektor $\overline{Q}_i$ zu bilden

$$T = \begin{vmatrix} 6 & 0 & 0 & 7 \\ 3 & 4 & 0 & 5 \\ 1 & 0 & 2 & 0 \end{vmatrix},$$

$$\overline{Q}_1 = (2, 1)$$

$$\overline{Q}_2 = (3, 4)$$

Die erhaltene Matrix T und die Vektoren $\overline{Q}_1$, $\overline{Q}_2$ beschreiben ein kanonisches Wärmeübertragersystem gemäß Abb. 8.33, das dem Ausgangssystem äquivalent ist.

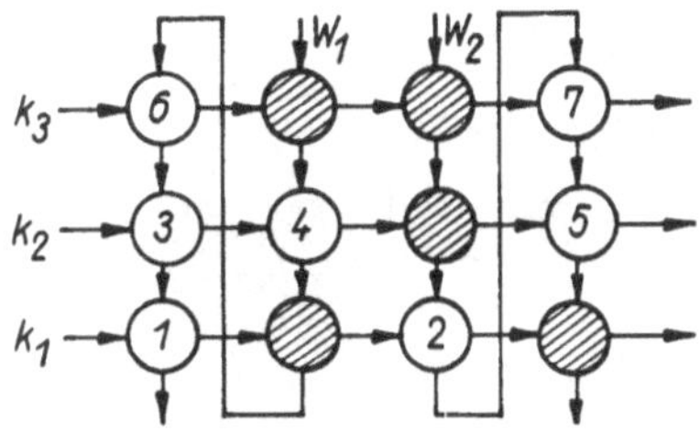

Abb. 8.33 Kanonisches Wärmeübertragersystem

In Abb. 8.34 ist das Blockbild BKWS (Bildung eines kanonisches Wärmeübertragersystems) für allgemeine Systeme dargestellt. Die der Reihe nach erfolgende Anwendung der oben genannten Algorithmen erlaubt also, ein beliebiges Wärmeübertragersystem in die kanonische Form umzuwandeln.

Berechnung kanonischer Wärmeübertragersysteme:

Als erstes wird ein einfaches Wärmeübertragersystem mit Kreuzstrom, ohne Rückführungen und Umgehungen gemäß Abb. 8.35 betrachtet.

Es wird angenommen, daß die i-te Zeile der Matrix dem Strom K_i entspricht und die j-te Spalte dem Strom W_j. Folglich erhält der Strom K_i im Wärmeübertrager T Wärme vom Strom W_j. Es folgt jetzt die Beschreibung einer Berechnungsmethode für Wärmeübertragersysteme, deren Leitgedanken in [112] dargelegt wurden.

Zuerst werden mit t_{ij}^{wa}, t_{ij}^{we} die Temperaturen des abgekühlten Stroms am Eingang und Ausgang des $W\ddot{U}$ T_{ij} bezeichnet, sowie mit t_{ij}^{ka}, t_{ij}^{ke} die Temperaturen des erwärmten Stroms am Eingang und Ausgang des Wärmeübertragers T_{ij}.

Damit ist laut [1]

$$\left.\begin{aligned} t_{ij}^{we} &= t_{ij}^{wa} - (t_{ij}^{wa} - t_{ij}^{ka})\,\varphi_{ij} \\ t_{ij}^{ke} &= t_{ij}^{ka} + (t_{ij}^{wa} - t_{ij}^{ka})\,A_{ij}\varphi_{ij} \end{aligned}\right\} \qquad (8.172)$$

wobei φ_{ij} die Effektivitätsfunktion des Wärmeübertragers T_{ij} ist, und

$$W_{ij} = \frac{\dot{m}_j{}^w c_j{}^w \eta_{vwj}}{\dot{m}_i{}^k c_i{}^k \eta_{vki}}.$$

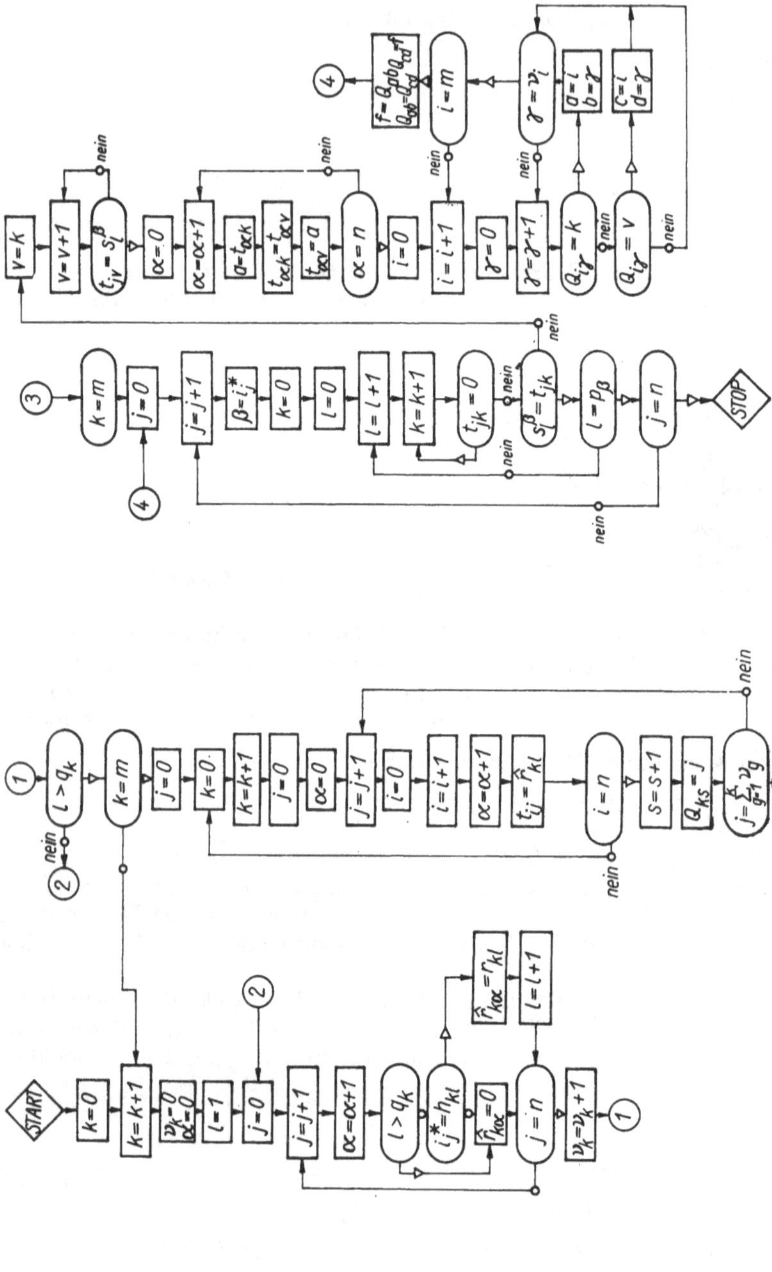

Abb. 8.34 Blockbild BKWS

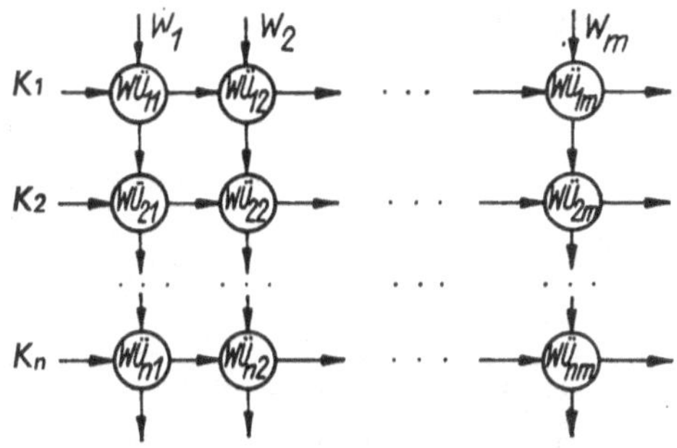

Abb. 8.35 Einfaches Wärmeübertragersystem mit Kreuzstrom ohne Rückführungen und Umgehungen

Das Gleichungssystem (8.172) kann in Matrizenform geschrieben werden

$$\begin{pmatrix} 1-\varphi_{ij} & \varphi_{ij} \\ W_{ij} \quad \varphi_{ij} & 1-A_{ij}\varphi_{ij} \end{pmatrix} \begin{pmatrix} t_{ij}^{wa} \\ t_{ij}^{ka} \end{pmatrix} = \begin{pmatrix} t_{ij}^{we} \\ t_{ij}^{ke} \end{pmatrix} \tag{8.173}$$

Für einen fiktiven Wärmeübertrager ist $\varphi_{ij} = 0$ sowie

$$t_{ij}^{we} = t_{ij}^{wa}, \quad t_{ij}^{ke} = t_{ij}^{ka}$$

Wenn man die Wärmeverluste in den Verbindungen zwischen den Wärmeübertragern vernachlässigt, kann man folgende Beziehung aufstellen

$$t_{ij}^{wa} = t_{i-1,j}^{we} \tag{8.174}$$

$$j = 1, 2, \ldots, M; \quad i = 2, \ldots, n,$$

$$t_{ij}^{ka} = t_{i,j-1}^{ke} \tag{8.175}$$

$$i = 1, \ldots, n, \quad j = 2, \ldots, M$$

Die Gesamtmenge der Stromtemperaturen am Eingang in das Wärmeübertragersystem wird mit

$$t_{A,WS} = (t_{11}^{wa}, \ldots, t_{1M}^{wa}, t_{11}^{ka}, \ldots, t_{M1}^{ka})$$

Die Stromtemperaturen, die nicht im Vektor $\bar{\boldsymbol{t}}_{A,WS}$ enthalten sind, werden im Vektor $\bar{\boldsymbol{t}}_{A,\text{innen}}$ vereinigt. Analog die t_{ij}^{we}, die nicht in $\bar{\boldsymbol{t}}_{E,WS}$ enthalten sind, in $\bar{\boldsymbol{t}}_{E,\text{innen}}$. Die Elemente der Vektoren $\bar{\boldsymbol{t}}_{A,\text{innen}}$ und $\bar{\boldsymbol{t}}_{E,\text{innen}}$ können laut (8.174) und (8.175) so angeordnet werden, daß die Gleichung

$$\bar{\boldsymbol{t}}_{A,\text{innen}} = \bar{\boldsymbol{t}}_{E,\text{innen}} \tag{8.176}$$

gegeben wäre.

Unsere Aufgabe besteht in der Ermittlung der Abhängigkeit $\bar{\boldsymbol{t}}_{E,WS}$ von $\bar{\boldsymbol{t}}_{A,WS}$. Dazu kann die von Sakae, Jagi und Hazime Nisimra [113] beschriebene Verfahrensweise herangezogen werden. Nachdem die Gl. (8.173) für alle i, j

geschrieben wurde, erhält man die Matrizengleichung

$$\begin{vmatrix} 1-\varphi_{11} & \varphi_{11} & & & & & & \\ W_{11}\varphi_{11} & 1-W_{11}\varphi_{11} & & & & & & \\ & & 1-\varphi_{12} & \varphi_{12} & & & & \\ & & W_{12}\varphi_{12} & 1-W_{12}\varphi_{12} & & & & \\ & & & & \ddots & & & \\ & & & & & & 1-\varphi_{nM} & \varphi_{nM} \\ & & & & & & W_{nM}\varphi_{nM} & 1-W_{nM}\varphi_{nM} \end{vmatrix}$$

$$\times \begin{vmatrix} t_{11}^{wa} \\ t_{11}^{ka} \\ t_{12}^{wa} \\ t_{12}^{ka} \\ \vdots \\ \vdots \\ t_{nM}^{wa} \\ t_{nM}^{ka} \end{vmatrix} = \begin{vmatrix} t_{11}^{we} \\ t_{11}^{ke} \\ t_{12}^{we} \\ t_{12}^{ke} \\ \vdots \\ \vdots \\ t_{nM}^{we} \\ t_{nM}^{ke} \end{vmatrix} \tag{8.177}$$

Diese Gleichung kann leicht in folgende Form gebracht werden (mittels Umstellung der Spalten und Zeilen der Matrix)

$$\begin{pmatrix} K_{11} & K_{12} \\ K_{21} & K_{22} \end{pmatrix} \times \begin{pmatrix} \bar{t}_{A,WS} \\ \bar{t}_{A,\text{innen}} \end{pmatrix} = \begin{pmatrix} \bar{t}_{E,WS} \\ \bar{t}_{E,\text{innen}} \end{pmatrix} \tag{8.178}$$

mit

K_{ij} Matrizen, deren Ordnung mit den Vektoren $\bar{t}_{A,WS}$ und $\bar{t}_{A,\text{innen}}$ übereinstimmt

Aus (8.278) folgt

$$\left.\begin{aligned} K_{11}\bar{t}_{A,WS} + K_{12}\bar{t}_{A,\text{innen}} &= \bar{t}_{E,WS} \\ K_{21}\bar{t}_{A,WS} + K_{22}\bar{t}_{A,\text{innen}} &= \bar{t}_{E,\text{innen}} \end{aligned}\right\} \tag{8.179}$$

Daraus ergibt sich

$$\bar{t}_{A,\text{innen}} = (E - K_{22})^{-1} K_{21}\bar{t}_{A,WS}, \tag{8.180}$$

wobei E die Einheitsmatrix ist.

Setzt man (8.180) in die erste Gleichung von (8.179) ein, erhält man:

$$\bar{t}_{E,WS} = [K_{11} + K_{12}(E - K_{22})^{-1} K_{21}]\,\bar{t}_{A,WS} \tag{8.181}$$

Gl. (8.181) stellt die gesuchte Beziehung zwischen $\bar{t}_{A,WS}$ und $\bar{t}_{E,WS}$ her. Allerdings erschwert die Notwendigkeit der Umkehrung der Matrix $E - K_{22}$ die Anwendung der Beziehung (8.181) bei beliebigen n, m, M. Wir werden sie deshalb nur bei geringer Größe der Matrize K_{22} benutzen.

Betrachten wir zuerst den Fall $n = 1$.

Erwärmung eines Stroms:

Es wird gezeigt, daß in diesem Fall die folgende Beziehung gilt

$$t_{1j}^{we} = (1 - \varphi_{1j})\, t_{1j}^{wa} + \varphi_{ij} \sum_{K=1}^{j-1} \left[W_{1K}\varphi_{1K} \prod_{i=K+1}^{j-1} (1 - W_{1j}\varphi_{1j})\, t_{1K}^{wa} \right]$$

$$+ \varphi_{1j} \prod_{K=1}^{j-1} (1 - W_{1K}\varphi_{1K})\, t_{11}^{ka} \qquad (8.182)$$

$j = 1, 2, \ldots, M$

$$t_{1M}^{ke} = \prod_{i=1}^{M} (1 - W_{1i}\varphi_{1i})\, t_{11}^{ka} + \sum_{K=1}^{M}$$

$$\times \left[W_{1K}\varphi_{1K} \prod_{j=K+1}^{M} (1 - W_{1i}\varphi_{1i})\, t_{1K}^{wa} \right]. \qquad (8.183)$$

Bequem ist die Anwendung folgender Nomenklatur:

$$\sum_{K=i}^{j} = 0 \quad \text{bei} \quad i > j$$

$$\prod_{k=1}^{j} = \begin{cases} 1, \text{ bei } i = j + 1 \\ 0, \text{ bei } i > j + 1 \end{cases}$$

Die Richtigkeit von (8.182), (8.183) kann mit Hilfe der Methode der mathematischen Induktion bewiesen werden. Bei $M = 1$ werden (8.182), (8.183) zu (8.172).

Bei $M = 2$ ist

$$\bar{t}_{A.WS} = (t_{11}^{wa}, t_{12}^{wa}, t_{11}^{ka})$$

$$\bar{t}_{E.WS} = (t_{11}^{we}, t_{12}^{we}, t_{11}^{ke}).$$

Wenn (8.177) für die Wärmeübertrager T_{11}, T_{12} geschrieben wird, erhält man

$$\begin{vmatrix} 1 - \varphi_{11} & \varphi_{11} & 0 & 0 \\ W_{11}\varphi_{11} & 1 - W_{11}\varphi_{11} & 0 & 0 \\ 0 & 0 & 1 - \varphi_{12} & \varphi_{12} \\ 0 & 0 & W_{12}\varphi_{12} & 1 - W_{12}\varphi_{12} \end{vmatrix} \times \begin{vmatrix} t_{11}^{wa} \\ t^{ka} \\ t_{12}^{wa} \\ t_{12}^{ka} \end{vmatrix} = \begin{vmatrix} t_{11}^{we} \\ t^{ke} \\ t_{12}^{we} \\ t_{12}^{ke} \end{vmatrix}. \qquad (8.184)$$

Man kann Gl. (8.179) folgendermaßen darstellen:

$$\begin{vmatrix} \varphi_{11} & 1 - \varphi_{11} & 0 & 0 \\ 0 & 0 & 1 - \varphi_{12} & \varphi_{12} \\ 0 & 0 & W_{12}\varphi_{12} & 1 - W_{12}\varphi_{12} \\ 1 - W_{11}\varphi_{11} & & 0 & 0 \end{vmatrix} \times \begin{vmatrix} t_{11}^{ka} \\ t_{12}^{wa} \\ t_{12}^{wa} \\ t_{12}^{ka} \end{vmatrix} = \begin{vmatrix} t_{11}^{we} \\ t_{12}^{we} \\ t_{12}^{ke} \\ t_{12}^{ke} \end{vmatrix} \qquad (8.185)$$

$$K_{11} = \begin{pmatrix} \varphi_{11} & 1-\varphi_{11} & 0 \\ 0 & 0 & 1-\varphi_{12} \\ 0 & 0 & W_{12}\varphi_{12} \end{pmatrix}$$

$$K_{12} = \begin{pmatrix} 0 \\ \varphi_{12} \\ 1 - W_{12}\varphi_{12} \end{pmatrix}$$

$$K_{21} = (1 - W_{11}\varphi_{11}\varphi_{11}0),$$

$$K_{22} = (0)$$

Unter Verwendung der Beziehung (8.181) erhält man

$$\begin{aligned} t_{11}^{we} &= \varphi_{11}t_{11}^{ka} + (1-\varphi_{11})\, t_{11}^{wa} \\ t_{12}^{we} &= \varphi_{12}(1 - W_{11}\varphi_{11})\, t_{11}^{ka} + \varphi_{12}W_{11}\varphi_{11}t_{11}^{wa} + (1-\varphi_{12})\, t_{12}^{wa} \\ t_{12}^{ke} &= (1 - W_{11}\varphi_{11})(1 - W_{12}\varphi_{12})\, t_{11}^{ka} + W_{11}\varphi_{11}(1 - W_{12}\varphi_{12})\, t_{11}^{wa} + W_{12}\varphi_{12}t_{12}^{wa} \end{aligned} \tag{8.186}$$

Folglich gelten die Beziehungen (8.182) und (8.183) für beliebige M.

Erwärmung zweier Ströme:

Bei $n = 2$ ist es erforderlich, die Beziehungen für die Größen $t_{21}^{we}, \ldots, t_{2M}^{we}$, t_{1M}^{ke}, t_{2M}^{ke} zu bestimmen. Da das Hinzufügen des zweiten Stromes t_{1M}^{ke} nicht beeinflußt, kann diese Austrittstemperatur aus (8.183) ermittelt werden. Für die anderen Größen gelten folgende Beziehungen

$$\begin{aligned} t_{2r}^{we} = {} & \varphi_{2r}\prod_{i=1}^{r-1}(1 - W_{2i}\varphi_{2i})\, t_{21}^{ka} + \Bigg[\varphi_{1r}(1-\varphi_{2r})\prod_{i=1}^{r-1}(1 - W_{1i}\varphi_{1i}) \\ & + \varphi_{2r}\sum_{i=1}^{r-1}\varphi_{1i}W_{2i}\varphi_{2i}\prod_{l=1}^{i-1}(1 - W_{1l}\varphi_{1l})\prod_{K=i+1}^{r-1}(1 - W_{2K}\varphi_{2K})\Bigg]\, t_{11}^{ka} \\ & + \prod_{i=1}^{2}(1 - \varphi_{1r}^{wa})\, t_{1r}^{wa}\sum_{S=1}^{r-1}\Bigg[\varphi_{2r}W_{2S}\varphi_{2S}(1-\varphi_{1S})\prod_{i=S+1}^{r-1}(1 - W_{2i}\varphi_{2i}) \\ & + \varphi_{1r}W_{1S}\varphi_{1S}(1-\varphi_{2r})\prod_{i=S+1}^{r-1}(1 - W_{1i}\varphi_{1i}) + \varphi_{2r}W_{1S}\varphi_{1S}\sum_{i=S+1}^{r}\varphi_{1i}\varphi_{2i}W_{2i} \\ & \times \prod_{l=S+1}^{i-1}(1 - W_{1l}\varphi_{1l})\prod_{K=i+1}^{r-1}(1 - W_{2K}\varphi_{2K})\Bigg]\, t_{1S}^{wa}, \quad r = 1, \ldots, M \end{aligned} \tag{8.187}$$

$$\begin{aligned} t_{2M}^{ke} = {} & \prod_{i=1}^{M}(1 - W_{2i}\varphi_{2i})\, t_{21}^{ka}\sum_{i=1}^{M}\varphi_{1i}W_{2i}\varphi_{2i}\prod_{l=1}^{i-1}(1 - W_{1l}\varphi_{1l})\prod_{K=i+1}^{M}(1 - W_{2K}\varphi_{2K}) \\ & \times t_{11}^{wa} + \sum_{S=1}^{M}W_{1S}\varphi_{1S}\sum_{i=S+1}^{M}\varphi_{1i}W_{2i}\varphi_{2i}\prod_{l=S+1}^{i-1}(1 - W_{1l}\varphi_{1l})\prod_{k=i+1}^{M}(1 - W_{2K}\varphi_{2K}) \\ & + W_{2S}\varphi_{2S}(1-\varphi_{1S})\prod_{i=S+1}^{M}(1 - W_{2i}\varphi_{2i})\, t_{1S}^{wa}, \end{aligned} \tag{8.188}$$

wobei

$$\sum_i^j = 0 \quad \text{bei} \quad i > j$$

$$\prod_i^j = \begin{cases} 1 & \text{bei} \quad i = j + 1 \\ 0 & \text{bei} \quad i > j + 1 \end{cases}$$

sind.

Diese Gleichungen können ebenfalls auf dem Wege der mathematischen Induktion abgeleitet werden. Analog werden die Kopplungsgleichungen zwischen den Eintritts- und Austrittstemperaturen der Ströme des Wärmeübertragersystem bei beliebigen n und M [112] gewonnen.

Wärmeübertragersysteme mit beliebiger Struktur:

Wie bekannt ist, kann jedes beliebige Wärmeübertragersystem in ein kanonisches System umgeformt werden, das wiederum durch die Lagematrix T und die Vektoren $\overline{Q}_1, \overline{Q}_2, \ldots, \overline{Q}_m$, die die Reihenfolge beim Durchströmen der Wärmeübertrager des Systems durch die warmen Ströme bestimmen, beschrieben werden kann. Die Berechnung eines kanonischen Wärmeübertragersystems kann folgendermaßen durchgeführt werden: Zuerst wird ein Gleichungssystem zur Ermittlung der unbekannten Temperaturen der Ströme an den Eingängen der Wärmeübertrager aufgestellt, die der ersten Zeile der Matrix T mit Q_{ij} bei $j > 1$ entsprechen. So ist z. B. im System gemäß Abb. 8.36 die Eintrittstemperatur des Stromes W_3 in den Wärmeübertrager T_2 unbekannt.

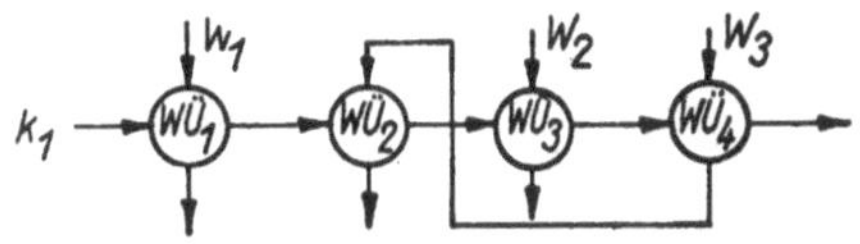

Abb. 8.36 Spezielles Wärmeübertragersystem

Wenn man (8.182) für die Austrittstemperatur des Stromes W_3 aus T_4 aufstellt, erhält man die Gleichung zur Ermittlung der gesuchten Temperatur am Eingang von T_2. Im allgemeinen Fall ist es zur Ermittlung aller $M - m$ unbekannten Eingangstemperaturen notwendig, ein Gleichungssystem aus $M - m$-Gleichungen aufzustellen. Nachdem dieses Gleichungssystem gelöst wird, erhält man die Werte der Temperaturen aller „Warmströme" an den Eingängen der Wärmeübertrager der ersten Zeile der Matrize T. Die Berechnung von Wärmeübertragersystemen mit beliebiger Struktur läuft also auf eine Berechnung eines Systems mit Kreuzstrom hinaus. Alle Etappen der genannten Methode lassen sich leicht formalisieren. Folglich ist eine Automatisierung bei der Lösung der Aufgabe zur Analyse bei minimalem Umfang an Ausgangsinformationen möglich.

Teil III

Module des Wärmeübertragerberechnungssystems

9. Methoden zur Berechnung der Wärmeleitung

In diesem Kapitel werden typische Aufgaben der Berechnung der Wärmeleitung bei der Wärmeübertragerprojektierung betrachtet. Es werden die Schwierigkeiten bei der Lösung von Berechnungen der Wärmeleitung durch Rippen aufgezeigt und damit die Orientierung auf ausreichend genaue, aber in der Durchführung einfache Methoden begründet.

Es werden zwei Lösungswege für diese Aufgabe vorgeschlagen und am Beispiel dreischichtiger gerader Rippen mit rechteckigem Querschnitt und unendlicher bzw. endlicher Länge erörtert: eine genaue numerische Methode, wobei man die Lösung in Form von Reihen erhält und eine analytische Näherungsmethode, die mit einigen Annahmen erhalten wurde.

Weiterhin wird eine Analyse der bekannten Methoden zur Berücksichtigung der Ablagerungen auf den Rippen durchgeführt. Mit dem Vergleich der Berechnungen nach der genaueren, angenäherten und den anderen Methoden werden die ausreichende Genauigkeit der Näherungsmethode und ihre Vorteile gegenüber den bekannten Lösungen gezeigt.

Die hier beschriebenen Methoden zur Berechnung der Wärmeleitung von Rippen sind Ausgangsdaten für die Erarbeitung der Rechenschemata zur Berechnung der Wärmeübertragung an Profilen (Abschn. 5.).

9.1. Musteraufgaben und Rechnungsinhalt

Eine Betrachtung der ganzen Aufgabenvielzahl in der Wärmeleitung geht über den Rahmen der vorliegenden Arbeit hinaus.

Betrachten wir nur kurz einige der bei der Erarbeitung von Algorithmen für die thermische Berechnung auftretenden Aufgaben:

1. Wärmeleitfähigkeit durch glatte Wärmeübertragungsflächen,
2. Wärmeleitung der Ablagerungen auf diesen Flächen,
3. Wärmeleitung der Isolierung,
4. Wärmeleitung durch Rippen.

Die Realisierung der ersten drei Aufgaben zieht keine rechnerischen Schwierigkeiten nach sich. Die für die Berechnungen notwendigen Gleichungen sind einfach und werden in jedem Lehrbuch zur Wärmeübertragung behandelt. Die Gleichungen zur Berechnung der thermischen Widerstände für die verbreitetsten ein- und mehrschichtigen Wände (flache, zylindrische, kugelförmige, beliebige) wurden schon in Abschn. 5., (5.40)–(5.43), (5.60)–(5.64) aufgeführt. Die Isolierung kann auch als ein- bzw. mehrschichtige Wand gegebener Form betrachtet werden.

Komplizierter ist die Berechnung der Wärmeleitung durch Rippen. Das ist für einfache Rippen bereits eine ziemlich schwierige Aufgabe, die kompliziert wird durch die Vielfalt der Rippenformen und die Notwendigkeit zur Berücksichtigung der Ablagerungen, d. h. der Berechnung vielschichtiger Rippen.

Aus der Vielzahl von Rippenformen können die als Wärmeübertragungsflächen von Wärmeübertragern verbreitetsten hervorgehoben werden:

1. Gerade Rippen mit unterschiedlichen Profilen.
2. Spiralrippen mit unterschiedlichen Profilen.
3. Rechteckige Querrippen auf runden Rohren.
4. Querplatten in Rohrbündeln aus runden Rohren (fluchtend, auf Lücke, u. a.).
5. Querrippen und -platten auf ovalen, elliptischen und anderen Rohren.
6. Runde Querrippen mit unterschiedlichen Profilen.
7. Nadelrippen.
8. Faserberippung.
9. verschiedene profilierte Oberflächen.

Wie aus Abschn. 5. folgt, wird die Wärmeleitung durch Rippen bei der Berechnung der Wärmeübertragung durch gerippte Oberflächen mit Hilfe des Effektivitätskoeffizienten für eine einschichtige Rippe E_r (5.47) oder mit dem Effektivitätskoeffizienten für eine vielschichtige Rippe E_{ar} (5.79), (5.80) berücksichtigt.

Die Aufgabe der Ermittlung von E_r ist für einschichtige gerade, runde und Nadelrippen ausreichend genau gelöst worden. Für die übrigen Rippenformen wird E_r mit Hilfe empirischer, experimenteller Korrekturfaktoren, die sich gewöhnlich auf die Angaben für gerade Rippen beziehen, berechnet.

Für mehrschichtige Rippen gibt es keine genauen analytischen Lösungen. Die Berechnung von E_{ar} ist jedoch von beachtlichem praktischen Interesse, das durch die Praxis der Optimierung von verschiedenen berippten Oberflächen hervorgerufen wurde. Nachstehend wird der Versuch der Erarbeitung einer genauen numerischen [150] und einer analytischen Näherungslösung für die Berechnung der Wärmeleitfähigkeit gerader, mit einer Schicht Ablagerungen bedeckter Rippen betrachtet. Mit einigen Annahmen können diese Lösungen auch auf viele Spezialrippen ausgedehnt werden.

9.2. Bekannte Methoden zur Berücksichtigung von Ablagerungen auf den Rippen

Für gerade Rippen unendlicher Länge sind eine Reihe Methoden bekannt, bei denen die Ablagerungen auf den Rippen berücksichtigt werden.

Gogolin ([54], S. 66) berücksichtigt den Einfluß von Stärke δ_a und Wärmeleitfähigkeit λ_a der Ablagerungen auf die Wärmeleitung durch Rippen durch die Einführung des Ausdruckes

$$m = \sqrt{\frac{2}{\left(\frac{1}{\alpha_{ar}} + \frac{\delta_a}{\lambda_a}\right) \delta_r \lambda_r}} \tag{9.1}$$

in die Formel für den Rippeneffektivitätskoeffizienten

$$E_r = \frac{thmh}{mh} \tag{9.2}$$

anstelle des gebräuchlichen Ausdrucks

$$m = \sqrt{\frac{2\alpha_{ar}}{\delta_r \lambda_r}} \tag{9.3}$$

Hier und im weiteren wird angenommen, daß im Wärmeübertragungskoeffizienten α_{ar} für die Wärmeübertragung auf die Ablagerungen der Rippe die Ausscheidung von Feuchtigkeit einkalkuliert wurde.

Der Einfluß der Ablagerungen auf der Rippe, z. B. durch Metallisierung, wird von SASIN [114] mit Hilfe von

$$m = \sqrt{\frac{2\alpha_{ar}}{(\delta\lambda)_{pr}}} \tag{9.4}$$

berücksichtigt, wobei

$$(\delta\lambda)_{pr} = \delta_r \lambda_r + 2\delta_a \lambda_a \tag{9.5}$$

ist.

Bei dem Ausdruck (9.2) richtet GOGOLIN die Aufmerksamkeit darauf, daß dieser wegen

- der Diskontinuität der Wärmeleitfähigkeit des Reifes wegen wechselnder Schichtstärke,
- des Vorhandenseins der Kondensation von Feuchtigkeit innerhalb der Reifschicht, und
- weil der Wärmestrom zum Rohr durch die Reifschicht der Parallelrippe nicht berücksichtigt wird ([54], S. 67),

nur einen Näherungswert liefert.

Der Ausdruck (9.2) ergibt sich aus der klassischen Lösung für einen Stab mit konstantem Querschnitt (siehe z. B. [20], S. 47—49), wenn in die NEWTON-RICHMANNsche Gleichung

$$dQ = \alpha_{ar} \vartheta_w \, dx \tag{9.6}$$

anstelle von α_{ar} der Gesamtwärmeübertragungskoeffizient

$$\alpha_{pr} = \frac{1}{\alpha_{ar}} + \frac{\delta_a}{\lambda_a} \tag{9.7}$$

eingeführt wird.

Folglich wurde die GOGOLIN-Methode unter der Annahme erhalten, daß das Temperaturfeld in den Ablagerungen eindimensional ist und die Isothermen parallel zu den Rippenseiten verlaufen.

Die physikalische Auslegung der SASIN-Methode ist ziemlich schwierig. Die Bedingungen für die Anwendung beider Methoden können durch den Vergleich mit der genauen Berechnungsmethode ermittelt werden.

9.3. Berechnung der Wärmeleitfähigkeit mehrschichtiger gerader Rippen

Als Lösung der Aufgabe zur Ermittlung des Temperaturfeldes in dreischichtigen geraden Rippen mit rechteckigem Querschnitt und unendlicher Länge wurden Reihen gefunden [115]. Ohne Lösung dieser Aufgabe ist die schichtweise Mittlung der Temperaturen von Rippe und Ablagerungen unmöglich, und als Folge davon ist die Berechnung von E_r und E_{ar} ebenfalls nicht möglich.

Es werden folgende Annahmen getroffen:

1. die Schichtstärke δ_r, δ_a ist entlang der Länge und Höhe der Rippe entlang konstant,
2. die Temperatur des umgebenden Mediums t ist unveränderlich,
2. der Wärmeübertragungskoeffizient α_{ar} ist für die ganze Oberfläche der äußeren Ablagerungsschicht konstant,
4. die Wärmeleitfähigkeiten der Schichten λ_r, λ_a sind unterschiedlich,
5. der thermische Kontaktwiderstand zwischen den Schichten fehlt,
6. die Wärmeabgabe durch die Stirnflächen der Rippen wird nicht berücksichtigt.

Diese Aufgabe führt zu einem Sytem aus zwei zweidimensionalen LAPLACschen Differentialgleichungen

$$\begin{aligned} \nabla^2 U^1 &= 0 \\ \nabla^2 U_2 &= 0 \end{aligned} \tag{9.8}$$

in einem aus zwei aneinandergrenzenden Rechtecken gebildeten Bereich gemäß Abb. 9.1.

$$S = \frac{\delta_r}{2} \tag{9.9}$$

$$l = S + \frac{\delta_a}{2} \tag{9.10}$$

Hier ist

$$U_1 = t_r - t_r^b \tag{9.11}$$

$$U_2 = t_{ar} - t_r^b \tag{9.12}$$

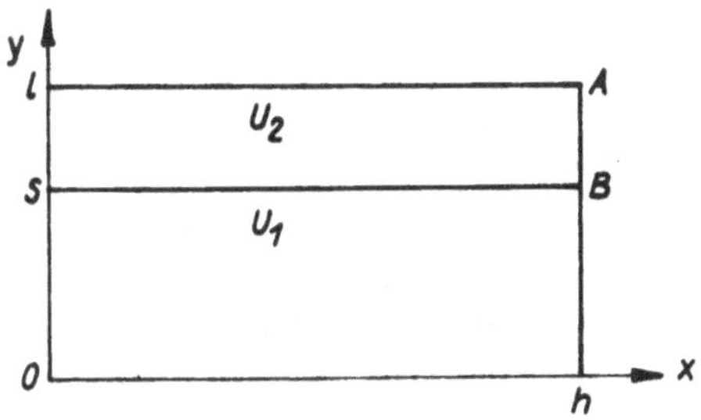

Abb. 9.1 Gültigkeitsbereich der Laplace-Gleichungen

Die Randbedingung an den verschiedenen Seiten des Bereiches I, II, III, IV sind

an Oh, hB $\frac{\delta U_1}{\delta n} = 0$ (Differenzierung in Richtung der Normale)

an AB $\frac{\delta U_2}{\delta n} = 0$

an OS $U_1 = 0$

an ls $U_2 = 0$

an lA $\frac{\delta U_2}{\delta n} = \beta U_2 = \gamma,$

an SB $U_1 = U_2$ und $\frac{\delta U_1}{\delta n} = k \frac{\delta U_2}{\delta n}$

Hierbei sind:

$$\beta = \frac{\alpha_{ar}}{\lambda_a} \tag{9.13}$$

$$\gamma = \beta(t - t_r{}^b) \tag{9.14}$$

$$k = \frac{\lambda_a}{\lambda_r} \tag{9.15}$$

Zur Lösung der Aufgabe wird eine endliche Sinusfunktion für x auf Basis der Fourier-Analyse herangezogen.

Wenn die Abbildung der Funktion U auf O, h mit U bezeichnet wird, ist

$$\tilde{U}(p) = \int_0^h U(x) \sin \frac{2h}{\pi} px\, dx, \tag{9.16}$$

wobei p eine positive ungerade Zahl (Gliedanzahl der Reihe) ist. Für jedes p erhält man zwei gewöhnliche Differentialgleichungen 2. Ordnung der Art

$$\frac{d^2U}{dy^2} = a^2y \tag{9.17}$$

Die allgemeinen Lösungen dieser Gleichungen wurden in Form der Reihen

$$\tilde{U}_i(p, y) = A_i(p) \exp\left(py \frac{\pi}{2h}\right) + B_i(p) \exp\left(-py \frac{\pi}{2h}\right) \tag{9.18}$$

erhalten, dabei ist $i = 1$, bei $y \leqq s$ (Rippe) und $i = 2$, bei $y \geqq s$ (Ablagerung).

Die Koeffizienten $A_i(p)$ und $B_i(p)$ werden aus den Randbedingungen mittels Lösung eines Systems aus drei linearen Gleichungen mit drei Unbekannten ermittelt:

$$A_1 = B$$

$$A_2 \left(\beta \frac{2h}{\pi} + p\right) \exp\left(pl \frac{\pi}{2h}\right) + B_2 \left(\frac{2h}{\pi} - p\right) \exp\left(-pl \frac{\pi}{2h}\right) = \frac{4\gamma}{p\pi}$$

$$A_1 \left[\exp\left(pS \frac{\pi}{2h}\right) - \exp\left(-pS \frac{\pi}{2h}\right)\right] - A_2 k \exp\left(pS \frac{\pi}{2h}\right) + B_2 k \exp\left(-pS \frac{\pi}{2h}\right) = 0 \tag{9.19}$$

$$A_1 \left[\exp\left(pS \frac{\pi}{2h}\right) + \exp\left(-pS \frac{\pi}{2h}\right)\right] - A_2 \exp\left(pS \frac{\pi}{2h}\right) - B_2 \exp\left(-pS \frac{\pi}{2h}\right) = 0$$

Nach Verwendung der Umkehrformeln für die Sinusumformung kann die Lösung der Aufgabe in Form der Reihe

$$t_i = t_p{}^b + \sum_{p+1}^{p} \left[A_i \exp\left(py \frac{\pi}{2h}\right) + B_i \exp\left(-py \frac{\pi}{2h}\right)\right] \sin\left(px \frac{\pi}{2h}\right) \tag{9.20}$$

(p-ungerade)

geschrieben werden.

Hierbei sind $x \in [0, h]$, $y \in [0, S]$ für U_1 und $y \in [S, L]$ für U_2.

Die mittlere Temperatur in der Schicht ist

$$t_{(y)} = t_p{}^b + \frac{2}{\pi} \sum_{p=1}^{p} \frac{1}{p} \left[A_i \exp\left(py \frac{\pi}{2h}\right) + B_i \exp\left(-py \frac{\pi}{2h}\right)\right] \tag{9.21}$$

(p-ungerade)

Die angeführte Lösung wurde in Form eines Algorithmus und eines Rechenprogrammes [150] realisiert.

Mit ihr können die Temperaturen der Rippe und der Ablagerungen in vorgegebenen Punkten und mittlere Temperaturen in Schnittflächen, die zur x-Achse parallel sind, ermittelt werden. Die Eingabedaten bestehen aus 12 Größen: $t_p{}^b$, t, α_{ar}, λ_r, λ_a, δ_r, δ_a, h, SM_x, SM_{y1}, SM_{y2} (Schrittweite der Veränderung der Variablen, die zur Bildung der Netzknotenpunkte notwendig ist), p.

Die Genauigkeit der Lösung hängt von der Gliedanzahl p der Reihe ab, die zur Näherungslösung gewählt wurde. Durch eine Erhöhung dieser Zahl kann die Rechengenauigkeit unbegrenzt erhöht werden.

Damit ist die vorgeschlagene die genaueste der bekannten Lösungen und kann als „Eich"-Lösung zur Bewertung der übrigen herangezogen werden. Ihre Anwendung ist jedoch in der Praxis sehr aufwendig. Es ist deshalb notwendig, eine einfachere Lösung zu finden, die geringfähig ungenauer als die „Eich"-Lösung ist.

9.4. *Näherungslösungen für die Wärmeleitung durch mehrschichtige gerade Rippen*

Die Näherungslösung entspricht folgendem physikalischem Modell:

- die Länge der Rippe ist endlich,
- das Temperaturfeld in der Rippe ist eindimensional,
- die Isothermen verlaufen senkrecht zur Rippenachse,
- das Temperaturfeld in den Ablagerungen ist zweidimensional und wird durch die Temperatur in jedem Querschnitt der Rippe und die Bedingungen des Wärmetransports in den Ablagerungen, die infolge des Temperaturgradienten in Parallelrichtung zur Rippenachse vor sich geht, bestimmt.

In Abb. 9.2 ist eine derartige Rippe schematisch dargestellt, die Isothermen sind in den Schichten eingezeichnet.

Folgende Annahmen werden getroffen (zusätzlich zu den in Abschn. 9.3. angegebenen):

1. Es werden nur Rippen mit konstantem Querschnitt $A_r = \text{const}$ und Perimeter $U_r = \text{const}$ betrachtet,

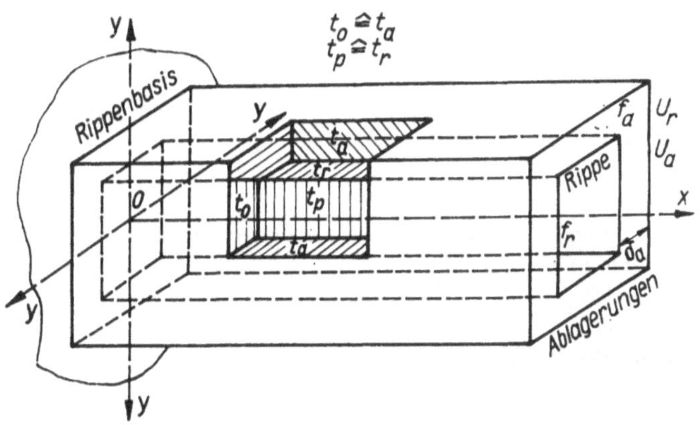

Abb. 9.2 Schematische Darstellung einer mit Ablagerungen bedeckter Rippe

2. analoge Bedingungen bestehen auch für die Ablagerungen, d. h. $A_a = \text{const}$ und $U_a = \text{const}$.

Im Abstand x von der Rippenbasis wird ein Element mit der Länge dx herausgetrennt (Abb. 9.3).

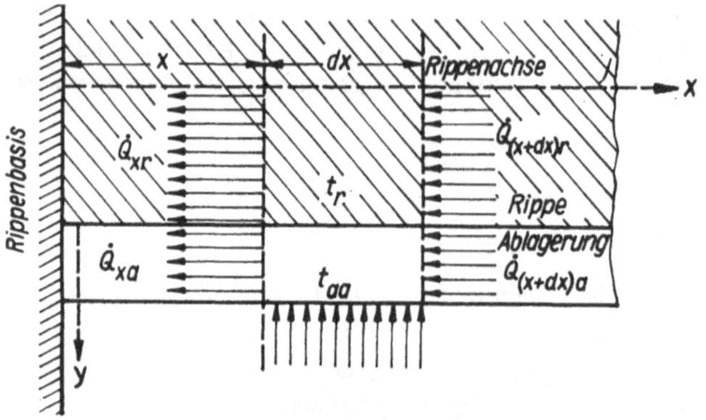

Abb. 9.3 Schema der Wärmeströme in der Rippe

Die Wärmebilanzgleichungen für das betrachtete Element ist

$$d\dot{Q} = \dot{Q}_x - \dot{Q}_{x+dx} = (\dot{Q}_{xr} - \dot{Q}_{(x+dx)r} + (\dot{Q}_{xa} - \dot{Q}_{(x+dx)a}). \qquad (9.22)$$

Die Übertemperatur des umgebenden Mediums gegenüber

— der Rippentemperatur t_r in einem beliebigen Querschnitt, der parallel zur Rippenbasis ist, wird als

$$\vartheta_r = t - t_r \qquad (9.23)$$

— der Rippentemperatur t_r^b an der Basis als

$$\vartheta_r^b = t - t_r^b \qquad (9.24)$$

— der mittleren Temperatur der Ablagerung t_{am} in einem beliebigen Querschnitt, der parallel zur Rippenbasis ist, als

$$\vartheta_{am} = t - t_{am} \qquad (9.25)$$

— der Temperatur der Ablagerungen t_a in diesem Querschnitt im Abstand y von der Rippenoberfläche, als

$$\vartheta_a = t - t_a \qquad (9.26)$$

— der Temperatur t_{aa} an der Außenfläche der Ablagerungen als

$$\vartheta_{aa} = t - t_{aa} \qquad (9.27)$$

bezeichnet.

Nach dem FOURIERschen Gesetz ist

$$\dot{Q}_{xr} = -\lambda_r \frac{d\vartheta_r}{dx} A_r \tag{9.28}$$

$$\dot{Q}_{xa} = -\lambda_a \frac{d\vartheta_{am}}{dx} A_a \tag{9.29}$$

$$\dot{Q}_{(x+dx)r} = -\lambda_r \frac{d}{dx}\left(\vartheta_r + \frac{d\vartheta_r}{dx} dx\right) A_r \tag{9.30}$$

$$\dot{Q}_{(x+dx)r} = -\lambda_a \frac{d}{dx}\left(\vartheta_{am} + \frac{d\vartheta_{am}}{dx} dx\right) A_a \tag{9.31}$$

Aus (9.22), (9.28)–(9.31) folgt:

$$d\dot{Q} = \lambda_r A_r \frac{d^2\vartheta_r}{dx^2} dx + \lambda_a A_a \frac{d^2\vartheta_{am}}{dx^2} dx. \tag{9.32}$$

Weiterhin wird ϑ_{am} durch ϑ_a ausgedrückt, d. h. das Gesetz zur Mittelung von ϑ_a muß gefunden werden.

Da

$$A_a = \frac{U_r + U_a}{2} \delta_a \tag{9.33}$$

ist, gilt

$$\dot{Q}_{xa} = -\lambda_a \delta_a \frac{U_r + U_a}{2} \cdot \frac{d\vartheta_{am}}{dx} \tag{9.34}$$

Gleichzeitig ist

$$\dot{Q}_{xa} = -\int_0^{A_a} \lambda_a \frac{\delta_a(x, y)}{x} dA_a \tag{9.35}$$

wobei

$$dA_a = (U_r + \delta_y)\, \delta_y \tag{9.36}$$

ist.

Zur Vereinfachung wird in (9.36)

$$U_r + \delta_y = \frac{U_x + U_a}{2} \tag{9.37}$$

gesetzt.

Dann ist

$$\dot{Q}_{xa} = -\lambda_a \frac{U_r + U_a}{2} \int_{y=0}^{y=\delta_a} \frac{\delta\vartheta_a(x, y)}{\delta x} dy \tag{9.38}$$

Die Gleichsetzung von (9.34) und (9.38) führt zur Aufstellung der Abhängigkeit $\vartheta_{am} = f(\vartheta_a)$. Um sie in die endgültige Form zu bringen, wird ϑ_a durch ϑ_r ausgedrückt, das unabhängig von y ist.

Entsprechend dem NEWTON-RICHMANNschen Gesetz wird der Außenfläche der Ablagerung in einem Element mit der Länge dx die Wärmemenge

$$d\dot{Q}_x = \alpha_{ar}\vartheta_{aa}U_a dx \tag{9.39}$$

zugeführt.

Zur Vereinfachung der Ableitungen wird angenommen, daß die gesamte Wärme die Ablagerungsschicht in der Richtung der Normalen zu OX durchdringt, d. h.

$$d\dot{Q} = -\lambda_a \frac{\delta\vartheta_a}{\delta y} A_{a0} \tag{9.40}$$

ist, wobei

$$A_{a0} = (U_r + \delta_y)\, dx \tag{9.41}$$

ist.

Unter Berücksichtigung von (9.37) und (9.41) ist

$$d\dot{Q} = -\lambda_a \frac{U_r + U_a}{2} \cdot \frac{\delta_a}{\delta y}\, dx \tag{9.42}$$

Nach dem Gleichsetzen von (9.42) und (9.39), dem Austausch von $\frac{\delta\vartheta_a}{\delta y}$ durch $\frac{d\vartheta_a}{dy}$ und der Trennung der Variablen erhält man

$$\int_{\vartheta r}^{\vartheta a} d\vartheta_a = \frac{2\alpha_{ar}\vartheta_{aa}U_a}{\lambda_a(U_r + U_a)} \int_0^y dy \tag{9.43}$$

und daraus

$$\vartheta_a = \vartheta_r - \vartheta_{aa} \frac{2\alpha_{ar}}{\lambda_a} \cdot \frac{U}{U_r + U_a}\, y \tag{9.44}$$

Bei $y = \delta_a$ und $\vartheta_a = \vartheta_{aa}$ erhält man aus (9.44)

$$\vartheta_{aa} = \frac{\vartheta_r}{1 + 2\alpha_{ar} \frac{\delta_a}{\lambda_a} \frac{U_a}{U_r + U_a}} \tag{9.45}$$

Unter dieser Berücksichtigung ist

$$\vartheta_a = \vartheta_r \left(1 - \frac{2 \frac{\alpha_{ar}}{\lambda_a} \cdot \frac{U_a}{U_r + U_a}\, y}{1 + 2 \frac{\alpha_{ar}}{\lambda_a} \cdot \frac{U_a}{U_r + U_a}} \right) \tag{9.46}$$

Das Glied in der Klammer ist unabhängig von x. Dann ist

$$\frac{\delta\vartheta_a(x, y)}{\delta x} = \frac{d\vartheta_r(x)}{dx}\left(1 - \frac{2\,\dfrac{\alpha_{ar}}{\lambda_a}\cdot\dfrac{U_a}{U_r + U_a}\,y}{1 + 2\,\dfrac{\alpha_{ar}}{\lambda_a}\cdot\dfrac{U}{U_r + U_a}\,\delta a}\right) \tag{9.47}$$

Nach dem Einsetzen von (9.47) in (9.38) und nach einigen Umformungen ergibt sich

$$\dot{Q}_{xa} = -\lambda_a\,\frac{U_r + U_a}{2}\,\frac{d\vartheta_a(x)}{dx}\int\limits_{y=0}^{y=\delta_a}\left[1 - \frac{2y}{\dfrac{\lambda_a}{\alpha_{ar}}\left(\dfrac{U_r}{U_a} + 1\right) + 2\delta_a}\right]dy \tag{9.48}$$

und nach dem Integrieren

$$\dot{Q}_{xa} = -\lambda_a\delta_a\,\frac{U_r + U_a}{2}\left[1 - \frac{1}{\dfrac{\lambda_a}{\alpha_{ar}\delta_a}\left(\dfrac{U_r}{U_a} + 1\right) + 2}\right]\frac{d\vartheta(x)}{dx}. \tag{9.49}$$

Aus den Gleichungen (9.34) und (9.49) folgt die gesuchte Abhängigkeit

$$\frac{d\vartheta_{am}}{dx} = \frac{d\vartheta_r(x)}{dx}\left[1 - \frac{1}{\dfrac{\lambda_a}{\alpha_{ar}\delta_r}\left(\dfrac{U_r}{U_a} + 1\right) + 2}\right] \tag{9.50}$$

Da das Glied in der Klammer unabhängig von x ist, folgt

$$\frac{d^2\vartheta_{am}}{dx^2} = \frac{d^2\vartheta_r(x)}{dx^2}\left[1 - \frac{1}{\dfrac{\lambda_a}{\alpha_{ar}\delta_a}\left(\dfrac{U_r}{U_a} + 1\right) + 2}\right] \tag{9.51}$$

Nach dem Einsetzen von (9.51) in (9.32) nimmt die Wärmeübertragungsgleichung für mehrschichtige Rippen folgende Form an:

$$d\dot{Q} = \frac{d^2\vartheta_r}{dx^2}\left\{\lambda_r A_r + \lambda_a A_a\left[1 - \frac{1}{\dfrac{\lambda_a}{\alpha_{ar}\delta_r}\left(\dfrac{U_r}{U_a} + 1\right) + 2}\right]\right\}dx \tag{9.52}$$

Aus (9.39) und (9.45) folgt, daß die Wärmemenge, die mittels Konvektion an die Außenfläche der Ablagerungen herangeführt wird, gleich

$$d\dot{Q} = \frac{\alpha_{ar}U_a}{1 + \dfrac{\alpha_{ar}\delta_a}{\lambda_a}\cdot\dfrac{2U_a}{U_r + U_a}}\,\vartheta_r dx \tag{9.53}$$

ist. Wenn (9.53) und (9.52) gleichgesetzt werden, erhält man das gesuchte

$$\frac{d^2\vartheta_r}{dx^2} = m^2\vartheta_r \tag{9.54}$$

wobei

$$m = \sqrt{\frac{\alpha_{ar} \cdot U_r}{\lambda_r A_r}} \times \frac{1}{\sqrt{\left(\frac{U_r}{U_a} + \frac{\alpha_{ar}\delta_a}{\lambda_a} \cdot \frac{2}{1 + \frac{U_a}{U_r}}\right)\left\{1 + \frac{\lambda_a}{\lambda_r}\frac{A_a}{A_r}\left[1 - \frac{1}{\frac{\lambda_a}{\alpha_{ar}\delta_a}\left(\frac{U_r}{U_a} + 1\right) + 2}\right]\right\}}} \tag{9.55}$$

ist.

Die Lösung einer Differentialgleichung vom Typ (9.54) ist ausführlich in [20] beschrieben worden. Deshalb wurden hier die Zwischenschritte der Ableitung weggelassen.

Die Resultate sind

$$\vartheta_r = \vartheta_a{}^b \frac{ch[m(h - x)]}{chmh} \tag{9.56}$$

x – lokale Koordinate
h – Rippenhöhe

– Übertemperatur am Rippenende ($x = h$)

$$\vartheta_r(x = h) = \vartheta_r{}^b \frac{1}{chmh} \tag{9.57}$$

– Rippeneffektivität (ohne Ablagerungsschicht)

$$E_r = \frac{\bar{\vartheta}_r}{\vartheta_r{}^b} = \frac{thmh}{mh} \tag{9.58}$$

– Effektivität einer Rippe mit Schichtstruktur (nach der äußeren Ablagerungsschicht)

$$E_{ar} = \frac{\bar{\vartheta}_{aa}}{\vartheta_r} = E_r \frac{1}{1 + \frac{\alpha_{ar}\delta_a}{\lambda_a} \frac{2U_a}{U_r + U_a}} \tag{9.59}$$

– Übertemperatur der Ablagerungsaußenschicht (Mittelwert)

$$\bar{\vartheta}_{aa} = \frac{\bar{\vartheta}_r}{1 + \frac{\alpha_{ar}\delta_a}{\lambda_a} \cdot \frac{2U_a}{U_r + U_a}} \tag{9.60}$$

– Durch eine mehrschichtige Rippe übertragene Wärmemenge

$$\dot{Q} = \alpha_{ar}\bar{\vartheta}_{aa}U_a h \tag{9.61}$$

Somit wurde also die Näherungslösung für die Wärmeleitung durch eine dreischichtige Rippe in die Form der Lösung für einschichtige Rippen gebracht. Die Ablagerungen werden nur durch den neuen Ausdruck m (9.55) berücksichtigt. Eine derartige Einfachheit der Resultate wurde durch die Verwendung einer großen Zahl mathematisch unkorrekter Annahmen erreicht.

Durch diese Vergröberungen der Ableitungen entstanden keine bedeutenden Genauigkeitsverluste bei der Berechnung.

9.5. Vergleich der Methoden zur Berechnung des Effektivitätskoeffizienten für dreischichtige Rippen

Zur Charakterisierung der Ähnlichkeit der Wärmeübertragungsprozesse in einer dreischichtigen Rippe werden dimensionslose Simplexe eingeführt

$$n_R = \frac{\alpha_{ar}\delta_a}{\lambda_z} \tag{9.62}$$

$$n_\lambda = \frac{\lambda_a}{\lambda_r} \tag{9.63}$$

$$n_f = \frac{f_a}{f_r} \tag{9.64}$$

$$n_u = \frac{U_a}{U_r} \tag{9.65}$$

Die Unterschiede bei der Berechnung von E_r für dreischichtige gerade Rippen mit verschiedenen Methoden hat nur auf die Größe m Auswirkungen.

Die verschiedenen m werden durch die dimensionslosen Simplexe ausgedrückt.

Für eine einschichtige Rippe ist

$$m_e = \sqrt{\frac{\alpha_{ar}U_r}{\lambda_r A_r}} \tag{9.66}$$

bei der Berechnung nach der GOGOLIN-Methode ist

$$m_g = \sqrt{\frac{\alpha_{ar}U_r}{\lambda_r A_r}} \cdot \frac{1}{\sqrt{1 + n_R}} \tag{9.67}$$

bei der Berechnung nach der SASIN-Methode ist

$$m_s = \sqrt{\frac{\alpha_{ar}U_r}{\lambda_r f_r}} \cdot \frac{1}{\sqrt{1 + n\lambda(n_f - 1)}} \tag{9.68}$$

und bei der Berechnung nach der hier vorgeschlagenen Näherungsmethode ist

$$m_r = \frac{\alpha_{ar}U_r}{\lambda_r A_r} \cdot \frac{1}{\left(\frac{1}{n_u} + \frac{2n_R}{n_u + 1}\right)\left(1 + \frac{n_\lambda n_f}{1 + \frac{n_R n_u}{n_R n_u + n_u + 1}}\right)} \tag{9.69}$$

e — einschichtig
g — nach GOGOLIN
s — nach SASIN
v — nach der vorgeschlagenen Methode

Die angeführten Abhängigkeiten sind für gerade Rippen endlicher Länge geeignet. Für Rippen unendlicher Länge werden sie zu (9.2)—(9.4).

In diesem Fall ist $n_U \to 1$ und

$$m_r = \sqrt{\frac{\alpha_{ar} \cdot 2}{\delta_r \lambda_r}} \cdot \frac{1}{\sqrt{(1 + n_R)\left(1 + \frac{n_\lambda n_f}{2} \cdot \frac{2 + n_R}{1 + n_R}\right)}}. \tag{9.70}$$

Für einschichtige Rippen sind $n_R = 0$, $n_\lambda = 0$, $n_f = 1$, $n_U = 1$ und m_v (9.69), (9.70) wird zu m_e (9.66), (9.3). Bei der Ableitung GOGOLINS ist $n_U = 1$ und $n_\lambda \to 1$ (es wird $\lambda_a \ll \lambda_r$ angenommen, da ein Wärmefluß durch die Ablagerungen in Längsrichtung ausgeschlossen wird.).

Unter der Annahme $n_f \neq 1$ wird m_v (9.69) zu m_s (9.68) bei $n_U = 1$, $n_R = 0$, doch $n\lambda$, $n_f \neq 0$.

Die Lösung SASINS entspricht einer unendlichen geraden Rippe, die mit einer dicken Schicht Ablagerungen bedeckt ist ($\delta_a \gg \delta_r$) mit sehr großem λ_a bzw. kleinem

$$\alpha_{ar} \left(\frac{\alpha_{ar}}{\lambda_a} \to 0\right).$$

Auf die Genauigkeit der verglichenen Methoden kann aus den Resultaten der Berechnung für eine gerade dreischichtige Rippe unendlicher Länge geschlossen werden.

Die Berechnung wurde durchgeführt bei

$$\vartheta_r = t - t_r \in [5, 100°\text{C}],$$

$$\alpha_{ar} \in \left[20;\ 200\ \frac{\text{kJ}}{\text{m}^2\,\text{h K}}\right],$$

$$\lambda_a \in \left[0{,}4;\ 4\ \frac{\text{kJ}}{\text{m}^2\,\text{h K}}\right],$$

$$\lambda_r = 395\ \frac{\text{kJ}}{\text{m}^2\,\text{h K}},$$

$$\delta_a = [0{,}002;\ 0{,}02\ \text{m}],$$

$$\delta_r = 0{,}002\ \text{m},$$

$$h \in [0{,}05;\ 0{,}15\ \text{m}].$$

Insgesamt wurden 108 Beispiele gerechnet, die genaue numerische Methode (s. Abschn. 9.3.), die analytische Näherungsmethode (s. Abschn. 9.4.), die GOGOLIN-Methode und die SASIN-Methode wurden verglichen.

Es wurden die Variationsbereiche für die relativen Rechenfehler ermittelt:

$$\varepsilon_i = \frac{\varepsilon_{re}}{\varepsilon_{ri}} - 1. \tag{9.71}$$

i — Index der verglichenen Methode,
e — Index der genauen, der „Eich"-methode.

Für die Näherungsmethode wurden folgende Abweichungen erhalten

$\varepsilon_v \in [-0{,}005; 0{,}001]$,

für die GOGOLIN-Methode

$\varepsilon_g \in [-0{,}004; 0{,}089]$,

für die SASIN-Methode

$\varepsilon_s \in [0{,}003; 0{,}298]$.

Der maximale relative Rechenfehler bei der Berechnung von E_r beträgt

nach der GOGOLIN-Methode 8,9%,
nach der SASIN-Methode 29,8%,
nach der hier vorgeschlagenen
Näherungsmethode −0,5%.

Folglich liegt die letztgenannte Methode der Genauigkeit nach sehr nahe an der „Eich"-methode. Ihre Durchführung ist sehr einfach, deshalb wird sie für maschinelle und manuelle Berechnungen empfohlen.

10. Methoden und Rechenschemata zur Berechnung des Wärmeübergangs- und des Strömungswiderstandes

In diesem Kapitel sind Aufgaben formuliert, die bei der Formalisierung der Berechnung der Wärmeübergangskoeffizienten und des Strömungswiderstandes auftreten. Es wird gezeigt, daß die Berechnungen für verschiedene Wärmeübertragungsflächen spezifisch sind und daß es eine unendliche Zahl von Berechnungsfällen gibt. Daraus ergeben sich bedeutende praktische Schwierigkeiten bei der Formalisierung der Berechnungen. Es wird eine kurze Übersicht der von uns erarbeiteten Gleichungen, Methoden und Rechenschemata zur Berechnung der Wärmeabgabe und Strömungswiderstände gegeben, die in den Berechnungsalgorithmus für die hauptsächlichen industriellen Wärmeübertrager verwendet werden.

10.1. Methoden und Rechenschemata zur Berechnung des Wärmeübergangs

Die Berechnung des Wärmeübergangskoeffizienten α ist ein unbedingt notwendiges Element des Rechenschemas zur Berechnung der Wärmedurchgangszahl für Querschnitte (BB — k), das in Kap. 5. beschrieben wurde.

Die Berechnung von α ist für jede neue Kombination der Hauptmerkmale unterschiedlich. Dazu gehören:

— der Wärmeübertragungsprozeß (s. Abschn. 1.3.)
— die Form des Wärmeübertragungselementes (s. Abschn. 1.4.)
— der Typ der Wärmeübertragungsflächen (s. Abschn. 1.5.)
— die räumliche Lage des Apparates (s. Abschn. 1.4.).

Jedes dieser Merkmale, besonders das zweite und das dritte, repräsentiert eine große Zahl verschiedener Zustände.

Allein mit Hilfe des zweiten Merkmales können z. B. über 1000000 Wärmeübertragungselemente verschiedener Form indiziert werden. Folglich ist die Zahl der Kombinationen aus diesen Merkmalen und dementsprechend der Rechenfälle bei der Berechnung des Wärmeübergangs unendlich groß.

Dieser Umstand erklärt auch die Tatsache, daß sich der überwiegende Teil der Thermophysiker mit der Erforschung des Wärmeübergangs (und des Strömungswiderstandes) für die verschiedenen in der Praxis wichtigsten Fälle beschäftigt. Es wurden umfangreiche experimentelle und theoretische Arbeiten durchgeführt.

Die Resultate dieser Arbeiten dienen als Ausgangsinformation für die Erarbeitung von Algorithmen zur Berechnung von Wärmeübertragern im ganzen.

Bei der Bearbeitung der vorhandenen Daten über α müssen die Erarbeiter der Algorithmen vor allem folgende Aufgaben lösen:

1. Systematisierung der Daten (nach charakteristischen Fällen),
2. Ordnung der verschiedenen Daten für jeden charakteristischen Fall (Transformation der Daten in vergleichbare Form nach den bestimmenden Maßen und Temperaturen, konkrete Herausarbeitung des zulässigen Anwendungsbereiches für die verschiedenen Methoden, begründete Auswahl der besten Methode aus einigen analogen als Resultat einer Analyse, Ausarbeitung der Grenzbedingung beim „Zusammenfassen" einiger der besten Methoden in eine allgemeinere mit größeren Anwendungsbereichen, Gewährleistung der Kompatibilität (s. Abschn. 2.5.) der zusammenzufassenden Methoden.)
3. Approximation der Daten, d. h. Aufstellung von Gleichungen anstelle der Tabellen oder Nomogramme.
4. Verallgemeinerung einer großen Anzahl spezieller Gleichungen, um eine oder mehrere Universalgleichungen zu erhalten.
5. Einführung möglicher Präzisierungen in die Berechnungsmethoden.
6. Erreichung von neuen Lösungen (als Ausnahme).
7. Erarbeitung des Rechenschemas zur Berechnung von α (BB — α).

Vom Niveau der Lösung dieser Aufgaben sind die Qualität des Rechenschemas der thermischen Berechnung sowie die Breite des Anwendungsbereiches und die Universalität des Berechnungssystems für Wärmeübertrager abhängig.

Gegenwärtig findet man in der technischen Literatur eine Vielzahl Daten über α, jedoch zum größten Teil uneinheitliche, und sie erfüllen nicht die Kompatibilitätsbedingungen. Nur für eine begrenzte Zahl der für die Praxis wichtigsten Wärmeübertragungsfälle sind diese Daten in unterschiedlichem Niveau systematisiert.

Die Anzahl der verschiedenartigen Daten über α erhöht sich ständig. Zur Erleichterung der Formalisierung neuer Daten über α ist es notwendig, die Frage der Zweckmäßigkeit der Durchführung und Auswertung von Versuchen zu lösen. Die bei uns und den anderen Erarbeitern von Algorithmen vorhandenen vielfältigen Resultate der Datenformalisierung sind in der Anwendung nur auf Rohrbündel-, Spiral-, Platten-Röhr-Wärmeübertrager und einige andere Apparate sowie auf die hauptsächlichsten Wärmeübertragungsprozesse (Erwärmung, Abkühlung, Kondensation, Sieden von Einzelstoffen und nur für einige Fälle von Mehrkomponentengemischen) und auf begrenzte Prozeßablaufbereiche beschränkt.

Nachstehend werden nur einige wichtige Resultate der Formalisierung der Berechnung von α mit Hinweis auf die veröffentlichten Arbeiten, in denen diese Aufgaben ausführlich beschrieben werden, aufgezählt.

In einer Reihe von Algorithmen (s. Abschn. 13.2.) werden Methoden und Rechenschemata der Berechnung von α in Rohren und verschiedenen Rohrbündeln bei Erwärmung und Abkühlung von Flüssigkeiten und Gasen in Rohrbündelapparaten und Doppelrohrapparaten verwendet. Glatte Rohre bzw. solche mit äußerer Berippung verschiedenen Typs entsprechen den Wärmeübertragungsstandards. Zwischen den Rohren sind Segmentzwischenwände. Die Rechenschemata sehen die Berechnung

- nach den allgemein üblichen Methoden [18, 20, 29, 35]
- nach der BELL-Methode mit Berücksichtigung der Leckströme im Zwischenrohrraum,
- nach den Methoden des WNIInefmasch

vor.

Die Berechnungsmethoden für α beim Umströmen gerippter Oberflächen sind teilweise verallgemeinert. Die Berechnung ist für alle hydromechanischen Bewegungszustände der Medien vorgesehen. Es wurde ein Rechenschema zur logarithmischen Interpolation für die Berechnung von α im Übergangszustand vorgeschlagen. Weiterhin wurden in das Rechenschema verschiedene Approximationen eingearbeitet.

In [146], S. 143–146; [150], S. 54–61, 102–108; [152], S. 52–55, 130–131, 182–186; [47, 53, 116–120] wurden einige spezielle Rechenschemata zur Berechnung von α bei Erwärmung, Abkühlung, Kondensation und Sieden reiner Stoffe in Rohrbündelapparaten beschrieben. Weiter wurden Verfahren zur Mittelung von α in rechteckigen und runden Bündeln mit fluchtenden oder auf Lücke stehenden Rohren bei Erwärmung (Abkühlung) und Kondensation der Fluide vorgeschlagen.

Es wurden Methoden zur Berechnung von α bei natürlicher und Zwangsströmung von Gasen zwischen den Platten in Platten-Rohr-Wärmeübertragern erarbeitet und entsprechende Rechenschemata angegeben: [149], S. 47–51, 133–135; [46, 122, 123].

In [46, 121, 124–126] und [45], S. 36–38 wurde eine allgemeine Kriterialgleichung zur Berechnung erzwungener Querumströmung berippter Rohre und rechteckigem Rohrbündel in Tauchapparaten vorgeschlagen. Die Gleichung gilt für 24 verschiedene Typen der Querverrippung mit ovalen, runden, rechteckigen, quadratischen, spiralenförmigen und Plattenrippen auf runden und ovalen Rohren in Bündeln mit fluchtender oder auf Lücke stehender Anordnung der Rohre.

Die Spezifik der Berechnung von α für Rippen verschiedener Form wird durch die Einführung eines Formfaktors K_F und des Korrekturkoeffizienten K_{kor} berücksichtigt. Der Formfaktor K_F berücksichtigt die unterschiedliche Wärmeabgabe einer runden Rippe mit fixierten Abmessungen und einer anderen Rippe anderer Form und beliebiger Abmessungen. Für alle betrachteten Rippen wurden Gleichungen für K_F erhalten.

Der Korrekturkoeffizient K_{kor} bringt die errechneten Werte mit den Experimentaldaten der verschiedenen Autoren in Übereinstimmung. Die Gleichung für K_{kor} wurde unter Verwendung von 18 Nomogrammen und empirischen Abhängigkeiten, die den in- und ausländischen Experimentaldaten entsprechen, gewonnen. Weiterhin wurde ein Universalrechenschema zur Berechnung von α erarbeitet, das auf der Verwendung der vorgeschlagenen allgemeinen Gleichung und der Gleichungen für K_F, K_{kor} basiert.

In [127] wurden Methoden und Rechenschemata für die Berechnung von α in Rohren und zwischen den Rohren bei Erwärmung, Abkühlung, Kondensation und Sieden von reinen Stoffen und Mehrkomponentengemischen in Spiralrohrapparaten mit glatten und berippten Rohren erarbeitet.

Die Episodenhaftigkeit der aufgeführten Resultate unterstreicht die große Bandbreite an möglichen Fällen bei der Formalisierung von α sowie die Unhandlichkeit und Arbeitsaufwendigkeit ihrer Lösung in dem zur Berechnungssystemsynthese für Wärmeübertrager notwendigen Umfang.

10.2. Methoden und Rechenschemata zur Berechnung des Strömungswiderstandes

Das Strömungsmodell ist eine wichtige Komponente jedes Wärmeübertragermodells (s. z. B. Abschn. 3., (BB – *PB*) Blöcke 15–20, (BB – *PKB*) Blöcke 5–23, (BB – *KoB*) Blöcke 13–21 u. a.). Die Strömungsberechnung beinhaltet die Ermittlung des Gesamtströmungswiderstandes Δp im Verlaufe des Stromflusses jedes Mediums und der Leistung N, die zum Transport jedes dieser Medien durch Wärmeübertrager und äußere Verbindungen notwendig ist.

Der Gesamtwiderstand bei der Durchströmung des Wärmeübertragers setzt sich für jedes der Fluide hauptsächlich aus folgenden Teilen zusammen:

$$\Delta p = \sum \Delta p_l + \sum \Delta p_ö + \sum \Delta p_e \tag{10.1}$$

Dabei sind:

$\sum \Delta p_l$ – die Summe der linearen Widerstände, die sich auf die Durchflußwege der Fluide im Wärmeübertrager, und in den Rohrleitungen, die den Wärmeübertrager mit den anderen Apparaten der Schaltung verbinden, aufteilen (die letzte Komponente kann auch fehlen). Dabei ist $\Delta p_l = f(\zeta, l, d_{äq}, w, \gamma)$, wobei ζ der Reibungswiderstand ist

$\Sigma \Delta p_{\delta}$ – die Summe der örtlichen Widerstände, die auf verschiedene Teile der Strecke verteilt sind, dabei ist $\Delta p_{\delta} = f(\zeta, w, \gamma)$, wobei ζ der örtliche Widerstandskoeffizient ist,

$\Sigma \Delta p_l$ – die Summe der Widerstände durch die von der Schwerkraft hervorgerufene Eigenbewegung der Fluide.

Die Elemente des Gesamtströmungswiderstandes von Wärmeübertragern sind sehr einfach zu berechnen und praktisch in jedem Lehrbuch zur Wärmeübertragung beschrieben.

Der lineare Widerstand der Strecke wird nach folgender Gleichung berechnet:

$$-\frac{dp_e}{dl} = \xi \frac{\gamma w^2}{2d_{äq}} + \frac{\gamma w}{g}\frac{dw}{dl}. \tag{10.2}$$

Nach dem Integrieren erhält man bei den Bedingungen $\gamma = \text{const}$, $w = \text{const}$ (ein inkompressibles Medium in einem Kanal mit konstantem Querschnitt) die DARSI-WEISSBACHsche Formel, die gewöhnlich auch zur Projektierung von Wärmeübertragern verwendet wird

$$\Delta p_e = \xi \frac{l}{d_{äq}} \cdot \frac{w^2 \gamma}{2}, \tag{10.3}$$

wobei ξ der Reibungswiderstandskoeffizient ist.

Der Druckabfall infolge örtlicher Widerstände ist

$$\Delta p_{\delta} = \xi \frac{w^2 \gamma}{2}, \tag{10.4}$$

wobei ξ der örtliche Widerstandskoeffizient ist.

Die Berechnung des Widerstandes durch die Schwerkraftbewegung der Fluide Δp_e stellt keine Schwierigkeit dar (s. z. B. [146]). Die Berechnung von Δp_l und Δp_{δ} ist ebenfalls einfach. Allerdings treten bei der Erarbeitung der Strömungsmodelle die gleichen Schwierigkeiten auf, wie bei der Formalisierung der Berechnung von α.

Die Berechnung von ζ und ξ ist für jede Kombination der vier Merkmale, die im vorhergehenden Punkt beschrieben wurden, spezifisch. Dort wurde auch festgestellt, daß es unzählige Kombinationen gibt. Demzufolge wird die experimentelle und theoretische Erforschung von ζ und ξ für verschiedene Wärmeübertragungsflächen in der Regel parallel zur Erforschung von α betrieben.

Bei der Auswertung der vorhandenen Daten über ζ und ξ trifft der Bearbeiter auf dieselben 7 Aufgaben, wie sie in Abschn. 10.1. beschrieben wurden.
Die in der technischen Literatur in großer Zahl vorhandenen Angaben über ξ und ζ sind uneinheitlich und für Kompatibilitätsbedingungen unbefriedigend.

Die vielfältigen vorhandenen Resultate der Formalisierung von Daten über ζ und ξ sind, wie auch im Falle der Formalisierung von α, auf die Anwendung für Röhrenbündel-, Spiralrohr-, Platten-Rohr-Wärmeübertrager und einige andere Apparate sowie auf die wichtigsten Prozesse und auf begrenzte Bereiche beschränkt. In unseren Arbeiten ist der Bereich, in dem Angaben über ζ und ξ erfaßt sind, analog zu dem in Abschn. 10.1. beschriebenen.

Deshalb werden hier nur sehr kurz die wichtigsten Resultate mit Hinweis auf veröffentlichte Literaturstellen aufgezählt.

In [128, 146, 148, 151, 152] wurden die Methoden und Rechenschemata zur Berechnung von ζ, ξ, Δp in verschiedenen standardisierten und nichtgenormten Rohrbündelwärmeübertragern und in Doppelrohrapparaten mit Medienzwangsbewegung beschrieben. Die Rohre sind glatt oder mit verschiedenartigen äußeren Rippen besetzt. In [152] und [151] wurden prinzipiell neue Rechenschemata zur hydraulischen Berechnung der Umlaufzahl bei der Zirkulation des siedenden Fluids in Röhrenbündel-Wärmeumlaufkondensatoren bzw. -verdampfern angegeben.

Analog wurde die Aufgabe für Plattenrohrflächen bei natürlicher Konvektion der Gase gelöst [149]. Weiterhin wurden die Schemata für die hydraulischen Berechnungen bei Zwangsströmung der Gase durch diese Apparate erarbeitet [149].

Erarbeitet wurden auch Methoden und Rechenschemata [46, 129] zur hydraulischen Berechnung von Tauchapparaten mit rechteckigen Bündeln berippter Rohre (24 verschiedene Berippungsformen). Ebenfalls gelöst wurde die Aufgabe der Berechnung der Verteilung der Fluidströme im Querschnitt des Apparates. Ein Verfahren zur Korrektur der Resultate wurde vorgesehen.

11. Methodische Grundlagen für ökonomische Berechnungen

In diesem Abschnitt werden die methodischen Grundlagen für die ökonomische Berechnung industrieller wärmeübertragender Ausrüstungen dargestellt. Es wird eine Liste der Optimalitätskriterien aufgestellt. Weiterhin sind die Berechnungsmethoden für die Investitions- und Betriebskosten systematisiert, formalisiert und verallgemeinert worden. Dabei wurde eine Differenzierung nach der Art der Optimierungsberechnungen vorgenommen. Die vorgeschlagenen Methoden und Rechenschemata für die ökonomischen Berechnungen wurden in verschiedenen Optimierungsalgorithmen für Wärmeübertrager verwendet. Diese Methoden und Rechenschemata sind die Grundlage für die Synthese universeller Algorithmen zur Berechnung der Wirtschaftlichkeit wärmeübertragender Apparate.

11.1. Optimalitätskriterien

Kriterien, Methodiken und Beispiele der Wärmeübertrageroptimierung sind in vielen Arbeiten enthalten. Elemente der ökonomischen Berechnung wurden ausführlich in [1, 33, 130—133, 146, 148, 149, 152] u. a. beschrieben.

Die vollständigste Liste der Optimalitätskriterien wird in Tab. 11.1 gegeben. Alle Kriterien können bedingt in fünf Gruppen unterteilt werden:

1. energetische Kriterien,
2. thermodynamische Kriterien,
3. natürliche Kriterien,
4. ökonomische Kriterien,
5. kombinierte (spezifische) Kriterien.

In der vorliegenden Arbeit wird keine Begründung für die Auswahl eines Kriteriums gegeben. Ihre Lösung hängt von den konkreten Objekten und Optimierungszielen ab. Hier sei nur bemerkt, daß in der Mehrzahl der bekannten Lösungen von Aufgaben der Wärmeübertrageroptimierung den ökonomischen Kriterien der Vorrang gegeben wird. Unter den ökonomischen Kriterien werden in erster Linie die Gesamtkosten K (Tab. 11.1, Pos. 18) verwendet, in einigen speziellen Fällen bei ausreichender Begründung auch die Investitionen I, die Betriebskosten B oder die Selbstkosten S (Tab. 11.1, Pos. 15—17).

In der letzten Zeit wird durch Normative empfohlen, außer K noch den Koeffizienten der ökonomischen Effektivität E_k und den volkswirtschaftlichen Nutzen N_{vw} (Tab. 11.1, Pos. 20—21) zu verwenden.

Weiterhin werden die vollständigsten und modernsten Methoden und Rechenschemata zur Berechnung von I und B beschrieben. Es sind zwei wichtige, unbedingt notwendige Elemente bei der Berechnung praktisch jedes komplexen ökonomischen Optimalitätskriteriums (K, E_j, E_k, N_{vw}, u. a.).

Außerdem ist die Ermittlung von I und B ein Element der Zusammenstellung von Kostenanschlägen und von anderen ökonomischen Berechnungen.

Ökonomische Bewertungen können sich bei der herrschenden Praxis technisch-ökonomischer Berechnungen als nicht ausreichend erweisen.

Außerdem können Schwierigkeiten bei der Durchführung der Berechnungen auftreten. In diesen Fällen werden die natürlichen, energetischen, thermodynamischen oder kombinierten Kriterien einzeln verwendet. Allerdings muß die Zulässigkeit der Verwendung dieser einfacheren Kriterien anstelle der ökonomischen für jeden konkreten Fall genau begründet sein.

11.2. Methoden und Rechenschemata zur Berechnung der Investitionskosten

11.2.1. Allgemeiner Ansatz

Als einen der ersten inländischen Versuche zur Formalisierung und Ordnung der bekannten Methoden mit dem Ziel der Schaffung von Algorithmen für ökonomische Berechnungen wärmeübertragender Apparate kann die Arbeit [134] gewertet werden.

Tabelle 11.1: Optimalitätskriterien für Wärmeübertrager

Nr.	Bezeichnung und Darstellung des Kriteriums	Bedeutung der im Kriterium enthaltenen Größen
1	2	3
1	Wärmekoeffizient $\eta_{ws} = \frac{\dot{Q}_k}{\dot{Q}_w} = \frac{\eta_{vw}}{\eta_{vk}} \to \max$	$\dot{Q}_w$ s. (4.11) Q_k s. (4.11) η_{vw} s. (4.14) η_{wk} s. (4.15)
2	Kriterium nach Kirpitschow $K_k = \frac{\dot{Q}}{N} \to \max$	Q s. (4.11) N Arbeit des Druckerzeugers zur Überwindung des Strömungswiderstandes
3	Wärmeausnutzungskoeffizient $\eta_{WA} = \frac{\dot{Q}}{\dot{Q}_{\max}} \to \max$	Q s. (4.11) $Q_{\max}$ maximaler Wärmestrom
4	Kriterium nach Glaser (Leistungskoeffizient) $\eta_L = \frac{\dot{Q}}{N} \to \max$	Q s. (4.11) N Druckerzeugungsleistung
5	Gesamtleistungskoeffizient $\eta_G = \frac{\dot{Q}}{N_{\overline{\Delta t}}} \to \max$	$\dot{Q}$, N s. o. $\overline{\Delta t}$ mittlere Triebkraft
6	Energetischer Koeffizient $\eta_E = \frac{\alpha}{N_A} \to \max$	α Wärmeübertragungskoeffizient N_A Energie zum Transport des Fluids über 1 m² Oberfläche
7	Koeffizient der thermodynamischen Umkehrbarkeit nach Grassmann (exergetischer Wirkungsgrad) $\eta_{tU} = \frac{\Delta E_k}{\lvert\Delta E_w\rvert} \to \max$	ΔE_w, ΔE_w Exergieänderung der Ströme
8	Thermodynamischer Guy-Stodola-Koeffizient (exerget. Gütegrad) $\eta_t = 1 - \frac{\lvert\Delta E_w\rvert - \Delta E_k}{E_w + E_k} \to \max$	E_w, E_k Exergie der zugeführten Ströme ΔE_w, ΔE_k s. Pos. 7

Tabelle 11.1: (Fortsetzung)

Nr.	Bezeichnung und Darstellung des Kriteriums	Bedeutung der im Kriterium enthaltenen Größen
1	2	3
9	Übertragener Wärmestrom $\dot{Q} \to \max$	
10	Wärmeübertragungsfläche $A \to \min$	
11	Masse des Wärmeübertragers $m \to \min$	
12	Volumen des Wärmeübertragers $V \to \min$	
13	Gesamtdruckerzeugungsleistung $N = \Sigma N_w + \Sigma N_k \to \min$	ΣN_w Summe der Druckerzeugungsleistungen für das wärmeabgebende Fluid ΣN_k Summe der Druckerzeugungsleistungen für das wärmeaufnehmende Fluid
14	Fluiddurchsatz $\dot{m}_w(\dot{m}_k) \to \min$	$\dot{m}_w$ ($\dot{m}_k$) Massendurchsätze des warmen bzw. kalten Fluids
15	Investitionskosten $I \to \min$	Komponenten von I s. w. u.
16	Betriebskosten $B \to \min$	Komponenten von I s. w. u.
17	Selbstkosten der Wärmeübertragung $S \to \min$	
18	Gesamtkosten $K = B + E_N I \to \min$ oder $K = B + \frac{I}{T_N} \to \min$	E_N normativer Koeffizient der ökon. Effektivität $T_N = \frac{1}{E_N}$ normative Rückflußdauer für Investitionen
19	Rückflußdauer $T_b = \frac{\Delta I}{\Delta B} \to \min$	Einschränkung $T_b < T_N$

Tabelle 11.1: (Fortsetzung)

Nr.	Bezeichnung und Darstellung des Kriteriums	Bedeutung der im Kriterium enthaltenen Größen
1	2	3
20	Jährlicher ökonomischer Effekt $E_j = \left(S^1 + \frac{I_1}{T_N}\right) - \left(S_2 + \frac{I_2}{T_N}\right)$ $E_j \to \max$ oder $E_j = \left(B_1 + \frac{I_1}{T_N}\right) - \left(B_2 + \frac{I_2}{T_N}\right)$ $E_j \to \max$	S, I, B s. Pos. 15, 16, 17 1, 2 Indizes der beiden verglichenen Varianten
21	Koeffizient der ökonomischen Effektivität $E_k = \frac{P - S}{I} \to \max$	P Industrieabgabepreis der jährlichen Produktion S, I s. Pos. 17, 15
22	Volkswirtschaftlicher Nutzen (Gewinn) $N_{vw} = (I_D I_Q P - S) - E_F I$ $\to \max$	I_D Defizitäritätsindex (Konjunkturkorrekturfaktor) I_Q Qualitätsindex E_F Zahlungen die Fonds S, I s. Pos. 21
23	Spezifische Materialintensität $M_Q = \frac{m}{Q} \to \max$	m s. Pos. 11 Q s. Pos. 9
24	Spezifische Druckerzeugungsleistung $N_Q = \frac{N}{Q} \to \min$	N s. Pos. 13 Q s. Pos. 9
25	Spezifische Wärmeübertragungsfläche $A_Q = \frac{A}{Q} = \frac{1}{q} \to \min$	A s. Pos. 10 $\dot{Q}$ s. Pos. 9 q spezifischer Wärmestrom
26	Spezifisches Volumen $V_Q = \frac{V}{Q} \to \min$	V s. Pos. 12 $\dot{Q}$ s. Pos. 12
27	Masse pro Wärmeübertragungsflächeneinheit $M_A = \frac{m}{A} \to \min$	m s. Pos. 11 A s. Pos. 10

Tabelle 11.1: (Fortsetzung)

Nr.	Bezeichnung und Darstellung des Kriteriums	Bedeutung der im Kriterium enthaltenen Größen
1	2	3
28	Fläche pro Masseneinheit $A_m = \frac{A}{m} = \frac{1}{M_F} \to \max$	m, A, M_A s. Pos. 27
29	Volumen pro Flächeneinheit $V_A = \frac{V}{A} \to \min$	V s. Pos. 12 A s. Pos. 10
30	Fläche pro Volumeneinheit $F_V = \frac{F}{V} = \frac{1}{V_F} \to \max$	A, V, V_A s. Pos. 29
31	Masse pro Volumeneinheit $M_V = \frac{m}{V} \to \max$	m s. Pos. 11 V s. Pos. 12
32	Volumen pro Masseneinheit $V_m = \frac{V}{m} = \frac{1}{M_V} \to \min$	V, m, M_V s. Pos. 31
33	Druckerzeugungsleistung pro Flächeneinheit $N_A = \frac{N}{A} \to \min$	N s. Pos. 13 A s. Pos. 10
34	Spezifische Gesamtkosten $K_Q = \frac{K}{Q} \to \min$	K s. Pos. 18 Q s. Pos. 9
35	Gesamtkosten pro Flächeneinheit $K_A = \frac{K}{A} \to \min$	K s. Pos. 18 F s. Pos. 10
36	Spezifischer Investitionsaufwand $I_Q = \frac{I}{Q} \to \min$	I s. Pos. 15 Q s. Pos. 9
37	Investitionskosten pro Flächeneinheit $I_A = \frac{I}{A} \to \min$	I s. Pos. 15 F s. Pos. 10

Tabelle 11.1: (Fortsetzung)

Nr.	Bezeichnung und Darstellung des Kriteriums	Bedeutung der im Kriterium enthaltenen Größen
1	2	3
38	Investitionskosten pro Masseneinheit $P_m = \frac{I_{W\ddot{U}}}{m} \to \min$	$I_{W\ddot{U}}$ Investitionskosten für die Fläche (ohne Druckerzeuger, Rohrleitungen u. a.) m a. Pos. 11
39	Investitionskosten pro Flächeneinheit $P_A = \frac{I_{W\ddot{U}}}{A} \to \min$	$I_{W\ddot{U}}$ s. Pos. 38 A s. Pos. 10
40	Spezifische Betriebskosten $B_Q = \frac{B}{Q} \to \min$	B s. Pos. 16 Q s. Pos. 9
41	Betriebskosten pro Flächeneinheit $B_A = \frac{B}{A} \to \min$	B s. Pos. 16 A s. Pos. 10

In dieser wie auch in den folgenden Arbeiten [1, 45, 100, 135, 146, 148, 149, 151, 152] u. a. umfassen die Investitionskosten I nur die Kosten, die direkt auf die Auswahl der besten Variante Einfluß haben.

Hier und auch im folgenden Abschnitt werden nur die Resultate unserer letzten Arbeiten [148, 151, 152] u. a., ohne die Etappen der Vervollkommnung der Algorithmen für ökonomische Berechnungen zu betrachten, dargelegt.

Bei der vollständigen ökonomischen Berechnung von Wärmeübertragern werden die wichtigsten einmaligen Kosten, aus denen sich der Bilanzwert zusammensetzt, in die Investitionskosten eingeschlossen.

Entsprechend der üblichen Praxis bei der Berücksichtigung der Grundfonds stellt der Bilanzwert eines wärmeübertragenden Apparates die Summe der Kosten für Entwicklung Bau- und Montagearbeiten, Transport, Umschlag- und Lagerkosten dar.

Bei der Projektoptimierung und beim optimalen Austausch betriebener Wärmeübertrager fließt in die allgemeinen Investitionen I noch der entsprechende Teil der Investitionen für die Druckerzeuger ein. Somit ist

$$I = I_{W\ddot{U}} + \sum_{i=1}^{m} I_{Di}, \tag{11.1}$$

$I_{W\ddot{U}}$ – Investitionskosten für den Wärmeübertrager,
I_{Di} – Investitionskosten für den Druckerzeuger des i-ten Fluids
m – Fluidanzahl (gewöhnlich $m = 2$)

11.2.2. Investitionskosten für Wärmeübertrager

Die Investitionskosten für Wärmeübertrager betragen

$$I_{W\ddot{U}} = (n_a + n_{ra})\,(i_T P_a + I_I + K_{M0}) + I_A + I_F + I_{SB} \tag{11.2}$$

n_a – erforderliche Apparateanzahl im Wärmeübertrager,
n_{ra} – Anzahl von Reserveapparaten,
$_T$ – Koeffizient, der die *TUL*-Kosten berücksichtigt,
P_a – Apparatepreis,
I_I – Investitionskosten für die Apparateisolation
P_M – Kosten der Apparatemontage,
I_A – Investitionskosten für den Anschluß des Wärmeübertragers,
I_F – Investitionskosten für das Fundament des Wärmeübertragers,
I_{SB} – Investitionskosten für den Stahlbau des Wärmeübertragers.

Die Komponenten der Berechnung von $I_{W\ddot{U}}$ werden weiter unten in Abschn. 11.2.4.—11.2.6. betrachtet.

11.2.3. Investitionskosten für Druckerzeuger

Die einfachste Methode zur Berücksichtigung der Investitionskosten für den Druckerzeuger ist

$$I_{Di} = N_i i_{Di}, \tag{11.3}$$

N_i – vom Druckerzeuger für die Überwindung des Strömungswiderstandes im Wärmeübertrager beim Durchfluß des i-ten Fluids verbrauchte Leistung
i_{Di} – Investitionskosten pro Nennleistungseinheit des Druckerzeugers sie beinhalten die Investitionen für den Druckerzeuger selbst, die Antriebsmaschinen und konstruktive Hilfselemente.

Falls der Druckerzeuger noch nicht ausgewählt wurde, kann für die Bewertung die in [136] beschriebene Koeffizientenmethode verwendet werden.

Es gilt

$$\frac{I_{Di}}{I_{DE}} = \left(\frac{N_i}{N_E}\right)^n. \tag{11.4}$$

Für die chemische Industrie und angrenzende Bereiche wurde $n = 0{,}5 - 0{,}9$ erhalten. Für die chemische und petrolchemische Produktion wird $n = 0{,}75$ angenommen.

In (11.4) bezieht sich der Index „E" auf einen „Eich"-(Vergleichs)druckerzeuger. Als „Eichmaß" kann jeder mehr oder minder passende Druckerzeuger gelten, für den I_{DE} und N_E bekannt sind. Entsprechend ist

$$I_{Di} = I_{DE}\left(\frac{N_E}{N_i}\right)^n, \tag{11.5}$$

wobei

$$i_{DE} = \frac{I_{DE}}{N_E} \tag{11.6}$$

ist.

Wenn der Druckerzeuger für das i-te Fluid fehlt (z. B. in Thermosyphonapparaten), ist in (11.1) entsprechenderweise $I_{Di} = 0$.

11.2.4. Der Preis von wärmeübertragenden Apparaten

In den Industrieabgabepreislisten für chemische Ausrüstungen sind die Apparatepreise P_m in Rubel pro Tonne oder P_a in Rubel pro Stück aufgeführt. Für die EDV-Bearbeitung ist die erste Methode für die Preisberechnung bequemer. Danach ist

$$I_a = m_a P_m, \tag{11.7}$$

mit

m_a – Apparatemasse,

P_m – Preis des Apparates je Tonne,

sind.

Allerdings haften den Angaben über P_m in den Preislisten zwei große Unzulänglichkeiten an:

1. die Tabellen P_m sind sehr unhandlich,
2. die Angaben für P_m sind nur für eine begrenzte Anzahl von Apparatevarianten aufgeführt.

Um die erste Unzulänglichkeit zu beseitigen, gibt es zwei Wege:

1. die Preislisten kompakter gestalten,
2. eine Kalkulation von P_m, bei der sich die Notwendigkeit zur Verwendung der Preislisten erübrigt.

Ein erster Versuch zur Verdichtung von Preislisten wurde in [146] beschrieben. Es wurde eine Approximation der tabellarischen Daten für Rohrbündelapparate mit der Gleichung

$$P_m = a + b(c - 20) \tag{11.8}$$

durchgeführt.

Darin sind:

c – das Verhältnis der Masse der wärmeübertragenden Rohre zur Gesamtmasse des Apparates (in %, in realen Apparaten im Bereich von 20–80%),

a und b – approximierende Koeffizienten, die von der Apparatemasse m_a, dem Außendurchmesser der wärmeübertragenden Rohre d_a und der Materialausführung des Apparates abhängen.

Die Werte für a und b wurden in kompakten Tabellen zusammengefaßt. Diese Tabellen umfassen folgende Materialausführungsarten für Apparate:

1. VA-Stahl .
2. Gehäuse aus C-Stahl, Röhren aus VA-Stahl
3. C-Stahl
4. Kupfer und Messing,
5. Aluminium.

Der Umfang an tabellarischen Informationen wurde im Resultat der Approximation fast um eine Ordnung vermindert. Der Fehler der Approximation überstieg nicht 1% ($d_a < 57$ mm).

Nach der Einführung einer neuen Preisliste [137] wurden die neuen Daten einfalls mit der Gl. (11.8) approximiert. Außerdem wurden die Koeffizienten für die Apparategruppen mit verschiedenen Materialien gemittelt und der Koeffizient a mit dem Ausdruck

$$a = a_{\text{aus}} + \Delta a \tag{11.9}$$

approximiert.

a_{aus} — ein fixierter Wert für eine gewisse vorgegebene Materialausführung des Apparates,
Δa — Korrekturfaktor bei Änderung der Materialausführung

Im Endeffekt wurde der Datenumfang aus den Preislisten fast um das 30-fache gesenkt. Die Resultate der Preislistenüberarbeitung sind in [138] dargestellt worden.

Ein Nachteil der Preislisten und ihrer Approximation ist die zeitlich begrenzte Gültigkeit. Preislisten werden häufig überarbeitet. Gemäß dieser Überarbeitung müssen also die Approximation und Verdichtung der Tabellen durchgeführt werden und die entsprechenden Veränderungen in den schon fertigen Programmalgorithmen vorgenommen werden. Dies ist mit großem Arbeitsaufwand verbunden.

Diese Arbeit kann umgangen werden, wenn anstelle der Preislistenwerte die Kalkulationsmethode für P_m angewendet wird. Die Formalisierung und strukturelle Ordnung dieser Methode wurde von uns in [139] vorgenommen.

Zur Kalkulation des Preises P_m einer Tonne Rohrbündelapparate wurden folgende Gleichungen verwendet (alle Zwischenresultate beziehen sich auf eine Tonne der fertigen Produktion):

— Abfallmaterial (in t)

$$m_{ab} = (k_V - 1)\,\alpha_{ab}, \tag{11.10}$$

wobei der Materialverbrauchskoeffizient für den Apparat

$$k_V = k_{VG}(1 - \eta) + k_{VR}\eta \tag{11.11}$$

ist.

— Kosten für Abfallmaterial

$$K_{ab} = m_{ab}K_{abG}(1 - \eta) + K_{abR}\eta, \tag{11.12}$$

— Gesamtmaterialkosten ohne Abzug der Abfallmaterialkosten

$$K_{gM} = k_{VG}K_{MG}(1 - \eta) + k_{VRMR}\eta, \tag{11.13}$$

— Materialkosten nach Abzug der Abfallmaterialkosten

$$K_M = K_{gM} - K_{ab}, \tag{11.14}$$

— Lohn

$$K_L = AZA \cdot K_{SS} \tag{11.15}$$

— Gemeinkosten

$$K_{GK} = K_L \cdot \frac{\gamma}{100}, \tag{11.16}$$

— Selbstkosten pro Apparatetonne

$$S = K_M + K_L + K_G \tag{11.17}$$

— Gewinn

$$G = \frac{SR}{100} \tag{11.18}$$

— Preis je Tonne Masse eines Apparates

$$P_m = S + G. \tag{11.19}$$

In diesen Gleichungen sind:

K_{VG}, K_{VR} — Materialverbrauchskoeffizienten für Gehäuse und Rohre,
α_{ab} — Anteil des Abfallmaterials,
K_{MG}, K_{MR} — Materialkosten für Gehäuse und Rohre
K_{abG}, K_{abR} — Materialabfallkosten für Gehäuse und Rohre
η — Verhältnis von Rohrmasse zu Apparatemasse (gleich $\frac{C}{100}$, C — s. Gl. (11.8)),
AZA — Arbeitszeitaufwand je Tonne des Apparates (in $\frac{\mathrm{h}}{\mathrm{t}}$),
K_{SS} — Stundensatz pro Normstunde
γ — Gemeinkostensatz im Verhältnis zu den Lohnkosten (in %),
R — Rentabilität (in %)

Die Gln. (11.10)—(11.19) sind auch zur Berechnung von P_m für Doppelmantelapparate verwendbar, wenn $\eta = 0$, $K_{VG} = k_{VR} = k_V$, $K_{abG} = K_{abR} = K_{ab}$, $K_{MG} = K_{MR} = K_M$ gesetzt werden. Der Aufbau der Berechnung von P_m für Rohrbündel- und Doppelmantelrohrapparate ist sehr einfach und linear:

$$\diamond \to k_V\ (11.11) \to m_{ab}\ (11.10) \to K_{ab}\ (11.12) \to K_{gM}\ (11.13) \to K_M\ (11.14)$$
$$\to K_L\ (11.15) \to K_G\ (11.16) \to S\ (11.17) \to G\ (11.18) \to P_m\ (11.19) \to \diamond$$

Diese Berechnung kann leicht sowohl manuell als auch über EDVA durchgeführt werden. Die zur Berechnung von Rohrbündel- und Doppelmantelapparaten notwendigen Werte k_{VG}, k_{VR}, α_{ab}, K_{MG}, K_{MR}, K_{abG}, K_{abR}, AZA, K_{SS}, γ, R wurden in Tabellen zusammengefaßt. Die Tabellen wurden für Apparate in verschiedener Materialausführung, mit verschiedener Stufe der Konstruktion (für Rohrbündelapparate) oder Fließverhalten (für Doppelmantelrohrapparate) angefertigt.

Der Vorteil der Methode und des Kalkulationsschemas für P_m ist deren Beständigkeit und zeitliche Unveränderlichkeit. Im Unterschied zu den Preislisten sind sie für einen großen Anwendungszeitraum berechnet. Gegenwärtig entsprechen die Resultate der Kalkulation von P_m den Preislistenangaben. Bei Änderung der letzteren ändert sich das Rechenschema für P_m nicht. Es ist ausreichend, in den Tabellen der Ausgangsdaten Änderungen vorzunehmen. Diese Tatsache vereinfacht bedeutend die Arbeit mit schon fertigen Programmen.

Mit Hilfe der angeführten Kalkulationsmethode können für P_m die Preisveränderungen mit der Zeit prognostiziert werden. Somit sind neue, bisher noch nicht realisierte Möglichkeiten der perspektivischen Wärmeübertrageroptimierung gegeben. Bei der Wärmeübertrageroptimierung tritt häufig die Aufgabe der Berechnung des Apparatepreises für Materialausführungen bzw. Abmessungen, die in den Preislisten nicht vorgesehen sind, auf.

In diesem Fall wird in etwas veränderter Form die in [152] vorgeschlagene Gleichung verwendet, die sogenannte Grenzgleichung

$$\begin{aligned} P_a = k_{\ddot{A}K}\{ & m_a P_m + m_R[Z + K_R + N_{abR}(\Delta K_R - \Delta K_{abR})] \\ & + m_G[K_G + N_{abG}(K_G - K_{abG})] \\ & m_{\ddot{U}}[K_{\ddot{U}} + N_{ab\ddot{U}}(K_{\ddot{U}} - K_{ab\ddot{U}})]\} \end{aligned} \tag{11.20}$$

P_m – Tonnenpreis des Apparates der nächstliegenden Abmessung oder Materialausführung, den Preislisten entnommen oder kalkuliert,

m_a, m_R, m_G, $m_{\ddot{U}}$ – die entsprechenden Massen des ganzen Apparates, der wärmeübertragenden Rohre, des Gehäuses und der übrigen Elemente (Rohrboden, Deckel, Stutzen usw.)

Z – Zuschlag (Abzug) bei Veränderung von Rohrdurchmesser oder -stärke

ΔK_R, ΔK_G, $\Delta K_{\ddot{U}}$ – Differenz der Materialkosten für Rohre, Gehäuse, Rohrboden u. a., wenn sich die Materialausführung dieser Elemente von der in den Preislisten angegebenen unterscheidet,

N_{abR}, N_{abG}, $N_{ab\ddot{U}}$ – Materialabfallnormen für die Herstellung der aufgezählten Apparateelemente,

ΔK_{abR}, ΔK_{abG}, $\Delta K_{ab\ddot{U}}$ – Differenz der Materialkosten für Abfallmaterial bei Veränderung der Materialausführung des Apparates

Der Klammerausdruck dient somit zur Kalkulation bei verschiedenen möglichen Materialausführungsvarianten der Hauptelemente. Mit Hilfe des Koeffizienten $k_{\ddot{A}K}$ kann dieser Preis noch unter Berücksichtigung der nicht standardgemäßen Ausführung der Teile bzw. möglicher Änderungen der Material- und Herstellungskosten verändert werden.

Die Struktur von Gl. (11.20) ist universell und auch zur Preiskalkulation von Apparaten anderer Konstruktion (nicht nur von Rohrbündel- und Doppelmantelrohrapparaten) geeignet. Geändert werden nur die Bezeichnungen (und die Indizes und Nomenklatur) der wichtigsten Apparateelemente.

Die Ermittlung der Apparatepreise ist die schwierigste und aufwendigste Komponente der ökonomischen Berechnung von Wärmeübertragern. Die hier vorgeschlagenen Gleichungen und Rechenschemata zur Berechnung von

P_a und P_m wurden in einer Reihe von Optimierungsalgorithmen für industrielle Wärmeübertrager verwendet und sind in den Arbeiten [146, 151] u. a. beschrieben.

Die Gleichungen und Preiskalkulationsschemata für verschiedene nichtstandardisierte Apparate wurden ausführlich in [45—49, 122, 140—142, 149] u. a. beschrieben.

11.2.5. Montagekosten wärmeübertragender Apparate

Angaben über die Montagekosten K_M von Ausrüstungen der Betriebe der chemischen und erdölverarbeitenden Industrie und angrenzenden Industriezweigen sind in [143, 144] enthalten. Diese Daten wurden in Form eines Rechenschemas [148] approximiert und formalisiert.

Die Montagegrundkosten K_{MG} (in Rubel) sind von der Apparatemasse m_a (in t) und dem Montageort abhängig.
Bei $m_a < 6$ t ist

$$K_{MG} = \frac{m_a(m_a + 1)\,\beta}{0{,}08\, m_a - 0{,}014} \tag{11.21}$$

bei 6 t $\leqq m_a \leqq$ 20 t ist

$$K_{MG} = \frac{m_a\beta}{0{,}1715\, m_a - 0{,}54} \tag{11.22}$$

bei $m_a > 20$ t ist

$$K_{MG} = m_a(29{,}26 - 0{,}325 m_a) \tag{11.23}$$

Der Korrekturfaktor β, der den Einfluß des Montageortes berücksichtigt, ist ebenfalls von der Apparatemasse abhängig. Bei Montagen in Gebäuden ist

$\beta = 1{,}20$, wenn $m_a \leqq 4$ t

$\beta = 2{,}23$, wenn 4 t $\leqq m_a \leqq$ 14 t

$\beta = 2{,}75$, wenn 14 t $< m_a \leqq$ 20 t

Bei Montagen auf Freiflächen ist $\beta = 1$.
In (11.21)—(11.23) sind schon Horizontaltransporte bis 200 m und Vertikaltransporte bis 3 m berücksichtigt.

Bei Apparatetransporten über größere Entfernungen gehören zu den Grundkosten noch die Kosten für Horizontaltransporte über 200 m (in Rubel).

$$K_{HT} = k_p m_a[2{,}41 + (L_L - 200)\, 0{,}0064], \tag{11.24}$$

L_L – Entfernung von Lager zum Montageort (in m) sowie die Kosten für Vertikaltransporte über 3 m (Rubel)

$$K_{VT} = k_p m_a[0{,}674(h_M - 3) - 0{,}47] \tag{11.25}$$

h_M – Montagehöhe (in m)

In beiden Gleichungen ist k_p der Koeffizient zur Berücksichtigung der planmäßigen Akkumulation ($\approx$ 1,06). Damit sind die endgültigen Montagekosten für einen Apparat

$$K_{Mo} = K_{MoG} + K_{HT} + K_{VT}. \tag{11.26}$$

Der relative Fehler der Approximation übersteigt nicht 5%. Eine solche Abweichung ist durchaus zulässig, da K_M nur einen kleinen Teil von $I_{WÜ}$ (11.2) darstellt.

Ein Rechenschema zur Berechnung von K_{HT} ist in [148] beschrieben.

11.2.6. Die übrigen Bestandteile der Investitionskosten

Die Investitionskosten I_I für die Isolation eines Wärmeübertragers werden aus der Formel

$$I_I = (V_I P_I + A_{HI} P_{HI})\, k \tag{11.27}$$

V_I – Volumen der Isolation
P_I – Preis je Volumeneinheit der Isolation (beinhaltet Material- und Arbeitskosten)
A_{HI} – Fläche der Hüllen der Isolation (Schutzschicht oder Blechgehäuse, mit denen die Isolationsschicht bedeckt wird
P_{HI} – Preis je Flächeneinheit der Isolationshülle (beinhaltet Material- und Lohnkosten)
k_{UP} – Koeffizient, mit dem die Unkosten und planmäßige Akkumulation berücksichtigt werden,

ermittelt.

Die Investitionskosten für den Apparateanschluß I_A sind mit 10–24% des Apparatepreises eine der wesentlichsten Komponenten der Gesamtinvestitionen.

Sie hängen von der Armaturenanzahl und der Materialausführung ab

$$I_A = \sum_{i=1}^{m} n_{ai} P_{Ai} k_{Ai} \tag{11.28}$$

m – Anzahl der Fluide (gewöhnlich ist $m = 2$),
n_{ai} – Anzahl der Armaturen im Anschluß des i-ten Fluids.

Der Preis des Apparateanschlusses $\dot{P}_{Ai}$ enthält die Preise einer Armatur, der Rohre und Rohrelemente sowie den Preis der Montagearbeiten. Die Werte von P_{Ai} für Anschlüsse aus C-Stahl, die bei der Überarbeitung der Daten aus Katalogen erhalten wurden, wurden in einer Tabelle [148] zusammengefaßt. Sie liegen zwischen $68-1339\,\frac{\text{Rubel}}{\text{t}}$.

Die Korrekturkoeffizienten k_{Ki} zum Preis eines Anschlusses berücksichtigen die Materialausführung (für niedrig legierten Stahl Cr 5 M ist er gleich 1,93, für den legierten Stahl Cr 18 Ni 10 T – 6,8, für C-Stahl – 1,00).

Investitionskosten für das Apparatefundament

$$I_F = V_F P_F \tag{11.29}$$

V_F – Fundamentvolumen
P_F – Preis je Volumeneinheit des Fundaments (beinhaltet Materialpreis und Kosten der Bauarbeiten).

Investitionskosten für den Stahlbau

$$I_{SB} = m_{SB} P_{SB} \tag{11.30}$$

m_{SB} – Stahlbaumasse
P_{SB} – Preis je Masseneinheit des Stahlbaus (beinhaltet den Materialpreis und die Montagekosten)

11.3. Methoden und Rechenschemata zur Berechnung der Betriebskosten

11.3.1. Die Hauptkomponenten der Betriebskosten

Die Betriebskosten setzen sich wie folgt zusammen

$$B = B_{WÜ} + \sum_{i=1}^{m} B_{Di} + \sum_{i=1}^{m} K_{EDi} + \sum_{i=1}^{m} K_{Fi} \tag{11.31}$$

$B_{WÜ}$ – Abschreibungen zur Amortisation, Aufwendungen für Reparaturen und Instandhaltung des Wärmeübertragers,
B_{Di} – dasselbe für den Druckerzeuger des i-ten Fluids gewöhnlich ist die Gesamtzahl der Fluide $m = 2$,
K_{EDi} – Energiekosten für den Antrieb des Druckerzeugers des i-ten Fluids,
K_{Fi} – Kosten des i-ten Fluids

Bei der Projektoptimierung sind

$$B_{WÜ} = I_{WÜ}(a_{WÜ} + k_{WÜ}) \tag{11.32}$$

$$B_{Di} = I_{Di}(a_D + k_D) \tag{11.33}$$

$$K_{EDi} = N_{Di} P_{EDi} \tau_a \tag{11.34}$$

$$K_{Fi} = m_{Fi} P_{Fi} \tau_a \cdot 10^{-3} \tag{11.35}$$

$I_{WÜ}, I_{Di}$ – Investitionskosten für Wärmeübertrager und i-ten Druckerzeuger (s. Abschn. 11.2.2. und 11.2.6.)
$a_{WÜ}, k_{WÜ}, a_D\ k_D$ – Jahresnormen von Amortisationen und Kosten für laufende Reparaturen für Wärmeübertrager und Druckerzeuger (in $\frac{1}{a}$)
N_{Di} – Leistung des i-ten Druckerzeuger
P_{EDi} – Preis für die Energie des i-ten Druckerzeugers
τ_a – Jahresbenutzungsdauer für die Ausrüstungen (in $\frac{\text{h}}{\text{a}}$)
m_{Fi} – Durchsatz des i-ten Fluids
P_{Fi} – Preis des i-ten Fluids

Diese Elemente der Betriebskosten wurden ausführlich in [146] beschrieben.

Für den optimalen Austausch betriebener Apparate ist die Berechnung von $B_{W\ddot{U}}$ und B_{Di} schwieriger und beruht auf einer Kalkulation. Im weiteren wird der Aufbau der Kalkulation von $B_{W\ddot{U}}$ betrachtet.

11.3.2. *Kalkulationsmethoden für* $B_{W\ddot{U}}$

Die Grundgleichung der Kalkulation ist

$$B_{W\ddot{U}} = \frac{I_{W\ddot{U}}}{T_R} + n_a(n_r K_{lr} + K_{kr}) \tag{11.36}$$

T_R — Reproduktionsdauer des Apparates (in a)
n_a — Apparateanzahl im Wärmeübertrager
n_r — Anzahl der laufenden Reparaturen im Jahr
K_{lr} — Kosten für die laufende Reparatur eines Apparates
K_{kr} — Kosten für die Generalreparatur eines Apparates, bezogen auf ein Jahr seiner Betriebsdauer

Gegenwärtig werden in den Betrieben zur Kostenermittlung für laufende Reparaturen K_{lr} Normen verwendet, die den Zeitaufwand für jede Operation und die Qualifikation der Arbeiter berücksichtigen. Diese Methode widerspiegelt ausreichend genau die tatsächlichen Kosten. Jedoch ist die Berechnung nach dieser Methode in der in den Normen dargestellten Form sehr aufwendig und gering formalisiert.

Unter Verwendung von Normativmaterialien wurden in [148] einfache Approximationen erhalten und Rechenschemata aufgestellt. Die Kosten für eine laufende Instandsetzung von Rohrbündelapparaten sind hiernach

$$K_{LR} = k_{ALL}[(A_{AZ} + A_{DMB})\,T_{5/3} + (A_{RR} + A_{RZ} + A_{AD})\,T_{6/4} + A_M T_5 + A_{\ddot{U}} T_3] \tag{11.37}$$

k_{ALL} — Koeffizient der Aufschläge auf den Grundlohn der Arbeiter bei der laufenden Instandsetzung,
$T_{5/3}$, $T_{6/4}$, T_5, T_3 — mittlerer Tarifstundenlohn von Schlossern der entsprechenden Lohngruppe
A_Z — Arbeitsaufwand für Auseinandernehmen und Zusammenbau
A_{RR} — Arbeitsaufwand für die Reinigung der Wärmeübertragungsfläche in den Rohren
A_{RZ} — dasselbe außerhalb der Rohre
A_{AD} — Arbeitsaufwand für das Abdrücken
A_M — Arbeitsaufwand für mechanische Bearbeitung und übrige Arbeiten
A_{DMB} — Arbeitsaufwand für Demontage und Montage des Bündels

Ihrerseits sind

$$A_{AZ} = aD_i - b \tag{11.38}$$

$$A_{RR} = n_R t_{RR} k_{RR} \tag{11.39}$$

$$A_{RZ} = 0{,}688 D_i L_a \tag{11.40}$$

$$A_{AD} = (2{,}2 + 0{,}006 F_a)\,(k_{ADR} - k_{ADZ}) \tag{11.41}$$

$$A_{DMB} = (2{,}85 + 7{,}88 D_i)\,(0{,}618 + 0{,}0607 L_a) \tag{11.42}$$

D_i — innere Gehäusedurchmesser
L_a — Apparatelänge (in m)
n_R — Rohranzahl im Bündel
t_{RR} — Zeitnorm für die Reinigung eines Rohres, (VbE h)
k_{RR} — Korrekturkoeffizient für die Rohrlänge
a, b — Approximationskoeffizienten,
F_a — Apparatefläche (in m²)
k_{ADR}, k_{ADZ} — Korrekturkoeffizienten zu den Abdrücknormen

Die Zahlenwerte von a, bt_{RR}, k_{RR}, $T_{5/3}$, $T_{6/4}$, T_5, T_3 sind in [148] aufgeführt.

Der Arbeitsaufwand A_M beträgt 10%, $A_Ü$ H 2% des Gesamtarbeitsaufwandes bei einer laufenden Instandsetzung.

Die Kosten für eine Generalüberholung setzen sich aus den Kosten für folgende Arbeiten zusammen

— Auseinandernehmen und Zusammenbau,
— Abdrücken,
— Demontage K_{DM} und Montage K_M (falls die Reparatur am Betriebsort durchgeführt wird),
— Herstellung und Austausch verbrauchter Apparateteile K_{ARB}
— Beschaffung und Lagerung von Materialien.

Die Wärmeübertragerrohre sind das teuerste Teil und fallen 3—4mal häufiger aus als die Rohrböden. Deshalb umfassen die Herstellungskosten für ein Rohrbündel nur die Kosten für den Austausch der Rohre.

Somit sind die Kosten für eine Generalreparatur eines Apparates (in Rubel)

$$K_{GRe} = k_{ALG}(A_{AZ}T_{5/3} + A_{AD}T_{6/4}) + K_M + K_{DM} + K_{ARB} \qquad (11.43)$$

k_{ALG} — Koeffizient für die Aufschläge auf den Grundlohn der Arbeiter bei einer Generalreparatur

Die Größen A_{AZ}, A_{AD}, $T_{5/3}$, $T_{6/4}$ wurden bereits erläutert. Die Montagekosten werden nach den Gln. (11.21)—(11.26) berechnet.

Die Demontagekosten sind

$$K_{DM} = 0{,}4(K_M - P_{MB}), \qquad (11.44)$$

dabei ist der Preis der bei der Demontage verbrauchten Materialbestände

$$P_{MB} = a + bm_a. \qquad (11.45)$$

Die Werte der Koeffizienten a und b werden aus [148] in Abhängigkeit von Montageort und Apparatemasse ermittelt. Die Kosten des Austausches der Rohre im Bündel sind

$$K_{ARB} = k_{ALG}A_{AR}T_{5/3}k_0k_l + 1{,}06N_{abR}m_{RB}P_R, \qquad (11.46)$$

A_{AR} — Komplexzeitnormen für den Austausch eines Rohres
k_0 — Korrekturkoeffizient, der vom Bearbeitungsort und der Art des Ausbohrens der Rohre abhängt
k_l — Korrekturkoeffizient, von der Länge der Rohre im Bündel l_a abhängig

N_{abR} — Abfallnorm für die Rohre
m_{RB} — Masse der Rohre im Bündel
P_R — Preis je Masseneinheit Rohre

Die Zahlenwerte von $A_{\Delta R}$, k_0, k_l können [148] entnommen werden. Die faktischen jährlichen Kosten für Generalreparaturen, die auf ein Jahr der Betriebsdauer T_R des Apparates kommen, sind

$$K_{GR} = K_{GRe} \frac{Z_{GR}}{T_R},$$

die Zahl der Generalreparaturen während der Betriebszeit des Apparates (mit Abrundung auf die nächst kleinere ganze Zahl) ist dabei

$$Z_{GR} = \left\rangle \frac{T_R}{T_R} \right\langle$$

T_G — Betriebsdauer des Apparates zwischen den Generalreparaturen

Das Schema der Berechnung von K_{GR} ist in [148] enthalten. Die rechnerischen Untersuchungen zeigten, daß die Verwendung der hier beschriebenen präzisierten Kalkulationsmethode für $B_{WÜ}$ zu einer bedeutenden Veränderung und Präzisierung der Wärmeübertrageroptimierungsresultate führt, im Vergleich mit der Berechnung von $B_{WÜ}$ in Form von (11.32).

Die mit den Programmen ReKoSaT [148] und ROKNO [152] für eine Wärmebelastung von 4960000 kJ berechneten optimalen Absorbentenkühler (im Kuibischewer Synthesealkoholwerk) unterscheiden sich laut der Angaben der Ufaer Filiale des WNIIneftemasch sowohl im Typ als auch in den Abmessungen voneinander. Durch eine genauere Berücksichtigung der ökonomischen Faktoren wurde die Wärmeübertragungsfläche um 16% verringert, die Gesamtinvestitionen vergrößerten sich jedoch um 12%. Es verringerten sich die Betriebskosten um 11,5% und die Gesamtkosten um 7%. Die genaue Berechnung der laufenden und Generalreparaturen wird nur für den optimalen Austausch betriebener Apparate vorgenommen. Sie ist sehr aufwendig und berücksichtigt die ökonomische Situation des Betriebes am vollständigsten.

Für die Projektoptimierung sollte die einfachere Form der Berechnung von $B_{WÜ}$ (11.32) Anwendung finden.

Teil IV

12. Probleme der Synthese von Optimierungssystemen für wärmeübertragende Ausrüstungen

12.1. Prinzipien für die Erarbeitung von Optimierungssystemen für wärmeübertragende Ausrüstungen im Industriezweig- und Landesmaßstab

Gegenwärtig ist in der UdSSR ein bedeutender Fortschritt in der Herstellung und Projektierung wärmeübertragender Ausrüstungen gewährleistet.

Von mehreren wissenschaftlichen Forschungsinstituten wurden Standards und Normen für wärmeübertragende Apparate der hauptsächlichsten Konstruktionsarten, sowie Methodiken für die thermische und hydraulische Berechnung von Apparaten erarbeitet.

In verschiedenen Betrieben wurde die Herstellung standardisierter und genormter Ausrüstungen aufgenommen. Das erlaubte es, die Produktion zu konzentrieren und die Maschinenbaubetriebe zu spezialisieren.

Ab 1960 wurden im Institut für Gase der AdW der UdSSR [150] und etwas später in anderen Instituten und Einrichtungen Aufgaben der mathematischen Modellierung und Optimierung industrieller Wärmeübertrager gelöst.

Damit wurde also die technische und methodische Basis für die Lösung des wichtigen volkswirtschaftlichen Problems der komplexen Optimierung der Ausrüstungen im Landesmaßstab vorbereitet.

Allerdings haben die vorhandenen Ausarbeitungen noch zwei große Nachteile:

1. Es gibt kein einheitliches System von Algorithmen und Programmen zur Lösung der Optimierungsaufgaben in allen Objektebenen (Apparateteil, Wärmeübertrager, Wärmeübertragersystem, alle Wärmeübertrager eines Betriebes, Wärmeübertragerbestand eines Industriezweiges des ganzen Landes), deshalb wird die zur Lösung jeder einzelnen Aufgabe vorgenommene Optimierung ohne Berücksichtigung der bei der Lösung anderer Aufgaben erhaltenen Optimierungsresultate durchgeführt.
2. Die in der Projektierung verwendeten Algorithmen und Programme sind hinsichtlich der Optimalitätskriterien, der Vollständigkeit und Genauigkeit der Elemente der thermischen, hydraulischen, konstruktiven und ökonomischen Berechnungen inkompatibel. Sie haben hinsichtlich der Wärmeübertragungsprozesse, Apparatekonstruktion, Stromführungen in den Wärmeübertragern und einer Reihe anderer Merkmale einen unzureichenden Anwendungsbereich.

Qualitativ höhere Ergebnisse in Projektierung, Produktion und Betrieb von Ausrüstungen im Landesmaßstab können durch die Schaffung eines einheitlichen staatlichen Systems der Optimierung wärmeübertragender Ausrüstungen (SOSWA) erreicht werden, das für die Optimierung von Objekten aller oben aufgezählten Ebenen vorgesehen ist. Die methodische

Grundlage des SOSWA sind die verallgemeinerten Rechenschemata der hauptsächlichen Berechnungsarten und die in ihnen enthaltenen begrenzten Sätze von Modulen (Berechnungselemente), durch deren Kombination die Lösung von praktisch beliebigen realen Berechnungsaufgaben gewährleistet werden kann [1].

Die Struktur des SOSWA, seine Hauptrealisierungsetappen und das Funktionsschema sind in Abb. 12.1 dargestellt. Im Schema werden die chemisch-technologischen Industriezweige gezeigt, es gilt jedoch auch für andere Industriezweige.

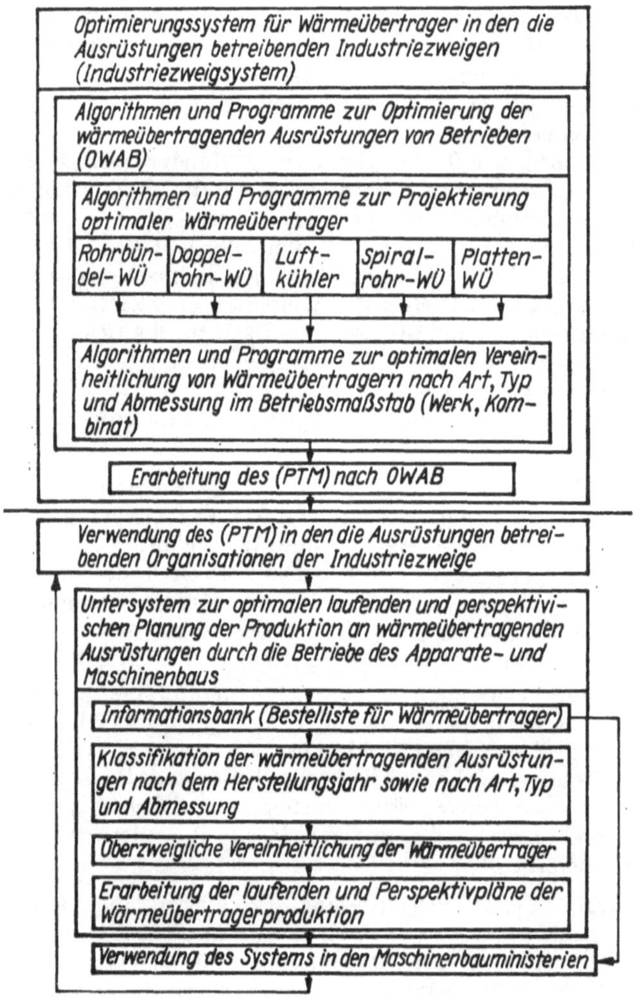

Abb. 12.1 Staatliches Optimierungssystem für wärmeübertragende Ausrüstungen

SOSWA ist zur Projektierung der wärmeübertragenden Ausrüstungen der Betriebe und für die auf dieser Grundlage erfolgende Erstellung der nach Typen und Abmessungen geordneten laufenden und perspektischen Produktionspläne vorgesehen. Hieraus ergibt sich die Differenzierung des SOSWA in zwei Untersysteme: das Untersystem zur Optimierung der Wärmeübertragung in den die Ausrüstungen betreibenden Industriezweigen und das Untersystem für die laufende und perspektivische Planung der Produktion von wärmeübertragenden Ausrüstungen durch die Betriebe des Apparate- und Maschinenbaus.

Das SOSWA sieht die Lösung folgender Aufgaben vor:

Projekt-, Konstruktions-, Projekt-Konstruktions-, Kontroll-, Projekt-Kontrollberechnungen, Wärmeübertragungsoptimierung für neu zu projektierende Produktionen wie auch für laufende Betriebe zum Zwecke des Austausches veralteter Ausrüstungen, Optimierung von Wärmeübertragern für Blöcke mit maximaler Einzelproduktivität, optimale Vereinheitlichung der wärmeübertragenden Ausrüstungen im Maßstab der Anlagen, Betriebe, Industriezweige und des ganzen Landes. Dabei werden die von der Industrie gefertigten Apparate der hauptsächlichsten Konstruktionen (Rohrbündel-, Doppelrohr-, Platten-, Spiralrohrapparate, Luftkühler) mit verschiedenen Kombinationen von Wärmeübertragungsprozessen (Erwärmung, Kühlung, Kondensation, Sieden reiner Stoffe und Mehrkomponentengemische) betrachtet.

Das System stellt einen breiten Komplex mathematischer Modelle, Algorithmen und Programme zur Optimierung von wärmeübertragenden Ausrüstungen und den dazugehörenden Funktionshilfsmitteln dar.

Betrachten wir die mathematischen Modelle unter dem Gesichtspunkt der Durchführung einer Mehrniveau-Optimierung der Ausrüstungen, der strukturell-logischen Basis des Modellaufbaus, der technischen Mittel und des Funktionsschemas des SOSWA, des derzeitigen Standes der Arbeiten zur Schaffung von Modellen und Algorimhmen für das SOSWA und bewerten ebenfalls die voraussichtlichen Resultate der Einführung des SOSWA:

Vielniveau-Optimierung

Eine Reihe von Modellen gewährleistet die Optimierung wärmeübertragender Ausrüstungen in sieben Ebenen:

1. Optimierung von Typ und Abmessung eines wärmeübertragenden Apparateteiles,
2. Optimierung der Apparatekonstruktion,
3. Optimierung des Apparateteilschaltschemas im Wärmeübertrager (Optimierung des Wärmeübertragers),
4. Optimierung von Wärmeübertragersystemen,
5. Optimierung der Gesamtheit der Wärmeübertrager eines Betriebes (betriebliche Vereinheitlichung),
6. Optimierung der Wärmeübertragungsapparaturen im Maßstab eines Industriezweiges (Industriezweigvereinheitlichung),
7. Optimierung der Wärmeübertragungsapparaturen im Landesmaßstab (überzweigliche Vereinheitlichung).

Dementsprechend besteht SOSWA aus sieben Komplexen mathematischer Modelle, Algorithmen und Programmen. Jeder folgende Komplex beinhaltet den vorhergehenden. Jeder Komplex kann autonom realisiert werden. Im folgenden wird die Hierarchie der Zielfunktionen und unabhängigen Variablen betrachtet.

Der erste, zweite und dritte Komplex sind in einer Programmbibliothek vereint, die die mathematischen Modelle für optimale Wärmeübertrager sowie der Gesamtheit der hauptsächlichsten Apparatekonstruktionen und -typen für alle wichtigen Wärmeübertragungsprozesse einschließt.

Der viert Komplex umfaßt die mathematischen Modelle für Wärmeübertragerkomplexe.

$$K_{IV} = \left(\sum_{m=1}^{m_K} K_{IIIm} + A_E + A_K \right). \tag{12.1}$$

Der fünfte Komplex ist das mathematische Modell der Ausrüstungen eines Betriebes zur Berechnung der optimalen betrieblichen Apparatevereinheitlichung.

Der sechste und siebente Komplex stellen ein Modell der wärmeübertragenden Ausrüstungen zur Berechnung der optimalen Vereinheitlichung der Ausrüstungen im Industriezweig und entsprechend im Landesmaßstab dar. Die Zielfunktion sind die jährlichen Kosten für Produktion und Betrieb des ganzen Apparateparks. Bei der Berechnung der Vereinheitlichung im Betrieb (Industriezweig, gesamtes Land) besteht die Funktion der ersten vier Komplexe in der Berechnung der ökonomisch optimalen Auswahlreihe von Apparatekonstruktionen und -typen mit der entsprechenden Reihe von Typen und Abmessungen für jeden Wärmeübertrager.

Die Aufgabe des fünften, sechsten und siebenten Komplexes besteht in der Auswahl solcher Apparatetypen, -abmessungen und -konstruktionen für jeden Wärmeübertrager, deren Kombination für alle Wärmeübertrager des Betriebes (Industriezweiges, Landes) minimale Kosten ergibt.

Sieben Komplexe mathematischer Modelle gewährleisten also im Landesmaßstab die Ermittlung des technisch-ökonomischen Optimums der wärmeübertragenden Ausrüstungen in dem Betrieb durch die Durchführung der Apparatevereinheitlichung im Betrieb, Industriezweig und in anderen Industriezweigen unter Berücksichtigung der gegenseitigen Interessen der Hersteller und Betreiber der Ausrüstungen.

Die strukturell-logischen und methodischen Grundlagen für den Aufbau der Modelle wurden in [1] ausführlich dargestellt. Forderungen an den methodischen und strukturellen Aufbau der Modelle und ihrer Elemente sind

— die allgemeine überindustriezweigliche Grundlage für ihre Erstellung,
— die Vereinheitlichung der Berechnungselemente in den verschiedenen Modellen,
— eine klare Differenzierung der rechnerischen Hierarchie,
— die Gewährleistung der Möglichkeit zum korrekten Effektivitätsvergleich der Arbeit von Apparaten verschiedener Konstruktion.

Das letztere wird durch die gleiche Zielfunktion für beliebige Wärmeübertrager und durch die Annäherung der Zusammensetzung und Genauigkeit der analogen Berechnungselemente in allen Algorithmen gewährleistet.

Die technischen Mittel für das Funktionieren des staatlichen Systems bestehen in einem Netz von Industriezweigrechenzentren in den Projektorganisationen und in den Betrieben (*RZB*) und überindustriezweiglichen Informations- und Rechenzentren (*UIRZ*), die in einem einheitlichen System zusammengefaßt wurden.

Das staatliche System funktioniert folgendermaßen:

Projektierungs- und Konstruktionsorganisationen berechnen in den RZB nach den ersten fünf Programmkomplexen die optimale Wärmeübertragungsapparatur. Es werden somit einheitliche Anforderungen an die Qualität der Projektierung von Wärmeübertragern in den verschiedenen Produktionen und Bereichen gestellt. Außerdem werden große Schwierigkeiten, die mit der Notwendigkeit der Durchführung äußerst umfangreicher Berechnungen für die Gesamtheit der Wärmeübertrager in den technologischen Industriezweigen zusammenhängen, überwunden. Das Funktionieren der ersten fünf Programmkomplexe wird realisierbar. Die Resultate aller Berechnungen werden an das UIRZ weitergeleitet. Im UIRZ werden alle aus den Industriezweigen der Besteller eintreffenden Daten in einer Informationsbank zusammengefaßt, in der dann die Bestelliste für Wärmeübertrager formiert wird. Außerdem werden in der Informationsbank noch Daten über solche Apparatevarianten gespeichert, deren Werte der Zielfunktion in der Nähe der optimalen liegen. Das ist für die Vereinheitlichung in einem oder mehreren Industriezweigen notwendig.

Die Informationen der Bank werden nach Herstellungsjahr der Wärmeübertrager, nach Konstruktion, Apparatetyp- und -abmessung klassifiziert und anhand der Möglichkeiten der Maschinenbaubetriebe korrigiert. Nach der Berechnung der überindustriezweiglichen Apparatevereinheitlichung im UIRZ werden deren Resultate in Form optimaler laufender und Perspektivpläne periodisch an die Maschinenbauministerien und Bestellerministerien zur Abstimmung und Bestätigung weitergeleitet.

Stand der Modellierungs- und Optimierungsarbeiten

Gegenwärtig werden von 22 Organisationen und der wissenschaftlichen Leitung des Institutes für Gase der AdW der UdSSR die ersten fünf Algorithmen- und Programmkomplexe vorbereitet. Es werden kompatible und korrekte mathematische Modelle, Optimierungsalgorithmen und Programme für Rohrbündelapparate für den ersten, dritten und fünften Komplex erarbeitet. Es werden analoge Modelle, Optimierungsalgorithmen und -programme für Luftkühler, Spiralrohr-, Platten- und Doppelrohrapparate erarbeitet, weiterhin werden Modelle für optimale Wärmeübertragersysteme entwickelt.

Im Resultat der Realisierung des staatlichen Systems steigt die Effektivität der Investitionen für wärmeübertragende Ausrüstungen und sinken ihre Betriebskosten um mehr als 30%, der Umfang der Produktion von nichtstandardisierten Apparaten für den Bedarf der Betreiber verringert sich um mehr als 80%, die Projektierungsfristen für Wärmeübertrager verkürzen sich bedeutend. Dank der innerbetrieblichen Vereinheitlichung ergibt sich die Möglichkeit, die Aggregat- und Baugruppenmethode für die Reparatur anzuwenden, die Wärmeübertragerreparatur zu spezialisieren und zu zentralisieren sowie eine gleitende Apparatereserve zu schaffen. Das gestattet es, die Zuverlässigkeit der Wärmeübertrager bedeutend zu steigern und Maschinenstillstandszeiten infolge von Reparaturen der Wärmeübertrager auf ein Minimum zu reduzieren.

Dank der Vereinheitlichung in mehreren Industriezweigen steigt der Anteil der Serienproduktion bei der Apparateherstellung um mehr als das 20fache. In der Folge erhöhen sich das Niveau der Spezialisierung, die Konzentration der Wärmeübertragerproduktion und die Herstellungsqualität, es sinken die Kosten.

Die Planung schafft die Basis für eine wissenschaftlich begründete Entwicklung der Maschinenbaubetriebe und gestattet eine Stabilisierung der Apparateproduktion. Infolge der Flexibilität des Systems in Abhängigkeit von dem sich ergebenden Bedarf können die Pläne für die Ausrüstungsherstellung operativ korrigiert werden. Im Endeffekt können durch die Realisierung des staatlichen Systems bedeutende ökonomische Effekte bei der Produktion und beim Betrieb der wärmeübertragenden Ausrüstungen erreicht werden. Außerdem wird eine bedeutende Steigerung der Qualität und der Beschleunigung der Projektierung ermöglicht.

Die Schaffung des staatlichen Systems stellt in wissenschaftlicher, ökonomischer und sozialer Hinsicht eine wichtige volkswirtschaftliche Aufgabe dar.

12.2. Einige Probleme der optimalen Projektierung wärmeübertragender Ausrüstungen

Die Errichtung eines staatlichen Optimierungssystems (SOSWA) und der in ihm enthaltenen Industriezweigoptimierungssysteme für wärmeübertragende Ausrüstungen ist mit der Notwendigkeit der weiteren Entwicklung der Berechnungsmethoden verbunden. Dafür ist es notwendig, eine Reihe bedeutender wissenschaftlich-methodischer Probleme zu lösen. Betrachten wir einige von ihnen:

1. Eines der wichtigsten Probleme ist die Erarbeitung neuer, allgemeiner und vereinheitlicher mathematischer Modelle für optimale Apparate zukünftiger Konstruktion, die der Qualität nach den besten heutigen Modellen, z. B. für optimale Rohrbündelapparate, entsprechen. Die Lösung dieses Problems ist nicht nur für die Einrichtung des SOSWA notwendig, sondern auch für die Bewertung der Effektivität von Apparaten neuerer Konstruktion.
2. Zur Aufstellung ausreichend korrekter Berechnungssysteme, die den realen Prozessen adäquat sind, ist eine Systematisierung der Berechnungen insgesamt und ihrer Elemente erforderlich.
3. Es ist notwendig, die Rechenschemata der Berechnungselemente (Module) zu formalisieren und für alle Industriezweige zu systematisieren und zu verallgemeinern.

4. Bei der Erarbeitung von Modellen muß die Frage über die zulässigen Fehler der Eingabedaten und Hauptberechnungselemente, ausgehend von der theoretisch-rechnerischen Analyse des Verhaltens, der Zielfunktionsverschiebung und von den wesentlichsten Resultaten der Berechnung nach den zuverlässigsten vorhandenen Optimierungsalgorithmen gelöst werden. Das erlaubt die Feststellung, wieviel jede prozentuale Abweichung in montärer Form kostet. Die Daten einer solchen Analyse sind zur Konkretisierung der Anforderungen für Experimente und theoretische Forschungen auf dem Gebiet der Wärmeübertragung, des Mechanismus und der Kinetik von Ablagerungen auf der Wärmeübertragungsfläche, der Wärmeleitung, der Hydromechanik, der thermodynamischen Stoffeigenschaften und der Ökonomie erforderlich und der Ordnung, begründeten Planung und Entwicklung dienlich.

5. Es ist notwendig, allgemeine Module für mehrere Industriezweige zur Berechnung der Wärmedurchgangszahl für die Hauptprozesse (Erwärmung, Kühlung, Kondensation, Sieden reiner Stoffe und von Vielkomponentengemischen), für verschiedene Oberflächenformen (flache, rohrförmige, horizontale, vertikale, Kanäle, Bündel, Pakete usw.), für verschiedene Stoffe mit verschiedenen Intensifikatoren zu erarbeiten.

6. Die Schaffung allgemeiner Module zur Berechnung der Strömungswiderstände für die hauptsachlichsten Konstruktionstypen von Wärmeübertragern ist erforderlich.

7. Es werden Untersuchungen über die Eigenschaften von Ablagerungen, die Modellierung der Ablagerungskinetik für verschiedene Medien und Oberflächen in einem breiten Bereich der Ablagerungsbedingungen und die Verallgemeinerung dieser Untersuchungen in Form von Modulen mit einem breiten Anwendungsbereich benötigt.

8. Eine weitere Aufgabe ist die der Entwicklung von Untersuchungen thermodynamischer, physikalischer und Transporteigenschaften der verschiedenen Fluide in einem breiten Bereich von Zusammensetzung, Druck und Temperatur. Diese Aufgabe wurde bis jetzt noch nicht in für die Praxis ausreichendem Maße gelöst, so daß nach einer gewissen Zeit des Fehlens qualitativ hochwertiger Algorithmen zur Berechnung der Stoffeigenschaften die Entwicklung nicht nur der Wärmeübertragerberechnungen sondern auch der von anderen Apparaten und Maschinen sowie auch von den Anlagen gehemmt wird.

9. Die Arbeiten zur Preisbildung für Apparate verschiedener Konstruktion und die Methoden zur Berechnung der Montage-, Reparatur- und Betriebskosten der Ausrüstungen müssen weiterentwickelt werden, die Angaben über Energie- und Fluidkosten müssen systematisiert werden. Das ist zur Verwirklichung eines Systems von ökonomischen Berechnungen für verschiedenartige wärmeübertragende Ausrüstungen und eines einheitlichen Systems ökonomischer Berechnungen von Typenausrüstungen in technologischen Objekt notwendig.

10. Ebenfalls ist die weitere Vervollkommnung der Standards und Normen

für Wärmeübertrager verschiedener Konstruktion erforderlich. Eine ökonomisch begründete Erarbeitung von Standards ist im Resultat der Einordnung der wichtigsten Typen und Abmessungen nach ihrem Einflußgrad auf die Optimalitätskennzahl möglich. Bei der Standardoptimierung können zusätzlich große ökonomische Effekte erzielt werden.

11. Es ist eine weitere Vervollkommnung der thermischen, hydromechanischen, konstruktiven, ökonomischen und anderer Modelle mittels Modellen mit verteilten Parametern notwendig. Da diese Modelle sehr schwer zu realisieren sind und die Lösung der Optimierungsaufgaben bedeutend erschweren können, ist es zweckmäßig, die Möglichkeit der Schaffung von Hybridmodellen zu untersuchen, die den Approximationsmodellen mit Einzelparametern adäquat sind und die während des Rechenprozesses durch Rückkopplungen zu den vollständigen Modellen mit verteilten Parametern korrigiert werden. Die Lösung dieser Aufgabe gestattet die Untersuchung des Einflusses der Ungleichmäßigkeit der Fluidverteilung in Wärmeübertragern, ihrer Leckströmung in Spalten, der Ablagerungskinetik, der Zonenaufteilung der Apparate, der Ungleichmäßigkeit der Flächenverteilung zwischen den Gängen mehrgängiger Apparate u. a. Faktoren auf die thermische, hydrodynamische und ökonomische Effektivität der Arbeit der Ausrüstungen.
12. Es ist notwendig, die Untersuchungen und Erarbeitungen von Extremwertsuchmethoden für Zielfunktionen fortzusetzen.
13. Fortgesetzt und entwickelt werden muß auch die bisher durchgeführte experimentelle Erforschung des realen Betriesverhaltens von Wärmeübertragern, um die wirklichen Adäquatitätskoeffizienten für die Modelle im Ganzen und für ihre Komponenten festzustellen.
14. Es ist erforderlich, die strukturellen Klassifikationsgrundlagen zur Bildung einer Datenbank über optimale wärmeübertragende Apparate für viele Industriezweige zu erarbeiten.
15. Die weitere Vervollkommnung der Optimierungsmethoden für Wärmeübertragersysteme (wie z. B. der Wärmeregenerationssysteme von Kern- und konventionellen Kraftwerken, der Apparatesysteme von chemisch-technologischen Produktionsanlagen u. a.) ist nötig, um ausreichende zuverlässige und in der Durchführung einfache technisch-ökonomische Optimierungsmodelle für ganze Systeme zu erhalten.
16. Die Notwendigkeit erfordert, ausreichend einfache Näherungsmethoden und -algorithmen zur prognostischen Optimierung von technologischen Anlagen zu erarbeiten, um die Dynamik der Betriebsparameter und Konstruktionscharakteristika von Wärmeübertragersystemen und einzelnen Apparaten zu prognostizieren.

Literatur

[1] Kanewez, G. J., Verallgemeinerte Methoden der Wärmeübertragerberechnung und ihre Anwendung zur Optimierung wärmeübertragender Ausrüstungen, Diss. Kiew, AdW der USSR, 1974.

[2] Kanewez, G. J., Verallgemeinerte Methoden der Wärmeübertragerberechnung und ihre Anwendung zur Optimierung wärmeübertragender Ausrüstungen. Autoreferat zur Diss. Kiew, AdW der USSR, 1974.

[3] Koukolik, M., Die Effektivität der Anwendung von Rechnern bei der Projektierung. (Institut Chemoprojekt-Prag), Chimitscheskoje i newtjanoje maschinostrojenie (1964), H. 3.

[4] Crow, K. u. a., „*Mathematische Modellierung chemischer Produktionen*". Moskau, Verlag Mir, 1973.

[5] Butterworth, D., Cowan, G., Design methods for heat exchangers and associated problems of computing. Internat. Congress "Use of electronic computers in Chemical Engineering". Paris, 1973.

[6] Dale, L. Galley, Use computers to select exchangers, Petrol Refiner, (1960), H. 1.

[7] Githens, R. E., Let computers pick your exchangers, Chem. Engng. (1958), H. 5.

[8] Jenssen, S. K., Heat exchanger optimization. – „Chem. Eng. Progr." 1969, H. 7.

[9] Kattel, S., Jones, P., Programmes for the price optimum design of heat exchangers, British Chem. Eng., 15, (1970), H. 4.

[10] Kirkley, D. W., Momtchiloff, J. N., Heat exchanger design programm for optimization studies, Brit. Chem. Engng., 10 (1965), H. 1.

[11] "Liquid-Liquid heat exchangers design." Computer Programm, American Institute of Chemical engineers, New York, 1960.

[12] Marek, I., Výpočet tepelných výměniku na samočinném pocitači, Chem. prumys. 1", (1962), H. 6.

[13] Leiser, A. M., Design of heat exchangers on automatic computers, Petroleum Engineer, (1957), H. 10.

[14] Schack, K., „*Berechnung von Wärmeaustauschern unter besonderer Berücksichtigung der Verwendung von Rechenautomaten*". Düsseldorf, Verlag Stahleisen, m. b. H., 1967.

[15] Taborek, J. I., Organizing heat exchanger programs on digital computers, Chem. Eng. Progr., 55, (1959), H. 10.

[16] Wenning, H., Optimierung von Rohrbündel-Wärmeaustauschern mit electronischen Datenverarbeitungs-Anlagen, Chemie-Ing.,-Techn., 39, (1967), H. 9/10.

[17] Whitley, D. L., Ludwig, E. E., Rate exchangers this computer way, Petroleum Refiner, 4, (1961), H. 2.

[18] Kutateladse, S. S., Borischanski, W. M., „*Handbuch der Wärmeübertragung*". Moskau–Leningrad, Verlag Gosenergoisdat, 1959.

[19] Lewin, B. I., Schubin, J. P., „*Wärmeübertragende Apparate in Wärmeversorgungssystemen*". Moskau–Leningrad, Verlag Energija, 1965.

[20] Isatschenko, W. P., Osipowa, W. A., Sukomel, A. S., „*Wärmeübertragung*". Moskau—Leningrad, Verlag Energija, 1965.

[21] Nowikow, N. I., Woskresenski, K. D., „*Angewandte Thermodynamik und Wärmeübertragung*". Moskau, Verlag Gosatomisdat, 1961.

[22] Kopatschinski, P. A., Taraskin, W. P., „*Flüssigkeitskühler und -erwärmer auf Schiffen*". Leningrad, Verlag Sudostrojenie, 1968.

[23] Lunin, O. G., „*Wärmeübertragende Apparate der Nahrungsmittelindustrie*". Moskau, Verlag Pistschewaja promyschlennost, 1967.

[24] Planowski, A. N., Nikolajew, P. I., „*Prozesse und Apparate der chemischen und petrolchemischen Technologie*". Moskau, Verlag Gostoptechisdat, 1960.

[25] Petunin, B. W., „*Wärmeenergetik in Kernanlagen*". Moskau, Verlag Atomisdat, 1960.

[26] Stabnikow, W. N., Baranzew, W. I., „*Prozesse und Apparate in der Nahrungsmittelproduktion*". Moskau, Verlag Pistschewaja promyschlennost, 1965.

[27] Kasatkin, A. G., „*Die Hauptprozesse und -apparate der chemischen Technologie*". Moskau, Verlag Chimija, 1971.

[28] Sigmund, F. F., Untersuchung einiger Gesetzmäßigkeiten des Prozesses in wärmeübertragenden Apparaten der chemischen und petrolchemischen Produktion. Diss. Kiew, 1968.

[29] Hobler, T., „*Wärmeübertragung und Wärmeübertrager*". Leningrad, Verlag GChI, 1961.

[30] Koschkin, W. K., Kalinin, E. K., „*Wärmeübertragende Apparate und Fluide*". Moskau, Verlag Maschinostrojenie, 1971.

[31] Fedotkin, I. T., Firisjuk, W. F., „*Intensivierung der Wärmeübertragung in Apparaten für chemische Prozesse*". Kiew, Verlag Technika, 1971.

[32] Kitschigin, M. A., Kostenko, G. N., „*Wärmeübertragende Apparate und Verdampferanlagen*". Moskau—Leningrad, Verlag Gosenergoisdat, 1955.

[33] Jegorow, W. I., „*Ökonomie der erdöl- und gasfördernden Industrie*". Moskau, Verlag Nedra, 1970.

[34] Klimenko, A. P., Kanewez, G. J., Tistschenko, W. D., Klassifikation der Wärmeübertragungsprozesse in wärmeübertragenden Apparaten, aus: „*Algorithmisierung der Berechnung von Prozessen und Apparaten der chemischen Produktion, der Technologie und des Transports von Erdöl und Gas auf einem Digitalrechner*", Teil 2: Berechnung von Wärmeübertragungsprozessen, S. 7—23. Kiew, Verlag Naukowa dumka, 1967.

[35] Pawlow, K. F., Romankow, P. G., Noskow, A. A., „*Aufgaben und Beispiele zum Fach Prozesse und Apparate der chemischen Technologie*". Leningrad, Verlag GChI, 1959.

[36] Kirpitschew, M. W., Michejew, M. A., Eigenson, L. S., „*Wärmeübertragung*". Moskau—Leningrad, Verlag Gosenergoisdat, 1940.

[37] Kanewez, G. J. u. a., Methode und Programm zur optimalen Projektierung und zum optimalen Austausch von Rohrbündelerwärmern/-kühlern, Kiew, IK d. AdW d. USSR, (Republikfond für Algorithmen und Programme), (1971), Nr. 13, S. 112.

[38] Klimenko, A. P., Kanewez, G. J., Klassifikation der maschinellen Berechnungen von Rekuperatoren, aus: „*Algorithmisierung der Berechnung von Prozessen und Apparaten der chemischen Produktion der Technologie und des Transports von Erdöl und Gas auf einem Digitalrechner*". Teil 3: „Berechnung von wärmeübertragenden Apparaten", S. 3—10. Kiew, Verlag Naukowa dumka, 1967.

[39] Gud, G. Ch., Makol, R. E., „*Systemtechnik. Einführung in die Projektierung großer Systeme*". Moskau, Verlag Sowjetisches radio, 1962.

[40] Klimenko, A. P., Kanewez, G. J., Vorschlag zum Informationsaustausch über

die Anwendung von Rechnern in der chemischen Technik, aus: „*Algorithmisierung der Berechnung von Prozessen und Apparaten der chemischen Produktion auf Digitalrechnern*“, Teil 1, S. 73–79. Kiew, Verlag Naukowa dumka, 1966.

[41] PUAIEN, SH., „*Elektronensprache*“. Moskau, Verlag Fismatgis, 1963.

[42] Anweisung zur graphischen Darstellung von Blockschaltbildern, Bulletin des Vereinten Informationszentrums der RGW-Mitgliedstaaten. Prag, (Okt. 1963), Nr. 4.

[43] Technische Anleitung zur Berechnung und Auswahl von Rohrbündelwärmeübertragern unter Berücksichtigung der Gesamtkosten. Apparate mit Schwimmkopf nach GOST 14244-69 und GOST 14246-69, für Erdölprodukte, Bericht des WNIIneftjemasch und NWF GrosNII., Wolgograd 1972.

[44] MENGE, E., WEBER, L., „*Programmablaufplanung. Fachkunde für Datenverarbeiter*“. Verlag Die Wirtschaft, Berlin 1970.

[45] KANEWEZ, W. S., ILJINSKI, D. N., KANEWEZ, G. J., Optimale Rippenflächen in Luftkühlern von Kälteanlagen, Cholodilnaja technika (1973), S. 35–40.

[46] KANEWEZ, G. J., ILJINSKI, D. N., KANEWEZ, W. S., Methode und Programm zur Berechnung eines Rippenelementes. Kiew, IK der AdW der USSR, RFAP, (1973), Nr. 75.

[47] KANEWEZ, G. J., DUGANOW, G. W., DEREWJANKO, W. I., Methode und Programm zur optimalen Berechnung eines Hochdruck-Grubenflüssigkeitswärmeübertragers, Kiew, IK der AdW der USSR, RFAP (1973), Nr. 36.

[48] KANEWEZ, W. S., ILJINSKI, D. N., KANEWEZ, G. J., Über die Optimierung von Rippenflächen in Luftkühlern, Cholodilnaja technika (1973), H. 5, S. 5–8.

[49] KANEWEZ, G. J., DUGANOW, G. W., DEREWJANKO, W. I., Methode und Programm zur optimalen Berechnung eines Grubenrippenluftkühlers, Kiew, IK der AdW der USSR, RFAP, (1973), Nr. 43.

[50] KANEWEZ, G. J., DERNOW, O. G., Optimierungsmethode für Wärmeübertrager mit maximaler Produktivität, aus: „*Algorithmisierung der Berechnung von Prozessen und Apparaten der chemischen Produktion, der Technologie der Verarbeitung und des Transports von Erdöl und Gas mittels EDV*“. Teil 7, S. 122–128. Kiew, Verlag Naukowa dumka, 1974.

[51] KANEWEZ, G. J., u. a., Methode und Programm zur optimalen Projektierung und zum optimalen Austausch von Verdampfer-Kondensatoren, Kiew, IK der AdW der USSR, RFAP, (1971), Nr. 14.

[52] KANEWEZ, G. J. u. a., Methode und Programm zur optimalen Projektierung und zum optimalen Austausch von Rohrbündelkondensatoren, Kiew, IK der AdW der USSR, RFAP (1971), Nr. 15.

[53] PITERZEW, A. G., Modellierung und Optimierung industrieller Rohrbündelwärmeübertragungsausrüstungen, Diss. (Moskauer Chemisch-technologisches Institut „D. I. Mendelejew“), 1974.

[54] GOGOLIN, A. A., „*Luftkonditionierung in der Fleischindustrie*“. Moskau, Verlag Nahrungsmittelindustrie, 1966.

[55] NUSSELT, W., VDI Zeitschrift (1911), S. 2021.

[56] NUSSELT, W., Forschung auf dem Gebiet des Ingenieurwesens, 1 (1930), S. 4/7.

[57] GRÖBER, H., „*Die Grundgesetze der Wärmeübertragung*“. Berlin, 1921.

[58] COOK, G. A., „*Theorie und Berechnung der Grundausrüstungen von Betrieben der Milchindustrie*“. Moskau, Verlag Snabtechisdat, 1934.

[59] BOWMAN, R. A., Mean temperature differens correction in multipass exchangers. Ind. and Engng. Chemistry, (1936), H. 5.

[60] GARDNER, K. A., Mean temperature difference in an array of dentical exchangers, Ind. and Engng. Chemistry, (1942), H. 9.

[61] GARDNER, K. A., Mean temperature difference in unbalanced pass exchangers. Ind. and Engng. Chemistry, 33, (1941), H. 10.

[62] GARDNER, K. A.; Mean temperature difference in multipass exchangers, Ind. and Engng. Chemistry, 33, (1941), H. 12.

[63] NAGL, W. H., Mean temperature difference in multipass heat exchangers, Ind. and Engng. Chemistry, 25, (1933), H. 6.

[64] JABLONSKI, W. S., Einige Wärmeübertragungsfälle bei veränderlichen Temperaturen, Neftjanoje chosjaistwo (1935), H. 9.

[65] JABLONSKI, W. S., Noch einmal über die Wärmeübertragung bei Kreuzstrom, Neftjanoje chosjaistwo, (1936), H. 4.1.

[66] JABLONSKI, W. S., Ermittlung der mittleren Temperaturdifferenz für einen Wärmeübertrager mit vier Gängen in den Rohren und zwei im Zwischenrohrraum, Neftjanoje chosjaistwo, (1936), H. 4.

[67] JABLONSKI, W. S., Über die Grenzen der möglichen und optimalen Betriebszustände in Mehrgangwärmeübertragern, Neftjanoje chosjaistwo, (1937), H. 8.

[68] SIGMUND, F. F., Dimensionslose Wärmeübertragungsgleichungen bei Gegenstrom-Gleichstromfluß der Flüssigkeit, Arbeiten des Kasaner Chemisch-technologischen Instituts S. M. Kirow (KChTI), Bd. 18, 1953.

[69] SIGMUND, F. F., ebenda, Die Gesetzmäßigkeiten der Wärmeübertragung bei Kreuzstrom.

[70] POLYNOWSKI, J. L., Über die Ermittlung des Temperaturgefälles in mehrgängigen Gasturbinenregeneratoren mit Kreuzstrom von Gas und Luft, Iswestija WTI, (1969), Nr. 12.

[71] POLYNOWSKI, J. L., Übcr dic Ermittlung des mittleren Temperaturgefälles bei Kreuzstrom mit einseitiger Vermischung, Iswstija WTI (1953), Nr. 3.

[72] ADELSON, S. W., Übersicht über in- und ausländische Arbeiten auf dem Gebiet der mittleren Temperaturdifferenz, Wiss. Zeitschr. des Moskauer Erdölinstituts „I. M. Gubkin", H. 9, 1949.

[73] RAMM, W. M., Über die mittlere Temperaturdifferenz bei Misch- und Kreuzstrom, Chimitscheskaja promyschlennost, (1945), H. 2.

[74] POSIN, M. E., Wärme- und Massenübertragung bei Kreuzstrom, Shurnal prikladnoi, chimii 25 (1952), H. 10.

[75] HAUSENBLAS, H., Die mittlere Temperaturdifferenz in Haarnadelwärmetauschern, Brennstoff-Wärme-Kraft, (1959), H. 3.

[76] KAYS, W. M., LONDON, A. L., "*Compact heat exchangers*". New York, Mc. Graw-Hill Book Co., 1958.

[77] KANEWEZ, G. J., KOWALJOWA, A. A., Der spezifische Wärmestrom in Gegen- und Gleichstromwärmeübertragern, Materialien der 2. wärmetechnischen Konferenz junger Forscher, S. 108—113. Kiew, Verlag der AdW der USSR, 1963.

[78] KANEWEZ, G. J., Ausarbeitung von Methoden und Algorithmen zur Berechnung wärmeübertragender Apparate mit EDV. Diss. Odessaer Polytechnisches Institut, 1965.

[79] GORLOWSKI, I. A., Vereinfachte Formeln zur Berechnung der Wärmeübertragungskoeffizienten und Reynoldskriterien, Chim. maschinostrojenie, (1939), H. 6.

[80] GORLOWSKI, I. A., Vereinfachte Formeln und Monogramme zur Berechnung von Wärmeübertragungskoeffizienten, Chim. maschinostrojenie, (1939), H. 9.

[81] SCHACK, A., „*Industrielle Wärmeübertragung*". Moskau, Verlag Metallurisdat, 1961.

[82] GERSCH, S. J., „*Tiefkühlung*". Moskau, Verlag Gosenergoisdat, 1960.

[83] MANKOWSKI, O. N., Untersuchung und Optimierung der Wärmeübertragungsapparatur für Anlagen zur Gastrennung mittels Digitalrechner. Diss. Leningrad, 1969.

[84] Colburn, A. P., Ind. and Engng. Chemistri, (1941), 25.

[85] Klimenko, A. P., Algorithmisierung maschineller Berechnungen von Kondensatoren und Verdampfern aus Kälteanlagen, aus: Materialien der Allunionshochschulkonferenz „Probleme der Intensivierung der technologischen und kältetechnischen Ausrüstungen in der Nahrungsmittelindustrie, S. 82f. Leningrad, Verlag LTICP, 1967.

[86] Sigmund, F. F., ebenda, Zur Frage des Aufbaus optimaler Batteriewärmeübertrager.

[87] Sigmund, F. F., ebenda, Wege zur Steigerung der Wärmeproduktivität von Mehrgangwärmeübertragern.

[88] Sigmund, F. F., Analytische Berechnung der isothermischen Temperaturdifferenz in Mehrgangwärmeübertragern, aus: Arbeiten des KChTI, Bd. 19—20, 1955.

[89] Sigmund, F. F., ebenda, Der Einfluß der Flüssigkeitsstromrichtung auf die Temperaturverhältnisse in wärmeübertragenden Apparaten.

[90] Smith, D. M., Engng. 138 (1934).

[91] Jakob, M., *„Fragen der Wärmeübertragung“*. Moskau, Verlag d. ausl. Literatur, 1960.

[92] Iwanowa, N. W., Mittlere Temperaturdifferenz bei Mehrgangwärmeübertragern, Inshenerno-fisitscheski shurnal, XXV (1973), H. 3, S. 509—513.

[93] Iwanowa, N. W., Kanewez, G. J., Ermittlung der mittleren Temperaturdifferenz in Wärmeübertragern mit ungerader Anzahl von Parallelgängen, aus: Vorträge der AdW der USSR, Serie A 1973, Nr. 11, S. 1036—1039.

[94] Kositzli, W. I., Klimenko, A. P., Kanewez, G. J., Methode zur Berechnung des Wärmeabgabekoeffizienten beim Sieden einzelner Kohlenwasserstoffe, ebenda, S. 47—51.

[95] Klimenko, A. P., Kanewez, G. J., Fatejewa, L. D., Algorithmus der intervalliterativen Berechnung der Oberfläche von Wärmeübertragern mit Parallelstrom, ebenda. S. 29—41.

[96] Klimenko, A. P., Kanewez, G. J., Fatejewa, L. D., Vergleich von intervalliterativen Methoden zur Berechnung der Wärmeaustauschfläche in Apparaten mit Parallelstrom, ebenda, S. 42—46.

[97] Michejew, M. A., *„Grundlagen der Wärmeübertragung“*. Moskau—Leningrad, Verlag Gosenergoisdat, 1956.

[98] Stotzki, L. J., *„Wärmewirtschaft in den Betrieben der Erdöl- und Gasindustrie“*. Moskau, Verlag Gostoptechisdat 1959.

[99] Kanewez, G. J., Modellierung und Optimierung industrieller wärmeübertragender Apparate, aus: *„Methoden der Algorithmisierung von Berechnungen der Prozesse und Apparate in der chemischen Produktion“*, S. 3—17. Kiew, Verlag RDENTP, 1973.

[100] Kanewez, G. J., Iwanowa, N. W., Poddjakowa, L. J., Universalisierung der Berechnung und der Gegenstromindexe verschiedener Wärmeübertragungsschaltungen, aus: Erdölverarbeitung und Petrolchemie, Teil 4, S. 125—128. Moskau, WNIPIneft, 1973.

[101] Iwanowa, N. W., Mathematisches Modell zur maschinellen Berechnung der Wärmeübertragung in industriellen Wärmeübertragern, aus: 3rd Symposium on: The Use of Computers in Chemical Engineering Papers. Supplement. p.p. 5—13. September 1974, Gliwice/Poland.

[102] Petrowski, J. W., Fastowski, W. G., *„Moderne effektive Wärmeübertrager“*. Moskau—Leningrad, Verlag Gosenergoisdat, 1962.

[103] Klimenko, A. P., Kanewez, G. J., Gaiduk, B. W., Tschernobelskaja, E. I., Präzisierung von Wärmeübertragerberechnungen, Thesen der Vorträge auf der I. Tagung zum Wärme- und Stoffaustausch, Minsk, Verlag der AdW der BSSR, 1961.

[104] Kanewez, G. J., Poddjakowa, L. J., Wärmeübertragung in komplizierten Komplexen, aus: Erdölverarbeitung und Petrolchemie, Teil 4, S. 121–125. Moskau, WNIPIneft, 1973.

[105] Kanewez, G. J., Wärmeübertragung in einer Reihe aus Sektionen mit Elementenpaaren, ebenda, S. 148–151.

[106] Palit, D. K., Chem. Age. India 21 H 3 (1970).

[107] Kobayashi, S., Umeda, T., Schikawa, A., Chem. Engng. Sci., 26, H. 9 (1971).

[108] Kesler, M. G., Parker, R. O., Chem. Engng. Progr. Symp. Ser., 65, H. 92, (1969).

[109] „*Die Mathematik im Dienste des Ingenieurs*“. Moskau, Verlag Nauka, 1973.

[110] Moisejew, I. I., „*Elemente der Theorie optimaler Systeme*“, Moskau, Verlag Nauka, 1975.

[111] Martschuk, G. I., „*Methoden der Rechenmathematik*“, Nowosibirsk, 1973.

[112] Nagijew, M. F., Golowatsch, I. I., Mitt. der AdW der UdSSR, Bd. 183 (1968), Nr. 1.

[113] Sakae Jaki, Hazime Nisimra, Vortrag CHISA-Kongreß Prag, 1965.

[114] Sasin, W. I., Effektivität gerippter Oberflächen bei Plattenluftkühlern, Cholodilnaja technika, (1965), H. 3.

[115] Kanewez, W. S., Iljinski, D. N., Kanewez, G. J., Ermittlung der optimalen Konstruktion von Rippenflächen in Luftkühlanlagen mit Hilfe der EDV, aus: Effektivitätssteigerung der Prozesse und Ausrüstungen der Kälte- und Nahrungsmittelindustrie, Leningrad, 1971.

[116] Kanewez, G. J., Kolomojez, W. P., Algorithmus und Programm zur Berechnung von Gegen- und Gleichstromapparaten, aus: Annotierter Katalog von EDV-Programmen, Teil 3. Kiew, Verlag des Inst. f. Kybernetik der AdW der USSR, (1968).

[117] Kanewez, G. J., Fatejewa, L. A., Algorithmus der intervall-iterativen Berechnung der Oberfläche in Parallelstromwärmeübertragern, aus: Annotierter Katalog von EDV-Programmen, Teil 3, S. 31. Kiew, Verlag d. IK der AdW der USSR, 1968.

[118] Kanewez, G. J., Rjabtschenko, N. P., Algorithmus zur Berechnung und Gestaltung von Rohrbündelkondensatoren, Kiew, IK der AdW der USSR, RFAP, (1967), Nr. 27.

[119] Derewjanko, W. I., Untersuchung der Effektivität von Klimaanlagen auf der Basis wärmenutzender Kältemaschinen als Mittel zur Verbesserung der Arbeitsbedingungen und zur Steigerung der Sicherheit der Arbeit, Diss., Sewastopoler Gerätebauinstitut, 1973.

[120] Rjabtschenko, N. P., Erarbeitung und Untersuchung eines komplexen Modells zur Optimierung von Rohrbündelwärmeübertragern der petrolchemischen und erdölverarbeitenden Produkte, Diss., Leningrader Technologisches Institut Lensowjet, 1975.

[121] Kanewez, G. J., Iljinski, D. N., Kanewez, W. S., Methodische Grundlagen der Optimierung von Luftkühlern für die Kühlkammern in Fleischkombinaten, aus: Vervollkommnung der Technik und Technologie in der Fleisch- und Milchindustrie, S. 33–35. Kiew, Minmjasomolprom d. USSR, 1970.

[122] Kanewez, G. J., Fatejewa, L. A., Tschernenko, J. N., Algorithmus zur Berechnung eines optimalen Rippenluftkühlers mit natürlicher Luftkonvektion, S. 61. Kiew, IK der AdW der USS, RFAP, (1968) Nr. 77.

[123] Kanewez, G. J., Fatejewa, L. A., Tschernenko, J. N., Algorithmus zur Berechnung eines optimalen Rippenluftkühlers mit natürlicher Luftkonvektion Kiew, IK der AdW der USSR, RFAP (1968) Nr. 77.

[124] Kanewez, W. S., Kanewez, G. J., Untersuchung der Wärmeabgabe in Bündeln runder Rohre mit rechteckigen und quadratischen Querrippen, aus: Thesen der

Vorträge auf der Tagung „Wege der Beschleunigung des wissenschaftlich-technischen Fortschritts in der Fleisch- und Milchindustrie der Ukraine“, S. 150 bis 153. Kiew, Minmjasomolprom d. USSR, 1972.

[125] KANEWEZ, W. S., KANEWEZ, G. J., ILJINSKI, D. N., Vergleich der Experimentaldaten zur Wärmeabgabe beim äußeren Umfließen von Rippenflächen, ebenda, S. 154–156.

[126] KANEWEZ, W. S., KANEWEZ, G. J., Analyse des Einflusses der Form und der Abmessungen von Rippenflächen auf die Wärmeabgabe, ebenda, S. 157–161.

[127] APTEKAR, B. G., GORENSTEIN, I. W., KANEWEZ, G. J., KIZIS, B. E., Methodische Grundlagen der Optimierung zweiströmiger Spiralwärmeübertrager in Luftkühlungsanlagen, ebenda, S. 128–134.

[128] KLIMENKO, A. P., KANEWEZ, G. J., Algorithmus zur Berechnung des Strömungswiderstandes in Rohrbündelwärmeübertragern, ebenda, S. 84–94.

[129] KANEWEZ, W. S., ILJINSKI, D. N., KANEWEZ, G. J., Methodik der hydraulischen Berechnung von berippten industriellen Luftkühlern für die Kühlkammern der Fleischkombinate, ebenda, S. 30–33.

[130] IWANOWA, N. W., Untersuchung und Berechnung der Temperaturcharakteristika rekuperativer Wärmeübertragungsapparate. Diss., Odessaer Polytechnisches Institut, 1975.

[131] SLATOPOLSKI, A. N., SAWADSKI, I. M., „*Ökonomie der industriellen Wärmeenergetik*“. Moskau, Verlag Vysschaja Schkola, 1968.

[132] Methodik zur Ermittlung der ökonomischen Effektivität automatischer Steuersysteme und technologischer Komplexe in der Industrie unter Berücksichtigung der Zuverlässigkeit, Kiew, Institut für Ökonomie der AdW der USSE, 1972.

[133] PRUSNER, S. L., „*Ökonomie der Wärmeenergetik der UdSSR*“. Moskau, Verlag Wysschaja schkola, 1970.

[134] KLIMENKO, A. P., KANEWEZ, G. J., GAIDUK, B. W., TSCHERNOBELSKAJA, E. I., Berechnung optimaler wärmeübertragender Apparate mit Hilfe der EDV, aus: Arbeiten d. Institutes f. Gase d. AdW d. USSR, Bd. 9, H. 2, S. 111–118. Kiew, Verlag der AdW der USSR, 1961.

[135] KANEWEZ, G. J., KLIMENKO, A. P., DERNOW, O. G., Optimierung von Spiralwärmeübertragern in Tieftemperaturanlagen, aus: Thesen der Vorträge auf der III. Allunions-Konferenz „Effektivitätssteigerung und Vervollkommnung der Prozesse und Apparate der chemischen Produktion“, S. 68–69. Lwow, 1973.

[136] GUSKOW, K. A., MAKSIMKIN, W. J., STSCHUKIN, J. P., Methoden zur Bewertung neuer Prozesse in der chemischen Industrie, Chimitscheskaja promyschlennost sa rubeshom, (1968), H. 5.

[137] Preisanordnung Nr. 23-03, Teil P: Großhandelspreise für chemische Ausrüstungen. Moskau, Staatsverlag f. PAO, 972.

[138] GOLOWATSCH, I. I., KANEWEZ, G. J., Wärmeübertragersystemsynthese mit Hilfe heuristischer Selbstlernmethoden, aus: Mathematische Modellierung komplizierter chemisch-technologischer Systeme, S. 21–25. Jerewan, Verlag der Jerewaner Staatl. Universität, 1975.

[139] KANEWEZ, G. J., RJABTSCHENKO, N. I., GOGOBERIDSE, A. G., IBRAGIMOW, R. A., Methoden und Rechenschemata zur Preisberechnung von Wärmeübertragern, aus: Chimitscheskaja technologija, (1974), Nr. 6, S. 46–49.

[140] KLIMENKO, A. P., KANEWEZ, G. J., Minimalalgorithmus zur Berechnung von Wärmeübertragern, ebenda, S. 21–35.

[141] KANEWEZ, G. J., KLIMENKO, A. P., FATEJEWA, L. A., Optimierung der Luftkühler kleiner Kältemaschinen, aus: Thesen der Vorträge auf der I. Wissenschaftlich-technischen Allunionskonferenz, S. 79. Moskau, ZINTIChim NEFTEMASCH, 1972.

[142] Klimenko, A. I., Kanewez, G. J., Gaiduk, B. W., Erzeugung von Energie im thermischen Verbrauch von Gas- und Benzinwerken, aus: „*Verflüssigung und Trennung von Kohlenwasserstoffgasen*", Teil 2, S. 103–108. Kiew, Verlag der AdW USSR, 1961.

[143] Preisanordnung für die Montage von Ausrüstungen Nr. 17 „Ausrüstung von Betrieben der chemischen und erdölverarbeitenden Industrie", Moskau, Verlag Chimija, 1968.

[144] Allgemeiner Teil der Preisanordnung für die Ausrüstungsmontage. Moskau, Verlag Stroitel, 1968.

[145] „*Optimale Vereinheitlichung von Wärmeübertragern im Betriebsmaßstab*", Kiew, Verlag des Instituts für Kybernetik, Akademie der Wissenschaften der Ukrainischen SSR.

[146] Klimenko, A. P., Kanewez, G. E., „*Berechnung von Wärmeübertrager auf Digitalrechner*", Verlag Moskau–Leningrad „Energie", 1966.

[147] Piterzew, A. G., Muchutdinow, R. Ch., Chosnudlin, M. Ch., Kanewez, G. E., Austausch von veralteten inländischen und importierten Wärmeübertragern und deren folgerichtigen Vereinheitlichung im Betriebsmaßstab, Moskau, Zentralinstitut für Chemische und Erdölverarbeitende Maschinen, Serie ChMI, Nr. 819, 1970.

[148] Kanewez, G. E., Piterzew, A. G., Chosnudlin, M. Ch., „*Komplexe Optimierung von Wärmeübertragern*", Kiew, Verlag des Instituts für Kybernetik, Akademie der Wissenschaften der Ukrainischen SSR, 1972

[149] Kanewez, G. E. u. a., „*Projektierung und Optimierung von Wärmeübertragern auf Digitalrechnern; Berechnung von opimalen Luftkühlern*", Kiew, Verlag des Instituts für Kybernetik, Akademie der Wissenschaften der Ukrainischen SSR, 1970.

[150] Kanewez, G. E. u. a., „*Projektierung und Optimierung von Wärmeübertrager auf Digitalrechnern; Projektierung von Rohrbündelwärmeübertragern*", Kiew, Verlag des Instituts für Kybernetik, Akademie der Wissenschaften der Ukrainischen SSR, 1970.

[151] Kanewez, G. E. u. a., Typenalgorithmen der Optimierung von normalisierten Rohrbündelwärmeübertragern Kiew, „Wissenschaftliche Idee", 1971.

[152] Kanewez, G. E. u. a., „*Projektierung und Optimierung von Wärmeübertrager auf Digitalrechner, Optimierung von Rohrbündelwärmeübertrager*", Kiew, Verlag des Instituts für Kybernetik, Akademie der Wissenschaften der Ukrainischen SSR, 1970.

[153] Kanewez, G. E., Klimenko, A. P., Ingenieur-Algorithmensprache, Kiew, „Wissenschaftliche Idee", 1972.

[154] Kanewez, G. E., Universelle Berechnungsmethode der Endtemperaturen von Strömen in Wärmeübertragern, Kiew, „Wissenschaftliche Idee", 1973, Institut für Gas der Akademie der Wissenschaften der Ukrainischen SSR, Informationsbrief Nr. 211.

FSC
www.fsc.org
MIX
Papier | Fördert gute Waldnutzung
FSC® C083411

Zeitfracht Medien GmbH
Ferdinand-Jühlke-Straße 7
99095 Erfurt, Deutschland
produktsicherheit@kolibri360.de